1re S

DéfiBAC

Préparer et réussir son Bac

Physique-Chimie

COURS SYNTHÉTIQUES MÉTHODES COMMENTÉES EXERCICES D'ENTRAÎNEMENT

Sandrine Schreyeck
Agrégée de physique-chimie

David Dubus
Professeur de physique-chimie

Bordas

Sommaire

Observer : Couleurs et images

10 Cohésion des solides ioniques ou moléculaires

11 Dissolution de solides ioniques ou moléculaires

12 Alcanes et alcools

13 Champs et forces

14 Formes et principes de conservation de l'énergie

Agir : Défis du XXIe siècle

19 Synthétiser des molécules organiques

20 Nouveaux matériaux et molécules biologiquement actives

21 Culture scientifique, métiers scientifiques

1 L'œil, organe de la vision

1 Les lentilles minces

a. Lentilles convergentes et divergentes

■ Une **lentille** est un milieu transparent constitué de verre ou de matière plastique et délimité par deux surfaces dont l'une au moins n'est pas plane.

■ Il existe deux types de lentilles :

– les lentilles dont le bord est plus mince que le milieu et qui transforment un faisceau de rayons parallèles en un faisceau de rayons convergents sont dites **convergentes** (1, 2 et 3) ;

– les lentilles dont le bord est plus épais que le milieu et qui transforment un faisceau de rayons parallèle en un faisceau de rayons divergents sont dites **divergentes** (4, 5 et 6).

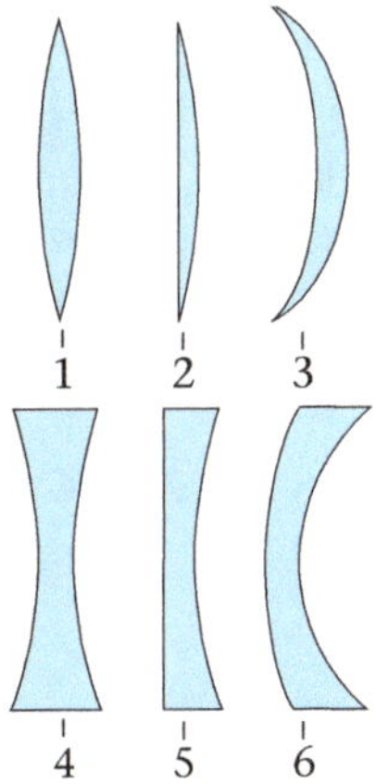

■ La représentation symbolique d'une lentille convergente est ↕.

■ Une lentille déforme la marche d'un rayon en utilisant le phénomène de **réfraction**.

b. Caractéristiques des lentilles minces convergentes

■ O est le **centre optique** de la lentille ; les rayons passant par O ne sont pas déviés. L'**axe optique** est la droite perpendiculaire à la lentille et passant par le centre optique. Il est orienté dans le sens de propagation de la lumière.

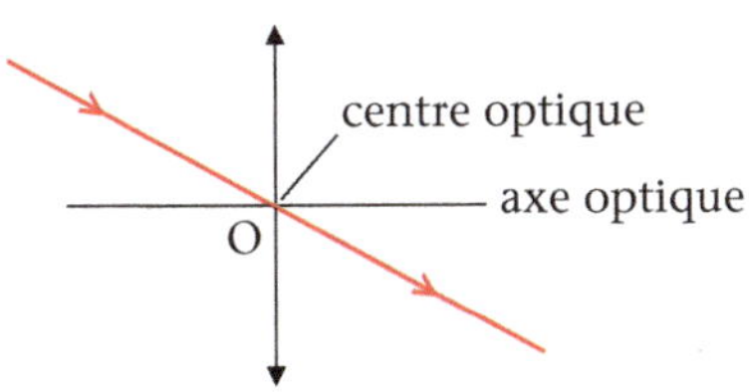

■ Tout rayon incident parallèle à l'axe optique émerge de la lentille en passant par un point de l'axe optique appelé **foyer image** et noté **F'**. Tout rayon incident passant par le **foyer objet**, noté **F**, émerge de la lentille parallèlement à l'axe optique. F et F' sont symétriques par rapport à O.

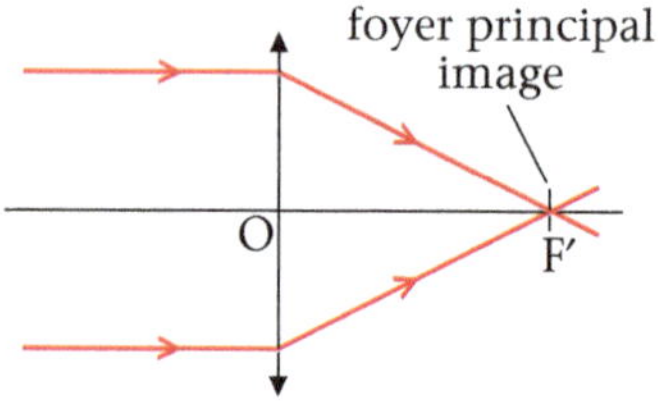

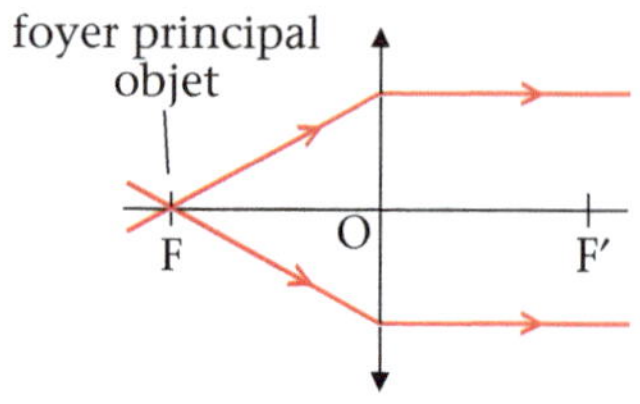

Le plan perpendiculaire à l'axe optique et contenant un foyer est appelé **plan focal**.

■ La **distance focale** d'une lentille convergente est la distance algébrique entre le centre optique O et le foyer image F', on la note f', et elle s'exprime en mètres (m) : $f' = \overline{OF'}$.

À NOTER

$\overline{OF'}$ se lit « mesure algébrique de OF' », l'axe optique étant orienté dans le sens de propagation de la lumière. Pour une lentille convergente, $\overline{OF'} > 0$.

■ La **vergence** C est l'inverse de la distance focale, elle s'exprime en **dioptries (δ)** :

$$C = \frac{1}{f'} \qquad \text{avec } f' \text{ en m.}$$

Si $C > 0$, la lentille est convergente ; si $C < 0$, la lentille est divergente.

c. Construction graphique de l'image d'un objet

■ On considère un objet **AB** dont le point A est situé sur l'axe optique. On détermine graphiquement la position de l'image **A'B'** de l'objet AB par la lentille convergente dans les cas suivants, en traçant deux (ou trois) rayons particuliers.

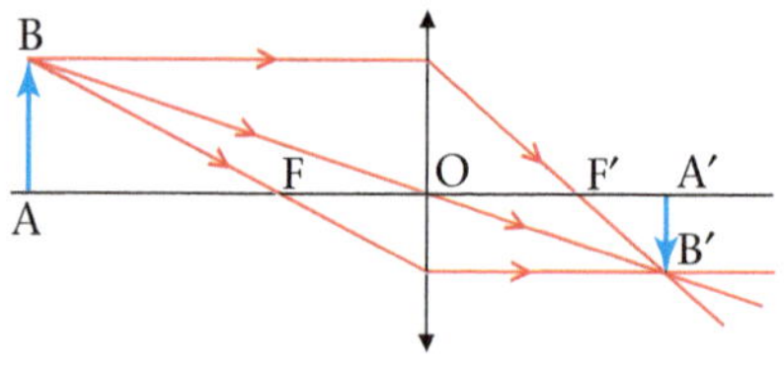

Le rayon incident issu de B et passant par O n'est pas dévié.
Le rayon incident issu de B et parallèle à l'axe optique émerge de la lentille en passant par F'.

Le rayon incident issu de B et passant par F émerge de la lentille parallèlement à l'axe optique.

Si A est sur l'axe optique, alors A′ est aussi sur l'axe optique. Tout rayon issu de B passe par B′. L'image est comme l'objet perpendiculaire à l'axe optique.

■ Sur le schéma précédent, l'image se forme après la lentille ($\overline{OA'} > 0$). L'image est **réelle**, elle peut être recueillie sur un écran.

À NOTER
Il faut placer l'écran à l'endroit où se forme l'image pour que le résultat soit net.

■ Si $\overline{OA'} < 0$, l'image est devant la lentille : elle est **virtuelle**. Elle ne peut pas être recueillie sur un écran, mais elle peut être observée en plaçant l'œil derrière la lentille.

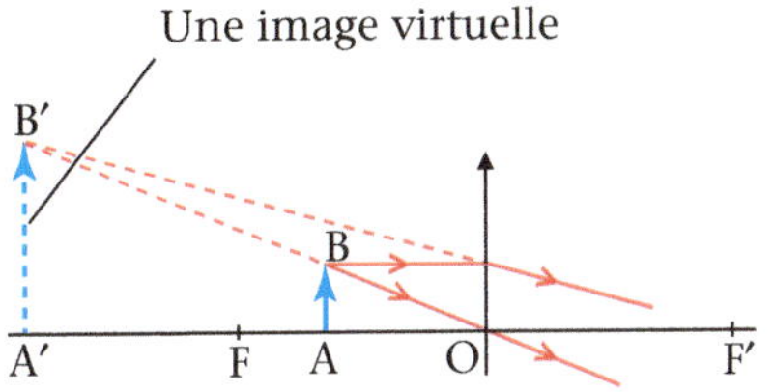

d. Relations de conjugaison et de grandissement

■ Une lentille donne d'un objet plan AB une image A′B′.

La position du point objet A situé sur l'axe optique et de son image A′ sont liées par la **relation de conjugaison**.

ATTENTION
Dans cette relation, les grandeurs algébriques et la distance focale doivent être exprimées dans la même unité.

$$\frac{1}{\overline{OA'}} - \frac{1}{\overline{OA}} = \frac{1}{f'}$$

avec $\overline{OA}$ la distance algébrique lentille-objet ; $\overline{OA'}$ la distance algébrique lentille-image ; f' la distance focale de la lentille.

■ Le **grandissement**, noté γ, est le rapport de la taille de l'image à la taille de l'objet :

$$\gamma = \frac{\overline{A'B'}}{\overline{AB}} = \frac{\overline{OA'}}{\overline{OA}}.$$

Si $\gamma > 0$, l'image est droite. Si $\gamma < 0$, l'image est renversée.

Si $|\gamma| > 1$, l'image est plus grande que l'objet.

2 Œil et appareil photographique

a. Modèle réduit de l'œil

■ L'œil est un système optique complexe et performant que l'on peut modéliser par :
– un **diaphragme** qui joue le rôle de l'**iris** en limitant la quantité de lumière qui pénètre dans l'œil ;
– une **lentille convergente** correspondant aux milieux transparents traversés par la lumière qui pénètre dans l'œil, c'est-à-dire la cornée, l'humeur aqueuse, le cristallin…
– un **écran** (la rétine) sur lequel se forme les images.

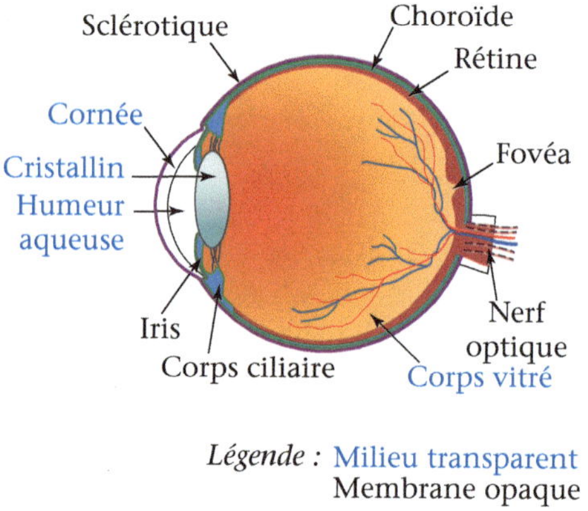

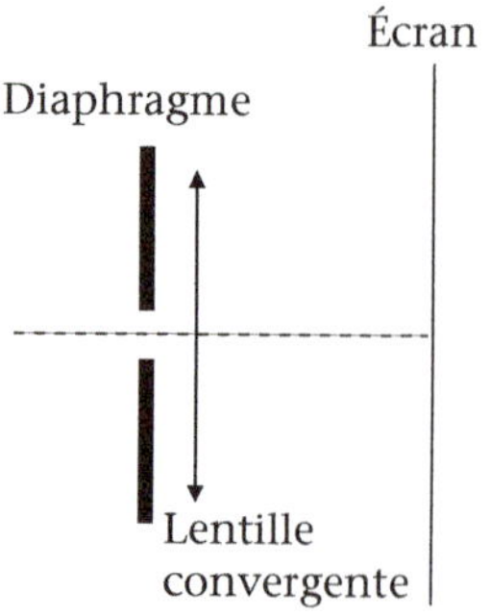

b. Accommodation

■ Dans le modèle réduit de l'œil, la distance lentille-écran est fixe et correspond pour un œil normal à la distance focale de la lentille. Un œil normal est donc au point pour observer un objet éloigné. Lorsque cet objet se rapproche de l'œil, le cristallin se courbe, devient plus convergent pour que l'image se forme encore sur la rétine ; sa distance focale diminue. On dit que l'œil **accommode**.

Objet proche avant accommodation

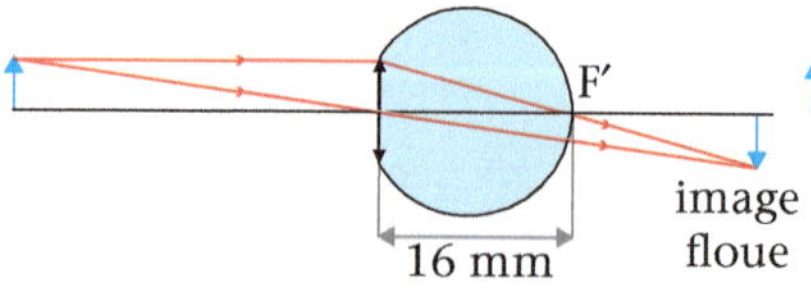

Objet proche après accommodation

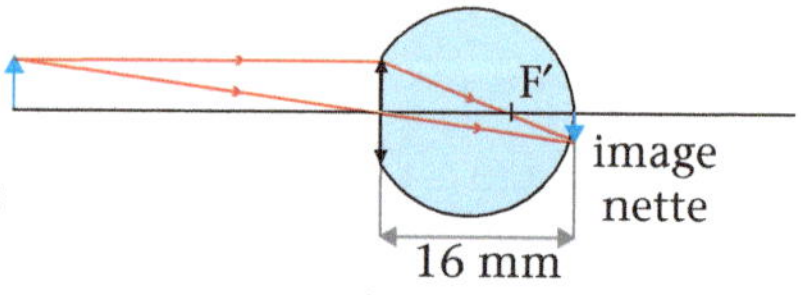

c. Limites de l'accommodation

■ Au fur et à mesure que l'objet observé se rapproche de l'œil, la convergence du cristallin s'accentue, les muscles accommodateurs travaillent de plus en plus.

À partir d'une certaine distance, ils ne peuvent plus se contracter davantage : la distance focale minimale est atteinte, l'œil cesse d'accommoder : si on rapproche encore l'objet, l'image ne peut plus être nette.

■ Le point le plus proche observable est appelé ***punctum proximum*** (**PP**) : il est situé à 25 cm environ pour un œil normal. L'œil accommode alors au maximum.

■ Le point le plus éloigné visible au repos par l'œil est le ***punctum remotum*** (**PR**) : il est situé à l'infini pour un œil normal. L'œil est alors au repos.

d. Comparaison de l'œil et de l'appareil photographique

■ L'**objectif** de l'appareil photographique joue le même rôle que les milieux transparents de l'œil, le **diaphragme** joue le même rôle que l'iris, et la **pellicule** ou le **capteur CCD** jour le même rôle que la rétine.

■ La **mise au point** s'effectue le plus souvent en faisant varier la distance entre l'objectif et la pellicule ou le capteur, et non en modifiant la distance focale.

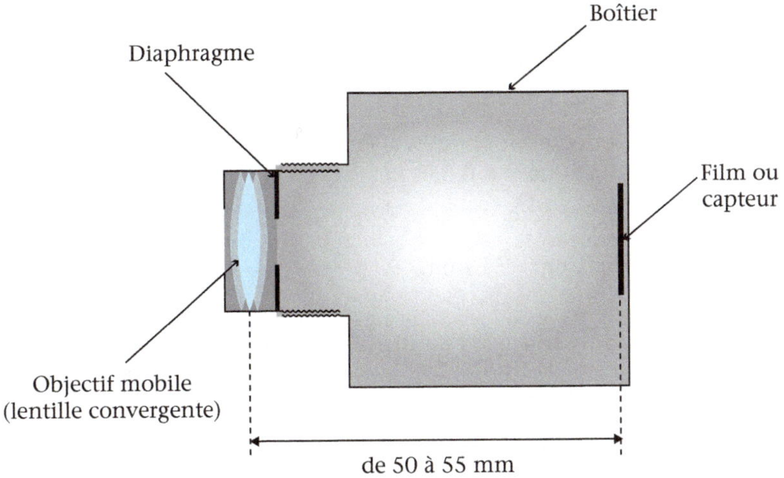

MÉTHODE

1 Déterminer analytiquement la position, la grandeur et le sens d'une image

Énoncé

À l'aide d'un appareil photographique numérique comportant un boîtier au fond duquel se trouve un capteur CCD, on veut photographier un enfant de hauteur $h = 1{,}1$ m situé à 2,5 m de l'objectif.

On assimile l'objectif à une lentille mince convergente de distance focale $f' = 50$ mm.

1. Calculer la distance entre l'objectif et le capteur pour que l'image de l'enfant soit nette.

2. Calculer la taille de l'image sur le capteur.

Savoir-faire

- Utiliser la relation de conjugaison pour calculer $\frac{1}{\overline{OA'}}$ puis $\overline{OA'}$:

$$\frac{1}{\overline{OA'}} - \frac{1}{\overline{OA}} = \frac{1}{f'}.$$

- Utiliser la relation de grandissement pour exprimer la grandeur algébrique de l'image A'B' en fonction de $\overline{AB}$, $\overline{OA}$ et $\overline{OA'}$:

$$\gamma = \frac{\overline{A'B'}}{\overline{AB}} = \frac{\overline{OA'}}{\overline{OA}}.$$

Corrigé détaillé

1. $\overline{OA}$ est la distance algébrique entre l'objectif et l'enfant : $\overline{OA} = -2{,}5$ m.

> **CONSEIL**
> Attention aux signes des valeurs algébriques.

La distance focale doit être exprimée avec la même unité que $\overline{OA}$: $f' = 50$ mm $= 0{,}050$ m.

$$\frac{1}{\overline{OA'}} = \frac{1}{-2{,}5} + \frac{1}{0{,}050} = 19{,}6.$$

$\overline{OA'} = 0{,}051$ m $= 5{,}1$ cm $= 51$ mm.

> **À NOTER**
> Ce résultat n'est pas surprenant. En effet, l'enfant peut être considéré comme infiniment éloigné de la lentille (car 2,5 m >> 50 mm). Les rayons lumineux incidents issus de l'enfant sont considérés comme arrivant de manière parallèle sur la lentille : ils se croiseront alors dans le plan focal image. La distance lentille écran est quasiment égale à la distance focale de la lentille.

2. La formule du grandissement permet d'écrire $\overline{A'B'} = \overline{AB} \times \frac{\overline{OA'}}{\overline{OA}}$.

$\overline{AB}$ est la taille de l'enfant : $\overline{AB} = 1,1$ m.

$\overline{A'B'} = 1,1 \times \frac{0,051}{(-2,5)} = -2,2 \cdot 10^{-2}$ m $= -2,2$ cm.

$\overline{A'B'} < 1$: l'image est renversée. A'B' < AB : l'image est plus petite que l'objet.

2 Déterminer graphiquement la position, la grandeur et le sens d'une image

Énoncé

On dispose d'une lentille convergente de distance focale $f' = 1,0$ cm. Un objet AB, de hauteur 0,9 cm, est placé perpendiculairement à l'axe optique de la lentille, à 2,7 cm du centre optique de la lentille. Le point A est situé sur l'axe optique. Schématiser la situation. Déterminer à partir du schéma la position, le sens et la grandeur de l'image $\overline{A'B'}$.

Savoir-faire

- Schématiser la lentille et son axe optique, puis placer le foyer objet F et le foyer image F'.
- Représenter l'objet par une flèche dont les extrémités sont repérées par les points A et B.
- Pour construire l'image $\overline{A'B'}$ de l'objet $\overline{AB}$, il suffit de construire l'image B' de l'extrémité B de l'objet.
- Construire les trois rayons particuliers.
- Mesurer sur le schéma les valeurs algébriques $\overline{OA'}$ et $\overline{A'B'}$.

Corrigé détaillé

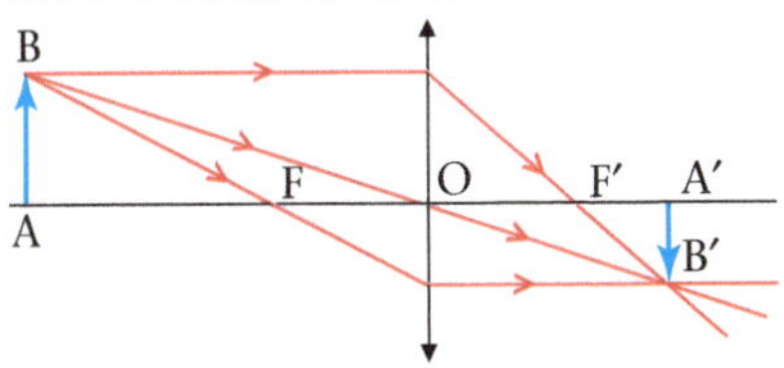

CONSEIL
Sur un schéma, indiquez toujours le sens de propagation de la lumière.

On mesure A'B' = 0,5 cm. B' étant en dessous de l'axe, $\overline{A'B'} = -0,5$ cm : l'image est renversée. On mesure OA' = 1,6 cm. A' étant située après O dans le sens de propagation de la lumière, $\overline{OA'} = 1,6$ cm.

L'image est réelle et plus petite que l'objet.

10 qcm pour réviser le cours

Corrigés p. 20

1 Une lentille déforme la marche d'un rayon lumineux en utilisant le phénomène de :

❑ **a.** diffusion.

❑ **b.** réflexion.

❑ **c.** réfraction.

2 La vergence C d'une lentille convergente est :

❑ **a.** inférieure à 0.

❑ **b.** supérieure à 0.

❑ **c.** supérieure à 1.

3 La vergence d'une lentille de distance focale f' = 200 mm, en dioptries, est :

❑ **a.** 0,005 δ.

❑ **b.** 0,050 δ.

❑ **c.** 5,00 δ.

4 Une lentille mince convergente peut posséder :

❑ **a.** deux faces planes.

❑ **b.** deux faces bombées.

❑ **c.** une face plane et une face bombée.

5 Un rayon incident parallèle à l'axe optique émerge de la lentille :

❑ **a.** sans être dévié.

❑ **b.** en passant par le foyer image de la lentille.

❑ **c.** en étant parallèle à l'axe optique.

6 Le grandissement γ est :

❑ **a.** inférieur à 0 si l'image est renversée.

❑ **b.** inférieur à 0 si l'image est plus petite que l'objet.

❑ **c.** une caractéristique de la lentille.

7 La partie de l'œil qui joue le même rôle que le diaphragme dans l'appareil photographique est :

❑ **a.** l'iris.

❑ **b.** le cristallin.

❑ **c.** la rétine.

8 Dans le cas de l'œil, pour que l'image d'un objet qui se rapproche se forme encore sur la rétine, il faut que :

❑ **a.** le cristallin se déplace.

❑ **b.** le diamètre de la pupille augmente.

❑ **c.** le cristallin se déforme.

9 Dans le cas d'un appareil photographique, pour que l'image d'un objet qui se rapproche se forme encore sur le capteur, il faut que :

❑ **a.** l'objectif se déplace.

❑ **b.** le diamètre du diaphragme augmente.

❑ **c.** l'objectif se déforme.

10 Parmi les constituants suivants de l'œil, lesquels sont transparents ?

❑ **a.** Le cristallin.

❑ **b.** La cornée.

❑ **c.** La rétine.

Exercices

Exercice 1 *niveau 1*

Corrigés p. 20

Classer les quatre lentilles représentées ci-dessous en deux catégories. Laquelle est la plus convergente ?

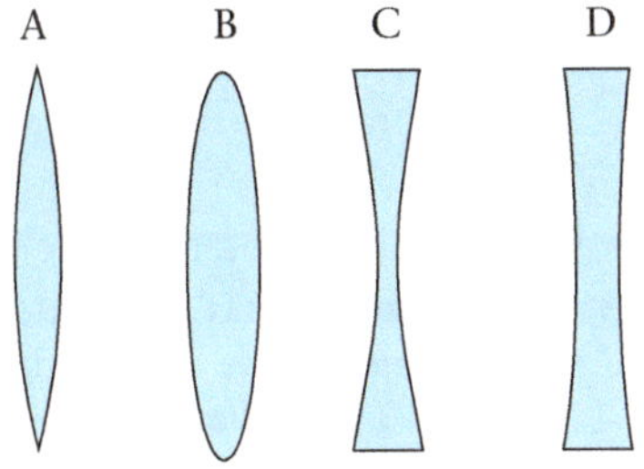

Exercice 2 *niveau 1*

Corrigés p. 21

Compléter la marche des rayons lumineux dans les trois cadres ci-dessous.

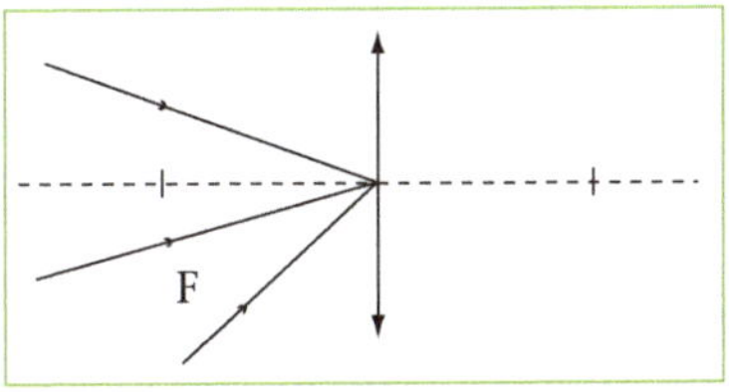

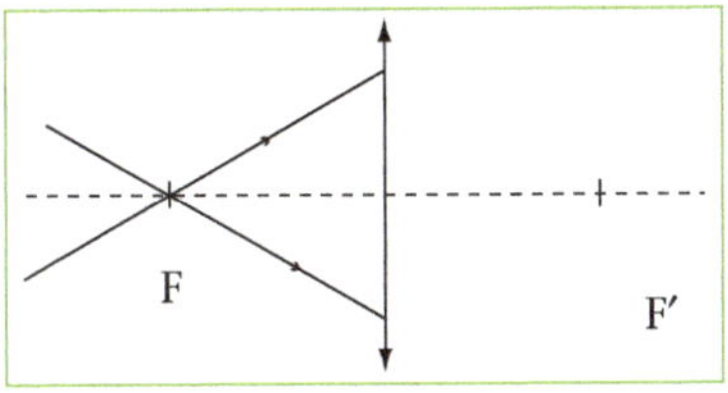

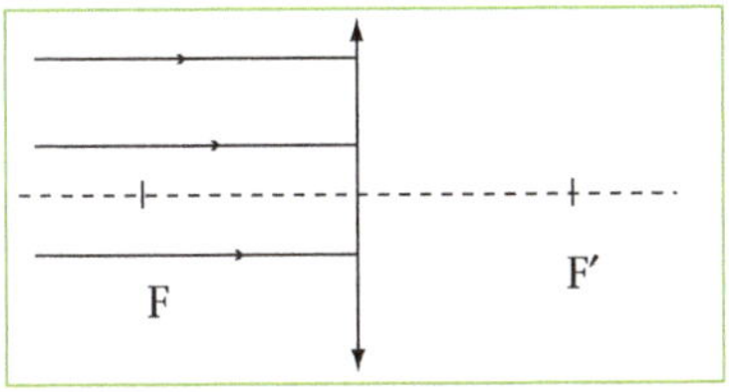

Exercice 3 niveau 1

Corrigés p. 21

Un ophtalmologiste prescrit à un enfant une lentille correctrice notée : + 2δ.

1. Quelle information apporte le signe « plus » ?
2. Quelle grandeur physique est associée à la valeur « 2 » ?
3. Quelle unité représente la lettre grecque « δ » ?
4. Déterminer la distance focale de cette lentille.

Exercice 4 niveau 1

Corrigés p. 21

1. Calculer la vergence *C* d'une lentille de distance focale + 4,0 cm.
2. Schématiser cette lentille et son axe optique. Construire à l'échelle 1/2 l'image A'B' d'un objet AB de 2,0 cm de hauteur et situé à 12 cm de la lentille. Le point A est sur l'axe optique ; AB est perpendiculaire à l'axe optique.
3. Déduire de votre schéma la taille, la position et le sens de l'image.

Exercice 5 niveau 2

Corrigés p. 22

Un œil normal est modélisé par une lentille mince convergente dont le centre optique O se trouve à 17 mm de la rétine, surface où doit se former l'image pour une vision nette. La vergence de la lentille s'adapte selon la distance à laquelle se trouve l'objet : l'œil accommode.

1. L'image d'un objet très éloigné se forme sur la rétine sans accommodation.

En déduire la vergence *C* de la lentille de l'œil modélisé.

2. L'œil regarde maintenant un objet situé à 50 cm.

Calculer la nouvelle vergence *C'* de la lentille de l'œil modélisé.

3. Le *punctum proximum* (PP) est le point le plus proche visible nettement ; l'accommodation est alors maximale. À l'âge de 40 ans, le PP est situé à 25 cm environ de l'œil.

Que vaut alors la vergence *C''* de la lentille de l'œil modélisé ?

Exercice 6 niveau 2

Corrigés p. 22

Les schémas ci-après représentent un œil normal observant un objet proche avant accommodation (schéma a) et après accommodation (schéma b).

1. Compléter chaque schéma en poursuivant les tracés des deux rayons lumineux issus de B et indiquer la position du foyer image F′ de la lentille.

2. Dans quel cas l'image obtenue est-elle nette ? Justifier.

3. Comment nomme-t-on la distance $\overline{OF'}$?

Comparer sa valeur avant et après accommodation.

4. En déduire si le cristallin devient plus convergent ou moins convergent lorsque l'œil accommode. Préciser comment évolue son épaisseur au centre.

5. En vieillissant, les muscles perdent de leur élasticité, le cristallin manque de souplesse pour se déformer et l'effort d'accommodation est insuffisant : c'est la presbytie.

Quelle vision est altérée chez un presbyte : sa vision des objets éloignés ou des objets proches ?

Schéma a

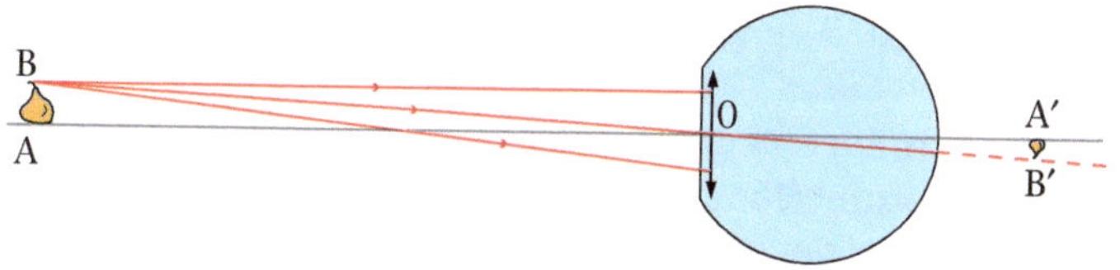

Schéma b

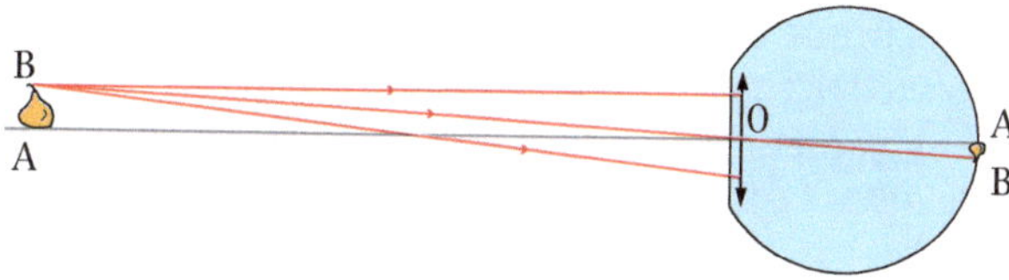

Exercice 7 niveau 2

Corrigés p. 23

Un projecteur de diapositives est constitué d'une **lampe** de forte puissance, d'une **diapositive** de format 24 mm × 36 mm qui constitue l'objet lumineux, et d'un **objectif** qui est un système optique équivalent à une lentille mince convergente de centre optique O et de distance focale $f' = 90$ mm. On note A l'intersection de la diapositive avec l'axe optique.

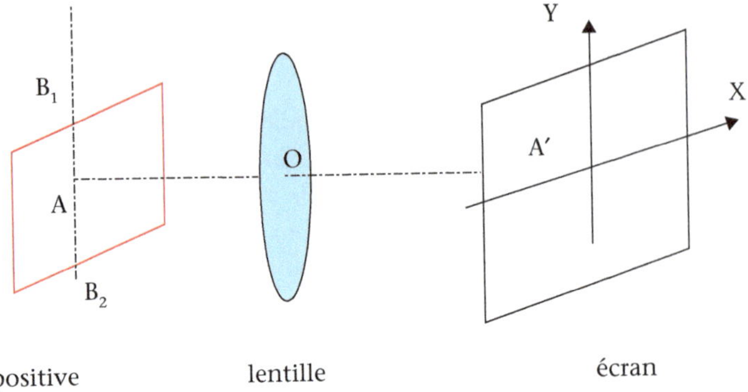

1. On place l'écran à 4,5 m de l'objectif. Déterminer par le calcul la position de la diapositive par rapport au centre optique O de l'objectif pour avoir une image nette sur l'écran.

2. Calculer le grandissement γ de ce système de projection.

3. Quel est le signe de γ ? Quelle conclusion peut-on tirer sur le sens de l'image ?

4. Déterminer les dimensions de l'image de la diapositive sur l'écran.

5. Le constructeur conseille l'utilisation d'un écran carré de 1,8 m de côté. Cet écran convient-il ?

Exercice 8 *niveau 3*

Corrigés p. 23

L'hypermétropie est un défaut de l'œil qui gêne la vision de près et qui se caractérise par une vergence insuffisante.

Un œil hypermétrope au repos est modélisé par une lentille convergente de distance focale $f' = 18$ mm située à une distance $d = 17$ mm de la rétine.

1. Calculer la vergence C de l'œil hypermétrope au repos.

2. Quelle devrait être sa vergence C' pour observer un objet à l'infini sans accommoder ?

3. L'hypermétropie est corrigée en plaçant devant l'œil une lentille. Quelle doit être la vergence C'' de cette lentille ? S'agit-il d'une lentille convergente ou divergente ?

Donnée : quand on accole deux lentilles, l'ensemble se comporte comme une lentille de vergence égale à la somme des vergences des deux lentilles accolées.

Exercice 9 niveau 3

Corrigés p. 23

Une lentille donne d'un petit objet vertical AB de hauteur 2,0 cm une image A'B' renversée, de hauteur 1,5 cm et située à 80 cm de l'objet AB.

1. Schématiser la situation, en respectant l'échelle suivante : 1 cm sur le schéma représente 10 cm horizontalement et 1 cm verticalement.

2. Déterminer graphiquement la position du centre optique O de la lentille.

Représenter la lentille.

3. Déterminer graphiquement la distance focale f' de la lentille.

Exercice 10 niveau 3

Corrigés p. 25

Pour examiner un timbre, un philatéliste utilise une loupe qui n'est en fait qu'une lentille convergente de vergence $C = +\ 20\ \delta$. Il observe une lettre de hauteur 5,0 mm placé à 3,0 cm de la loupe.

1. Faire un schéma en taille réelle en représentant la lettre par un segment AB, A étant sur l'axe optique.

Construire l'image A'B' du segment AB. En déduire la taille, la position et le sens de l'image.

2. En utilisant la relation de conjugaison et la relation de grandissement, retrouver ces résultats.

Exercice 11 niveau 3

Corrigés p. 25

Une lentille mince convergente donne d'un objet AB une image renversée A'B' de même taille que l'objet.

1. Quelle est la valeur du grandissement ?

2. Montrer que, dans ce cas, la distance entre l'objet et l'image est telle que $\overline{AA'} = 4\,f'$.

3. Réaliser un schéma pour illustrer cette situation.

4. Proposer un protocole expérimental exploitant ces résultats pour déterminer la distance focale d'une lentille convergente.

QCM

1 **c.**

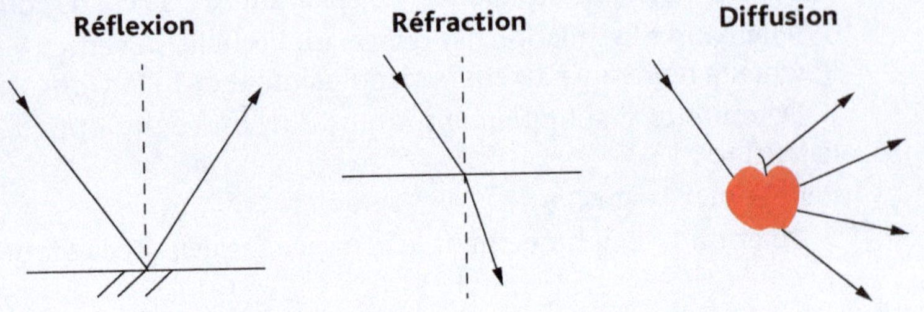

2 **b.** Pour une lentille convergente $f' > 0$.
Pour une lentille divergente, $f' < 0$.

3 **c.** La vergence est l'inverse de la distance focale exprimée en mètres.

$C = \dfrac{1}{f'}$ avec $f' = 0{,}200$ m.

$$C = \frac{1}{0{,}200} = 5{,}00\ \delta.$$

4 **b.** et **c.** Une lentille ne peut pas avoir deux faces planes, car cette combinaison ne fait ni converger, ni diverger les rayons lumineux.

5 **b.** Seuls les rayons passant par le centre optique de la lentille ne subissent aucune déviation.

6 **a.** Si l'image est plus petite que l'objet, $|\overline{A'B'}| < |\overline{AB}|$, donc $|\gamma| < 1$.
Le grandissement dépend de la taille de l'objet, de la taille de l'image ainsi que de leur position, ce n'est pas une caractéristique de la lentille.

7 **a.** L'iris comme le diaphragme régule la quantité de lumière entrant dans l'œil ou l'appareil photographique.

8 **c.** Dans un œil, la distance entre le cristallin et la rétine ne peut pas changer ; c'est la vergence du cristallin, et donc sa courbure, qui augmente.

9 **a.** La mise au point d'un appareil photo se fait en réglant la distance entre l'objectif et le capteur.

10 **a.** et **b.** La membrane externe protectrice de l'œil est la sclérotique. À l'avant de l'œil, la sclérotique devient transparente, pour laisser entrer la lumière dans l'œil : c'est la cornée.

Exercice 1

A et B sont des lentilles convergentes, elles sont plus épaisses en leur centre qu'en leurs bords.
C et D sont des lentilles divergentes. B est la lentille la plus convergente.

Exercice 2

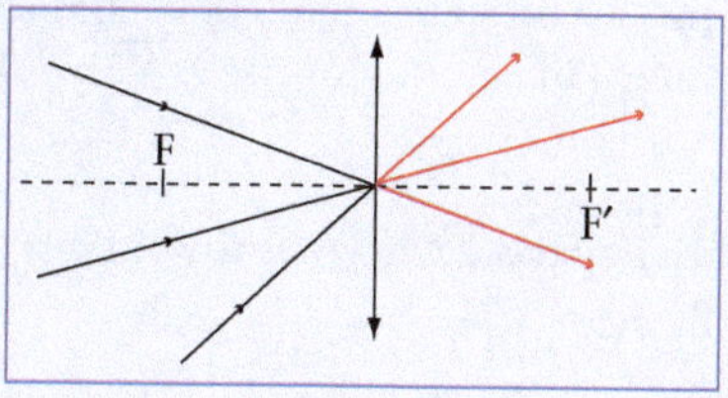

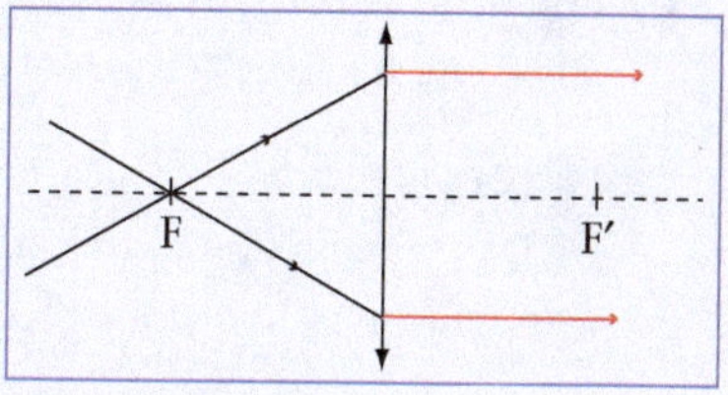

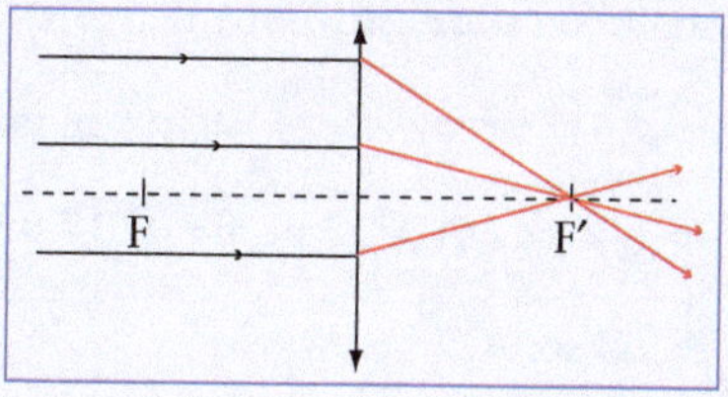

Exercice 3

1. Le signe « plus » indique qu'il s'agit d'une lentille convergente.

2. La valeur « 2 » correspond à la vergence de la lentille.

3. La lettre grecque « δ » est l'unité de la vergence, la dioptrie.

4. $f' = \frac{1}{C} = \frac{1}{2} = 0{,}5$ m.

Exercice 4

1. $C = \frac{1}{f'}$ avec $f' = 4{,}0$ cm $= 0{,}040$ m.

$C = \frac{1}{0{,}040}$, soit $C = 25$ δ.

2. On trace un axe horizontal représentant l'axe optique, on place le symbole de la lentille convergente. On positionne O, puis F′ à $\frac{4{,}0}{2} = 2{,}0$ cm de O. On place ensuite A sur l'axe à $\frac{12}{2} = 6{,}0$ cm de O.

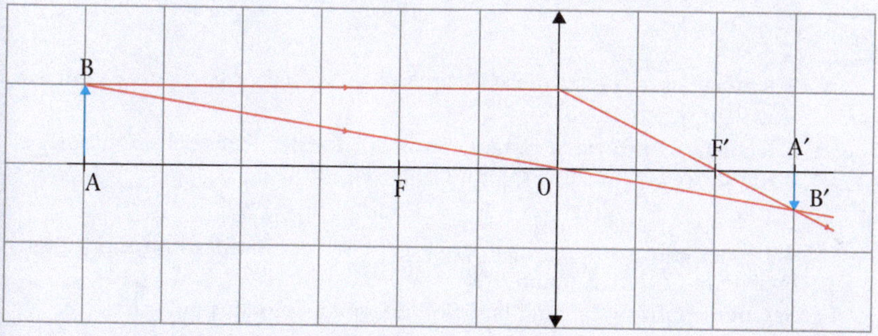

3. On mesure sur le schéma 3,0 entre O et A', ce qui correspond avec l'échelle à $\overline{OA'} = 6{,}0$ cm. De même, on mesure la hauteur de l'image A'B' : 0,50 cm, soit avec l'échelle et comme l'image est renversée : $\overline{A'B'} = -1{,}0$ cm.

Exercice 5

1. Dans l'œil réduit qui n'accommode pas, la distance focale de la lentille coïncide avec la distance lentille écran. $C = \frac{1}{f'} = \frac{1}{0{,}017} = \mathbf{59\ \delta}$.

2. On utilise la relation de conjugaison : $\frac{1}{\overline{OA'}} - \frac{1}{\overline{OA}} = \frac{1}{f'}$ avec $\overline{OA'} = 17$ mm $= 0{,}017$ m et $\overline{OA} = -0{,}50$ m ; on trouve $\frac{1}{f'} = 61$ soit $C' = \mathbf{61\ \delta}$.

3. $\frac{1}{\overline{OA'}} - \frac{1}{\overline{OA}} = \frac{1}{f'}$ avec $\overline{OA'} = 17$ mm $= 0{,}017$ m et $\overline{OA} = -0{,}25$ m.

On trouve $\frac{1}{f'} = 63$ soit $C'' = \mathbf{63\ \delta}$.

Exercice 6

1. Tous les rayons lumineux issus de B convergent en B'. Le rayon supérieur, qui arrive parallèlement à l'axe optique, émerge de la lentille en passant par F'.

Schéma a

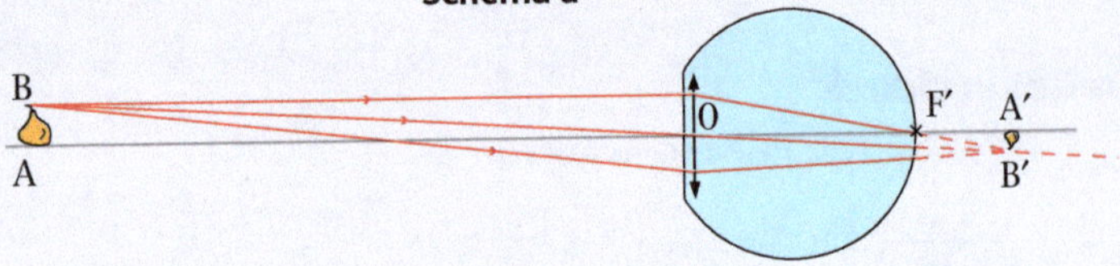

Schéma b

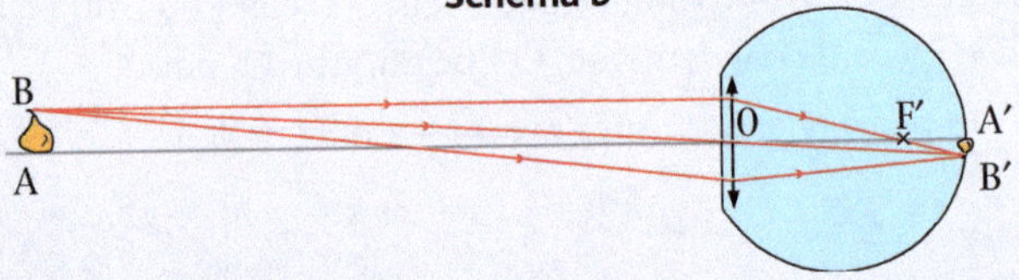

2. L'image obtenue est nette lorsqu'elle se forme sur la rétine, ce qui est le cas sur le schéma b.

3. La distance $\overline{OF'}$ est la distance focale de la lentille modélisant l'œil. La distance focale diminue quand l'objet s'approche :

$$\overline{OF'}_{\text{(après accomodation)}} < \overline{OF'}_{\text{(avant accomodation)}}.$$

4. Le cristallin devient plus convergent lorsque l'œil accommode, son épaisseur au centre augmente.

5. Chez un presbyte, c'est la vision des objets proches qui est altérée.

CORRIGÉS

Exercice 7

1. On utilise la relation de conjugaison :

$$\frac{1}{\overline{OA}} = \frac{1}{\overline{OA'}} - \frac{1}{f'}$$

d'où $\frac{1}{\overline{OA}} = \frac{1}{4{,}5} - \frac{1}{0{,}09} = -11$

soit $\overline{OA} = -0{,}092$ m = – 92 mm.

2. On calcule le grandissement γ de ce système de projection.

$\gamma = \frac{\overline{OA'}}{\overline{OA}} = -\frac{4{,}5}{0{,}092} = -49.$

À NOTER

Ce résultat était prévisible, 4,5 m pouvant être considéré comme l'infini par rapport à la distance focale 90 mm. Une image à l'infini correspond à un objet situé dans le plan focal objet, c'est-à-dire 90 mm avant la lentille.

3. γ est négatif, donc l'image est renversée.

4. Hauteur de l'image : 49 × 24 = 1 176 mm = 1,2 m.

Largeur de l'image : 49 × 36 = 1 764 mm = 1,7 m.

5. L'écran conseillé convient, car les dimensions de l'image sont comprises dans la taille de l'écran.

Exercice 8

1. $f' = 18$ mm $= 1{,}8 \cdot 10^{-2}$ m ; vergence $C = \frac{1}{f'} = \frac{1}{1{,}8 \cdot 10^{-2}} = 56\ \delta$.

2. Pour que cet œil observe un objet à l'infini sans accommoder, il faudrait que la distance focale de la lentille modélisant l'œil soit égale à la distance lentille-rétine, soit 17 mm ou $1{,}7 \cdot 10^{-2}$ m.

$C' = \frac{1}{1{,}7 \cdot 10^{-2}} = 59\ \delta$.

3. L'hypermétropie est corrigée en plaçant devant l'œil une lentille convergente de vergence $C'' = 59 - 56 = +3\ \delta$.

L'INFO EN PLUS

Au contraire de l'hypermétropie, la myopie est un défaut de l'œil qui gêne la vision de loin et qui se caractérise par une vergence trop importante. La myopie est corrigée par une lentille divergente.

Exercice 9

1. On trace un axe horizontal représentant l'axe optique, on place l'objet AB, A étant sur l'axe optique. On place ensuite A′ sur l'axe à $\frac{80}{10} = 8{,}0$ cm de A. B′ est à l'aplomb de A′.

2. On représente le rayon non dévié qui relie B à B′. Ce rayon passe par le centre optique de la lentille. On mesure sur le schéma 3,4 cm entre O et A′ soit en tenant compte de l'échelle : $\overline{OA'} = 34$ cm.

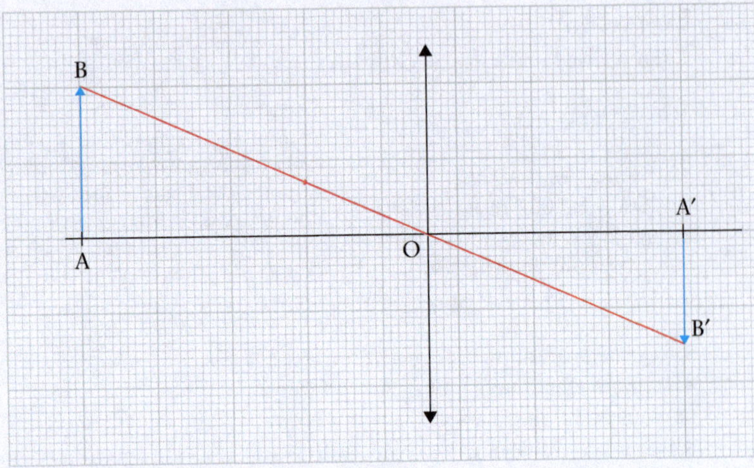

3. On représente le rayon issu de B qui arrive parallèlement à l'axe optique. On sait que ce rayon émerge de la lentille en passant par F′.

On mesure sur le schéma 2,0 cm entre O et F′, soit en tenant compte de l'échelle :

$\overline{OF'} = 20$ cm.

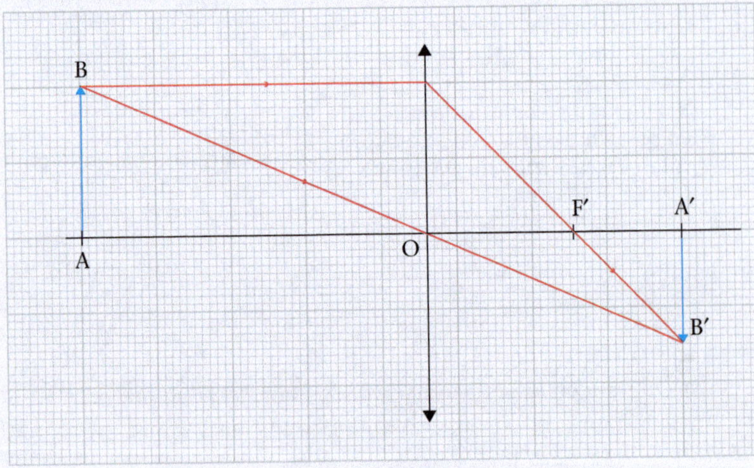

Exercice 10

1. On cherche la distance focale de la lentille connaissant sa vergence :
$f' = \frac{1}{C} = \frac{1}{20} = 0{,}050$ m = 5,0 cm.

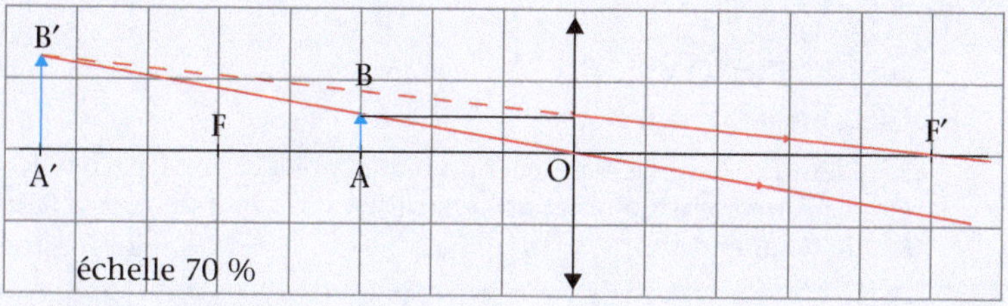

Un carreau représente 1 cm.

Une lentille convergente donne une image droite et agrandie d'un objet placé entre son foyer objet et son centre. On mesure $\overline{OA'} = -7{,}5$ cm et $\overline{A'B'} = 1{,}3$ cm.

2. On utilise la relation de conjugaison :

$$\frac{1}{\overline{OA'}} - \frac{1}{\overline{OA}} = \frac{1}{f'}$$

$$\frac{1}{\overline{OA'}} = \frac{1}{(-3{,}0 \cdot 10^{-2})} + 20 = -13$$

soit OA' = – 0,075 m = – 7,5 cm.

On utilise la relation de grandissement :

$$\gamma = \frac{\overline{OA'}}{\overline{OA}} = \frac{\overline{A'B'}}{\overline{AB}}$$

$$\overline{A'B'} = \overline{AB} \times \frac{\overline{OA'}}{\overline{OA}}$$

$$\overline{A'B'} = 5{,}0 \times \frac{(-7{,}5)}{(-3{,}0)} = 13 \text{ mm.}$$

> **À NOTER**
> OA et OA' ont la même unité (le cm).
> AB étant en mm, A'B' est aussi en mm.

Exercice 11

1. L'image est de même taille mais renversée, donc le grandissement vaut $\gamma = -1$.

2. La relation du grandissement permet d'écrire :

$$\gamma = \frac{\overline{OA'}}{\overline{OA}} = -1, \text{ soit } \overline{OA'} = -\overline{OA}.$$

On utilise la relation de conjugaison :

$$\frac{1}{\overline{OA'}} = \frac{1}{\overline{OA}} + \frac{1}{f'}.$$

On remplace $\overline{OA'}$ par $-\overline{OA}$ dans cette relation :

$$-\frac{1}{\overline{OA}}-\frac{1}{\overline{OA}}=\frac{1}{f'}$$

$$-\frac{2}{\overline{OA}}=\frac{1}{f'}$$

$\overline{OA}=-2f'$ et $\overline{OA'}=2f'$

$\overline{AA'}=\overline{AO}+\overline{OA'}=4\,f'$

3. La lentille se trouve à mi-chemin entre l'objet et l'image (car $\overline{OA'}=-\overline{OA}$) et la distance entre l'objet et la lentille est égale à deux fois la distance focale de la lentille.

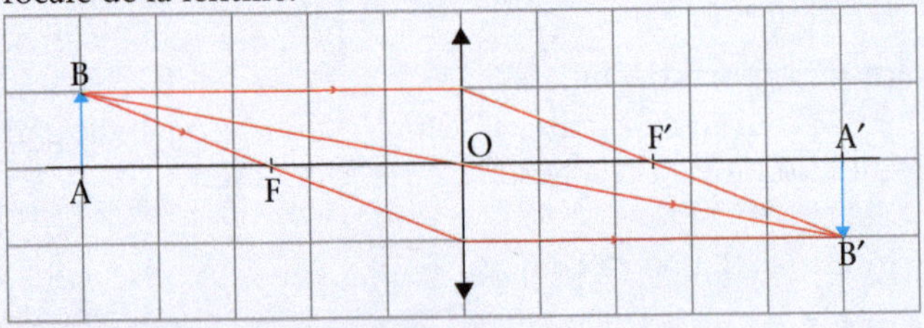

Un carreau représente 1 cm

4. Disposer l'écran à grande distance de l'objet.

Placer la lentille près de l'objet.

Déplacer la lentille vers l'écran jusqu'à ce que l'image soit nette. Si l'image est plus petite ou plus grande que l'objet, rapprocher l'écran. Repositionner la lentille de manière à obtenir une image nette. Recommencer ainsi jusqu'à ce que l'image et l'objet ait la même taille.

Mesurer alors la distance AA′ entre l'objet et son image. La distance focale est $\frac{AA'}{4}$.

L'INFO EN PLUS

Cette méthode de détermination de la distance focale d'une lentille convergente est connue sous le nom de méthode de Silbermann.

2 Lumières colorées et couleurs des objets

1 Synthèse additive

a. Principe

■ En utilisant seulement trois faisceaux colorés rouge, bleu et vert, il est possible de reconstituer la lumière blanche. **Rouge**, **bleu** et **vert** sont les **couleurs primaires** de la lumière. Leur mélange en différentes proportions donne toutes les autres couleurs. Cette méthode de création de nouvelles couleurs est appelée **synthèse additive**.

Synthèse additive : superposition de faisceaux de lumière

■ Lorsque deux lumières de couleur primaire de même intensité se superposent, on obtient une lumière d'une couleur secondaire : **cyan**, **magenta** et **jaune**.

■ Deux couleurs sont dites **complémentaires** si par synthèse additive elles donnent du blanc. Les couples de couleurs complémentaires sont rouge et cyan, vert et magenta, bleu et jaune.

b. Restitution d'une couleur sur un écran

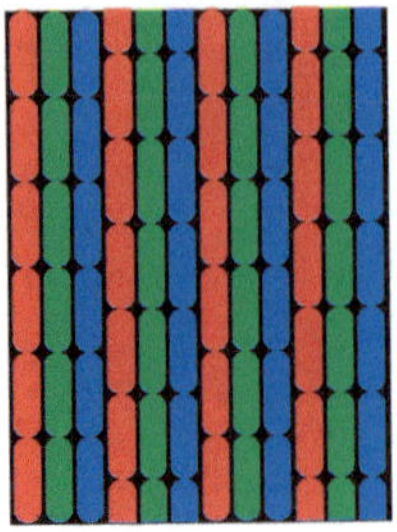

■ La synthèse additive est le principe de composition des couleurs, utilisé notamment dans les **écrans cathodiques** ou les **écrans LCD**. Chaque pixel de l'image est en fait constitué de trois sous-pixels : bleu, rouge ou vert. Notre œil ne distingue pas les sous-pixels, il mélange les lumières colorées provenant de chacun d'eux. Ainsi, lorsque les trois sous-pixels voisins (bleu, vert et rouge) sont allumés, l'œil a une impression de blanc. Mais des millions de couleurs sont accessibles puisque la luminosité de chacune des couleurs fondamentales est réglable.

À NOTER
Ce principe de restitution des couleurs est appelé « procédé RVB ».

c. Vision des couleurs

■ La vision des couleurs résulte de l'existence, sur la rétine, de trois types de **cônes** ayant chacun un spectre d'absorption différent : certains cônes sont plus sensibles au vert, d'autres au bleu, d'autres au rouge. Notre sensibilité visuelle est dite **trichromatique**.

■ Lorsqu'un type de cône est défectueux, la perception des couleurs est imparfaite ; on parle alors de **daltonisme**.

À NOTER
Deux lumières de spectres différents peuvent être perçues comme ayant la même couleur si elles engendrent les mêmes réponses de la part des trois types de cônes. Notre œil n'est pas capable de déterminer la composition de la lumière qu'il reçoit.

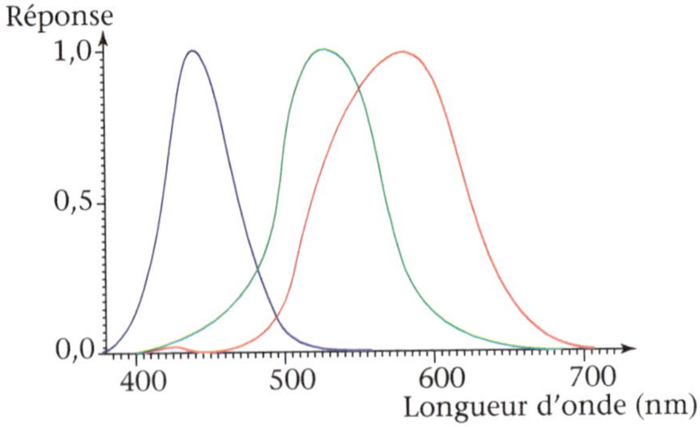

Sensibilité des cônes en fonction de la longueur d'onde

2 Synthèse soustractive

a. Cas des filtres

■ Lorsque la lumière blanche traverse un filtre coloré, celui-ci **absorbe** certaines radiations et **transmet** (laisse passer) les autres. Les filtres réalisent une **synthèse soustractive**.

■ En synthèse soustractive, les trois couleurs primaires sont le **cyan**, le **magenta** et le **jaune**. Ces trois couleurs, dans des proportions convenables, suffisent pour recréer toutes les autres couleurs. Deux couleurs sont dites **complémentaires** si leur superposition donne du noir.

b. Couleur d'un objet opaque

■ Notre œil perçoit des objets colorés car leur surface **absorbe** certaines radiations de la lumière incidente et **diffuse** les autres.

■ Éclairé en lumière blanche, un objet qui diffuse toutes les couleurs apparaît blanc. S'il les absorbe toutes, il apparaît noir.

VOCABULAIRE
Diffusion signifie « phénomène par lequel un objet éclairé renvoie une partie de la lumière qu'il reçoit dans toutes les directions ».

Exemple : Éclairé en lumière blanche, un objet qui absorbe uniquement la lumière verte diffuse donc les lumières rouge et bleu. Ces radiations donnent par synthèse additive une lumière magenta. L'objet sera perçu magenta par l'observateur.

■ La couleur perçue d'un objet opaque dépend donc de la façon dont il est éclairé, des lumières qu'il absorbe et qu'il diffuse, et de l'observateur.

c. Impression des couleurs

■ Les substances colorées dans les encres ou les peintures agissent comme des filtres. C'est donc le principe de la synthèse soustractive qui est utilisée en peinture ou dans l'impression.

1 Prévoir l'effet de plusieurs filtres colorés sur une lumière incidente

Énoncé

Un éclairagiste dispose d'un unique projecteur de lumière blanche. Pour éclairer une scène de différentes couleurs, il possède trois filtres colorés : cyan, magenta et jaune.

Quels filtres colorés utilisera-t-il pour éclairer la scène d'une lumière rouge ? Comment placera-t-il ces filtres ?

Savoir-faire

- Chercher un filtre coloré qui transmet les radiations lumineuses correspondant à sa propre couleur et un autre qui absorbe celles qui correspondent à sa couleur complémentaire.
- Se rappeler que les filtres réalisent une synthèse soustractive.

Corrigé détaillé

Pour obtenir de la lumière rouge, l'éclairagiste doit superposer devant le projecteur de lumière blanche deux filtres : un qui absorbe la lumière verte et un autre qui absorbe la lumière bleue, afin que seule la lumière rouge soit transmise.

Il va donc choisir un filtre magenta (le magenta est la couleur complémentaire du vert) et un filtre jaune (le jaune est la couleur complémentaire du bleu).

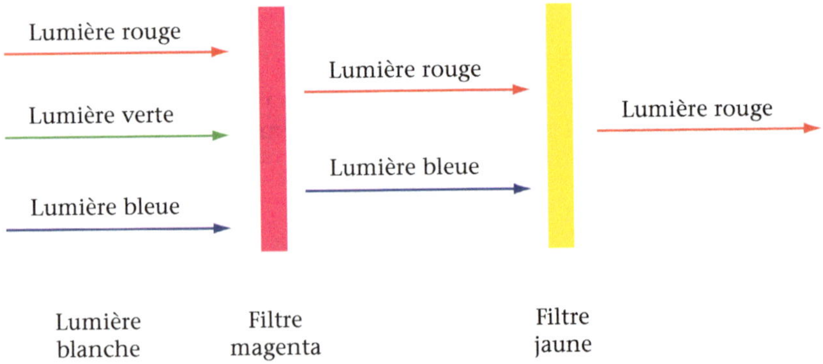

2 Interpréter la couleur observée d'un objet éclairé

Énoncé

Éclairé en lumière blanche, un citron paraît jaune.

Comment ce citron paraîtra-t-il éclairé par une lumière verte ? bleue ? rouge ?

Savoir-faire

- Rechercher, parmi les couleurs rouge, bleue et verte, quelles lumières colorées sont absorbées et quelles lumières colorées sont diffusées par le citron.
- Se rappeler que la couleur perçue résulte de la synthèse additive des lumières diffusées par le citron.

Corrigé détaillé

- Un citron jaune, éclairé en lumière blanche, absorbe la lumière bleue et diffuse les lumières verte et rouge.
- Éclairé en lumière verte, ce citron apparaîtra vert : il diffuse la lumière verte.

Éclairé en lumière bleue, ce citron apparaîtra noir, car il absorbe la lumière bleue et ne diffuse aucune lumière.

Éclairé en lumière rouge, ce citron apparaîtra rouge : il diffuse la lumière rouge.

10 qcm pour réviser le cours

Corrigés p. 39

1 Une lumière blanche émise par une source traverse un filtre absorbant les radiations vertes, puis parvient à un œil humain. L'œil perçoit une lumière de couleur :

❑ **a.** cyan.
❑ **b.** magenta.
❑ **c.** verte.

2 La couleur d'un objet opaque correspond à la couleur qu'il :

❑ **a.** diffuse.
❑ **b.** reçoit.
❑ **c.** transmet.

3 Une lumière blanche traverse successivement un filtre jaune et un filtre rouge. Sur un écran blanc :

❑ **a.** on n'observe aucune lumière.
❑ **b.** on observe une lumière jaune.
❑ **c.** on observe une lumière rouge.

4 En synthèse additive, la superposition de deux faisceaux de lumière bleue et de lumière verte, de même intensité, donne :

❑ **a.** du blanc.
❑ **b.** du noir.
❑ **c.** du cyan.

5 Le rendu des couleurs sur un écran d'ordinateur est fondé sur le principe de :

❑ **a.** la synthèse additive.
❑ **b.** la synthèse multiplicative.
❑ **c.** la synthèse soustractive.

6 Un éclairagiste place un filtre coloré devant une source de lumière blanche. Il obtient une lumière colorée. Il s'agit :

❑ **a.** d'une synthèse additive.
❑ **b.** d'une synthèse multiplicative.
❑ **c.** d'une synthèse soustractive.

7 Éclairée en lumière blanche, une cerise est perçue rouge. Éclairée en lumière jaune, cette cerise est perçue :

❑ **a.** jaune.
❑ **b.** noire.
❑ **c.** rouge.

8 En aquarelle, pour obtenir du rouge, un peintre doit utiliser des pigments :

❑ **a.** magenta et cyan.
❑ **b.** magenta et jaune.
❑ **c.** cyan et jaune.

9 Les cellules responsables de la vision des couleurs sont :

❑ **a.** les bâtonnets.
❑ **b.** les cônes.
❑ **c.** les pixels.

10 Pour que le cerveau réalise la synthèse additive de deux lumières colorées, il faut que les deux sources de lumière colorées :

❑ **a.** aient la même intensité lumineuse.
❑ **b.** soient à la même distance de l'œil.
❑ **c.** soient suffisamment proches pour que l'œil ne puisse pas les distinguer.

Exercices

Exercice 1 niveau 1

Corrigés p. 39

1. Pourquoi ne peint-on jamais les murs d'une pièce en noir ?
2. Pourquoi les murs des maisons méditerranéennes sont-ils peints en blanc ?

Exercice 2 niveau 1

Corrigés p. 40

Éclairée en lumière blanche, une tomate paraît rouge car elle absorbe les lumières bleue et verte et elle diffuse le rouge. Mais si on l'éclaire maintenant en lumière bleue, la tomate paraît désormais noire !

1. Indiquer la couleur complémentaire du rouge.
2. Indiquer la couleur de la tomate éclairée en lumière rouge.
3. Éclairée en lumière bleue, expliquer pourquoi la tomate paraît noire.

Exercice 3 niveau 1

Corrigés p. 40

On observe la figure ci-contre avec un filtre rouge, puis avec un filtre bleu.
Quel chiffre peut-on lire dans chacun des cas ?
Justifier les réponses.

Exercice 4 niveau 2

Corrigés p. 40

Le graphe ci-dessous donne la courbe représentant la lumière transmise par un filtre en fonction de la longueur d'onde de la radiation qui le traverse.

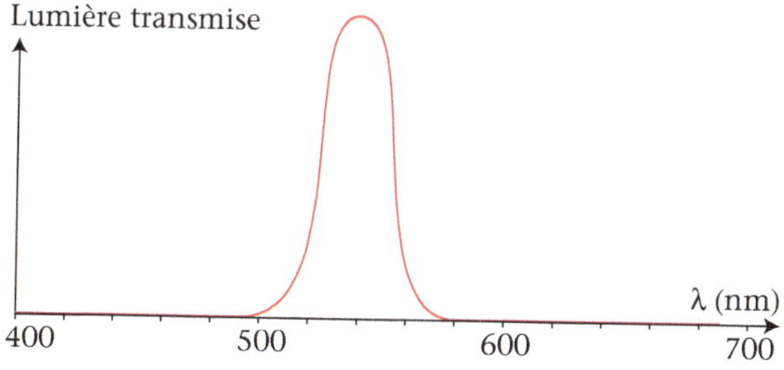

1. Quel est le domaine des longueurs d'onde des radiations transmises ?

2. Quelle est la couleur du filtre ?

3. Un ensemble de deux filtres différents est maintenant placé sur le trajet de la lumière blanche et permet d'obtenir le même spectre que précédemment.

Donner une couleur possible pour chacun de ces deux filtres.

Données :

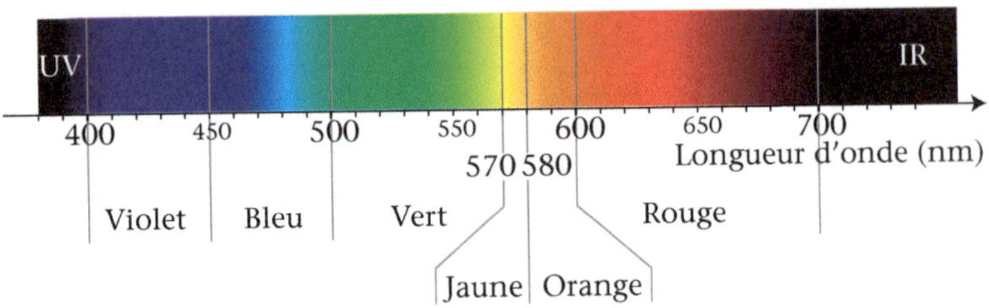

Exercice 5 niveau 2

Corrigés p. 40

Pour chaque zone de l'image ci-dessous observée sur un écran plat, entourer dans le tableau les sous-pixels éclairés.

Sapin vert			Boule bleue			Boule blanche		
R	V	B	R	V	B	R	V	B

Boule rouge			Étoile jaune			Tronc noir		
R	V	B	R	V	B	R	V	B

ENTRAÎNEMENT

Exercice 6 niveau 2

Corrigés p. 40

La quadrichromie est un procédé d'impression basé sur l'utilisation de quatre couleurs : le cyan, le jaune, le magenta et le noir.

1. Quel type de synthèse des couleurs est utilisé dans une imprimante ?
2. Peut-on obtenir du noir avec les trois couleurs cyan, magenta et jaune ?
3. À votre avis, quel est l'intérêt d'utiliser également de l'encre noire ?
4. Pourquoi une imprimante utilise-t-elle des encres cyan, magenta et jaune plutôt que des encres rouge, verte et bleue ?

Exercice 7 niveau 2

Corrigés p. 41

Le graphe suivant traduit l'absorption relative des cônes en fonction de la longueur d'onde.

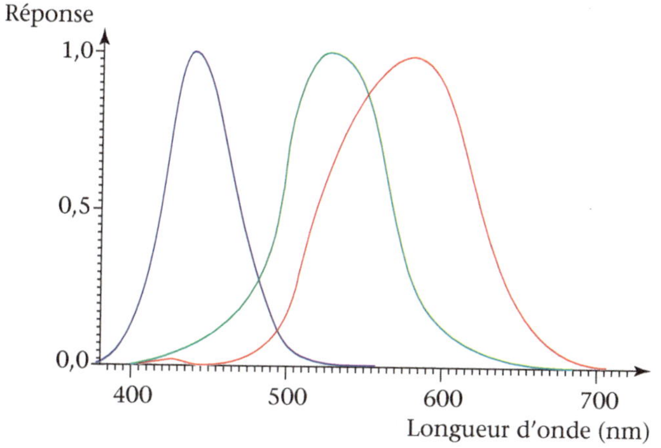

1. Combien de types de cônes trouve-t-on sur la rétine d'un œil humain ?
2. Déterminer avec précision la longueur d'onde de la lumière pour laquelle chaque type de cône présente une absorption maximale.
3. Un cône bleu recevant une radiation de longueur d'onde 600 nm renvoie-t-il une réponse forte, moyenne ou ne renvoie-t-il pas de réponse du tout ?
Même question pour les cônes vert et rouge.
4. Quels cônes sont sollicités lorsque l'œil perçoit la couleur cyan ?

5. Éclairé en lumière blanche, un objet apparaît cyan.
Quelles radiations absorbe-t-il ?
6. De quelle couleur apparaît ce même objet éclairé en lumière verte ?
Dans ce cas, quels cônes ne sont plus sollicités ?
7. Quels cônes sont sollicités lorsqu'on admire une montagne enneigée éclairée par le soleil ?
8. Les cônes sont les cellules photoréceptrices rétiniennes responsables de l'acuité et de la vision des couleurs. Citer l'autre catégorie de photorécepteurs qui sont situés sur la rétine, en précisant leur rôle.
9. Expliquer la phrase : « L'œil humain a une sensibilité visuelle trichromique. »

Exercice 8 niveau 2

Corrigés p. 41

Le drapeau français et le drapeau irlandais sont éclairés avec diverses lumières.

1. Compléter le tableau ci-dessous.

Lumière qui éclaire	Drapeau français			Drapeau irlandais		
Lumière blanche	bleu	blanc	rouge			
Lumière bleue				noir	bleu	noir
Lumière verte				vert	vert	vert
Lumière jaune				vert	jaune	jaune

Avec quelle lumière colorée faut-il éclairer les deux drapeaux pour qu'ils paraissent identiques ?

Exercice 9 niveau 3

Corrigés p. 42

Claude est daltonien. Les trois types de cônes sont présents sur sa rétine mais certains d'entre eux, ceux sensibles à la lumière verte, sont défectueux.

Le schéma de droite correspond à un agrandissement d'une partie de l'œil. On a représenté trois cônes, chacun étant sensible à une lumière colorée primaire (R : rouge, V : vert et B : bleu). Chaque cône est matérialisé par une case rectangulaire.

1. Compléter le schéma de l'œil (document 1) avec les mots suivants : *cristallin, cornée, iris, nerf optique, pupille, rétine.*

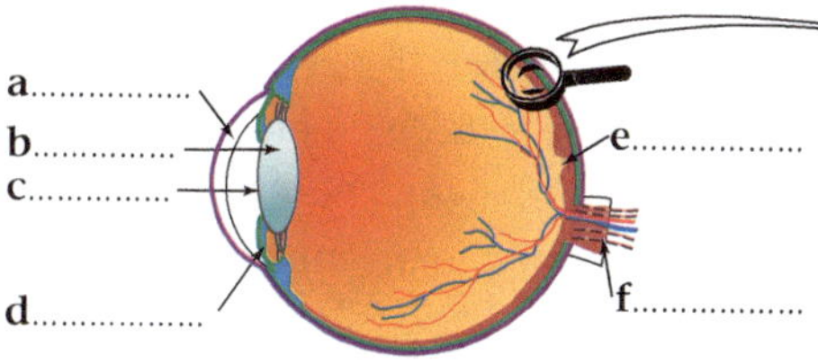

document 1

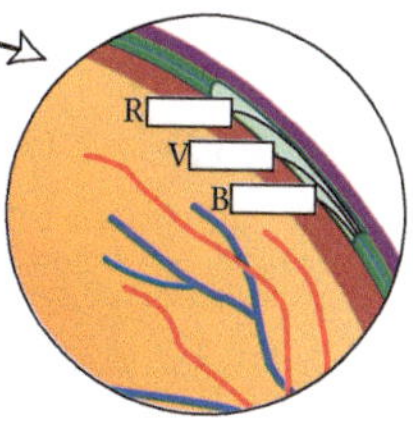

document 2

2. Cocher les cases (document 2) correspondant aux cônes qui vont transmettre des impulsions électriques lorsque de la lumière blanche pénètre dans l'œil de Claude.

3. Comment Claude perçoit-il la lumière blanche ?

4. C'est maintenant de la lumière jaune qui pénètre dans les yeux de Claude. Quelle est la couleur qu'il perçoit ?

Exercice 10 niveau 3

Corrigés p. 42

Le chimiste Eugène Chevreul est l'un des premiers à avoir étudié la couleur. En 1839, il établit qu'une couleur paraît d'autant plus intense qu'elle est placée au contact de sa complémentaire : il a découvert la **loi du contraste simultané des couleurs.** Il établit également qu'à partir de deux taches de couleurs différentes, l'œil opère ce que l'on appelle un **mélange optique**, c'est-à-dire que c'est l'œil du spectateur qui effectue le mélange des couleurs.

Les impressionnistes s'inspirent des publications de Chevreul et changent alors leur façon de représenter les couleurs : au lieu de mélanger les couleurs sur la palette avant de les mettre sur la toile, ils utilisent la technique du pointillisme qui consiste à juxtaposer à intervalles réguliers des touches de couleur pure sur la toile. De près, l'œil voit seulement ces touches et n'a aucune vision globale du tableau. De loin, le tableau prend forme et lumière. Cette division des tons assure une luminosité plus intense, surtout si les lois des couleurs complémentaires et des contrastes sont bien respectées.

1. En quoi consiste le pointillisme ?

2. Rechercher quel peintre français est connu comme l'« inventeur » du pointillisme.

3. Habituellement, la peinture appliquée est un mélange de pigments, réalisé par l'artiste. Le mélange de pigments sur la palette conduit-il à la synthèse additive ou à la synthèse soustractive de la lumière ?

4. Quelles en sont les couleurs primaires ?

5. Quelle est la couleur absorbée par des pigments jaunes ?
Quelle est la couleur absorbée par des pigments cyan ?

6. Sur un écran blanc, un peintre étale un mélange de jaune et de cyan. Quelle est la couleur perçue ?

7. Un peintre pointilliste juxtapose sur une toile des petites touches de couleur rouge et bleue.
Avec un minimum de recul, quelle couleur l'œil perçoit-il ?

8. L'œil réalise-t-il alors une synthèse additive ou une synthèse soustractive ?

9. Les effets produits par les tableaux pointillistes sont différents des autres tableaux n'utilisant pas cette technique.
Qu'indique le texte à ce sujet ?

Exercice 11 *niveau 3*

Corrigés p. 43

Les textiles blancs en vieillissant ont tendance à jaunir. Comment rendre alors un tissu ou un vêtement bien blanc ?

Une solution efficace consiste à l'imprégner avec une molécule fluorescente, appelée azurant optique, qui absorbe les UV (ultraviolet) dans le proche invisible et réémet dans le bleu. Les azurants optiques, dont le premier brevet date de 1935, entrent désormais dans la composition de la plupart des lessives. Pour un tissu non jauni, la fluorescence ajoute de la luminosité à la blancheur, d'où l'accroche bien connue « laver plus blanc que blanc », autrefois employée par une publicité pour vanter les mérites des lessives.

1. Rechercher la définition du terme *fluorescence*.

2. Quelle est la couleur absorbée par du linge jauni ?

3. Expliquer pourquoi les azurants optiques redonnent un aspect blanc au linge jauni.

4. De quel type de synthèse s'agit-il ?

5. Quelle perception avons-nous d'un tissu non jauni imprégné d'azurant optique et éclairé à la lumière du jour ?

6. Dans une chambre noire, placée sous un rayonnement UV, de quelle couleur paraît un tissu blanc imprégné d'azurant optique ?

QCM

1 **b.** Un filtre qui absorbe les radiations vertes transmet les radiations bleues et rouges : la lumière perçue est donc magenta.

2 **a.** Un corps transparent transmet la lumière sans la diffuser. Dans le cas d'un corps opaque, le phénomène de transmission est inexistant ou faible. Un objet opaque diffuse ou réfléchit la lumière.

3 **c.** Le filtre jaune transmet les lumières rouge et verte ; il absorbe le bleu. Le filtre rouge transmet la lumière rouge ; il absorbe les lumières bleue et verte. Il n'y a donc que la lumière rouge qui arrive sur l'écran blanc.

4 **c.** Le noir est l'absence de lumière, et le blanc s'obtient par superposition des trois lumières colorées rouge, bleue, verte.

5 **a.** Un écran est constitué de points (les pixels), eux-mêmes formés par trois sous-pixels (un bleu, un rouge et un vert) trop proches pour que l'œil puisse les distinguer. Le cerveau fait donc, pour chaque point de l'image, la synthèse additive des lumières rouges, vertes et bleues reçues par l'œil.

6 **c.** La lumière colorée est obtenue en retirant des lumières colorées à la lumière blanche (à l'aide du filtre) : il s'agit d'une synthèse soustractive.

7 **c.** Éclairée en lumière blanche, une cerise est perçue rouge. Cela signifie qu'elle diffuse la lumière rouge et absorbe les lumières vertes et bleues. Éclairée en lumière jaune (verte + rouge), cette cerise est perçue rouge comme en lumière blanche car la lumière rouge est diffusée tandis que la lumière verte est absorbée.

8 **b.** Le peintre doit utiliser un pigment qui absorbe le vert (pigment magenta) et un pigment qui absorbe le bleu (pigment jaune).

9 **b.** Les bâtonnets sont sensibles à l'intensité lumineuse, mais pas aux couleurs.

10 **c.** L'œil humain n'est pas capable de discerner individuellement deux sources de lumière si elles sont trop proches l'une de l'autre, il ne perçoit que la « résultante ».

Exercice 1

1. Les murs peints en noir ne renvoient pas de lumière. Il faudra donc éclairer la pièce en plein jour si on veut bénéficier d'un minimum de confort lumineux.

2. Les surfaces claires renvoient plus de lumière que les surfaces sombres. Un corps sombre absorbe la lumière qu'il reçoit et par conséquent s'échauffe. Dans les pays méditerranéens, on recherche à avoir une maison la plus fraîche possible. Le blanc est donc la couleur la plus adaptée.

Exercice 2

1. Le cyan est la couleur complémentaire du rouge.

2. Une tomate éclairée en lumière rouge apparaît rouge, car elle diffuse la lumière rouge.

3. Éclairée en lumière bleue, la tomate paraît noire, car elle absorbe les radiations bleues et ne diffuse rien.

Exercice 3

Éclairé en lumière rouge, le fond coloré de la figure apparaît rouge, ainsi que le trait rouge. Les autres traits apparaissent noirs : On lira donc le chiffre 6 écrit en noir sur fond rouge.

Éclairé en lumière bleue, le fond coloré apparaît bleu, comme le trait bleu. Les autres traits apparaissent noirs : on lit donc le chiffre 0 écrit en noir sur fond bleu.

Exercice 4

1. Les radiations dont la longueur d'onde est comprise entre 500 et 580 nm sont transmises.

2. Ce filtre transmet la lumière verte, il est vert.

3. La superposition d'un filtre cyan (qui absorbe le rouge) et d'un filtre jaune (qui absorbe le bleu) permet d'obtenir une lumière verte.

Exercice 5

	Sapin vert	Boule bleue	Boule blanche	Boule rouge	Étoile jaune	Tronc noir
Sous pixels éclairés	V	B	R, V, B	R	R,V	aucun

Exercice 6

1. Une imprimante utilise la synthèse soustractive.

2. En mélangeant les encres cyan, magenta et jaune, les trois couleurs primaires en synthèse soustractive, on obtient du noir.

3. Une imprimante utilise également de l'encre noire car les trois encres primaires ne permettent pas l'obtention d'un noir profond. L'encre noire améliore les contrastes et permet d'économiser les encres primaires (plus coûteuses).

4. En superposant les couleurs jaune, cyan et magenta, on obtient de nouvelles couleurs. Au contraire, en superposant des encres bleue, rouge ou verte, aucune lumière n'est transmise car chaque encre ne diffuse qu'une seule lumière colorée et absorbe les autres.

Exercice 7

1. Sur la rétine d'un œil humain, on trouve trois types de cônes.

2. Les cônes bleus présentent une absorption maximale pour une longueur d'onde de 440 nm, les cônes verts présentent une absorption maximale pour une longueur d'onde de 530 nm, et les cônes rouges présentent une absorption maximale pour une longueur d'onde de 580 nm.

3. Un cône bleu recevant une radiation de longueur d'onde 600 nm ne renvoie pas de réponse du tout. Les cônes verts renvoient une réponse moyenne et les cônes rouges renvoient une réponse forte. La couleur perçue sera rouge orangée.

> **À NOTER**
> Les spectres d'absorption de chacun des trois types de cônes se superposent partiellement : une lumière colorée donnée est donc plus ou moins absorbée par plusieurs types de cônes.

4. Lorsque l'œil perçoit la couleur cyan, les cônes sollicités sont ceux sensibles au vert et au bleu.

5. Un objet cyan diffuse la lumière cyan, c'est-à-dire qu'il diffuse le vert et le bleu et qu'il absorbe la lumière rouge.

6. Éclairé en lumière verte, ce même objet diffuse la lumière verte et il apparaît vert.

Les cônes bleus ne sont plus sollicités.

7. Une montagne enneigée éclairée par le soleil apparaît blanche, tous les cônes alors sont sollicités.

8. Les bâtonnets sont des photorécepteurs, situés sur la rétine, mille fois plus sensibles à la lumière que les cônes. Quand il y a peu de lumière comme la nuit, seuls les bâtonnets contribuent à la vision. Alors que les cônes sont sensibles aux différentes couleurs, les bâtonnets ne le sont qu'au noir et au blanc (en niveaux de gris).

9. L'homme est une espèce trichromate, car son œil possède trois sortes de cônes qui lui permettant de reproduire un très grand nombre de couleurs.

Exercice 8

Lumière qui éclaire	Drapeau français			Drapeau irlandais		
Lumière blanche	bleu	blanc	rouge	vert	blanc	jaune
Lumière bleue	bleu	bleu	noir	noir	bleu	noir
Lumière verte	noir	vert	noir	vert	vert	vert
Lumière jaune	noir	jaune	rouge	vert	jaune	jaune

Ils paraissent identiques en lumière rouge (noir, rouge, rouge).

Exercice 9

1. a. cornée ; **b.** cristallin ; **c.** pupille ; **d.** iris ; **e.** rétine ; **f.** nerf optique.

2. Il faut cocher les cases correspondant aux cônes rouge et bleu.

3. Claude perçoit de la lumière magenta.

4. Lorsqu'un œil reçoit de la lumière jaune, les cônes sollicités sont les cônes rouges et verts. Mais chez Claude, les cônes verts sont défectueux. Claude percevra du rouge.

L'INFO EN PLUS

Le daltonisme est beaucoup plus fréquent chez les hommes que chez les femmes. Un daltonien, dont les cônes de réception au vert est déficient, ne perçoit que le rouge et le bleu : il est dit dichromate deutéranope. Il est incapable de différencier le rouge du vert. C'est la forme dont était atteint John Dalton.

Exercice 10

1. Le pointillisme (ou néo-impressionnisme) est une technique de peinture, issue du mouvement impressionniste, qui consiste à peindre par petites touches séparées de peinture de couleurs primaires.

2. Le Français Georges Seurat (1859-1891) est connu comme l'« inventeur » de cette nouvelle technique de peinture.

3. Le mélange de peintures sur la palette conduit à la synthèse soustractive de la lumière. Chacun des pigments mélangés sur la palette absorbe certaines lumières colorées comme le font également les filtres.

4. Les couleurs primaires en synthèse soustractive sont le cyan, le magenta et le jaune.

5. Un pigment jaune diffuse la lumière jaune, c'est-à-dire le rouge et le vert : il absorbe le bleu. Un pigment cyan diffuse la lumière cyan, c'est-à-dire le bleu et le vert : il absorbe le rouge.

6. Le mélange ne pourra diffuser que la couleur commune que chaque pigment est capable de diffuser : le mélange apparaît vert.

7. Le peintre pointilliste juxtapose des points de couleur, chacun diffusant sa propre lumière. Observées à distance, ces lumières se superposent, la couleur perçue est le magenta.

8. L'œil réalise une synthèse additive.

9. L'aspect visuel obtenu est différent de celui obtenu en mélangeant des couleurs sur une palette et en les appliquant ensuite sur la toile. D'après le texte, les teintes obtenues seraient plus brillantes, le résultat plus lumineux. Lorsque l'on mélange des peintures sur la palette, chaque pigment absorbe une partie du spectre de la lumière, donnant une couleur moins « claire ».

Ainsi, mélanger des pigments de cyan, de magenta et de jaune (les couleurs primaires soustractives) produit une couleur proche du noir.

En revanche, sur un tableau pointilliste, c'est la synthèse additive qui joue : chaque touche de peinture diffuse sa propre lumière : la synthèse additive des trois couleurs rouge, vert et bleu produit une lumière proche du blanc.

Exercice 11

1. La fluorescence est un processus dans lequel une substance absorbe des radiations d'une certaine longueur d'onde et réémet immédiatement des radiations ayant une autre longueur d'onde (plus grande).

Dans la vie courante, les objets fluorescents (post-it, surligneurs...) transforment une partie des ultraviolets (UV) qu'ils reçoivent en lumière visible.

2. Du linge jauni diffuse de la lumière jaune et absorbe donc la couleur complémentaire du jaune : le bleu.

3. Les azurants optiques produisent de la lumière bleue qui vient se superposer à la lumière jaune diffusée par le tissu pour donner du blanc.

4. Il s'agit d'une synthèse additive.

5. Un tissu blanc non jauni, imprégné d'azurant optique et éclairé à la lumière du jour, paraît blanc-bleuté.

Il semble plus « éclatant » car nos yeux reçoivent plus de lumière (visible) que celle qui tombe sur le tissu (en plus de celle renvoyée par le tissu, il y a celle due à la fluorescence).

6. Éclairé sous UV, et uniquement sous UV, le tissu paraît bleu.

3 Sources de lumière

1 Sources de lumière

a. Sources mono et polychromatique

■ Une **source monochromatique** émet une seule radiation, caractérisée par sa **longueur d'onde**, notée λ, dans le vide ; elle s'exprime en mètres (m). Son spectre (obtenu au moyen d'un prisme par exemple) ne présente qu'une seule raie.
Une **source polychromatique** émet plusieurs radiations, caractérisées par plusieurs longueurs d'onde.

■ L'œil humain est sensible aux radiations dont les longueurs d'onde dans le vide sont comprises entre 400 nm et 800 nm. Ces radiations visibles sont limitées par les ultraviolets ($\lambda < 400$ nm) et par les infrarouges ($\lambda > 800$ nm).

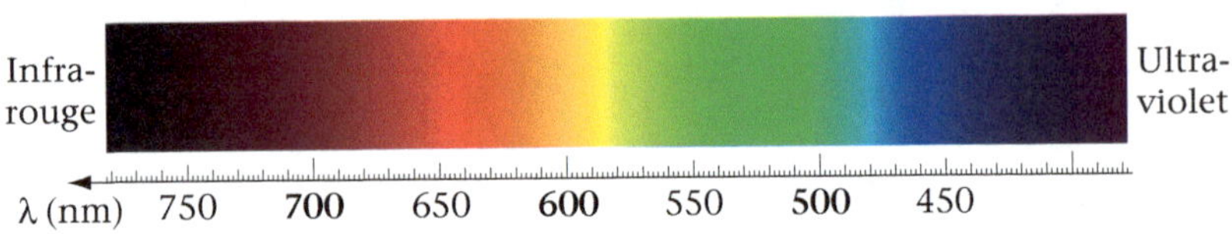

b. Sources chaudes de lumières

■ De façon générale, tout corps solide, liquide ou gazeux sous forte pression **porté à haute température** émet un rayonnement électromagnétique, appelé rayonnement thermique, qui dépend de sa température et dont **le spectre est continu**.
Le soleil et les lampes à incandescence sont des exemples de sources chaudes de lumières.

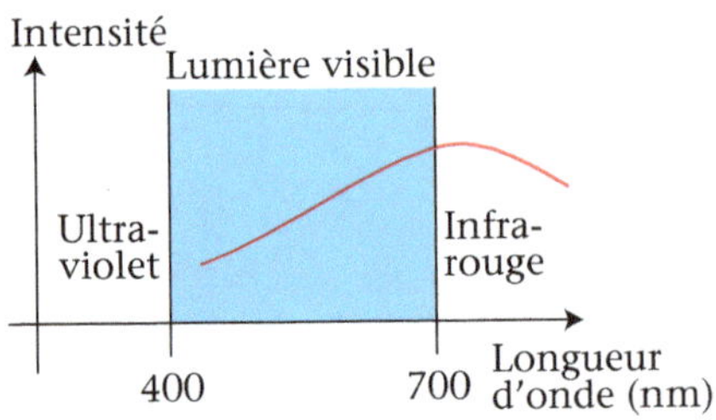

Profil spectral de la lumière émise par une lampe à incandescence

■ Le Soleil est une source naturelle incandescente dont la température de surface est maintenue à 5 500 °C par des réactions nucléaires internes.

■ Dans une lampe à incandescence, le courant électrique, traversant un filament, porte celui-ci à une **température élevée**. Le filament devient alors incandescent. La majeure partie de l'énergie n'est pas convertie en lumière visible, mais en rayonnement infrarouge (IR).

À NOTER
L'éclairage par lampes à incandescence est une application de l'effet Joule : sous l'effet du passage d'un courant électrique, un conducteur s'échauffe.

c. Sources froides de lumières

■ Dans le cas d'une source froide, l'émission de lumière a lieu sans échauffement particulier.

■ La lumière émise par un **laser** (de l'anglais *Light Amplification by Stimulation Emission of Radiations*) possède des propriétés remarquables :
– elle est **monochromatique** ;
– le faisceau est très fin, et ne diverge pratiquement pas : on dit qu'il a une **grande directivité**.

À NOTER
Les lasers émettent une lumière très intense. Bien que certains lasers semblent peu puissants (quelques milliwatts), leur lumière est concentrée sur une toute petite surface. Il est très important de ne jamais recevoir un faisceau laser directement dans les yeux, il pourrait provoquer une cécité permanente en endommageant la rétine.

■ Une **diode électroluminescente**, abrégée sous les sigles **DEL** ou **LED** (de l'anglais *Light-Emitting Diode*), est un composant électronique émettant de la lumière dont le spectre est continu, mais étroit ; la longueur d'onde du maximum d'émission dépend du matériau.

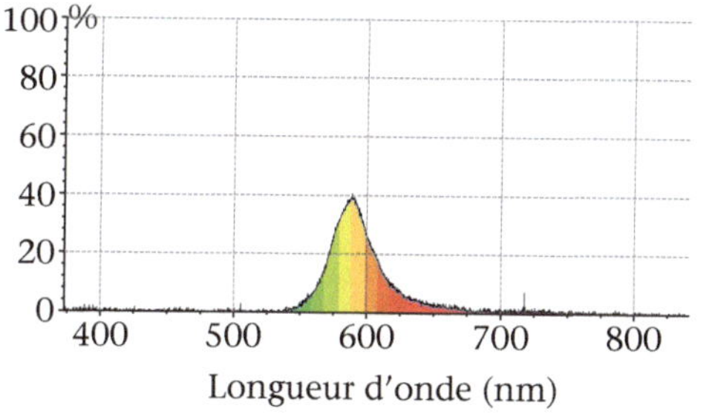

DEL jaune

■ Une **lampe à décharge** renferme un gaz qui, excité par une décharge électrique, émet de la lumière. Le spectre de la lumière émise est un spectre de raies qui est lié à la nature du gaz utilisé. Source lumineuse très répandue, le **tube fluorescent** est le produit le plus ancien de la gamme des lampes à décharge, utilisé dès les années 1930. L'excitation d'un mélange gazeux d'argon et de vapeur de mercure génère des ultraviolets (UV).

À NOTER
Les tubes fluorescents sont souvent appelés à tort « néons ». Les vrais « néons » émettent une lumière rouge et sont utilisés pour les enseignes lumineuses.

Des poudres fluorescentes déposées sur la paroi interne du tube convertissent ce rayonnement UV en lumière visible (fluorescence). Le spectre de la lumière est ainsi enrichi : la qualité de la lumière est améliorée.

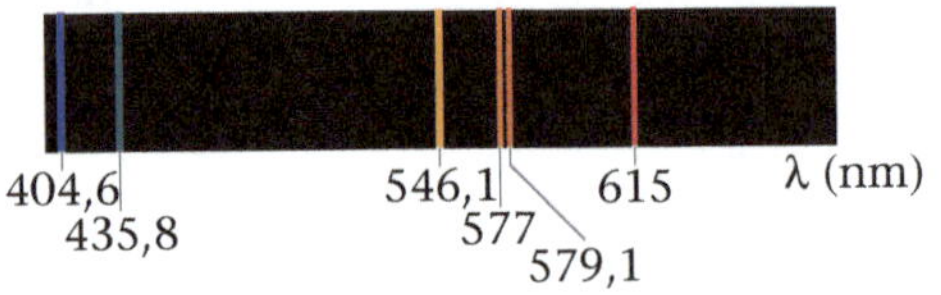

Lampe à vapeur de mercure

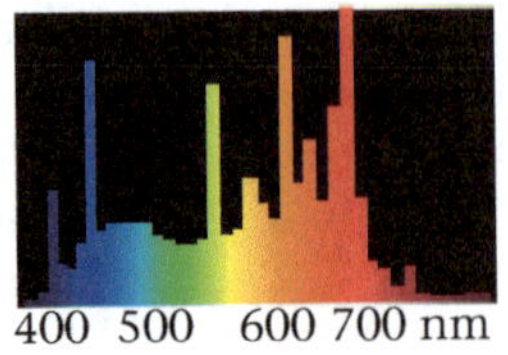

Tube fluorescent

2 Couleur des corps chauffés

■ Bien qu'un corps chauffé rayonne dans toutes les longueurs d'onde, il émet préférentiellement dans un domaine particulier.

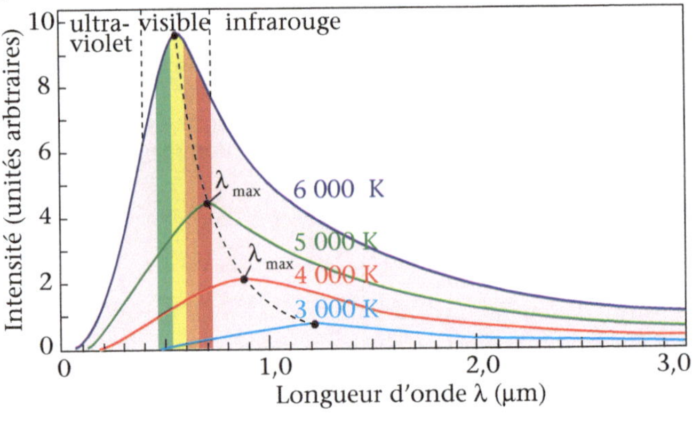

■ La longueur d'onde λ_{max}, qui correspond au maximum de rayonnement, est inversement proportionnelle à la température absolue de la source T. La **loi de Wien** rend compte de ce phénomène :

$$\lambda_{max} = \frac{2{,}89 \cdot 10^{-3}}{T}.$$

λ_{max} représente la longueur d'onde en m qui correspond au rayonnement le plus intense dans le spectre continu et T est la température en Kelvin tel que **T (en K) = θ (en °C) + 273.**

■ Lorsque la température d'un corps chaud augmente, le spectre de la lumière émise s'enrichit en radiations de plus courtes longueurs d'onde (bleues violettes). Une source à 20 °C (293 K) émet surtout des infrarouges ($\lambda_{max} = \frac{2{,}89 \cdot 10^{-3}}{293} = 10 \cdot 10^{-6}$m = 10 µm).

Déduire du spectre solaire la température du Soleil

Énoncé

Le spectre du Soleil est représenté ci-dessous.

À l'aide de la loi de Wien, déterminer la température de surface du Soleil.

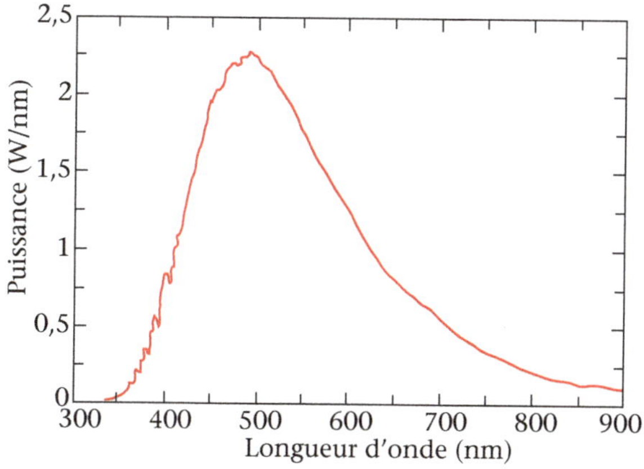

Savoir-faire

- Déterminer graphiquement le plus précisément possible la longueur d'onde λ_{max} correspondant au maximum d'émission.
- Établir l'expression littérale donnant T en fonction de λ_{max}.
- Effectuer les changements d'unités nécessaires.
- Effectuer l'application numérique.

Corrigé détaillé

On détermine graphiquement :

$$\lambda_{max} = 500 \text{ nm} = 500\cdot 10^{-9} \text{ m}.$$

La température de surface du Soleil peut se calculer à l'aide de la loi de Wien :

$$\lambda_{max} = \frac{2{,}89\cdot 10^{-3}}{T}, \text{ soit } T = \frac{2{,}89\cdot 10^{-3}}{\lambda_{max}}.$$

$$T = \frac{2{,}89\cdot 10^{-3}}{500\cdot 10^{-9}} = \mathbf{5{,}78\cdot 10^{3}\ K = 5{,}51\cdot 10^{3}\ °C}.$$

Le Soleil est donc une étoile moyennement chaude.

À NOTER

Le Soleil émet le maximum de son rayonnement dans le bleu. Mais la quantité de lumière émise par le Soleil dans tout le domaine visible est suffisante pour qu'il paraisse jaune à un observateur.

10 qcm pour réviser le cours

Corrigés p. 54

1 Parmi les sources de lumière suivantes, lesquelles sont des sources à incandescence ?

❑ **a.** La bougie.
❑ **b.** La lampe halogène.
❑ **c.** Le laser.

2 Parmi les sources de lumière suivantes, lesquelles sont monochromatiques ?

❑ **a.** Le laser.
❑ **b.** Le tube fluorescent.
❑ **c.** La lampe à vapeur de mercure.

3 Une lampe à vapeur de mercure émet une lumière :

❑ **a.** sans échauffement particulier.
❑ **b.** dont le spectre est continu.
❑ **c.** polychromatique.

4 Les radiations ultraviolettes ont une longueur d'onde dans le vide :

❑ **a.** inférieure à 400 nm.
❑ **b.** comprise entre 400 et 800 nm.
❑ **c.** supérieure à 400 nm.

5 Lorsque la température d'un corps augmente, la longueur d'onde correspondant au maximum d'intensité lumineuse :

❑ **a.** augmente.
❑ **b.** diminue.
❑ **c.** ne varie pas.

6 Dans un barbecue, les braises de charbon de bois les plus chaudes sont celles qui apparaissent :

❑ **a.** noires.
❑ **b.** oranges.
❑ **c.** rouges.

7 On donne la loi de Wien :

$$T = \frac{2{,}89\cdot10^{-3}}{\lambda_{max}}$$

avec λ_{max} en m et T en K. Cette loi peut également s'écrire :

❑ **a.** $\lambda_{max} = T \times 2{,}89\cdot10^{-3}$
avec λ_{max} en m et T en K.

❑ **b.** $T = \dfrac{2{,}89\cdot10^{6}}{\lambda_{max}}$
avec λ_{max} en nm et T en K.

❑ **c.** $\theta = \dfrac{2{,}89\cdot10^{-3}}{\lambda_{max}} + 273$
avec λ_{max} en m et θ en °C.

8 La longueur d'onde correspondant à l'intensité maximale de la lumière émise par un corps est $\lambda = 650$ nm.
Sa température de surface est :

❑ **a.** 4,45 K.
❑ **b.** $1{,}88\cdot10^{3}$ K.
❑ **c.** $4{,}45\cdot10^{3}$ K.

9 Le filament d'une lampe à incandescence est en tungstène car le tungstène :

❑ **a.** est un métal bon marché.
❑ **b.** a une température de fusion élevée.
❑ **c.** ne brûle pas.

10 Le laser :

❑ **a.** peut émettre une lumière blanche.
❑ **b.** possède un faisceau qui ne diverge pratiquement pas.
❑ **c.** a été inventé en 1879.

Exercices

Exercice 1 *niveau 1*

Corrigés p. 55

Indiquer si les radiations dont les longueurs d'onde sont données ci-dessous appartiennent au domaine visible, au domaine des IR (infrarouges) ou au domaine des UV (ultraviolets).

a. $4{,}6 \cdot 10^{-7}$ m **b.** 0,48 μm **c.** $5{,}4 \cdot 10^{-6}$ m **d.** $6{,}55 \cdot 10^{2}$ nm

Exercice 2 *niveau 1*

Corrigés p. 55

Le Soleil est une étoile jaune, Antarès est rougeâtre alors que Sirius est bleue. Les spectres de ces trois étoiles sont schématisés ci-dessous.

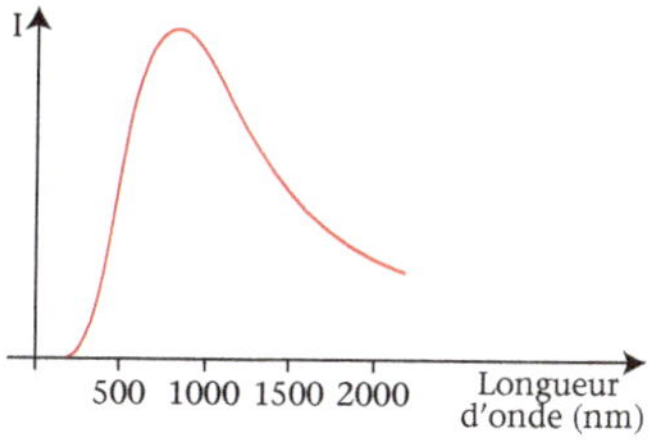

Spectre A

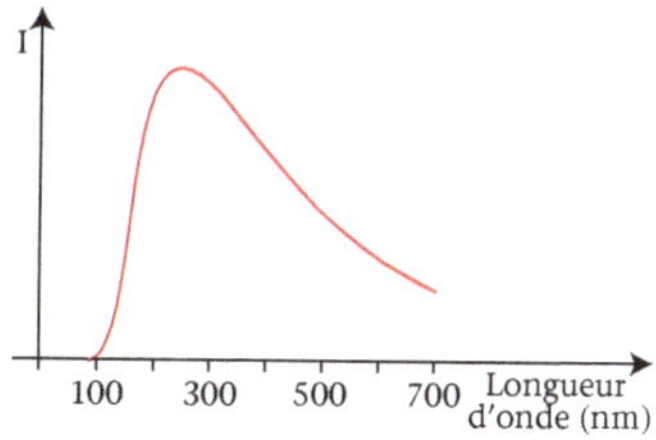

Spectre B

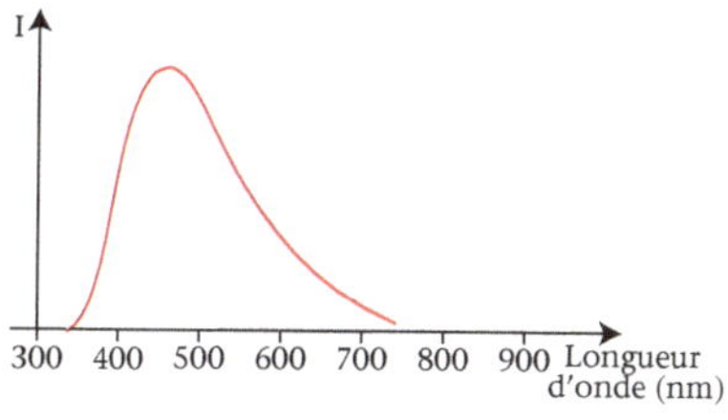

Spectre C

1. Pour chacun des spectres A, B et C ci-dessus, déterminer la longueur d'onde pour laquelle l'intensité lumineuse est maximale.
Ce maximum d'émission se situe-t-il dans le domaine visible ?
2. Associer à chacune de ces étoiles son spectre.
3. Classer ces étoiles par ordre croissant de leur température de surface.

Exercice 3 niveau 1

Corrigés p. 55

1. Les commerçants qui vendent des vêtements font souvent sortir le client sur le pas de la porte pour observer les vraies couleurs. Pourquoi ?

2. Dans les grandes surfaces, l'éclairement au rayon boucherie est particulièrement étudié. Pourquoi ?

Exercice 4 niveau 2

Corrigés p. 55

Vue depuis la Terre, Véga est la cinquième étoile la plus brillante du ciel. C'est une étoile blanche, relativement proche du Soleil, située à 25,3 années-lumière de celui-ci. Sa température de surface est $T = 9\ 600$ K.

En admettant que la loi de Wien est applicable à Véga, déterminer la longueur d'onde λ_{max} pour laquelle l'intensité lumineuse est maximale. Cette radiation appartient-elle au domaine du visible ?

Exercice 5 niveau 2

Corrigés p. 56

Les lampes à vapeur de mercure ont longtemps servi à l'éclairage public du fait de leur faible coût. La lumière émise est bleutée et son spectre est constitué de raies ayant les longueurs d'ondes (en nm) suivantes :

185	254	366	405	436	546	577	579

1. Indiquer pour chaque raie si elle appartient au domaine du visible et préciser, le cas échéant, sa couleur.

2. On place devant la lampe un filtre dont la courbe représentant la lumière transmise en fonction de la longueur d'onde qui le traverse est donnée ci-dessous.

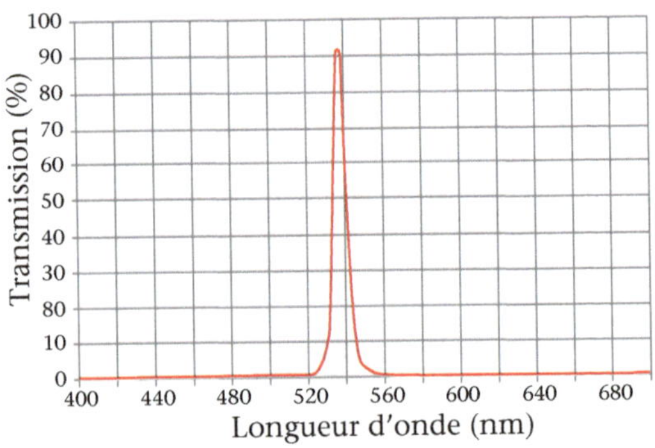

Obtient-on une lumière monochromatique ? Si oui, quelle est la longueur d'onde de la lumière transmise ? Quelle est sa couleur ?

Exercice 6 niveau 2

Corrigés p. 56

Le laser à rubis produit un rayonnement de longueur d'onde 694,3 nm.

Il est utilisé par les dermatologues pour enlever les tatouages. Il s'agit du premier laser inventé (en mai 1960).

1. En utilisant la loi de Wien, déterminer quelle devrait être la température d'une source chaude pour qu'elle émette un rayonnement dont le maximum d'intensité lumineuse correspondrait à la longueur d'onde du laser à rubis.
2. Quelle serait la différence entre le spectre de la lumière ainsi produite et celle du laser ?
3. Donner d'autres exemples d'utilisation des lasers.

Exercice 7 niveau 3

Corrigés p. 56

Depuis les ampoules de Thomas Édison à l'Exposition universelle de 1881, dont les filaments de carbone émettaient une faible lumière orange, de nombreux progrès ont été faits. Le filament, d'abord, qui est en tungstène, un métal qui résiste à de très hautes températures. Du coup, on peut chauffer le filament à 2 800 K et obtenir une forte lumière. Le problème, c'est que l'incandescence conduit à l'évaporation du métal, donc à la rupture prématurée du filament. De plus, le métal évaporé se dépose sur le verre de l'ampoule, atténuant ainsi sa transparence.

Dans les années 1930, on remplit donc les ampoules avec un gaz inerte (argon ou krypton), limitant cette évaporation. C'est encore la technique utilisée dans les ampoules classiques. En 1958, on trouve enfin une solution pour réduire l'usure du filament : les gaz halogènes, comme le diiode, permettent de recycler le tungstène qui se vaporise. Cela permet d'augmenter la température du filament (on peut atteindre 3 100 K environ) sans abréger la durée de vie de l'ampoule.

1. Rechercher qui a créé la première lampe à incandescence.
2. Donner le nom du métal constituant le filament dans les lampes à incandescence.
3. Donner le nom d'un gaz utilisé dans les ampoules des lampes à incandescence classique.
4. Donner le nom d'un gaz ajouté dans l'ampoule pour obtenir une lampe halogène.

Quel est son rôle ?

5. Calculer la longueur d'onde λ_m du maximum d'émission dans le cas d'une ampoule classique, puis d'une lampe halogène (il faut utiliser la loi de Wien).

6. Pourquoi la lumière émise par la lampe halogène est-elle de meilleure qualité que la lumière émise par une ampoule classique ?

7. La lumière émise par la lampe halogène a-t-elle le même profil spectral que la lumière solaire ?

Exercice 8 *niveau 3*

Corrigés p. 57

Les diodes électroluminescentes (DEL) sont des sources d'éclairage en plein développement technologique et économique. Utilisées depuis de nombreuses années comme sources de lumières faibles pour des applications de témoins lumineux, elles trouvent aujourd'hui leur place dans des systèmes d'éclairage à part entière. La méthode la plus utilisée pour réaliser une diode électroluminescente émettant de la lumière blanche consiste à utiliser une DEL bleue recouverte d'une ou de plusieurs couches de phosphore. Au contact du phosphore, une partie des radiations bleues est convertie en radiations de plus grande longueur d'onde.

Le spectre des DEL blanches présentent cependant une forte proportion de lumière bleue. Or, selon certaines études, la lumière bleue pourrait provoquer des lésions de la rétine. Le risque est particulièrement important chez les enfants dont le cristallin est transparent. Le cristallin des adultes, du fait de son jaunissement, assure un rôle de filtre en absorbant au moins une partie des radiations bleues.

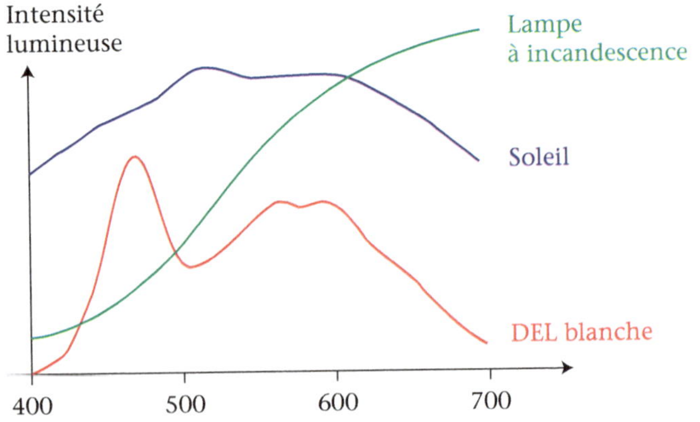

1. Rechercher en quelle année a été créée la première DEL et par qui elle a été créée.

2. Déterminer à l'aide des courbes précédentes la longueur d'onde associée au rayonnement de la DEL bleue.

3. Quelle doit être la couleur de la lumière émise par le phosphore pour que la lumière émise par le système « DEL bleue-phosphore » paraisse blanche ?

4. Pourquoi l'Agence nationale de sécurité sanitaire (ANSES) recommande-t-elle d'éviter l'utilisation de sources de lumière riches en couleur bleue dans les lieux fréquentés par les enfants ?

5. Les lampes à incandescence ne présentent pas les mêmes risques pour la rétine que les DEL blanches.

Pour quelle raison ?

6. Pourquoi les lampes à incandescence sont-elles amenées à disparaître ?

QCM

1 **a.** et **b.** Les sources à incandescence sont des sources chaudes de lumière pour lesquelles la production de lumière est accompagnée d'un fort dégagement de chaleur.

2 **a.** Le laser émet un rayonnement électromagnétique à une longueur d'onde précise.

3 **a.** et **c.** Le spectre de la lumière émise par une lampe à vapeur de mercure est un spectre de raies, il n'est pas continu.

4 **a.** Le rayonnement ultraviolet est un rayonnement électromagnétique de longueur d'onde de 100 à 400 nanomètres. Il est donc de longueur d'onde plus courte que le visible (*ultraviolet* signifie d'ailleurs « au-delà du violet », le violet étant la couleur de longueur d'onde la plus courte de la lumière visible).

5 **b.** La longueur d'onde correspondant au maximum d'intensité lumineuse est inversement proportionnelle à la température absolue T (loi de Wien).

6 **b.** Le spectre de la lumière émise par une braise de charbon de bois orange est plus riche en radiations bleues violettes que le spectre de la lumière émise par une braise de charbon de bois rouge. Les braises noires ne sont pas assez chaudes pour émettre de la lumière visible.

7 **b.** La loi de Wien peut s'écrire $\lambda_{max} = \frac{2{,}89 \cdot 10^{-3}}{T}$ avec λ_{max} en m ou $\lambda_{max} = \frac{2{,}89 \cdot 10^{6}}{T}$ avec λ_{max} en nm (1nm = 10^{-9} m).

La relation entre la température T en K et la température θ en °C est $T = \theta + 273$ soit $\theta = T - 273 = \frac{2{,}89 \cdot 10^{-3}}{\lambda_{max}} - 273$.

8 **c.** $\lambda_{max} = 650$ nm $= 650 \cdot 10^{-9}$ m.

On a donc $T = \frac{2{,}89 \cdot 10^{-3}}{\lambda_{max}} = \frac{2{,}89 \cdot 10^{-3}}{650 \cdot 10^{-9}} = 4\,446$ K, soit $4{,}45 \cdot 10^{3}$ K en conservant trois chiffres significatifs.

9 **b.** Le filament à l'intérieur de l'ampoule est en tungstène : c'est le métal qui a **la plus haute température** de fusion (3 410 °C). Un filament de tungstène peut être chauffé à température élevée, en restant solide et rigide jusqu'à 2 700 °C environ, sans trop vite s'évaporer.

10 **b.** La lumière d'un laser ne peut pas être blanche, car elle est monochromatique. En 1879, Thomas Édison a réussi à faire fonctionner la première lampe à incandescence. Le laser est une invention bien plus récente (1960).

Exercice 1

a. $4{,}6\cdot10^{-7}$ m = 460 nm : domaine visible.

b. 0,48 µm = 480 nm : domaine visible.

c. $5{,}4\cdot10^{-6}$ m = 5,4 µm = 5400 nm : domaine des IR.

d. $6{,}55\cdot10^{2}$ nm = 655 nm : domaine visible.

Exercice 2

1. Par lecture graphique, on obtient :
- pour le spectre A : λ_{max} = 900 nm : domaine des IR ;
- pour le spectre B : λ_{max} = 300 nm : domaine des UV ;
- pour le spectre C : λ_{max} = 500 nm : domaine visible.

2. Le spectre A correspond à Antarès, car le maximum de rayonnement se situe dans l'infrarouge, et l'intensité rayonnée dans le rouge est très supérieure à celle rayonnée dans le bleu.

Le spectre B correspond à Sirius, car le maximum de rayonnement se situe dans l'ultraviolet, et l'intensité rayonnée dans le bleu est très supérieure à celle rayonnée dans le rouge.

Le spectre C correspond au Soleil.

3. Antarès est moins chaud que le Soleil, lui-même moins chaud que Sirius.

> **L'INFO EN PLUS**
>
> Vue de la Terre, Sirius est l'étoile la plus brillante du ciel (après le Soleil). Située à seulement 8,6 années de lumière du Soleil, Sirius est l'étoile principale de la constellation du Grand Chien et sa température est voisine de 9 900 K ; la température d'Antarès n'est que de 3 500 K.

Exercice 3

1. Si les lampes du magasin ne produisent pas une lumière totalement blanche, il est possible que les couleurs perçues dans le magasin ne soient pas celles que l'on perçoit à la lumière du Soleil.

2. Dans les grandes surfaces, l'éclairement au rayon boucherie est conçu de telle façon qu'il fasse ressortir la couleur rouge de la viande. Plus une viande a une couleur rouge vive et plus elle paraît fraîche et appétissante pour le consommateur.

Exercice 4

$\lambda_{max} = \dfrac{2{,}89\cdot10^{-3}}{T}$ avec λ_{max} en m et T en K.

$\lambda_{max} = \dfrac{2{,}89\cdot10^{-3}}{9\,600} = 3{,}01\cdot10^{-7}$ m = 301 nm.

Cette radiation appartient au domaine des ultraviolets.

Exercice 5

1.

185	254	366	405	436	546	577	579
UV	UV	UV	violet	bleu	vert	jaune	jaune

2. Seule la radiation 546 nm est transmise, on obtient une lumière monochromatique de couleur verte.

> **CONSEIL**
> Utilisez le document p. 44 donnant la couleur d'une radiation en fonction de sa longueur d'onde.

Exercice 6

1. On utilise la loi de Wien : $T = \frac{2{,}89 \cdot 10^{-3}}{\lambda_{max}}$,

soit $T = \frac{2{,}89 \cdot 10^{-3}}{694{,}3 \cdot 10^{-9}} = 4{,}16 \cdot 10^{3}$ K.

2. Le rayonnement du laser est monochromatique, le spectre n'est constitué que d'une seule raie. Le rayonnement émis par un corps chaud est polychromatique, le spectre est continu, centré sur λ_{max}.

3. Le laser a de nombreuses applications médicales : il est utilisé en ophtalmologie (chirurgie des yeux pour corriger les défauts visuels...), en dermatologie (pour le traitement de l'angiome, des taches pigmentaires, des cicatrices...), en phlébologie (varices...), en dentisterie... Les applications du laser dans les autres domaines sont également multiples : lecture de codes-barres dans les supermarchés, découpe de tissus, mesure précise de distances, holographie, communication par fibres optiques, imprimantes d'ordinateurs...

Exercice 7

1. Thomas Édison a créé la première lampe à incandescence.

2. Le filament est en tungstène.

3. L'argon est utilisé dans les ampoules des lampes à incandescence classique.

4. Un gaz halogène, comme le diiode, peut être ajouté dans l'ampoule ; il a pour but de reconstituer le filament. La durée de vie de la lampe est donc plus longue et sa température de fonctionnement plus élevée permet d'obtenir une lumière plus blanche tout en évitant le ternissement du verre de l'ampoule.

5. Ampoule classique : $\lambda_{max} = \frac{2{,}89 \cdot 10^{-3}}{T} = \frac{2{,}89 \cdot 10^{-3}}{2\,800}$

$= 1{,}03 \cdot 10^{-6}$ nm

$= 1\,032$ nm.

Lampe halogène : $\lambda_{max} = \frac{2{,}89 \cdot 10^{-3}}{3\,100} = 9{,}32 \cdot 10^{-7}$ m $= 932$ nm.

6. La lumière produite par une lampe halogène est plus proche de la lumière du Soleil que la lumière émise par une lampe à incandescence classique (la production de rayonnements ultraviolets est elle aussi supérieure).

7. La température du filament n'étant pas la même que la température de la surface du Soleil, le profil spectral des ces deux lumières est forcément différent.

Exercice 8

1. C'est l'américain Nick Holonyak Jr. qui est le premier à avoir créé une LED à spectre visible (rouge) en 1962.

L'INFO EN PLUS

45 ans auparavant, un technicien russe, Oleg Vladimirovich Losev, avait pourtant déjà remarqué que les diodes utilisées dans les récepteurs radios émettaient de la lumière lorsqu'elles étaient traversées par du courant. Mais sa découverte était passée inaperçue.

2. La longueur d'onde la plus courte est associée au rayonnement de la DEL bleue : $\lambda = 460$ nm.

3. Le phosphore émet une lumière jaune complémentaire de la lumière bleue. Deux lumières de couleurs complémentaires (bleue et jaune) atteignant simultanément la rétine produisent sur l'œil humain une sensation de lumière blanche.

4. Le cristallin des enfants, transparent, n'absorbe pas les rayonnements bleus, qui de ce fait atteignent la rétine et pourraient être responsables de dommages.

5. En comparant le spectre de la lumière émise par une lampe à incandescence avec celui d'une DEL blanche, on remarque que, pour des longueurs d'onde faibles (450 nm), l'intensité lumineuse pour une DEL blanche est plus forte.

La DEL émet donc plus de radiations bleues-violettes (proches de l'ultraviolet) qu'une ampoule à incandescence.

6. Les ampoules à incandescence éclairent, mais surtout chauffent ! Une faible fraction (environ 5 %) de l'énergie électrique consommée est convertie en rayonnement lumineux visible, la majorité du rayonnement se faisant dans l'infrarouge (voir le spectre p. 44).

4 Interaction lumière-matière

COURS

1 La lumière, onde et particule

a. Modèle ondulatoire de la lumière

■ Une lumière monochromatique peut être décrite comme une onde électromagnétique caractérisée par :

– sa **fréquence**, indépendante du milieu de propagation et liée à la période T par la relation :

$$\nu = \frac{1}{T}$$

avec T la période en s et ν la fréquence en Hertz (Hz).

> **À NOTER**
> La fréquence se lit « nu ».

– sa **longueur d'onde dans le vide** λ qui représente la distance de propagation de l'onde lumineuse dans le vide pendant une durée égale à une période T. On a donc $\lambda = cT$, soit :

$$\lambda = \frac{c}{\nu}$$

avec λ en m, c la vitesse de la lumière dans le vide $c = 3{,}00 \cdot 10^{8}\ \text{m} \cdot \text{s}^{-1}$ et ν la fréquence en Hz.

> **À NOTER**
> Le terme *célérité* est parfois utilisé pour la vitesse de propagation d'une onde, d'où la notation c.

b. Modèle corpusculaire de la lumière

■ Afin d'expliquer certains phénomènes, Einstein a été amené, en 1905, à considérer la lumière comme un flux de corpuscules, les **photons**, de **masse nulle** et se déplaçant à la vitesse de la lumière.

> **À NOTER**
> Un corpuscule est une particule de très petite dimension.

■ Chaque photon transporte une quantité d'énergie bien déterminée appelée **quantum d'énergie** ΔE :

$$\Delta E = \text{h}\,\nu$$

avec ΔE l'énergie du photon en Joules (J), ν la fréquence de l'onde monochromatique associée en Hz et h la constante de Planck $\text{h} = 6{,}63 \cdot 10^{-34}\ \text{J} \cdot \text{s}$.

Soit encore : $\Delta E = \frac{\text{h}c}{\lambda}$.

■ Plus la longueur d'onde est petite, plus la fréquence est grande, et donc plus l'énergie transportée par le photon est grande.

2 Lumière et matière

a. Quantification de l'énergie d'un atome

■ L'atome ne peut exister que dans certains états d'énergie bien identifiés : on dit que l'**énergie dans un atome est quantifiée.**

■ Les différents niveaux d'énergie d'un atome sont représentés sur un **diagramme de niveaux d'énergie**.
Les énergies y sont exprimées en **électronvolts (eV) : 1 eV = 1,60·10^{-19} J.**

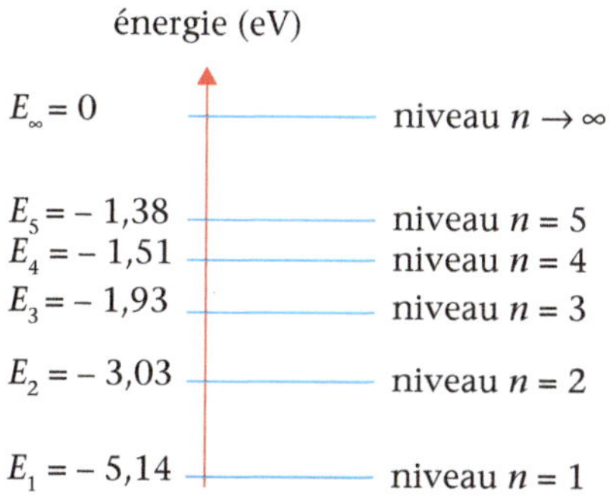

Diagramme énergétique simplifié de l'atome de sodium

■ Le niveau d'énergie le plus faible d'un atome est associé à son état stable, appelé **état fondamental (*n* = 1)**. Les niveaux d'énergie plus élevés sont associés aux **états excités** de l'atome. Lorsque *n* tend vers l'infini, l'énergie est maximale, choisie nulle par convention : l'atome est alors ionisé.

À NOTER
Avec cette convention, les énergies E_n sont négatives. D'autres conventions sont parfois utilisées, par exemple en choisissant pour niveau de référence le niveau fondamental (E_1 = 0 eV, voir exercice 3).

b. Interprétation des spectres atomiques

■ Dans le spectre d'émission d'un atome, chaque raie correspond à une transition au cours de laquelle l'atome, initialement dans un état excité d'énergie E_i, se désexcite en passant à un niveau inférieur E_f. Le quantum d'énergie ΔE qu'il perd est émis sous forme d'une radiation électromagnétique de longueur d'onde λ telle que :

$$\Delta E = \frac{hc}{\lambda}$$

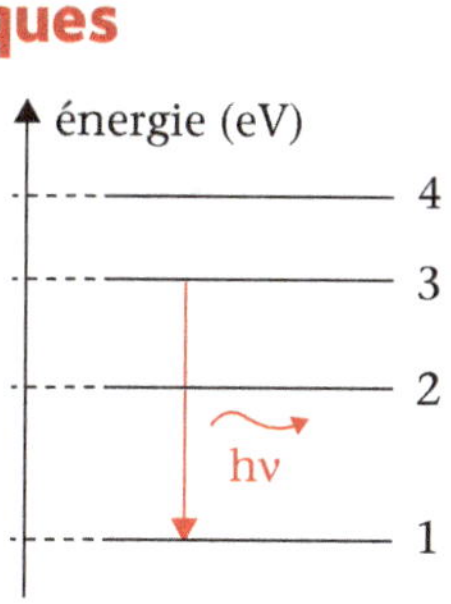

avec ΔE en Joules (J) ($\Delta E = E_i - E_f$) et λ en mètres (m).

■ De même, un atome n'est susceptible d'absorber que les rayonnements de longueur d'onde apportant l'énergie nécessaire pour le faire passer à un niveau d'énergie supérieur. Ceci explique l'existence des spectres d'absorption de raies et justifie qu'ils soient le complémentaire de ceux d'émission.

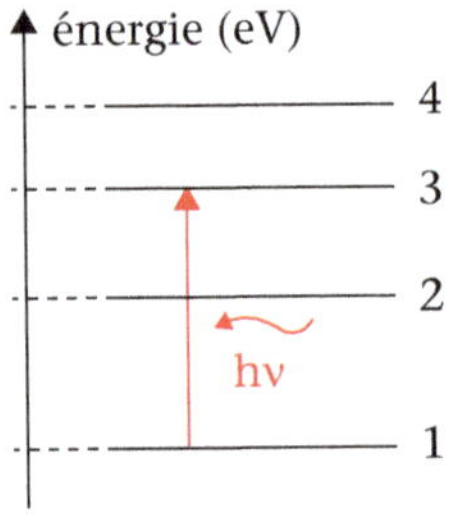

ATTENTION
Lors de l'émission d'une radiation, l'énergie de l'atome diminue, elle augmente dans le cas contraire. hν étant toujours positif, la différence d'énergie doit l'être aussi.

■ L'**énergie d'ionisation** $E_{\text{ionisation}}$ est l'énergie à fournir à un atome dans son état fondamental ($n = 1$) pour que son électron périphérique arrive à l'infini ($n = \infty$) avec une vitesse nulle : $E_{\text{ionisation}} = 0 - E_1$.

■ Si on envoie un photon de fréquence ν sur un atome dans son état fondamental, deux cas peuvent se présenter :

– si $h\nu < E_{\text{ionisation}}$, alors le photon est absorbé s'il apporte exactement l'énergie correspondant à une transition, sinon il est simplement diffusé ;

– si $h\nu \geqslant E_{\text{ionisation}}$, alors le photon est toujours absorbé, l'atome est ionisé et l'électron périphérique est éjecté avec une certaine énergie cinétique.

À NOTER
L'énergie cinétique de l'électron est l'énergie associée à la valeur de sa vitesse.

c. Le spectre solaire

■ Lorsque la lumière émise par la surface du Soleil traverse l'atmosphère du Soleil (appelée chromosphère), les atomes présents absorbent les longueurs d'onde correspondant à leurs sauts d'énergie, d'où la présence de raies sombres dans le spectre. Afin d'analyser la composition de l'atmosphère du Soleil, il suffit d'associer à chaque raie l'atome qui en est à l'origine.

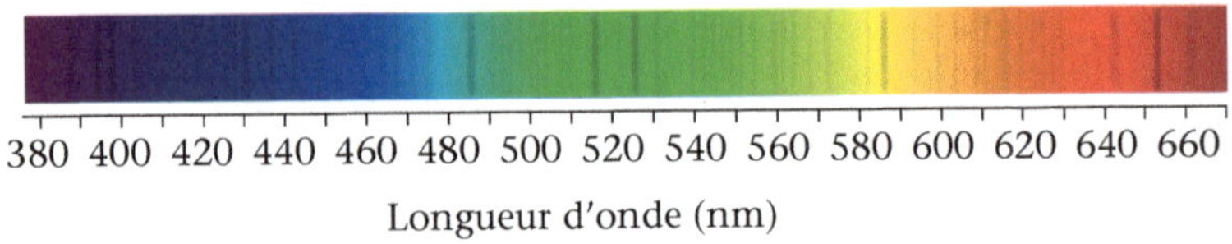

1 Exploiter un diagramme de niveaux d'énergie

Énoncé

Le diagramme d'énergie de l'atome de sodium est présenté ci-contre. Calculer la longueur d'onde dans le vide de la radiation correspondant à une transition du niveau 2 au niveau 1, et préciser à quel domaine de longueur d'onde appartient cette radiation.

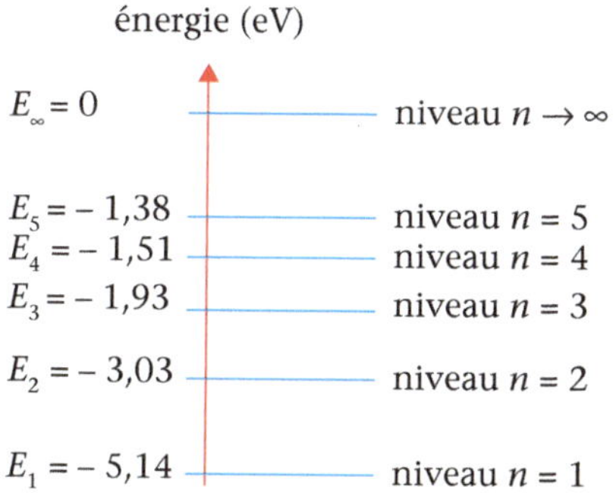

Savoir-faire

- Calculer la différence d'énergie pour cette transition d'abord en eV, puis convertir ce résultat en Joules.
- Rappeler l'expression de l'énergie du photon en fonction de la longueur d'onde dans le vide, puis l'exploiter pour effectuer le calcul.
- Exprimer cette longueur d'onde en nm afin de pouvoir la comparer aux longueurs d'onde qui délimitent le domaine du visible.

Corrigé détaillé

- La radiation émise correspond au saut d'énergie :

$$\Delta E = E_2 - E_1 = -3{,}03 - (-5{,}14) = 2{,}11 \text{ eV}.$$

Convertie en Joules, cette diminution d'énergie vaut :

$$\Delta E = 2{,}11 \times 1{,}60 \cdot 10^{-19} = 3{,}38 \cdot 10^{-19} \text{ J}.$$

L'énergie du photon émis est égale à la diminution de l'énergie de l'atome :

$$\Delta E = \frac{hc}{\lambda}, \text{ soit } \lambda = \frac{hc}{\Delta E}.$$

$$\lambda = 6{,}63 \cdot 10^{-34} \times \frac{3{,}00 \cdot 10^{8}}{3{,}38 \cdot 10^{-19}} = 5{,}88 \cdot 10^{-7} \text{ m} = \mathbf{588\ nm}.$$

■ Les longueurs d'onde du visible dans le vide sont comprises entre 400 et 800 nm. Cette longueur d'onde appartient au domaine visible.

L'INFO EN PLUS
Les lampes à vapeur de sodium émettent une lumière jaune orangée, elles sont par exemple utilisées pour l'éclairage routier et autoroutier.

2 Étude du spectre du Soleil

Énoncé

Montrer que l'atmosphère du Soleil contient l'élément chimique hydrogène.

Spectre d'émission de l'atome hydrogène

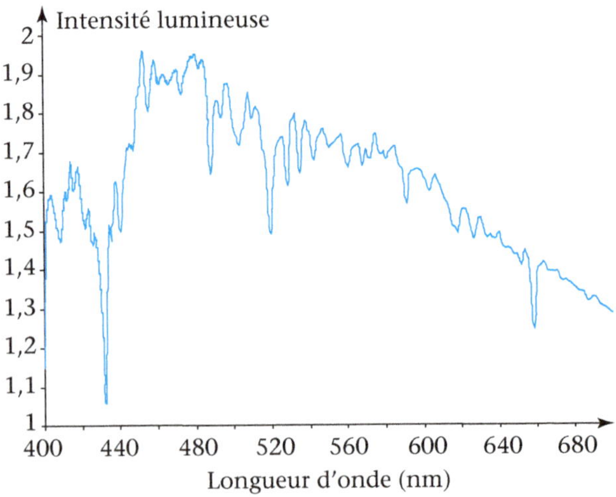

Profil spectral du Soleil

MÉTHODE

Savoir-faire

- Exploiter le spectre d'émission de l'atome d'hydrogène : déterminer les longueurs d'onde de la lumière émise par un atome d'hydrogène en utilisant l'échelle horizontale.
- Exploiter le profil spectral du Soleil : les minimas d'intensité lumineuse dans le spectre correspondent à des radiations absorbées par des entités chimiques présentes. Vérifier ensuite si des pics correspondent aux longueurs d'onde précédemment calculées.

Corrigé détaillé

- Pour la raie H_γ :

7,2 cm correspond à 695 – 410 = 285 nm.

0,6 cm correspond à x nm, d'où :

$$x = 285 \times \frac{0{,}6}{7{,}2} = 24 \text{ nm}.$$

$\lambda_\gamma = 410 + 24 = 434$ nm.

- De même, on trouve

$\lambda_\beta = 410 + 285 \times \dfrac{1{,}9}{7{,}2} = 485$ nm ;

$\lambda_\alpha = 410 + 285 \times \dfrac{6{,}2}{7{,}2} = 655$ nm.

- Dans le profil spectral du Soleil, on observe bien des minimas autour de ces longueurs d'onde.

Le Soleil semble contenir de l'hydrogène.

10 qcm pour réviser le cours

Corrigés p. 71

1 **La longueur d'onde d'une radiation de fréquence $2,7 \cdot 10^{16}$ Hz (domaine des UV) est :**

❑ **a.** 11 cm.

❑ **b.** $1,1 \cdot 10^{-8}$ m.

❑ **c.** 11 nm.

2 **L'énergie d'un photon est :**
$\Delta E = 1,94 \cdot 10^{-18}$ J, soit en eV :

❑ **a.** 0,0825 eV.

❑ **b.** 1,94 eV.

❑ **c.** 12,1 eV.

3 **L'énergie d'un photon associé à une radiation (verte) de fréquence $\nu = 5,66 \cdot 10^{14}$ Hz est :**

❑ **a.** $4,85 \cdot 10^{-20}$ J.

❑ **b.** $3,75 \cdot 10^{-19}$ J.

❑ **c.** 2,35 J.

4 **Un atome dont l'énergie diminue :**

❑ **a.** émet un photon.

❑ **b.** absorbe un photon.

❑ **c.** absorbe un électron.

5 **L'énergie d'un photon d'une radiation bleue est :**

❑ **a.** supérieure à l'énergie d'un photon d'une radiation rouge.

❑ **b.** inférieure à l'énergie d'un photon d'une radiation rouge.

❑ **c.** dépend de l'intensité lumineuse de la source.

6 **Les raies sombres dans le spectre solaire sont dues essentiellement à l'absorption de lumière par :**

❑ **a.** la photosphère.

❑ **b.** la chromosphère.

❑ **c.** l'atmosphère terrestre.

7 **Les grandeurs caractérisant une radiation qui ne varient pas d'un milieu transparent à l'autre sont :**

❑ **a.** sa fréquence.

❑ **b.** sa longueur d'onde.

❑ **c.** son énergie.

8 **Un atome qui perd une énergie ΔE émet une radiation de longueur d'onde telle que :**

❑ **a.** $\lambda = \dfrac{\Delta E}{hc}$.

❑ **b.** $\lambda = \Delta E \times \dfrac{c}{h}$.

❑ **c.** $\lambda = \dfrac{hc}{\Delta E}$.

9 **L'état de plus basse énergie correspond :**

❑ **a.** à l'état fondamental de l'atome.

❑ **b.** à l'état stable de l'atome.

❑ **c.** à l'atome ionisé.

10 **On donne les énergies des trois premiers niveaux d'un atome d'hydrogène :**
$E_1 = -13,6$ eV ;
$E_2 = -3,39$ eV ;
$E_3 = -1,51$ eV.
La transition d'un atome d'hydrogène d'un niveau E_3 vers le niveau E_1 peut donner lieu à l'émission :

❑ **a.** d'un photon d'énergie 12,1 eV.

❑ **b.** de deux photons d'énergie identiques 6,05 eV.

❑ **c.** de l'émission d'un photon d'énergie 10,2 eV et d'un photon d'énergie 1,88 eV.

Exercices

Exercice 1 (niveau 1)

Corrigés p. 71

Que signifie la phrase « les niveaux d'énergie d'un atome sont quantifiés » ?

Exercice 2 (niveau 1)

Corrigés p. 71

Un laser Excimer est un appareil utilisé en chirurgie réfractive pour remodeler la cornée. Il émet un rayonnement de longueur d'onde $\lambda = 193$ nm.

Calculer en Joules et en eV l'énergie d'un photon émis par ce laser.

Exercice 3 (niveau 1)

Corrigés p. 71

Le diagramme d'énergie d'un atome est représenté ci-dessous.

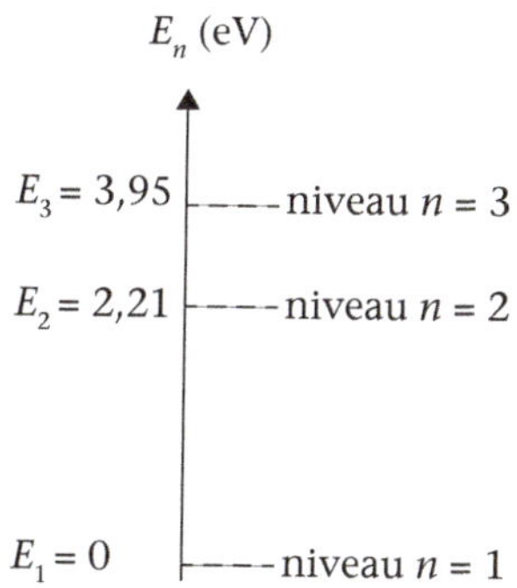

1. Déterminer, d'après le diagramme, la plus grande longueur d'onde de la radiation que peut émettre cet atome s'il est initialement dans l'état d'énergie E_3.

Préciser, en justifiant, à quel domaine spectral appartient cette radiation. Si cette radiation appartient au domaine visible, préciser sa couleur.

2. Déterminer, d'après le diagramme, la plus courte longueur d'onde de la radiation que peut émettre cet atome s'il est initialement dans l'état d'énergie E_3. Préciser, en justifiant, à quel domaine spectral appartient cette radiation. Si cette radiation appartient au domaine visible, préciser sa couleur.

Exercice 4 (niveau 2)

Corrigés p. 72

L'énergie des états de l'atome d'hydrogène est donné par la relation $E = \frac{-13,6}{n^2}$ (en eV) où n est un nombre entier positif. L'état fondamental correspond à $n = 1$, le premier état excité à $n = 2$ …

1. Calculer les énergies de l'atome d'hydrogène dans son état fondamental et dans ses quatre premiers états excités, en eV.

2. Représenter le diagramme d'énergie de l'atome d'hydrogène en choisissant une échelle adaptée.

3. Quelle énergie fait-il fournir à l'atome pour l'ioniser ?

4. Un atome d'hydrogène peut émettre différentes séries de raies. La série qui se situe dans le visible, appelée série de Balmer, correspond à des transitions vers le niveau 2. Calculer les longueurs d'onde des deux premières raies de la série de Balmer. Représenter les transitions correspondantes sur le diagramme d'énergie.

Exercice 5 *niveau 2*

Corrigés p. 73

1. Dans le spectre de la lumière émise par une lampe à vapeur de sodium, on trouve une raie de longueur d'onde $\lambda_2 = 819$ nm.
À quel domaine spectral appartient cette radiation ?
Calculer la fréquence des photons associés à cette radiation ainsi que leur énergie en J et en eV.

2. En utilisant le diagramme des énergies page 59, déterminer entre quels niveaux d'énergie s'effectue la transition correspondante.

Exercice 6 *niveau 2*

Corrigés p. 73

Voici une partie du spectre solaire que Joseph von Fraunhofer a observé en 1814, sur lequel des raies noires apparaissent sur un fond coloré continu, nommées A, B, C, D, E, F_1, F_2, G, H et I.

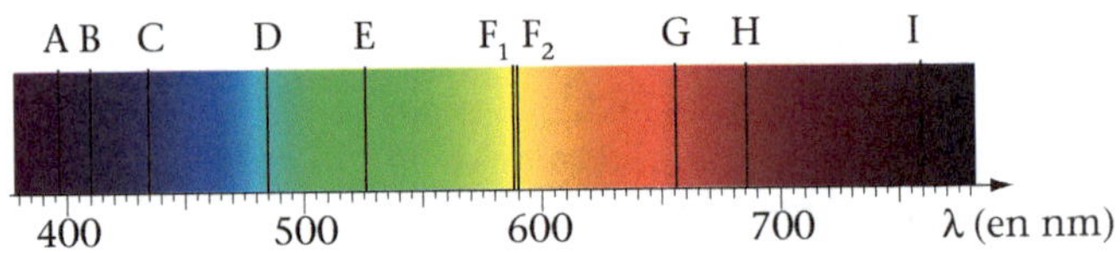

1. Les raies observées ci-dessus sont-elles des raies d'émission ou d'absorption ?

2. On donne des longueurs d'onde d'émission de quelques éléments.

Élément chimique	Longueur d'onde λ de certaines raies caractéristiques (en nm)					
Hydrogène H	410,1	434,0	486,1	656,3		
Hélium He	447,2	471,3	492,2	501,6	587,6	667,8
Sodium Na	589,0	589,6				

Quels sont les éléments que l'on peut retrouver dans les couches superficielles du Soleil ?
Justifier la réponse.

Exercice 7 (niveau 2)

Corrigés p. 73

Dans une lampe à vapeur de lithium, la désexcitation des atomes de lithium peut s'effectuer de différentes manières.

Transition entre les niveaux d'énergie	Longueur d'onde dans le vide de la radiation émise
3 et 2	812 nm
2 et 1	671 nm
4 et 1	323 nm
5 et 2	610 nm

1. Donner la composition de l'atome de lithium ^7_3Li.
2. Parmi les radiations citées, laquelle appartient au domaine de IR ? des UV ? du visible ?
3. Comment qualifier le spectre de la lumière émise ?
Comment qualifier cette source de lumière ?
4. En attribuant la valeur –5,39 eV à l'énergie de l'état fondamental E_1, représenter les cinq premiers niveaux d'énergie de l'atome de sodium sur un diagramme, en utilisant l'échelle 1 cm pour 1 eV.

Exercice 8 (niveau 3)

Corrigés p. 74

Une radiation a une longueur d'onde dans le vide $\lambda = 600$ nm.
1. Déterminer la fréquence de cette radiation.
2. Dans un milieu transparent autre que le vide, la fréquence de la radiation n'est pas modifiée, mais sa longueur d'onde varie car l'onde ne se propage pas à la même vitesse.
Déterminer la longueur d'onde de cette radiation dans l'eau, sachant que la vitesse de la lumière dans l'eau est $v = 2{,}25 \cdot 10^8$ m·s⁻¹.

ENTRAÎNEMENT

Exercice 9 niveau 3

Corrigés p. 74

Les UV sont responsables du bronzage. Parmi les UV, on distingue les UV-A, dont la longueur d'onde est comprise entre 320 et 400 nanomètres et les UV-B, dont la longueur d'onde est comprise entre 290 et 320 nanomètres. Du fait de leur longueur d'onde courte, les UV-B sont très énergétiques donc biologiquement très actifs : ils sont responsables des coups de soleil et favorisent les cancers. Les UV-A, moins énergétiques que les UV-B, ont cependant un plus grand pouvoir de pénétration dans la peau. Ils sont donc nocifs également, mais à long terme, en induisant des modifications moléculaires y compris sur l'ADN cellulaire. Ils participent activement au vieillissement de la peau et à l'apparition de lésions précancéreuses et cancéreuses. De plus, contrairement aux UV-B, les UV-A ne sont pas arrêtés par le verre (ils ont une longueur d'onde plus proche de la lumière visible que les UV-B et traversent le verre sans être absorbés).

1. Justifier l'affirmation « Les UV-A, moins énergétiques que les UV-B » en déterminant l'énergie correspondant aux radiations limites des UV-A et des UV-B.
2. Rechercher quel est le nom scientifique pour *coup de soleil.*
3. Peut-on prendre un coup de soleil derrière une vitre ?
Peut-on bronzer derrière une vitre ?
4. Pourquoi les UV-A, jusqu'à ces dernières années, étaient-ils jugés anodins ?

Exercice 10 niveau 3

Corrigés p. 75

1. Principe de fonctionnement d'un tube fluorescent

Le tube fluorescent étudié est constitué d'un cylindre de verre qui contient un gaz à basse pression. La paroi intérieure du cylindre est recouverte d'une poudre fluorescente. Lorsque le tube est mis sous tension, une décharge électrique se produit : des électrons circulent dans le gaz entre les deux électrodes. Les électrons bombardent les atomes gazeux et leur cèdent de l'énergie. Le schéma simplifié du circuit est donné ci-contre.

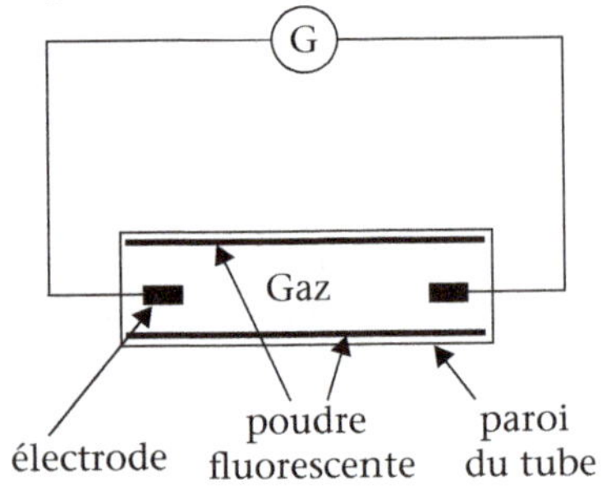

On donne ci-dessous les spectres, dans le visible, des lumières émises par deux tubes fluorescents et deux lampes (une lampe à vapeur de mercure et une lampe à vapeur de sodium) vendus dans le commerce. Quel est le gaz contenu dans les tubes 1 et 2 ? Justifier.

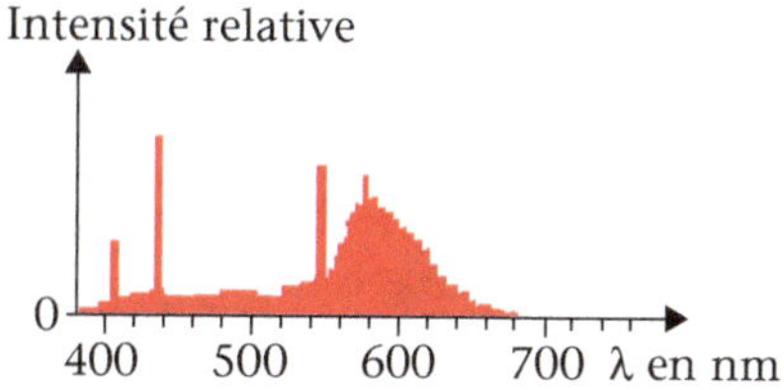

Figure 1 : tube fluorescent 1

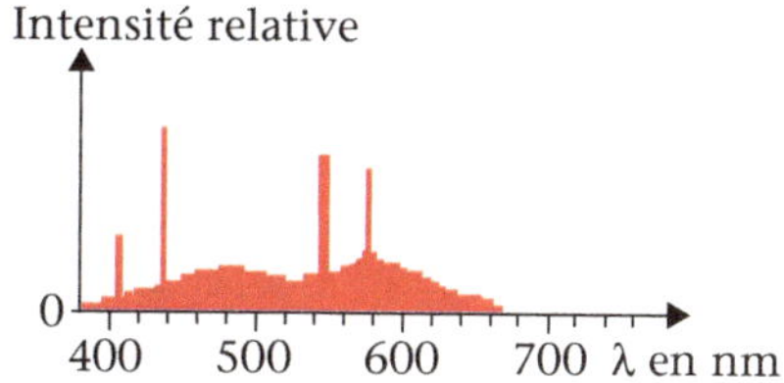

Figure 2 : tube fluorescent 2

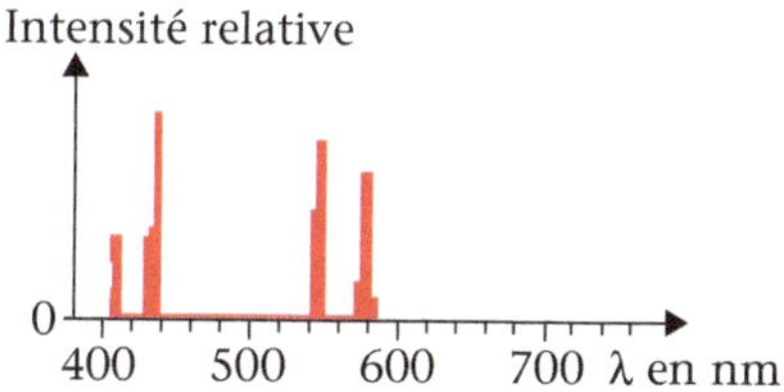

Figure 3 : lampe à vapeur de mercure

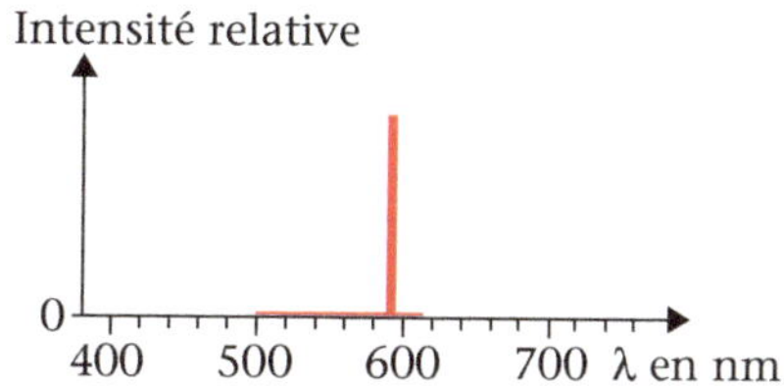

Figure 4 : lampe à vapeur de sodium

Ces représentations sont limitées aux rayonnements visibles.

2. Étude du spectre du mercure

Le diagramme ci-dessous représente quelques niveaux d'énergie de l'atome de mercure.

a. Comment désigne-t-on le niveau le plus bas E_0 sur le diagramme énergétique ?

b. Un électron cède une partie de son énergie à un atome de mercure. L'énergie de celui-ci passe du niveau E_0 au niveau E_1.

Comment qualifie-t-on l'état dans lequel se trouve alors l'atome de mercure ?

c. Retour vers E_0

Lors de la transition du niveau E_1 vers le niveau E_0, l'atome de mercure perd un quantum d'énergie.

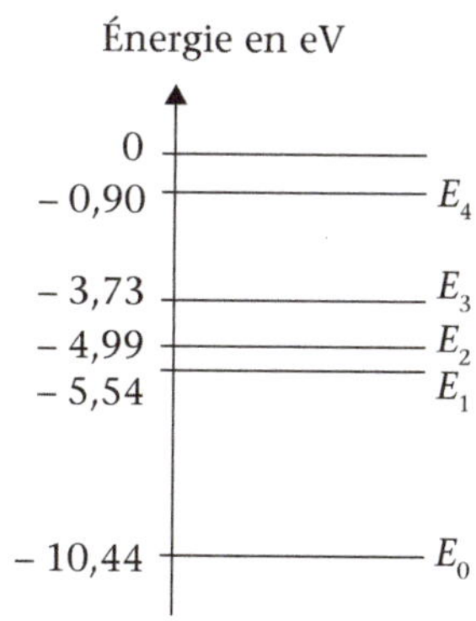

On donne :

– la valeur de la constante de Planck : h = $6{,}63 \cdot 10^{-34}$ S.I. ;

– la valeur de la célérité de la lumière dans le vide : $c = 3{,}00 \cdot 10^{8}$ $m.s^{-1}$.

On rappelle que 1 eV = $1{,}60 \cdot 10^{-19}$ J.

Comment se manifeste cette perte d'énergie ?

Calculer la longueur d'onde $\lambda_{1\text{-}0}$ correspondante dans le vide.

Après avoir rappelé les limites des longueurs d'onde dans le vide du spectre visible, dire dans quel domaine, ultraviolet (UV), visible ou infrarouge (IR), se situe la radiation de longueur d'onde $\lambda_{1\text{-}0}$.

3. Des UV à la lumière visible

a. Pour que la poudre produise de la lumière visible, elle doit être soumise à un rayonnement dont la longueur d'onde est comprise entre 200 nm et 300 nm.

Elle émet alors de la lumière dont le spectre est continu. La vapeur de mercure contenue dans le tube permet-elle à la poudre déposée sur les parois du tube d'émettre de la lumière visible ?

Justifier.

b. Un éclairage confortable pour la restitution des couleurs correspond à de la lumière dont le spectre est continu et se rapproche de celui de la lumière solaire.

En comparant soit les spectres des figures 2 et 3, soit les spectres des figures 1 et 3, indiquer le rôle des poudres.

c. En comparant les spectres des figures 1 et 2, montrer que la nature de la poudre a une influence sur la couleur de la lumière émise.

QCM

1 **b.** et **c.** $\lambda = \frac{c}{\nu} = \frac{3{,}0 \cdot 10^8}{(2{,}7 \cdot 10^{16})} = 1{,}1 \cdot 10^{-8}$ m, soit 11 nm.

2 **c.** $\Delta E = \frac{1{,}94 \cdot 10^{-18}}{1{,}60 \cdot 10^{-19}} = 12{,}1$ eV.

3 **b.** $\Delta E = \text{h}\nu = 6{,}63 \cdot 10^{-34} \times 5{,}66.10^{14} = 3{,}75 \cdot 10^{-19}$ J.

4 **a.** Une transition d'un niveau vers un niveau inférieur donne lieu à l'émission d'un photon.

5 **a.** La longueur d'onde d'une radiation bleue est inférieure à celle d'une radiation rouge. Par conséquent, l'énergie d'un photon associé à une radiation bleue est supérieure à l'énergie d'un photon associée à une radiation rouge.

6 **b.** La chromosphère est l'atmosphère du Soleil.

7 **a.** et **c.** La longueur d'onde dépend du milieu de propagation de la lumière.

8 **c.** $\Delta E = \frac{\text{h}c}{\lambda}$, soit en multipliant chacun des deux termes par λ, on obtient $\Delta E \times \lambda = \text{h}c$ et en divisant les deux termes par ΔE, on obtient $\lambda = \frac{\text{h}c}{\Delta E}$.

> **À NOTER**
> Si la longueur d'onde d'une radiation est donnée sans plus de précision, il s'agit de la longueur d'onde dans le vide.

9 **a.** et **b.** L'énergie d'un atome est minimale quand il est dans son état fondamental. Son énergie est maximale quand il est dans un état ionisé (il a perdu son électron).

10 **a.** et **c.** L'atome peut passer du niveau d'énergie E_3 au niveau d'énergie E_1 en émettant un photon d'énergie $E_3 - E_1 = -1{,}51 - (-13{,}6) = 12{,}1$ eV. Mais l'atome peut également passer du niveau d'énergie E_3 au niveau d'énergie E_2 en émettant un photon d'énergie $E_3 - E_2 = 1{,}88$ eV, puis dans un deuxième temps passer du niveau d'énergie E_2 au niveau d'énergie E_1 en émettant un second photon d'énergie $E_2 - E_1 = 10{,}2$ eV.

Exercice 1

L'énergie d'un atome ne peut prendre que certaines valeurs bien déterminées, les énergies accessibles à un atome ont des valeurs discrètes.

Exercice 2

$\Delta E = \text{h}\frac{c}{\lambda} = 6{,}63 \cdot 10^{-34} \times \frac{3{,}00 \cdot 10^8}{193 \cdot 10^{-9}} = 1{,}03 \cdot 10^{-18}$ J.

$\Delta E = \frac{1{,}03 \cdot 10^{-18}}{1{,}6 \cdot 10^{-19}} = 6{,}44$ eV.

> **ATTENTION**
> Exprimez la longueur d'onde en m.

Exercice 3

1. À la radiation de plus grande longueur d'onde correspond un saut d'énergie minimal : $\Delta E = E_3 - E_2 = 3{,}95 - 2{,}21 = 1{,}74$ eV.

En Joules : $\Delta E = 1{,}74 \times 1{,}60\cdot10^{-19} = 2{,}78\cdot10^{-19}$ J, soit une longueur d'onde

$$\lambda = \frac{hc}{\Delta E} = \frac{6{,}63\cdot10^{-34} \times 3{,}00\cdot10^{8}}{(2{,}78\cdot10^{-19})} = 7{,}15\cdot10^{-7}\text{ m} = 715\text{ nm.}$$

Cette radiation appartient au domaine du visible, car 400 nm < λ < 800 nm ; elle est rouge.

2. À la radiation de plus courte longueur d'onde correspond un saut d'énergie maximale $\Delta E'$:

$$\Delta E' = E_3 - E_1 = 3{,}95 - 0 = 3{,}95\text{ eV.}$$

En Joules : $\Delta E' = 3{,}95 \times 1{,}60\cdot10^{-19} = 6{,}32\cdot10^{-19}$ J, soit une longueur d'onde

$$\lambda' = \frac{hc}{\Delta E'} = 6{,}63\cdot10^{-34} \times \frac{3{,}00\cdot10^{8}}{(6{,}32\cdot10^{-19})} = 3{,}15\cdot10^{-7}\text{ m} = 315\text{ nm.}$$

Cette radiation appartient au domaine des UV, car λ' < 400 nm.

Exercice 4

1. $E_1 = -13{,}6$ eV ; $E_2 = -3{,}40$ eV ; $E_3 = -1{,}51$ eV ; $E_4 = -0{,}850$ eV.

2.

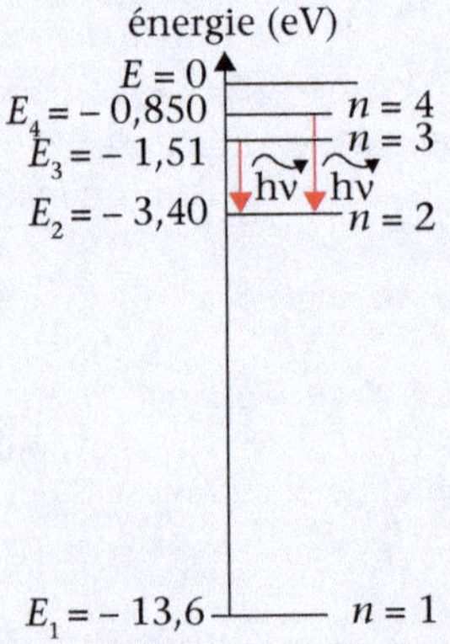

À NOTER

Les flèches représentent l'émisssion de photons. L'eV est l'unité la plus adaptée pour exprimer l'énergie d'un photon. Cependant, dans la relation $\Delta E = \frac{hc}{\lambda}$, l'énergie doit être exprimée en J.

3. Dans l'état d'énergie maximale (ici lorsque $E = 0$ eV), l'atome d'hydrogène a perdu un électron. L'énergie nécessaire pour arracher un électron à cet atome initialement dans son état fondamental est donc :

$$\Delta E = 0 - E_1 = 0 - (-13{,}6) = \mathbf{13{,}6\ eV.}$$

L'énergie à fournir à l'atome pour le ioniser est 13,6 eV.

4. $$\lambda_{3\text{-}2} = \frac{hc}{(E_3 - E_2)} = 6{,}63\cdot10^{-34} \times \frac{3{,}00\cdot10^{8}}{(-1{,}51 + 3{,}40) \times 1{,}60\cdot10^{-19}}$$

$$= 6{,}58\cdot10^{-7}\text{ m} = 658\text{ nm.}$$

$$\lambda_{4\text{-}2} = \frac{hc}{(E_4 - E_2)} = 6{,}63\cdot10^{-34} \times \frac{3{,}00\cdot10^{8}}{(-0{,}850 + 3{,}40) \times 1{,}60\cdot10^{-19}}$$

$$= 4{,}88\cdot10^{-7}\text{ m} = 488\text{ nm.}$$

Exercice 5

1. $\lambda_2 = 819$ nm > 800 nm : cette radiation appartient au domaine des infrarouge.

La fréquence ν des photons associés à cette radiation est :

$$\nu = \frac{c}{\lambda} = \frac{3{,}00 \cdot 10^{8}}{819 \cdot 10^{-9}} = 3{,}66 \cdot 10^{14} \text{ Hz.}$$

$\Delta E = h\nu = 6{,}63 \cdot 10^{-34} \times 3{,}66 \cdot 10^{14} = 2{,}43 \cdot 10^{-19}$ J = 1,52 eV.

2. La transition s'effectue entre le niveau $n = 4$ et $n = 2$ ($E_4 - E_2 = -1{,}51 + 3{,}03 = 1{,}52$ eV).

Exercice 6

1. Des raies noires sur un fond coloré continu correspondent à un **spectre de raies d'absorption.**

2. On observe les raies d'absorption de l'hydrogène (raie B, C, D et G) : **l'atmosphère du Soleil contient de l'hydrogène.**

On observe également les raies d'absorption du sodium (doublets F1 et F2) : **l'atmosphère du Soleil contient du sodium.**

En revanche, on ne retrouve pas les raies de l'hélium. **L'atmosphère du Soleil ne contient pas d'hélium.**

Exercice 7

1. Le noyau de l'atome de lithium ${}^{7}_{3}\text{Li}$ est constitué de 3 protons ($Z = 3$), 7 nucléons ($A = 7$) et donc 7 – 3 = 4 neutrons.
Autour de ce noyau gravitent 3 électrons.

> **RAPPEL**
> La neutralité électrique d'un atome impose un nombre d'électrons égal au nombre de protons.

2. La première radiation appartiennent au domaine des **IR** ($\lambda_{3\text{-}2} > 800$ nm), la seconde et la quatrième appartiennent au domaine du **visible** ((400 nm < $\lambda_{2\text{-}1}$ < 800 nm et 400 nm < $\lambda_{5\text{-}2}$ < 800 nm) et la troisième appartient au domaine des **UV** ($\lambda_{4\text{-}1}$ < 400 nm).

3. Il s'agit d'un **spectre d'émission de raies**. Cette source de lumière est **polychromatique.**

4. $E_2 - E_1 = \dfrac{hc}{\lambda_{2\text{-}1}} = \dfrac{6{,}63 \cdot 10^{-34} \times 3{,}00 \cdot 10^{8}}{671 \cdot 10^{-9}} = 2{,}97 \cdot 10^{-19}$ J = **1,85 eV**,

soit $E_2 = E_1 + 1{,}85 = -5{,}39 + 1{,}85 =$ **–3,54 eV**.

$E_3 - E_2 = \dfrac{hc}{\lambda_{3\text{-}2}} = \dfrac{6{,}63 \cdot 10^{-34} \times 3{,}00 \cdot 10^{8}}{812 \cdot 10^{-9}} = 2{,}45 \cdot 10^{-19}$ J = **1,53 eV**,

soit $E_3 = E_2 + 1{,}53 = -3{,}54 + 1{,}53 =$ **–2,01 eV**.

$E_4 - E_1 = \dfrac{hc}{\lambda_{4\text{-}1}} = \dfrac{6{,}63 \cdot 10^{-34} \times 3{,}00 \cdot 10^{8}}{323 \cdot 10^{-9}} = 6{,}16 \cdot 10^{-19}$ J = **3,85 eV**,

soit $E_4 = E_1 + 3{,}85 = -5{,}39 + 3{,}85 =$ **–1,54 eV**.

$$E_5 - E_2 = \frac{hc}{\lambda_{5\text{-}2}} = \frac{6{,}63{\cdot}10^{-34} \times 3{,}00{\cdot}10^{8}}{610{\cdot}10^{-9}} = 3{,}26{\cdot}10^{-19}\ \text{J} = \mathbf{2{,}04\ eV},$$

soit $E_5 = E_2 + 2{,}04 = -3{,}54 + 2{,}04 = \mathbf{-1{,}50\ eV}$.

On obtient le diagramme suivant.

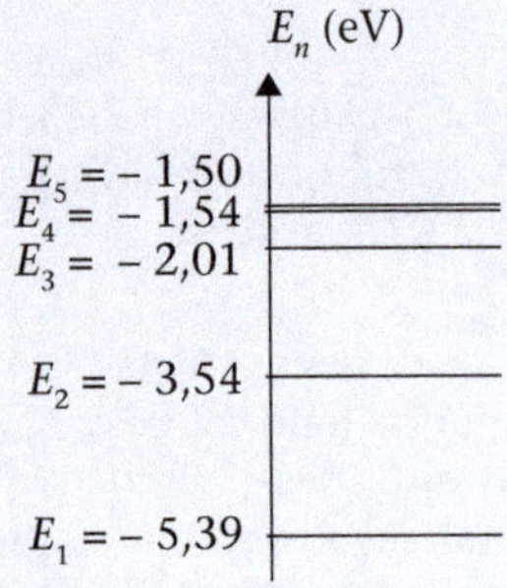

Exercice 8

1. Une radiation a une longueur d'onde dans le vide $\lambda = 600$ nm.

$\lambda = \frac{c}{\nu}$, donc $\nu = \frac{c}{\lambda} = \frac{3{,}00{\cdot}10^{8}}{600{\cdot}10^{-9}} = 5{,}00{\cdot}10^{14}$ Hz.

2. Lorsque la lumière rencontre un milieu transparent autre que le vide (ici l'eau), la relation entre fréquence et longueur d'onde devient $\lambda_{eau} = \frac{v}{\nu}$ où v est la vitesse (la célérité) de la lumière dans le milieu transparent traversé.

$\lambda_{eau} = \frac{2{,}25{\cdot}10^{8}}{5{,}00{\cdot}10^{14}} = 4{,}50{\cdot}10^{-7}$ m = 450 nm.

Exercice 9

1. Pour les UV-A : 320 nm < $\lambda_{UV\text{-}A}$ < 400 nm.

Soit $6{,}63{\cdot}10^{-34} \times \frac{3{,}00{\cdot}10^{8}}{400{\cdot}10^{-9}} < \frac{hc}{\lambda_{UV\text{-}A}} < 6{,}63{\cdot}10^{-34} \times \frac{3{,}00{\cdot}10^{8}}{320{\cdot}10^{-9}}$, soit :

$$\mathbf{4{,}98{\cdot}10^{-19}\ J < E_{UV\text{-}A} < 6{,}22{\cdot}10^{-19}\ J.}$$

Pour les UV-B : 290 nm < $\lambda_{UV\text{-}B}$ < 320nm,

soit $6{,}63{\cdot}10^{-34} \times \frac{3{,}00{\cdot}10^{8}}{320{\cdot}10^{-9}} < \frac{hc}{\lambda_{UV\text{-}B}} < 6{,}63{\cdot}10^{-34} \times \frac{3{,}00{\cdot}10^{8}}{290{\cdot}10^{-9}}$, soit :

$$\mathbf{6{,}22{\cdot}10^{-19}\ J < E_{UV\text{-}B} < 6{,}86{\cdot}10^{-19}\ J.}$$

Les UV-A sont donc moins énergétiques que les UV-B.

2. Le nom scientifique pour *coup de soleil* est ***érythème***.

3. Ce sont les UV-B qui sont essentiellement responsables de coups de soleil. Or ces derniers sont arrêtés par le verre : **on ne prend généralement pas de coups de soleil derrière une vitre**. Cependant, les UV-A, qui eux ne sont pas arrêtés par le verre, vont être à l'origine d'un **léger hâle**.

4. Les effets des UV-A ne sont pas immédiatement visibles et seuls les UV-B, responsables des coups de soleil, étaient considérés comme dangereux jusqu'à ces dernières années.

Exercice 10

1. Le gaz contenu dans les tubes 1 et 2 est du mercure.

Les spectres contiennent les raies caractéristiques du mercure, alors qu'ils ne contiennent pas la raie caractéristique du sodium (à un peu moins de 600 nm).

2. a. Le niveau le plus bas est appelé **niveau fondamental**.

b. L'atome de mercure passe dans un **état excité**.

c. Cette perte d'énergie se manifeste par **émission d'un photon**.

$E_1 - E_0 = \frac{hc}{\lambda_{1\text{-}0}}$, donc $\lambda_{1\text{-}0} = h\frac{c}{E_1 - E_0}$ avec E en J et λ en m.

$$\lambda_{1\text{-}0} = 6{,}63\cdot10^{-34} \times \frac{3{,}00\cdot10^{8}}{(-5{,}54 + 10{,}44)\times 1{,}60\cdot10^{-19}}$$

$\lambda_{1\text{-}0} = 254$ nm.

Le spectre visible possède des longueurs d'ondes comprises entre 400 et 800 nm. La longueur d'onde $\lambda_{1\text{-}0}$ correspond à un rayonnement situé dans le domaine des UV.

3. a. La vapeur de mercure contenue dans le tube émet un rayonnement dont la longueur d'onde est comprise 200 et 300 nm : ce rayonnement est bien adapté pour que la poudre produise de la lumière visible.

b. Les poudres permettent d'obtenir une lumière dont le spectre est continu.

c. On constate que l'intensité relative des différentes radiations n'est pas la même selon la nature de la poudre : la couleur de la lumière émise ne sera donc pas la même.

5 Colorants et pigments

1 Extraire et synthétiser des molécules colorées

a. Pigments et colorants

■ Les **pigments** sont des substances solides colorées qui sont **insolubles** dans le milieu qui les contient. Se présentant sous forme de très petites particules, ils sont utilisés en suspension, dans les peintures par exemple, ou dispersés dans tout le milieu comme dans les matières plastiques.

■ Les **colorants** sont des substances colorées qui se **dissolvent** dans le milieu dans lequel ils sont introduits. Ils sont surtout utilisés dans l'industrie agroalimentaire et textile.

b. Extraction par solvant

Certaines espèces colorées sont d'origine naturelle et sont obtenues par extraction.

■ L'**extraction directe** consiste à mélanger un produit naturel (pétales de rose, écorces d'orange…) à un solvant dans lequel l'espèce chimique que l'on souhaite recueillir est très soluble.

■ L'**extraction liquide-liquide** consiste à faire passer une espèce chimique d'un solvant dans un autre, dans lequel elle sera plus facile à isoler. Les deux solvants ne doivent pas être miscibles. En laboratoire, l'extraction liquide-liquide s'effectue avec une **ampoule à décanter**.

Exemple : la curcumine est un colorant alimentaire autorisé en France, codé E100. Il est extrait des racines du curcuma, une plante originaire de l'Inde. On le trouve dans la moutarde, le curry en poudre, certaines chips…

c. Synthèse d'espèces colorées

■ Les colorants sont aujourd'hui le plus souvent d'origine synthétique.

■ La **synthèse** d'une espèce chimique est la préparation de cette espèce à partir de réactifs, en effectuant des transformations chimiques qui comportent souvent plusieurs étapes. En fin de synthèse, l'espèce chimique recherchée se trouve mélangée à d'autres espèces chimiques. Il faut alors réaliser une **extraction**, puis vérifier que l'on a bien obtenu l'espèce chimique souhaitée et réaliser une **identification.**

Exemple : le jaune de tartrazine, colorant alimentaire de couleur jaune, codé E102, présent dans le sirop de menthe, est obtenu par synthèse.

d. Chromatographie

■ La chromatographie est une technique de **séparation** et d'**identification** d'espèces chimiques contenues dans un mélange. Elle met en jeu une **phase fixe** (ou phase stationnaire) et une **phase mobile** appelée **éluant.**

Au cours d'une chromatographie, les espèces chimiques présentes dans le mélange sont entraînées par l'éluant à des vitesses différentes selon leur affinité avec celui-ci et la phase fixe.

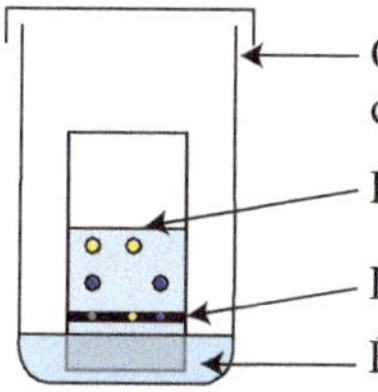

En chromatographie sur couche mince (CCM), l'éluant liquide monte par capillarité dans la phase fixe qui est constituée d'une fine couche de silice ou d'alumine déposée sur un support d'aluminium.

e. Propriétés des espèces chimiques colorées

■ Les pigments ou les colorants absorbent une partie de la lumière blanche, se comportant comme des filtres. La couleur absorbée et la couleur apparente sont **complémentaires**, c'est-à-dire qu'elles sont en vis-à-vis sur le cercle des couleurs.

Cercle des couleurs

■ Lorsqu'on mélange des espèces colorées, les radiations absorbées par chacune d'elles sont également absorbées par le mélange. La couleur obtenue résulte de la **synthèse soustractive**.

Exemple : le bleu patenté est un colorant alimentaire absorbant majoritairement les radiations rouges. Le jaune de tartrazine est un autre colorant alimentaire qui absorbe majoritairement les radiations bleues. Le mélange de ces deux colorants absorbe à la fois le bleu et le rouge ; il apparaît donc vert.

■ Les trois couleurs primaires de la synthèse soustractive sont le **magenta**, le **cyan** et le **jaune**.

> **À NOTER**
> Ces couleurs ne peuvent pas s'obtenir par mélange d'autres couleurs.

Le mélange, en différentes proportions, de ces trois couleurs permet d'obtenir toutes les teintes possibles.

■ Le principe de la synthèse soustractive est à la base de l'**impression papier**. Une cartouche d'encre couleur d'une imprimante d'ordinateur contient trois compartiments contenant une encre cyan, une encre magenta et une encre jaune. En réalité, pour le noir, le mélange des trois pigments donnant plutôt un marron foncé, on utilise une cartouche d'encre noire. C'est ce qu'on appelle la quadrichromie ou système CMJN (cyan, magenta, jaune, noir).

■ La synthèse soustractive est aussi à la base de la peinture.

2 Molécules organiques et couleurs

a. Molécules organiques

■ La **chimie organique** est la chimie des composés constitués principalement de **carbone** et d'**hydrogène**.

Exemple : la butanone, de formule brute C_4H_8O, est un composé organique.

> **À NOTER**
> Jusqu'au milieu du XIXe siècle, la notion de chimie organique était réservée aux molécules extraites d'espèces vivantes animales ou végétales.

■ Une molécule organique est formée d'une chaîne d'atomes de carbone liés entre eux, la **chaîne carbonée**, sur laquelle sont fixés d'autres atomes ou groupes d'atomes.

■ Afin de représenter rapidement une molécule, on utilise parfois son **écriture topologique** : la chaîne carbonée est écrite sous forme d'une ligne en zigzag, et ni les atomes de carbone, ni les liaisons carbone-hydrogène ne sont représentés.

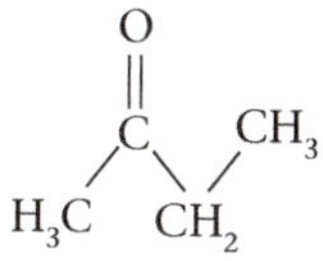

Formule semi-développée

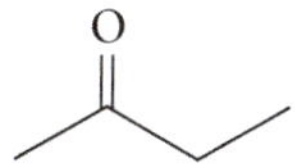

Formule topologique

b. Doubles liaisons conjuguées

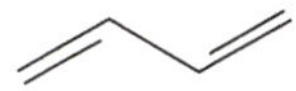

Butadiène

■ Deux doubles liaisons sont dites **conjuguées** si elles sont séparées par une liaison simple.

■ Les domaines d'absorption de molécules possédant deux doubles liaisons conjuguées sont dans l'ultraviolet (UV). Dans le cas du butadiène, la longueur d'onde du maximum d'absorption est 214 nm.

■ Mais si le nombre de doubles liaisons conjuguées augmente, l'absorption se déplace vers les grandes longueurs d'onde c'est-à-dire de l'UV dans le visible ; la molécule devient colorée.

> **À NOTER**
> À partir de sept doubles liaisons conjuguées, on peut prévoir que la molécule sera colorée.

Exemple : C'est ainsi que le lycopène, dont la molécule possède 11 doubles liaisons conjuguées, absorbe la lumière bleue : il a une couleur orange. Ce pigment est à l'origine de la couleur de la tomate.

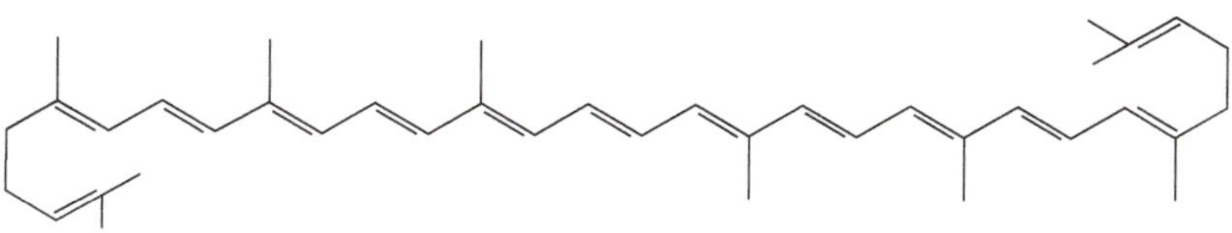

Lycopène

■ Les doubles liaisons conjuguées sont des groupements dits **chromophores.** Par ailleurs, la présence de groupes auxiliaires appelés **groupes auxochromes** peut modifier le domaine des radiations absorbées.

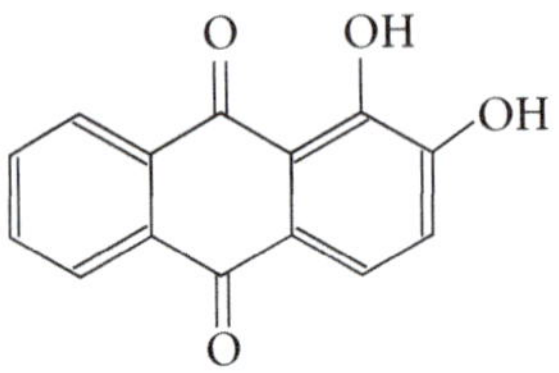

Alizarine

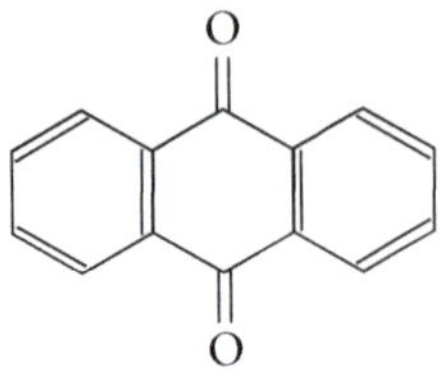

Anthraquinone

L'alizarine (rouge) diffère de l'anthraquinone (jaune) par l'existence de **deux groupements hydroxyle OH**.

c. Facteurs influençant la couleur d'une espèce chimique

■ Les **indicateurs colorés acido-basiques** sont des molécules organiques dont la couleur dépend du pH de la solution dans laquelle ils se trouvent. Ces couleurs sont associées à l'existence d'une forme acide et d'une forme basique de l'indicateur ayant des **conjugaisons différentes**.

■ La couleur d'une espèce chimique peut également dépendre du solvant dans lequel elle est dissoute.

1 Réaliser l'extraction d'une espèce colorée

Énoncé

Le lycopène est la principale espèce chimique colorée de la tomate. C'est un pigment faiblement hydrosoluble ayant des propriétés antioxydantes, et il est associé à une réduction des maladies cardiovasculaires, du diabète et probablement de certains cancers. Une fois isolé, il est utilisé en tant que colorant alimentaire.

> VOCABULAIRE
> *Hydrosoluble* signifie « soluble dans l'eau ».

Proposer une suite de manipulations permettant d'extraire le lycopène d'un jus de tomate. Le solvant utilisé est le dichlorométhane, de densité 1,3.

Savoir-faire

- Remarquer qu'il s'agit d'une extraction liquide-liquide qui nécessite l'utilisation une ampoule à décanter.
- Réaliser un schéma légendé de l'ampoule à décanter lors de la séparation.
- Ne pas oublier que dans une ampoule à décanter, les deux liquides non miscibles se positionnent selon leur densité.

Corrigé détaillé

- On introduit dans une ampoule à décanter, à l'aide d'un entonnoir, le jus de tomate et le dichlorométhane. On bouche l'ampoule, et on l'agite doucement en ouvrant fréquemment le robinet afin d'éviter les problèmes de surpression.

> L'INFO EN PLUS
> Le dichlorométhane est nocif par contact cutané et par ingestion. Il est susceptible de provoquer le cancer. L'utilisation d'une hotte, le port de gants, de lunettes et bien sûr d'une blouse est nécessaire.

- On replace l'ampoule sur son support, on enlève le bouchon, et on attend quelques instants que la séparation des deux liquides non miscibles soit bien distincte. Le dichlorométhane a une densité supérieure à celle de l'eau : dans l'ampoule à décanter, c'est la phase aqueuse qui surnage.

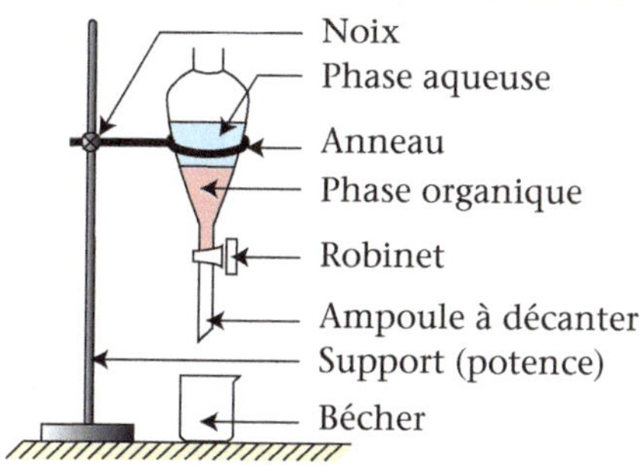

Le lycopène est plus soluble dans le dichorométhane que dans l'eau ; il passe dans le dichlorométhane. La phase inférieure est colorée en rouge.

■ On ouvre le robinet : la phase inférieure est récupérée dans un bécher, elle contient à présent le lycopène. Par évaporation du dichlorométhane, on récupère le lycopène (c'est un solide).

2 Établir un lien entre couleur et structure moléculaire d'une espèce chimique

Énoncé

On trouve le β-carotène dans les carottes, les abricots, le maïs, la citrouille, les brocolis, les œufs, les feuilles en automne... Il joue un rôle essentiel dans la croissance et la vision, car, dans l'organisme, il se scinde en deux molécules de vitamine A.

Alors que la vitamine A est incolore, le β-carotène a une couleur jaune-orangé.

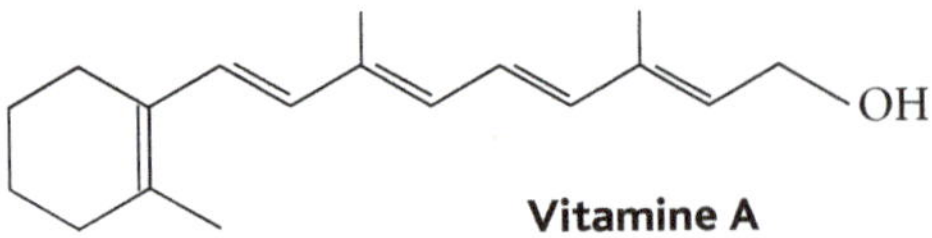

Vitamine A

Proposer une explication.

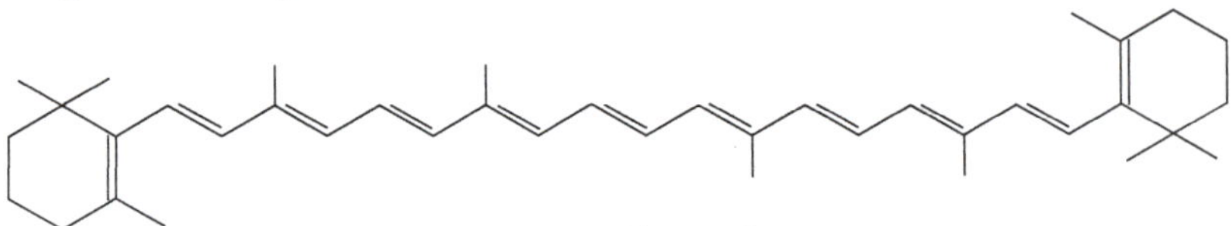

β-carotène

Savoir-faire

■ Repérer les liaisons doubles sur la formule topologique de la molécule et déterminer le nombre de liaisons doubles conjuguées, c'est-à-dire séparées par une seule liaison simple.

■ Utiliser le fait qu'une molécule organique possédant un système conjugué relativement long absorbe des radiations dont les longueurs d'onde se situent dans le visible.

Corrigé détaillé

■ La vitamine A avec 5 doubles liaisons conjuguées est incolore. Le β-carotène comporte 11 doubles liaisons conjuguées : cette molécule est colorée.

10 qcm pour réviser le cours

Corrigés p. 90

1 Parmi les molécules suivantes, lesquelles sont des molécules organiques ?

❑ **a.** Propane C_3H_8.

❑ **b.** Dioxyde de carbone CO_2.

❑ **c.** Chloroéthane C_2H_5Cl.

2 Une solution de couleur bleue absorbe le :

❑ **a.** bleu. ❑ **b.** vert. ❑ **c.** rouge.

3 Le méthylparabène (E218) est très utilisé comme conservateur. Sa formule semi-développée est :

❑ **a.**

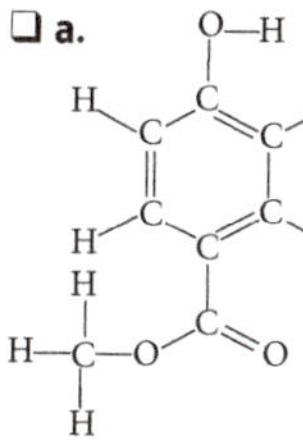

❑ **b.**

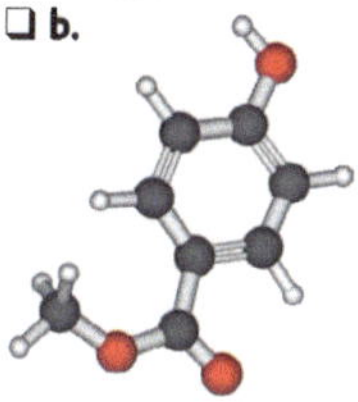

❑ **c.**

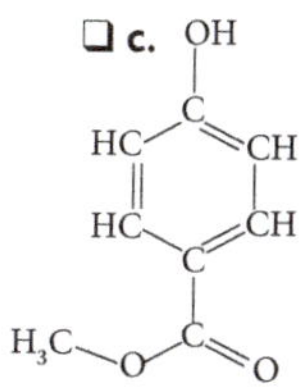

4 La formule topologique de la molécule de formule semi-développée $CH_3–CH_2–CH(CH_3)–CH_2–CH_3$ est :

❑ **a.**

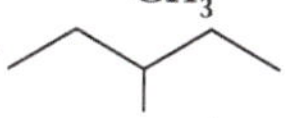

❑ **b.**

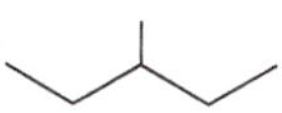

❑ **c.**

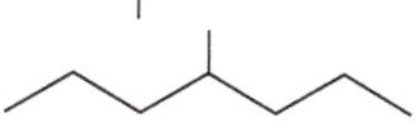

5 La CCM est une technique permettant :

❑ **a.** de synthétiser des espèces chimiques.

❑ **b.** de séparer des espèces chimiques.

❑ **c.** d'identifier des espèces chimiques.

6 La molécule d'acide acétylsalicylique comporte :

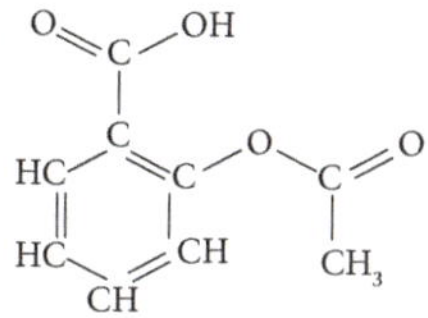

❑ **a.** 3 doubles liaisons conjuguées.

❑ **b.** 4 doubles liaisons conjuguées.

❑ **c.** 5 doubles liaisons conjuguées.

7 Lors de la réalisation d'une chromatographie, l'éluant :

❑ **a.** sert de support de chromatographie.

❑ **b.** dissout et entraîne les espèces chimiques.

❑ **c.** est utilisé pour révéler le chromatogramme.

8 Lors d'une CCM, l'espèce chimique A migre plus haut que l'espèce chimique B :

❑ **a.** A est plus soluble dans l'éluant que B.

❑ **b.** A est moins soluble dans l'éluant que B.

❑ **c.** A est moins dense que B.

9 La couleur d'un indicateur coloré de pH dépend :

❑ **a.** de la température de la solution.

❑ **b.** du solvant dans lequel il est dissous.

❑ **c.** du pH de la solution aqueuse dans laquelle il est dissous.

10 La mauvéine est un solide noir qui se solubilise dans l'éthanol en lui donnant une coloration violette. Dans l'éthanol, la mauvéine se comporte comme :

❑ **a.** un colorant. ❑ **b.** un solvant.

❑ **c.** un pigment.

Exercices

Exercice 1 (niveau 1)

Corrigés p. 90

Un peintre mélange des peintures magenta et cyan sur sa palette éclairée en lumière blanche. Quelle est la couleur du mélange ? Justifier.

Exercice 2 (niveau 1)

Corrigés p. 90

Une solution de rouge neutre est rouge si le pH est inférieur à 6,8 et jaune si le pH est supérieur à 8,0.

1. Comment peut-on qualifier le rouge neutre ?
2. Quelle est la couleur de sa forme basique ?
3. On ajoute du rouge neutre dans de l'eau du robinet (pH = 7,2). Quelle est la couleur de la solution obtenue ?

Exercice 3 (niveau 1)

Corrigés p. 91

La formule semi-développée du colorant soudan I, utilisé dans l'industrie agroalimentaire jusqu'en 1995 mais aujourd'hui interdit, est donnée ci-dessous.

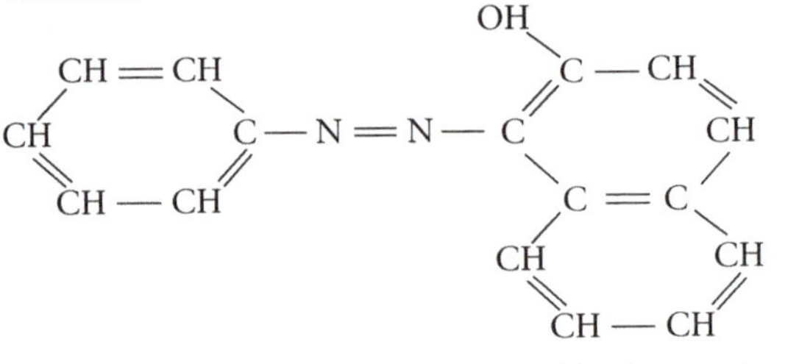

1. Écrire la formule topologique de cette molécule, ainsi que sa formule brute.
2. S'agit-il d'une molécule organique ?
3. Pourquoi cette molécule est-elle colorée ?
4. Ce colorant absorbe majoritairement dans le bleu.
Quelle est sa couleur ?

Exercice 4 (niveau 1)

Corrigés p. 91

Les fards noirs utilisés par les égyptiens pour mettre les yeux en valeur étaient pour la plupart à base de galène, un oxyde de plomb, de formule PbS.

1. La galène est-elle un pigment minéral ou organique ?

2. Chercher l'élément soufre dans la classification périodique (p. 382) et déduire de sa position la charge de l'ion monoatomique correspondant.

3. En déduire la charge de l'ion plomb.

4. Pourquoi la galène nous apparaît-elle noire ?

Exercice 5 niveau 2

Corrigés p. 91

Les pigments présents dans les carottes sont appelés caroténoïdes. On peut les extraire en réalisant une macération avec des carottes fraîchement râpées.

Proposer un protocole d'extraction des caroténoides.

	Eau	Méthanol	Acétone
Solubilité des caroténoïdes	faible	grande	grande
Pictogramme	Aucun		

Exercice 6 niveau 2

Corrigés p. 92

Un élève réalise la chromatographie d'un sirop de citron. Le chromatogramme révèle que le sirop de citron ne contient qu'un seul colorant jaune. Les deux seuls colorants jaunes autorisés en France sont le E102 et le E104. Proposer un protocole qui permette de savoir quel colorant est présent dans ce sirop de citron.

Exercice 7 niveau 2

Corrigés p. 92

On dispose d'un sirop de grenadine contenant deux colorants : de l'azorubine (E122) et du rouge cochenille (E124). On procède à une extraction de ces colorants, suivie d'une CCM.

Sur une phase fixe de silice, on réalise les dépôts suivants :

– dépôt 1 : rouge cochenille ;
– dépôt 2 : extrait concentré de colorants ;
– dépôt 3 : azorubine.

L'éluant est un mélange de propanol et d'ammoniaque.

1. Faire un schéma annoté du dispositif utilisé pour réaliser une chromatographie.

2. Quel est le rôle de l'éluant ?

3. Pourquoi n'est-il pas nécessaire d'effectuer une révélation ?

4. Représenter le chromatogramme pour un déplacement de l'éluant égal à 5,0 cm.

Données : R_f(E122) = 0,75 ; R_f(E124) = 0,47.

Exercice 8 *niveau 3*

Corrigés p. 93

Le paprika renferme de nombreux pigments colorés dont les trois principaux sont :

– les caroténoïdes ;

– un ester gras de la capsanthine ;

– un ester gras de la capsorbine.

On chauffe à reflux pendant 30 minutes un ballon contenant 2,0 grammes de paprika commercial et 20 mL de dichlorométhane. Après filtration, la solution obtenue renferme tous les pigments du paprika. Une CCM réalisée sur une plaque recouverte de gel de silice avec comme éluant le dichlorométhane permet de séparer les différents pigments.

1. Faire le schéma d'un montage à reflux en précisant le sens de circulation de l'eau dans le réfrigérant.

2. Pourquoi le support doit-il être soulevé ?

3. Quel est le rôle de la pierre ponce ?

4. Quel est le rôle du réfrigérant ?

5. Que matérialisent les deux traits situés en haut et en bas du chromatogramme ?

6. À quel pigment correspond chacune des taches observées sur le chromatogramme ?

7. La tache la plus large correspond au pigment majoritaire.
Déterminer le R_f de ce pigment.

	Ester gras de la capsanthine	**β-carotène**	**Ester gras de la capsorbine**
Affinité pour le dichlorométhane	faible	forte	très faible

Exercice 9 *niveau 3*

Corrigés p. 93

La couleur d'une solution de phénolphtaléine dépend du pH. Alors qu'une solution acide de phénolphtaléine est incolore, une solution basique de phénolphtaléine est rose.

1. Comment peut-on qualifier la phénolphtaléine ?

2. La forme acide de la phénolphtaléine correspond-elle à la formule 1 ou 2 ?

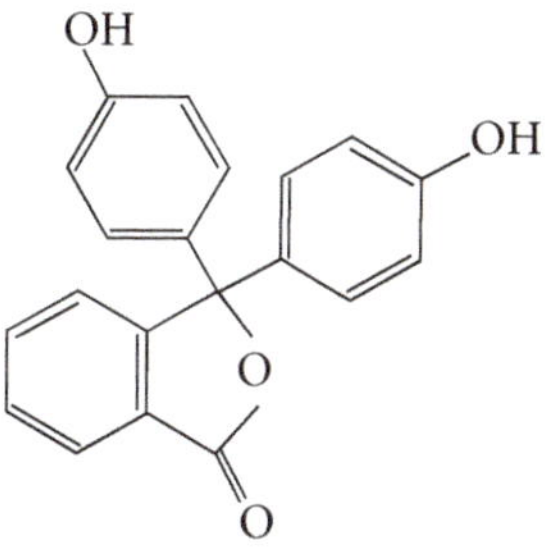

Formule 1

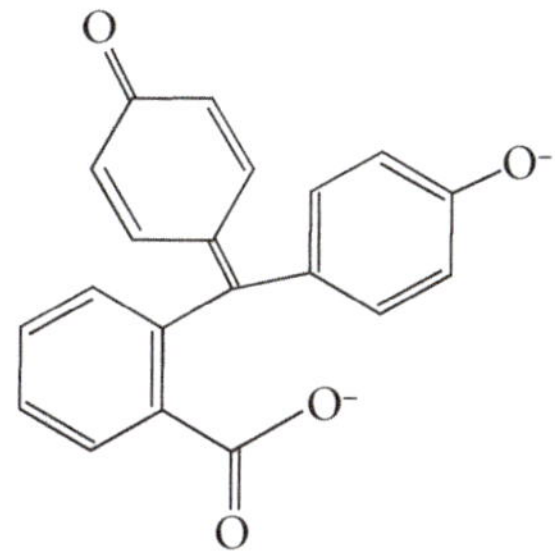

Formule 2

Exercice 10 niveau 3

Corrigés p. 93

L'indigo, de formule $C_{16}H_{10}N_2O_2$, est un colorant bleu violacé connu depuis l'Antiquité.

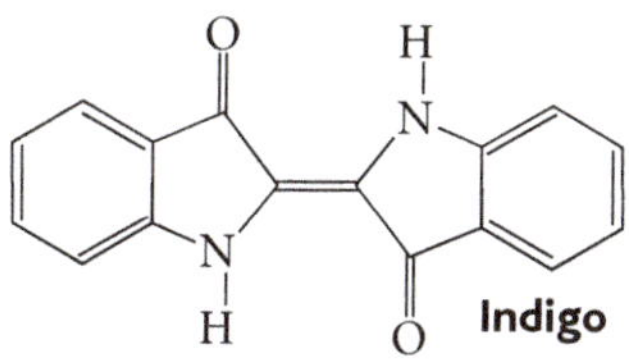

Indigo

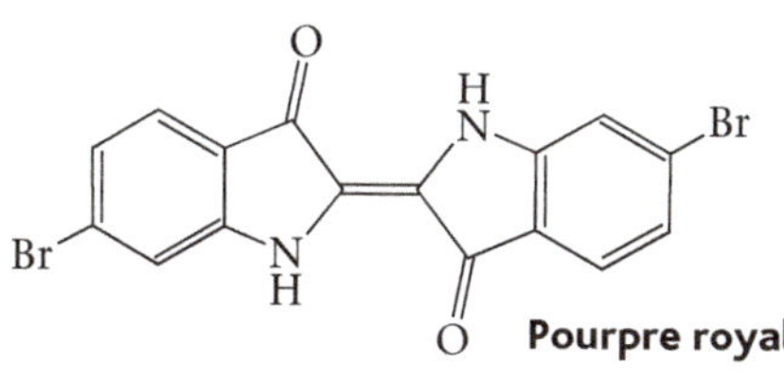

Pourpre royale

1. Pourquoi l'indigo est-il un colorant très connu ?

2. Justifier le caractère coloré de l'indigo.

3. À quoi est due la différence de couleur entre l'indigo et la pourpre royale (utilisée pendant l'Antiquité pour teindre les vêtements des souverains d'un rouge profond) ?

4. La courbe ci-après représente la quantité de lumière absorbée par une solution d'indigo en fonction de la longueur d'onde.
Justifier l'allure de cette courbe.

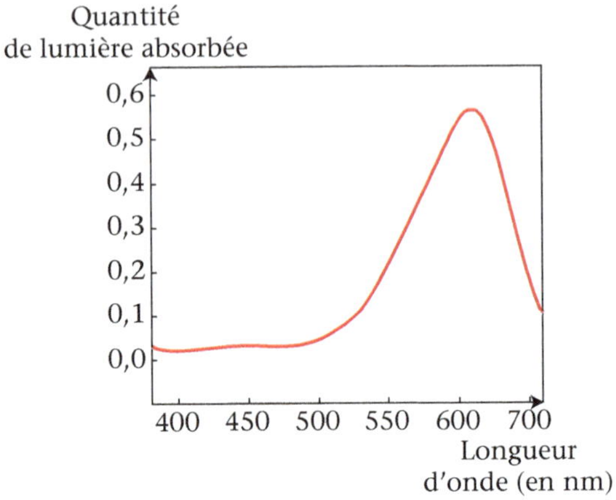

Au laboratoire, on peut synthétiser l'indigo en introduisant dans un erlenmeyer 1,0 g de 2-nitrobenzaldéhyde $C_7H_5NO_3$, 20 mL d'acétone C_3H_6O liquide pure et 35 mL d'eau distillée. On ajoute lentement en agitant 5,0 mL d'une solution d'hydroxyde de sodium (soude) de concentration 2,0 mol.L^{-1}. Un précipité bleu-violet d'indigo se forme. On réalise une filtration sous pression réduite. Le précipité est lavé à l'eau, puis à l'éthanol jusqu'à ce que les eaux de lavage soient incolores.

5. À quoi sert la filtration ? Pourquoi la réaliser sous pression réduite ? Réaliser un schéma légendé de la filtration sous pression réduite.

6. L'indigo est-il soluble dans l'eau ? dans l'éthanol ?

Exercice 11 *niveau 3*

Corrigés p. 94

Le sirop de menthe est une solution aqueuse contenant deux colorants alimentaires : le jaune de tartrazine (E102) et le bleu patenté (E131).

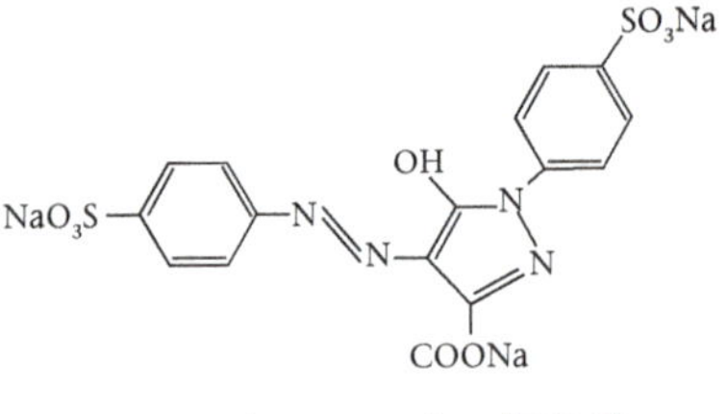

Jaune de tartrazine (E102)

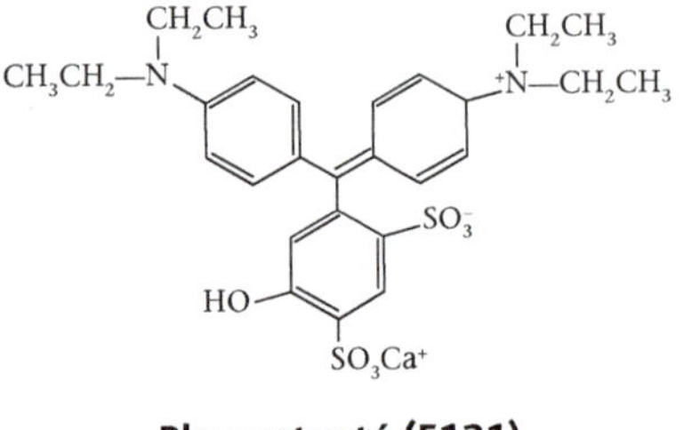

Bleu patenté (E131)

A. Extraction des colorants

Il faut séparer les colorants des autres espèces chimiques présentes dans le sirop, notamment les sucres qui sont gênants pour la chromatographie.

On introduit dans un bécher quelques brins de laine écrue, 40 mL de sirop de menthe et 5 mL d'une solution aqueuse d'acide éthanoïque. On porte le mélange à ébullition douce. La solution initialement verte se décolore, la laine initialement écrue se colore en vert. À l'aide d'une pince en plastique, on retire la laine et on la rince abondamment sous l'eau du robinet. Malgré le lavage, la laine reste verte. Les colorants sont fixés, on a réalisé une teinture de la laine. On introduit la laine dans un autre bécher contenant une solution aqueuse d'ammoniac, et on porte l'ensemble à ébullition douce. La solution initialement incolore se colore en vert et la laine est alors d'un vert plus clair. Les colorants ont quitté la laine. Cette solution aqueuse va servir pour l'étude chromatographique.

B. Chromatographie sur colonne des colorants

En tête d'une colonne à chromatographie remplie de la silice, on verse quelques gouttes de la solution contenant les colorants du sirop de menthe. On verse doucement mais en permanence de l'eau. En bas de la colonne, on récupère après élution une première fraction de couleur jaune. Lorsque l'extraction de ce colorant est complète, on élue le second colorant avec de l'éthanol.

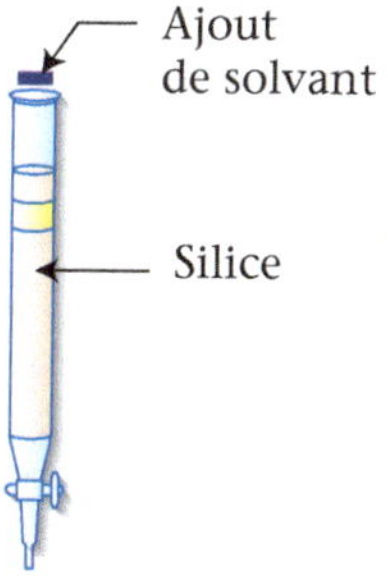

1. La laine fixe-t-elle les colorants en milieu acide ? en milieu basique ?
2. Quel est le rôle joué par l'eau et l'éthanol ? par la silice ?
3. Le second colorant est-il plus soluble dans l'eau ou dans l'éthanol ?
4. Quel est l'avantage d'une chromatographie sur colonne par rapport à une chromatographie sur couche mince ?
5. Justifier le caractère coloré de ces deux espèces chimiques.
6. Les colorants diazoïques possèdent une double liaison N=N.

Lequel de ces deux colorants est un colorant diazoïque ?

Donnée : Une solution d'ammoniac est basique.

QCM

1 **a.** et **c.** Le dioxyde de carbone est une espèce minérale.

2 **b.** et **c.** Une solution de couleur bleue transmet ou diffuse sa propre couleur, donc elle absorbe le rouge et le vert.

3 **c.** Dans une formule semi-développée, on ne représente pas les liaisons avec l'hydrogène. La formule **a.** représente la formule développée de méthylparabène

4 **a.** et **b.** L'extrémité de chaque segment représente un atome de carbone. La chaîne principale est constituée de 5 atomes de carbone (4 segments) et elle est ramifiée au niveau du carbone central.

5 **b.** et **c.** En CCM, les distances parcourues par deux espèces différentes sont généralement différentes. La distance parcourue par chacune d'entre elles est la même que l'espèce soit pure ou dans un mélange : cela permet de les identifier.

6 **b.** Même si cette molécule possède 5 doubles liaisons, seules 4 sont conjuguées.

7 **b.** Lors d'une chromatographie, l'éluant est la phase mobile qui migre dans le support fixe. L'éluant est un solvant ou un mélange de solvants.

8 **a.** Plus une espèce a d'affinité avec l'éluant, plus elle se déplace rapidement.

9 **c.** Les colorants dont la couleur dépend du pH dans lequel ils se trouvent sont utilisés comme indicateurs colorés de pH (phénolphtaléine, bleu de bromothymol…).

10 **a.** Avec l'éthanol, la mauvéine forme un mélange homogène : c'est un colorant.

Exercice 1

Le magenta absorbe le vert et diffuse le bleu et le rouge.

Le cyan absorbe le rouge, et diffuse le bleu et le vert.

Le mélange des peintures magenta et cyan absorbe le vert et le rouge : seul le bleu est diffusé.

Exercice 2

1. Le rouge neutre peut être utilisé comme indicateur coloré de pH.

2. La forme basique est jaune.

3. Pour cette valeur de pH, les deux formes acides et basiques coexistent. La solution apparaît orange.

L'INFO EN PLUS

On est dans la « zone de virage » de l'indicateur coloré.

Exercice 3

1. La formule brute du soudan I est $C_{16}H_{12}N_2O$, et sa formule topologique est :

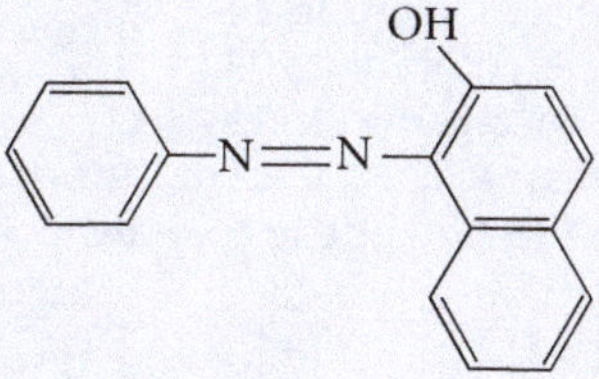

2. Cette molécule contient les éléments C et H : c'est une molécule organique.

3. Cette molécule organique possède un système conjugué étendu (9 doubles liaisons conjuguées) : elle est colorée.

4. Ce colorant absorbe le bleu, il apparaît donc jaune.

> CONSEIL
> Utilisez le cercle des couleurs (p. 77).

Exercice 4

1. La galène est un pigment minéral.

2. L'élément soufre se trouve dans la 16e colonne de la classification périodique, il possède 6 électrons externes. Pour obtenir une structure électronique en octet, l'atome de soufre gagne deux électrons, et donne l'ion S^{2-}.

3. La galène est un solide ionique électriquement neutre. La charge −2e d'un ion soufre est compensée par la charge +2e d'un ion Pb. La formule de l'ion plomb est Pb^{2+}.

> POUR UN POINT EN PLUS
> Justifiez les réponses, même si cela n'est cela n'est pas demandé.

4. La galène absorbe toutes les radiations de la lumière qu'elle reçoit et ne diffuse rien : la galène apparaît noire.

Exercice 5

Les caroténoïdes doivent être solubles dans le solvant choisi, et celui-ci doit être le moins dangereux possible : il faut choisir l'**acétone**.

Dans un bécher, on introduit des carottes finement coupées, et on les écrase dans de l'acétone. On laisse macérer en agitant.

On réalise une filtration à l'aide d'un entonnoir et d'un papier filtre. On récupère le filtrat qui est coloré et qui contient les caroténoïdes.

> VOCABULAIRE
> *Macération* signifie « faire tremper à froid le solide dans le solvant. »

Exercice 6

On réalise trois dépôts sur une plaque de chromatographie : un extrait du sirop de citron, le colorant E102 et le colorant E104. Après élution, on regarde si l'espèce colorée, présente dans le jus de citron, a parcouru la même distance que le colorant E102 ou que le colorant E104.

> **À NOTER**
> Une espèce chimique migre de la même façon qu'elle soit pure ou dans un mélange.

Exercice 7

1.

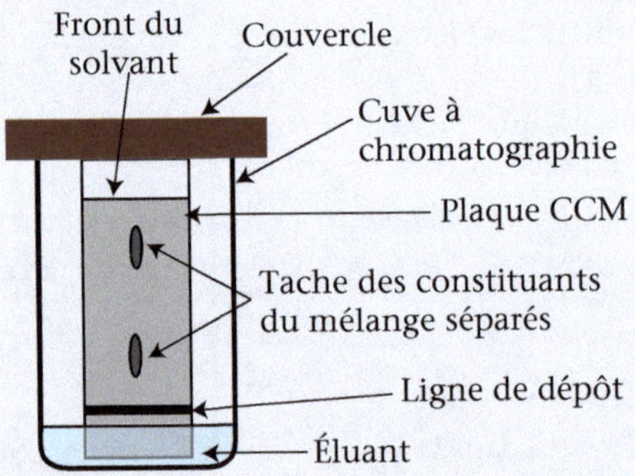

2. L'éluant permet la migration des différentes espèces déposées vers le haut de la plaque : plus l'espèce est soluble dans l'éluant, plus elle migre haut.

3. La révélation permet de rendre visible les taches qui ne le sont pas. Or, ici, on étudie des colorants qui sont visibles.

4. $h(\text{E122}) = 0{,}75 \times 5{,}0 = 3{,}75 \approx 3{,}8$ cm.

$h(\text{E124}) = 0{,}47 \times 5{,}0 = 2{,}35 \approx 2{,}4$ cm.

> **RAPPEL**
> $R_f = \frac{h}{H}$ avec h la distance parcourue par l'espèce chimique (en cm) et H la distance parcourue par l'éluant pendant la même durée (cm).

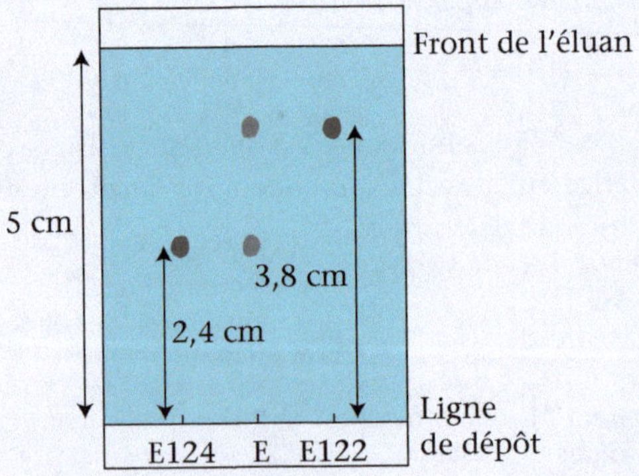

Exercice 8

1.

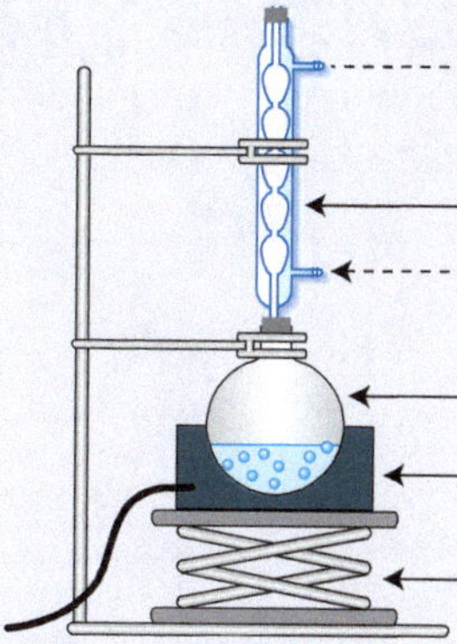

CONSEIL
Pensez à bien annoter le schéma.

2. Le chauffe-ballon doit pouvoir être écarté du reste du montage lorsque le support est en position basse.

3. La pierre ponce agit pour réguler l'ébullition lors d'une synthèse.

4. Au niveau du réfrigérant se condensent les vapeurs qui se sont formées de par le chauffage.

5. Le trait en bas correspond à la ligne de dépôt et le trait en haut au front de l'éluant.

6. L'éluant permet la migration des différentes espèces déposées vers le haut de la plaque : les β–carotènes ont le plus d'affinité pour le dichlorométhane, donc ils migrent le plus rapidement (tache jaune). La tache rouge correspond à l'ester gras de la capsanthine, et la tache orange à l'ester gras de la capsorbine.

7. Pour le pigment majoritaire (ester gras de la capsanthine) : $R_f = \frac{1,6}{3,1} = 0,52$.

Exercice 9

1. La phénolphtaléine est un indicateur coloré de pH.

2. Dans sa formule 1, la phénolphtaléine ne possède que quatre doubles liaisons conjuguées : elle est incolore.

La formule 2, avec onze liaisons conjuguées, absorbe dans le visible et apparaît colorée. La forme 2 est la forme basique.

Exercice 10

1. L'indigo est utilisé pour teinter les jeans.

2. La molécule d'indigo possède 9 doubles liaisons conjuguées : elle est colorée.

3. La pourpre royale possède deux atomes de brome que n'a pas l'indigo.

4. La solution d'indigo ne transmet que les radiations de longueurs d'onde inférieures à 500 nm, ce qui correspond bien au bleu et au violet.

5. La filtration permet de séparer l'indigo solide de la phase liquide. Une filtration sur papier et sur entonnoir peut être longue à réaliser.

La filtration sur Büchner est plus rapide, car le liquide est aspiré.

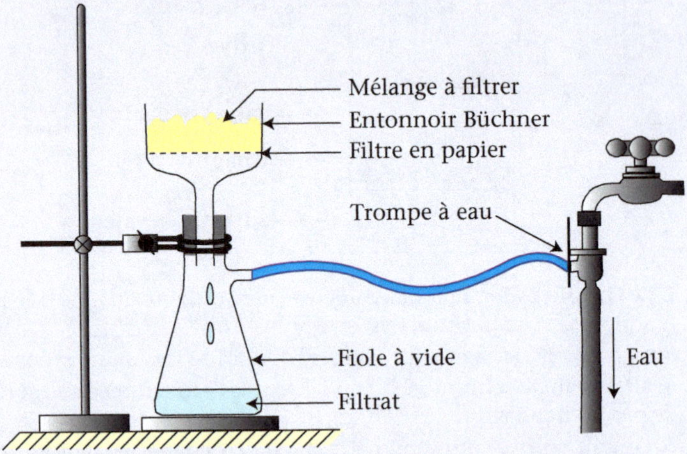

6. L'énoncé dit que « les eaux de lavage sont incolores ». Par conséquent, l'indigo n'est soluble ni dans l'eau, ni dans l'éthanol.

Exercice 11

1. La laine fixe les colorants en présence d'acide éthanoïque, c'est-à-dire en milieu acide.

2. La chromatographie réalisée est une chromatographie sur colonne. La phase stationnaire est un solide, ici la silice. L'eau est un éluant (phase mobile), l'éthanol est un second éluant.

3. La vitesse d'élution d'une espèce chimique dépend de ses interactions avec l'adsorbant et l'éluant. Le second colorant (bleu) est faiblement entraîné par l'eau mais facilement entraîné par l'éthanol : il est plus soluble dans l'éthanol que dans l'eau.

4. La chromatographie sur colonne permet de recueillir de façon quantitative et rapide un seul des colorants.

5. Ces deux espèces comportent un nombre élevé de doubles liaisons conjuguées : elles sont colorées.

6. Le jaune de tartrazine est un colorant diazoïque.

À NOTER

Une chromatographie sur colonne a cependant des inconvénients : durée plus longue qu'une CCM et quantité importante de solvant utilisé.

6 Réaction chimique et dosage

1 Avancement d'une réaction chimique

a. Stœchiométrie

■ L'équation chimique est l'écriture symbolique d'une réaction chimique.

Si A et B désignent les **réactifs** et si C et D désignent les **produits**, alors l'équation de la réaction s'écrit :

$$aA + bB \rightarrow cC + dD.$$

a, *b*, *c* et *d* sont les **nombres stœchiométriques**.

Exemple : $O_{2(g)} + 2\ H_{2(g)} \rightarrow 2\ H_2O_{(l)}$.

■ Lors d'une transformation chimique, les réactifs réagissent toujours dans les mêmes proportions, qui correspondent aux nombres stœchiométriques de l'équation.

Exemple : La consommation de 1 mole de dioxygène s'accompagne de la consommation de 2 moles de dihydrogène. Il se forme dans le même temps 2 moles d'eau.

b. Détermination de l'état final d'un système chimique

■ **L'avancement de la réaction** est une grandeur qui permet de suivre l'évolution des quantités de matière des réactifs et des produits entre l'état initial et l'état final.

L'avancement est noté x, il s'exprime en **mol**.

■ À l'état initial, la transformation n'a pas débuté et $x = 0$ mol.

À l'état final, la transformation est achevée et l'avancement est maximal :

$$x_{\text{final}} = x_{\text{max}}.$$

■ Un **tableau d'avancement** permet de présenter de façon synthétique l'évolution des quantités de matière des réactifs et des produits.

	Avancement (mol)	aA	+ bB →	cC	+ dD
		Quantités de matière (mol)			
État initial	0	$n_i(\text{A})$	$n_i(\text{B})$	$n_i(\text{C})$	$n_i(\text{D})$
En cours de transformation	x	$n_i(\text{A}) - ax$	$n_i(\text{B}) - bx$	$n_i(\text{C}) + cx$	$n_i(\text{D}) + dx$
État final	x_{max}	$n_i(\text{A}) - ax_{max}$	$n_i(\text{B}) - bx_{max}$	$n_i(\text{C}) + cx_{max}$	$n_i(\text{D}) + dx_{max}$

- L'état final est atteint lorsque l'un des réactifs est entièrement consommé et que la transformation cesse. Ce réactif est appelé **réactif limitant**.
- Pour déterminer l'avancement maximal, on formule deux hypothèses.

Soit A le réactif limitant et dans ce cas, sa quantité de matière à l'état final est nulle :

$$n_i(\text{A}) - ax_{max} = 0, \text{ donc } x_{max} = \frac{n_i(\text{A})}{a}$$

Soit B le réactif limitant et dans ce cas, sa quantité de matière à l'état final est nulle :

$$n_i(\text{B}) - bx_{max} = 0, \text{ donc } x_{max} = \frac{n_i(\text{B})}{b}.$$

À NOTER
La valeur de x_{max} permet de déterminer les quantités de matière finales des espèces chimiques dans le mélange réactionnel.

- L'avancement maximal correspond à la plus petite de ces deux valeurs.

c. Mélange stœchiométrique

- Il existe un état initial du système particulier pour lequel **les réactifs seront tous entièrement consommés** dans l'état final. Le mélange initial est alors dit **stœchiométrique** : les quantités initiales des réactifs sont dans les proportions des nombres stœchiométriques de l'équation.

Pour que A soit entièrement consommé, il faut que $x_{max} = \frac{n_i(\text{A})}{a}$.

Pour que B soit entièrement consommé, il faut que $x_{max} = \frac{n_i(\text{B})}{b}$.

Le mélange initial des réactifs est donc stœchiométrique si :

$$\boldsymbol{\frac{n_i(\text{A})}{a} = \frac{n_i(\text{B})}{b}}$$

2 Dosage de solutions colorées par étalonnage

a. Notion d'absorbance

■ Lorsqu'un faisceau de lumière blanche traverse une solution, les radiations peuvent être plus ou moins absorbées. Pour chaque radiation, l'intensité de la **lumière transmise** est inférieure (ou égale si la radiation n'est pas absorbée) à celle de la **lumière incidente**. L'absorbance A est une **grandeur sans dimension** qui traduit l'aptitude de la solution à absorber la radiation considérée.

■ Un **spectrophotomètre** permet de réaliser des mesures d'absorbance. Le graphique représentant l'absorbance en fonction de la longueur d'onde est appelé **spectre d'absorption.**

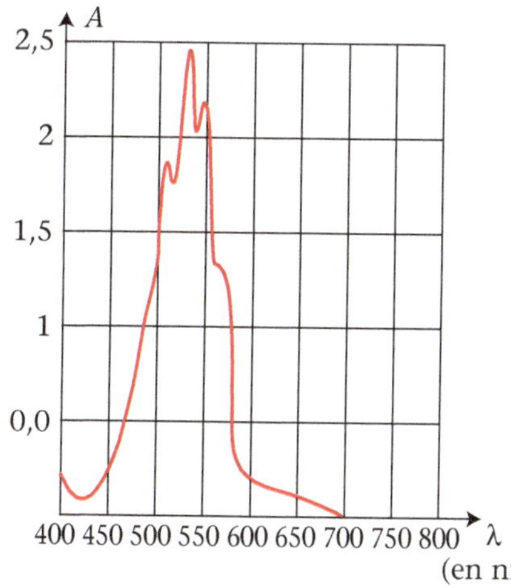

Spectre d'absorption d'une solution de permanganate de potassium

b. Loi de Beer-Lambert

■ La **loi de Beer-Lambert** relie l'absorbance d'une solution diluée à la concentration de l'espèce chimique absorbante :

$$A = \varepsilon \times l \times c$$

l est l'épaisseur de solution traversée par le faisceau lumineux (cm).
c est la concentration molaire de l'espèce ($mol \cdot L^{-1}$).

ε est appelé **coefficient d'extinction molaire** (ou coefficient d'absorption molaire) et s'exprime en $\mathbf{L \cdot mol^{-1} \cdot cm^{-1}}$.
ε traduit l'aptitude de cette espèce à absorber la radiation considérée.

À NOTER
ε dépend de la nature de l'espèce chimique, mais aussi de la longueur d'onde.

6. Réaction chimique et dosage — COURS

c. Dosage d'une espèce colorée en solution

■ Le spectrophotomètre est réglé sur la longueur d'onde λ_{max} correspondant au maximum d'absorption.

> **À NOTER**
> À cette longueur d'onde, l'absorbance est maximale, et les incertitudes de mesure sont donc plus faibles.

■ On mesure les absorbances de différentes solutions (contenant l'espèce chimique à doser) de concentrations différentes, puis on trace la **courbe d'étalonnage** $A = f(c)$.

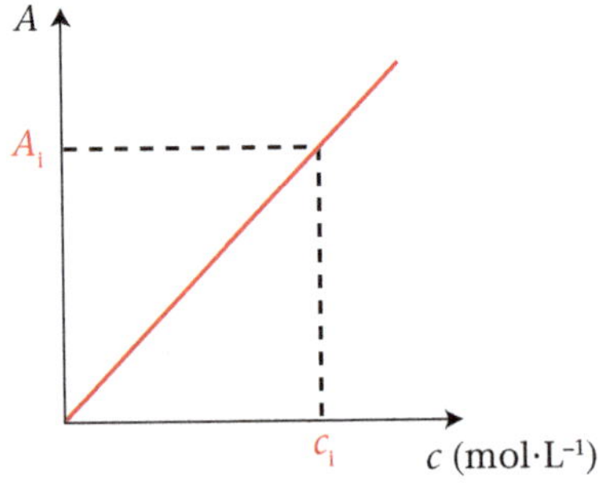

Courbe d'étalonnage

■ Si la loi de Beer-Lambert est respectée, on obtient une droite passant par l'origine.

■ On mesure l'absorbance A_i de la solution inconnue, on reporte la valeur de l'absorbance sur le graphique et on obtient la concentration c_i de la solution.

1 Établir et exploiter un tableau d'avancement

Énoncé

En solution, les ions Pb^{2+} et les ions I^- réagissent pour donner un précipité jaune d'iodure de plomb $PbI_{2(s)}$.

À l'état initial, les quantités de matière introduites sont $n_i(Pb^{2+}) = 5,0$ mmol et $n_i(I^-) = 5,0$ mmol.

Déterminer la masse d'iodure de plomb formée.

Donnée : $M(PbI_2) = 461$ g·mol^{-1}.

Savoir-faire

- Écrire l'équation de la réaction.
- Établir un tableau d'avancement.
- Calculer les différentes valeurs possibles de x_{max} en supposant qu'un réactif, puis l'autre est réactif limitant.
- Conserver la plus petite valeur de x_{max} et en déduire le réactif limitant.
- La valeur de x_{max} permet de déterminer la quantité de matière finale d'iodure de plomb.
- Utiliser la donnée de la masse molaire pour calculer la masse d'iodure de plomb obtenue.

Corrigé détaillé

- L'équation de la réaction s'écrit :

$$Pb^{2+}_{(aq)} + 2\,I^-_{(aq)} \rightarrow PbI_{2(s)}$$

La loi de conservation des éléments chimiques et de la charge électrique permet d'ajuster les nombres stœchiométriques.

ATTENTION
Dans le tableau d'avancement, précisez l'unité choisie pour les quantités de matière (mol ou mmol).

		$Pb^{2+}_{(aq)}$ +	$2\,I^-_{(aq)}$ →	$PbI_{2(s)}$
	Avancement (mmol)	**Quantités de matière (mol)**		
État initial	0	5,0	5,0	0
En cours de transformation	x	$5,0 - x$	$5,0 - 2x$	x
État final	x_{max}	$5,0 - x_{max}$	$5,0 - 2x_{max}$	x_{max}

■ Soit l'ion Pb^{2+} le réactif limitant et dans ce cas, sa quantité de matière à l'état final est nulle :

$$5{,}0 - x_{max} = 0, \text{ donc } x_{max} = 5{,}0 \text{ mmol.}$$

Soit l'ion $I^-_{(aq)}$ le réactif limitant et dans ce cas :

$$5{,}0 - 2x_{max} = 0, \text{ donc } x_{max} = 2{,}5 \text{ mmol.}$$

■ **L'avancement maximal correspond à la plus petite de ces deux valeurs**, donc le réactif limitant est $I^-_{(aq)}$.

À l'état final, il s'est formé :

$$n_f(PbI_2) = x_{max} = 2{,}5 \text{ mmol.}$$

La masse d'iodure de plomb formé est :

$$m_f(PbI_2) = n_f(PbI_2) \times M(PbI_2)$$
$$= 2{,}5 \cdot 10^{-3} \times 461 = 1{,}2 \text{ g.}$$

MÉTHODE

2 Exploiter la loi de Beer-Lambert

Énoncé

On prépare une échelle de teinte constituée de cinq solutions de permanganate de potassium de concentrations différentes, dont on mesure l'absorbance à la longueur d'onde $\lambda = 530$ nm.

C (mol·L^{-1})	$1{,}0 \cdot 10^{-4}$	$2{,}0 \cdot 10^{-4}$	$3{,}0 \cdot 10^{-4}$	$4{,}0 \cdot 10^{-4}$	$5{,}0 \cdot 10^{-4}$
A	0,241	0,483	0,723	0,963	1,21

L'absorbance d'une solution de permanganate de potassium de concentration molaire inconnue c_i, mesurée dans les mêmes conditions, vaut $A_i = 0{,}921$.

Tracer la courbe d'étalonnage $A = f(c)$.

En déduire la concentration molaire c_i.

Savoir-faire

- Placer A en ordonnée et c en abscisse.
- Reporter la valeur de l'absorbance de la solution inconnue sur le graphique pour obtenir la concentration de la solution.

Corrigé détaillé

Par lecture graphique, la valeur $A_i = 0{,}921$ conduit à la concentration $c_i = 3{,}85 \cdot 10^{-4}$ mol·L^{-1}.

CONSEIL

N'oubliez pas d'indiquer sur les axes des graduations les échelles choisies, les grandeurs et les unités (si elles en ont).

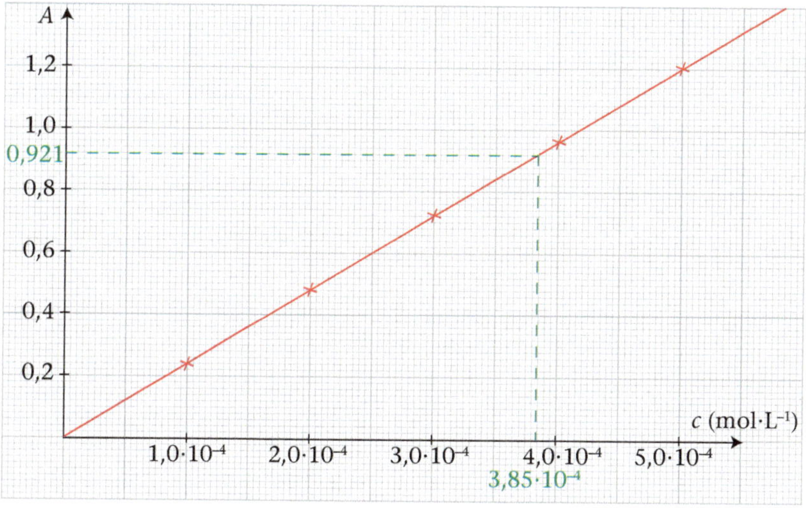

10 qcm pour réviser le cours

Corrigés p. 110

En chauffant fortement un mélange d'oxyde de cuivre $CuO_{(s)}$ et de carbone $C_{(s)}$, il se forme du cuivre $Cu_{(s)}$ et du dioxyde de carbone $CO_{2(g)}$. L'équation chimique associée à la transformation est $C_{(s)} + 2CuO_{(s)} \rightarrow CO_{2(g)} + 2Cu_{(s)}$. La quantité de matière initiale d'oxyde de cuivre est $6{,}0 \cdot 10^{-2}$ mol et la quantité initiale de carbone est $5{,}0 \cdot 10^{-2}$ mol.
Donnée : $M(Cu) = 63{,}5\ g \cdot mol^{-1}$.

1 La grandeur avancement qui permet de décrire quantitativement l'évolution d'un système chimique :
- ❑ **a.** n'a pas d'unité.
- ❑ **b.** s'exprime en mol.
- ❑ **c.** s'exprime en $mol \cdot L^{-1}$.

2 Dans l'état initial, l'avancement de la réaction :
- ❑ **a.** ne peut être défini.
- ❑ **b.** est maximal.
- ❑ **c.** est nul.

3 Pour un état intermédiaire d'avancement *x*, la quantité restante d'oxyde de cuivre est :
- ❑ **a.** $6{,}0 \cdot 10^{-2} - x$.
- ❑ **b.** $6{,}0 \cdot 10^{-2} - 2x$.
- ❑ **c.** $6{,}0 \cdot 10^{-2} + 2x$.

4 Lors de cette transformation :
- ❑ **a.** les réactifs sont mélangés dans les proportions stœchiométriques.
- ❑ **b.** le réactif limitant est l'oxyde de cuivre.
- ❑ **c.** le réactif limitant est le carbone.

5 La valeur de l'avancement maximal est égale à la quantité :
- ❑ **a.** de dioxyde de carbone formé.
- ❑ **b.** de cuivre formé.
- ❑ **c.** de matière initiale de carbone.

6 La masse de cuivre obtenue est :
- ❑ **a.** 1,9 g.
- ❑ **b.** 3,8 g.
- ❑ **c.** 4,8 g.

7 Au cours de la transformation, l'apparition de 1 mole de $Cu_{(s)}$ s'accompagne de l'apparition de :
- ❑ **a.** 1 mole de $CO_{2(g)}$.
- ❑ **b.** 2 moles de $CO_{2(g)}$.
- ❑ **c.** 1/2 mol de $CO_{2(g)}$.

8 L'absorbance *A* est proportionnelle à :
- ❑ **a.** la concentration molaire de l'espèce colorée.
- ❑ **b.** la longueur d'onde de la radiation utilisée.
- ❑ **c.** l'épaisseur de la solution colorée traversée.

9 L'absorbance *A* se mesure avec un :
- ❑ **a.** spectroscope.
- ❑ **b.** spectrophotomètre.
- ❑ **c.** réfractomètre.

10 L'absorbance *A* :
- ❑ **a.** est une grandeur sans unité.
- ❑ **b.** s'exprime en mol.
- ❑ **c.** s'exprime en $mol \cdot L^{-1}$.

Exercices

Exercice 1 niveau 1

Corrigés p. 111

Une solution de bleu de méthylène placée dans une cuve de longueur $l = 0{,}50$ cm possède à 660 nm une absorbance $A = 0{,}374$.

1. Peut-on prévoir la valeur de l'absorbance si la cuve à une longueur de 1,0 cm ?

2. Peut-on prévoir la valeur de l'absorbance pour une longueur d'onde $\lambda = 330$ nm ?

Exercice 2 niveau 1

Corrigés p. 111

À pH = 7,5, une solution d'hélianthine est jaune.
Son spectre d'absorption est donné ci-dessous.

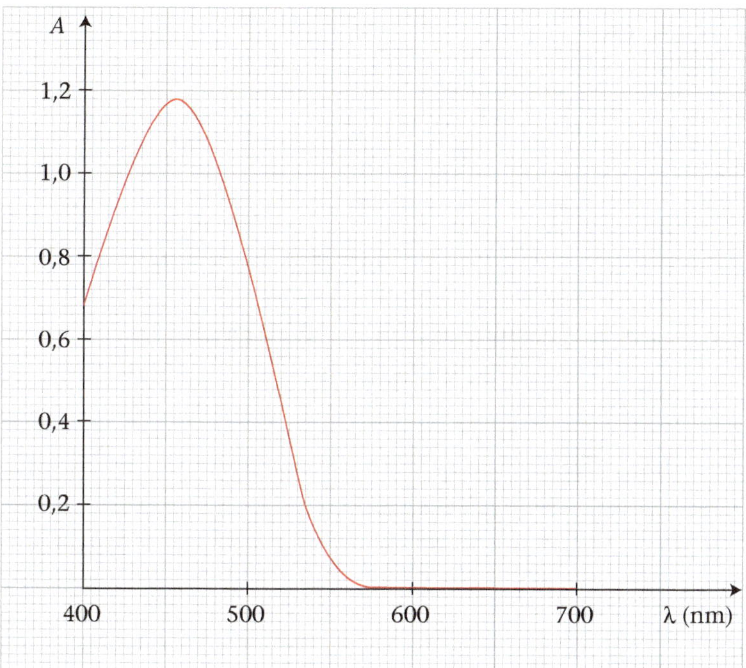

1. Quelle est la longueur d'onde λ_{max} correspondant au maximum d'absorbance ?

2. À quelle couleur correspond λ_{max} ? Est-ce cohérent avec la couleur de la solution ?

3. Quelle est la valeur de l'absorbance maximale de cette solution ?

4. Pour quelle longueur d'onde λ l'absorbance est-elle deux fois plus faible qu'à la question précédente ?

Exercice 3 (niveau 1)

Corrigés p. 111

En présence d'ions OH^-, les ions Fe^{2+} forment un précipité vert d'hydroxyde de fer II $Fe(OH)_2$. Initialement, le système chimique contient 0,12 mol d'ions Fe^{2+} et 0,20 mol d'ions OH^-.

Recopier, en le corrigeant, le tableau d'avancement ci-dessous.

		$Fe^{2+}_{(aq)}$ +	$2\ OH^-_{(aq)}$ →	$Fe(OH)_{2(s)}$
	Avancement (mmol)	**Quantités de matière (mol)**		
État initial	0	0,12	0,40	0
En cours de transformation	x	$0{,}12 + x$	$0{,}20 - x$	x
État final	x_{max}	$2{,}0 \cdot 10^{-3} + x_{max}$	$0{,}40 - 2x_{max}$	$2x_{max}$

Exercice 4 (niveau 2)

Corrigés p. 111

L'équation entre l'aluminium et le soufre s'écrit :

$$2\ Al_{(s)} + 3\ S_{(s)} \rightarrow Al_2S_{3(s)}.$$

Calculer la quantité de matière initiale de soufre qu'il faut mélanger à 0,24 mol d'aluminium pour que le mélange initial soit stœchiométrique.

Exercice 5 (niveau 2)

Corrigés p. 112

L'absorbance d'une solution de sulfate de cuivre de concentration $c = 1{,}0 \cdot 10^{-2}$ mol·L^{-1} contenue dans une cuve de longueur $l = 1{,}0$ cm est mesurée pour une longueur d'onde $\lambda = 750$ nm.

On obtient $A = 0{,}96$.

Déterminer le coefficient d'absorption molaire ε pour cette longueur d'onde.

Exercice 6 niveau 2

Corrigés p. 112

On dispose d'une solution aqueuse de sulfate de nickel II (Ni^{2+} + SO_4^{2-}) de concentration c_0 = 0,10 mol·L^{-1}, à partir de laquelle on prépare 50 mL de quatre solutions filles de concentrations différentes.

La mesure de l'absorbance des solutions fille est effectuée à une longueur λ = 720 nm.

Les résultats obtenus sont consignés dans le tableau ci-dessous.

c (mol·L^{-1})	1,0·10^{-2}	2,0·10^{-2}	4,0·10^{-2}	5,0·10^{-2}
A	0,22	0,42	0,86	1,10

1. Justifier brièvement la valeur de longueur d'onde choisie.
2. Tracer la courbe $A = f(c)$. La loi de Beer-Lambert est-elle vérifiée ? Comment s'appelle cette courbe ?
3. Déterminer le coefficient directeur de la droite précédente et en déduire la valeur du coefficient d'absorption molaire ε de l'ion nickel II dans les conditions de la mesure.
4. Déterminer la concentration molaire d'une solution de sulfate de nickel dont l'absorbance mesurée dans les mêmes conditions que précédemment est égale à 0,78.

Exercice 7 niveau 2

Corrigés p. 113

On plonge une masse m = 1,3 g de tournure de cuivre dans un volume V = 20 mL d'une solution de nitrate d'argent telle que la concentration molaire en ions argent est c = 8,0·10^{-2} mol·L^{-1}. La solution, initialement incolore, bleuit, et un dépôt gris d'argent métallique se dépose sur le cuivre. L'équation de la réaction qui se produit est :

$$Cu_{(s)} + 2\ Ag^+_{(aq)} \rightarrow Cu^{2+}_{(aq)} + 2\ Ag_{(s)}.$$

1. Calculer les quantités initiales de réactifs.
2. Établir le tableau d'avancement.
3. Déterminer le réactif limitant.
4. Déterminer la masse maximale d'argent que l'on peut espérer obtenir.

Données : M(Cu) = 63,5 g·mol^{-1} ; M(Ag) = 107,9 g·mol^{-1}.

Exercice 8 niveau 3

Corrigés p. 113

On mélange un volume V_1 = 20,0 mL d'une solution acidifiée de permanganate de potassium de concentration c_1 = 9,5·10^{-4} mol·L^{-1} à un volume V_2 = 10,00 mL d'une solution d'acide oxalique $H_2C_2O_{4(aq)}$ de concentration c_2 = 2,5·10^{-3} mol·L^{-1}.

L'équation de la réaction étudiée s'écrit :
$2\ MnO_{4\ (aq)}^{-} + 5\ H_2C_2O_{4(aq)} + 6\ H^{+}_{(aq)} \rightarrow 2\ Mn^{2+}_{(aq)} + 10\ CO_{2(aq)} + 8\ H_2O_{(l)}$.
Toutes les espèces chimiques intervenant dans cette réaction sont incolores, sauf l'ion permanganate $MnO_{4\ (aq)}^{-}$ qui est violet.

1. Calculer les quantités de matière initiales en ion permanganate et en acide oxalique.
2. Compléter le tableau d'avancement de la réaction.

		$2\ MnO_{4\ (aq)}^{-}$	$+ 5\ H_2C_2O_{4(aq)}$	$+ 6\ H^{+}_{(aq)}$	$\rightarrow 2\ Mn^{2+}_{(aq)}$	$+ 10\ CO_{2(aq)}$	$+ 8\ H_2O_{(l)}$
	Avancement (mol)	**Quantités de matière (mol)**					
État initial	0	…	…	excès	0	0	solvant
En cours de transformation	x	…	…	excès	…	…	solvant
État final	x_{max}	…	…	excès	…	…	solvant

3. Déterminer le réactif limitant et l'avancement final.
4. Quelle est la couleur de la solution à l'état final ?

Exercice 9 *niveau 3*

Corrigés p. 114

Le Lugol (eau iodée) est un antiseptique couramment utilisé. On se propose de tracer une courbe d'étalonnage à l'aide d'un spectrophotomètre afin d'utiliser cet appareil pour déterminer le titre en diiode de la solution S_0 de Lugol.

On dispose de cinq solutions aqueuses de diiode de concentrations molaires apportées différentes. La mesure de l'absorbance A de chaque solution a été réalisée avec un spectrophotomètre réglé à la longueur d'onde $\lambda = 500$ nm. Le spectrophotomètre utilisé admet une gamme de mesures pour l'absorbance de $A_0 = 0$ à $A_{max} = 2,00$.

Parmi les espèces chimiques présentes, le diiode est la seule espèce qui absorbe à 500 nm.

Les résultats obtenus sont consignés dans le tableau ci-dessous.

c (mmol·L^{-1})	0,5	1,0	2,0	5,0	7,5
Absorbance A	0,12	0,25	0,5	1,25	1,9

1. Tracer la courbe d'étalonnage $A = f(c)$.

2. Justifier, à partir de la courbe d'étalonnage, que les grandeurs portées sur le graphe sont liées par une relation de la forme $A = kc$.

3. On note c_{max} la concentration molaire en diiode au-delà de laquelle l'absorbance d'une solution de diiode n'est pas mesurable par le spectrophotomètre utilisé ici. Déterminer graphiquement la valeur de c_{max} en faisant apparaître la méthode utilisée sur le graphe.

4. Pour déterminer le titre en diiode du Lugol, il est ici nécessaire de diluer dix fois la solution commerciale S_0. La solution obtenue est notée S_0'. Le matériel mis à disposition est le suivant :

– béchers 50 mL, 100 mL, 250 mL ;

– pipettes jaugées 5,0 mL, 10,0 mL, 20,0 mL ;

– éprouvettes graduées 10 mL, 20 mL, 100 mL ;

– fioles jaugées 100,0 mL, 250,0 mL, 500,0 mL.

Choisir, sans justification, le matériel nécessaire pour préparer S_0'.

5. Sans modifier les réglages du spectrophotomètre, on mesure l'absorbance de la solution S_0' : $A_{S'0} = 1,0$.

Déterminer graphiquement la concentration molaire $c_{S'0}$ apportée en diiode de la solution S_0'. On fera apparaître la méthode graphique utilisée.

6. En déduire la concentration molaire apportée c_{S0} en diiode du Lugol (solution commerciale S_0).

Pourquoi a-t-il été nécessaire de diluer le Lugol ?

Exercice 10 *(niveau 3)*

Corrigés p. 115

L'étiquette d'un sirop de menthe indique qu'il contient deux colorants, E102 (tartrazine, jaune) et E131 (bleu patenté). Pour déterminer leur concentration, on réalise les expériences suivantes à partir du sirop de menthe dilué dix fois, d'une solution de tartrazine à $2,00 \cdot 10^{-2}\,g \cdot L^{-1}$ et d'une solution de bleu patenté V à $1,00 \cdot 10^{-2}\,g \cdot L^{-1}$.

À l'aide d'un spectrophotomètre, on obtient les courbes donnant l'absorbance A en fonction de la longueur d'onde λ pour ces trois solutions (figures 1, 2 et 3). On réalise ensuite une échelle de teintes à partir des solutions de colorants. On mesure l'absorbance de chaque solution à l'aide du spectrophotomètre en se plaçant à la longueur d'onde $\lambda_1 = 450$ nm pour la tartrazine et à la longueur d'onde $\lambda_2 = 640$ nm pour le bleu patenté.

On obtient (figure 4) les graphiques $A = f(t)$ pour chaque colorant alimentaire, la concentration massique t étant exprimée en $mg \cdot L^{-1}$.

1. Pourquoi choisit-on de se placer à la longueur d'onde λ = 450 nm plutôt que 420 nm pour réaliser le dosage par étalonnage de la tartrazine dans le mélange ?

2. À partir des figures 3 et 4, déterminer graphiquement la concentration massique t_T et t_B en colorants jaune et bleu dans le sirop dilué. On fera apparaître clairement les constructions.

3. En déduire les concentrations massiques en colorant tartrazine t'_T et en colorant bleu patenté t'_B dans le sirop.

4. La dose maximale admissible de bleu patenté ingérable par un être humain est 2,50 mg par kg de masse corporelle et par jour. Quel volume de sirop de menthe un enfant de 35 kg peut-il ingérer par jour ?

Figure 1

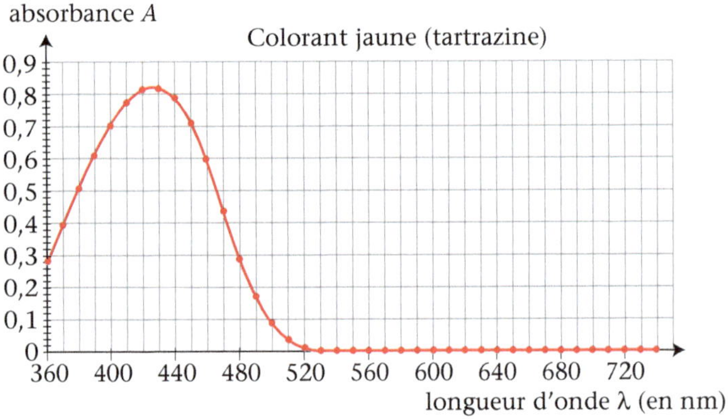

Figure 2

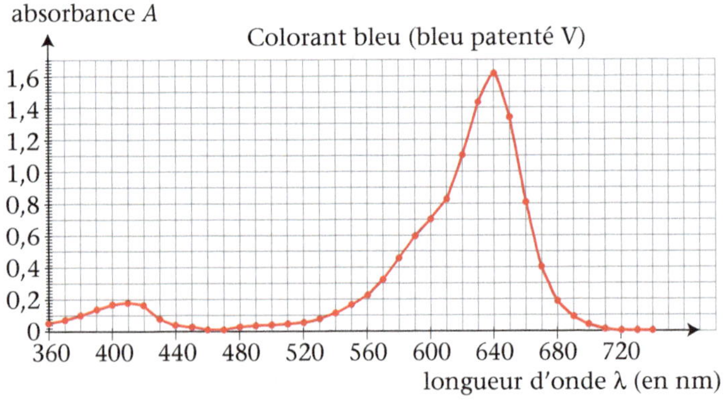

ENTRAÎNEMENT

Figure 3

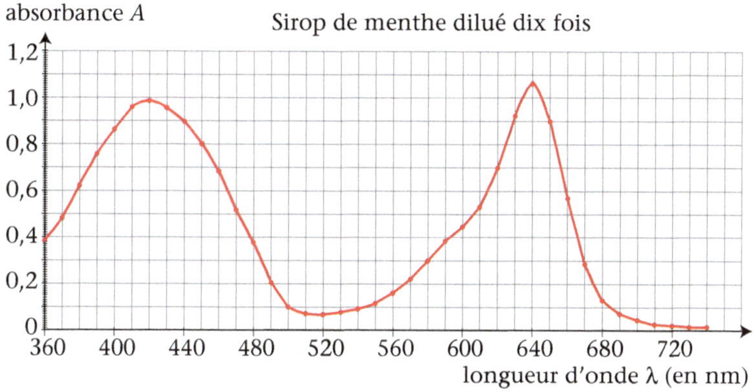

Figure 4

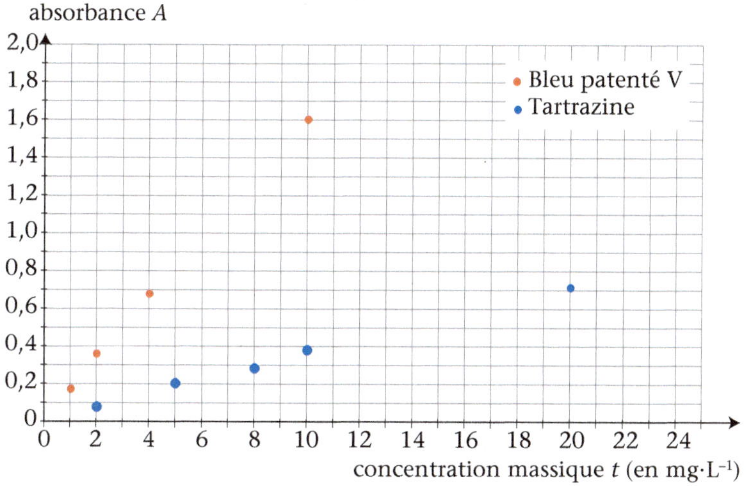

QCM

1 **b.** Les quantités de matière des produits formés et les quantités de matière des réactifs consommés sont proportionnelles à l'avancement. L'unité de l'avancement est donc la mole.

2 **c.** Avant que la réaction ne débute, l'avancement est nul.

3 **b.** L'oxyde de cuivre est un réactif. La quantité de matière à l'état final s'obtient par différence entre la quantité initiale et la quantité consommée. Le nombre placé devant l'avancement x est égal au nombre stœchiométrique de l'oxyde de cuivre dans l'équation.

4 **b.** On établit un tableau d'avancement.

		$C_{(s)}$ +	$2\,CuO_{(s)}$ →	$CO_{2(g)}$ +	$2\,Cu_{(s)}$
	Avancement (mol)	**Quantités de matière (mol)**			
État initial	0	$5{,}0\cdot10^{-2}$	$6{,}0\cdot10^{-2}$	0	0
En cours de transformation	x	$5{,}0\cdot10^{-2} - x$	$6{,}0\cdot10^{-2} - 2x$	x	$2x$
État final	x_{max}	$5{,}0\cdot10^{-2} - x_{max}$	$6{,}0\cdot10^{-2} - 2x_{max}$	x_{max}	$2x_{max}$

D'après le tableau d'avancement :

– si le carbone est le réactif limitant : $x_{max} = 5{,}0\cdot10^{-2}$ mol ;

– si l'oxyde de cuivre est le réactif limitant : $x_{max} = \dfrac{6{,}0\cdot10^{-2}}{2} = 3{,}0\cdot10^{-2}$ mol.

L'avancement maximal est la plus petite de ces deux valeurs : $x_{max} = 3{,}0\cdot10^{-2}$ mol et l'oxyde de cuivre est le réactif limitant.

5 **a.** Selon les nombres stœchiométriques de l'équation, $n_f(CO_2) = x_{max}$, alors que $n_f(Cu) = 2x_{max}$.

6 **b.** $m(Cu) = 2 \times x_{max} \times M(Cu) = 2 \times 3{,}0\cdot10^{-2} \times 63{,}5 = 3{,}8$ g.

7 **c.** D'après les nombres stœchiométriques de l'équation, chaque fois qu'une mole d'atomes de Cu apparaît, une demi-mole de CO_2 apparaît.

8 **a.** et **c.** D'après la loi de Beer-Lambert, l'absorbance A est proportionnelle à la concentration de l'espèce colorée et à l'épaisseur de solution colorée traversée. A dépend de la longueur d'onde λ, mais sans qu'il y ait proportionnalité.

9 **b.** Un spectroscope est destiné à obtenir des spectres de lumière (le réfractomètre est utilisé pour obtenir l'indice de réfraction).

10 **a.** L'absorbance A reflète le rapport entre l'intensité de la lumière incidente I_0 qui parvient à un échantillon de solution colorée et l'intensité de la lumière transmise I. Ce rapport n'a pas d'unité.

Exercice 1

1. Selon la loi de Beer-Lambert, l'absorbance est proportionnelle à l'épaisseur l de la solution traversée. Si l est multipliée par 2, A sera multipliée par 2 : $A = 0{,}748$.

2. L'absorbance ne sera sans doute pas la même à 330 nm, mais on ne peut pas prévoir sa valeur.

Exercice 2

1. $\lambda_{max} = 460$ nm.

2. Il s'agit d'une radiation bleue. La couleur complémentaire du bleu est le jaune (voir le cercle des couleurs, p. 77), ce qui est cohérent avec les données de l'énoncé.

3. Sur le graphique, $A_{max} = 1{,}18$.

4. On veut $A = \frac{1{,}18}{2} = 0{,}59$. Cette valeur reportée sur le graphe conduit à la longueur d'onde $\lambda = 510$ nm.

L'INFO EN PLUS

L'hélianthine est un indicateur coloré, rouge si le pH est inférieur à 3,1 et jaune si le pH est supérieur à 4,4.

Exercice 3

Les nombres placés devant l'avancement x sont égaux aux nombres stœchiométriques de l'équation. Ils sont précédés d'un signe « – » pour les réactifs et d'un signe « + » pour les produits. L'unité choisie pour les quantités de matière est la mol, et pas la mmol.

		$Fe^{2+}_{(aq)}$ +	$2\ OH^-_{(aq)}$	$\rightarrow Fe(OH)_{2(s)}$
	Avancement (mol)	**Quantités de matière (mol)**		
État initial	0	0,12	0,20	0
En cours de transformation	x	$0{,}12 - x$	$0{,}20 - 2x$	x
État final	x_{max}	$0{,}12 - x_{max}$	$0{,}20 - 2x_{max}$	x_{max}

Exercice 4

Le tableau d'avancement s'écrit :

		$2\ Al_{(s)}$ +	$3\ S_{(s)}$	$\rightarrow Al_2S_{3(s)}$
	Avancement (mol)	**Quantités de matière (mol)**		
État initial	0	0,24	$n_i(S)$	0
En cours de transformation	x	$0{,}24 - 2x$	$n_i(S) - 3x$	x
État final	x_{max}	$0{,}24 - 2x_{max}$	$n_i(S) - 3x_{max}$	x_{max}

Lorsque le mélange initial est stœchiométrique, les quantités des réactifs à l'état final sont nulles.

$0{,}24 - 2x_{max} = 0$,

soit $x_{max} = \frac{0{,}24}{2} = 0{,}12$ mol et

$n_i(S) - 3x_{max} = 0$, soit

$n_i(S) = 3x_{max} = 3 \times 0{,}12 = 0{,}36$ mol.

CONSEIL
Connaître et savoir utiliser la relation de stœchiométrie ($\frac{n_i(Al)}{2} = \frac{n_i(S)}{3}$, soit $n_i(S) = \frac{3}{2} n_i(Al) = \frac{3}{2} \times 0{,}24 = 0{,}36$ mol) permet un gain de temps considérable, le tableau d'avancement étant alors inutile.

Exercice 5

La loi de Beer-Lambert relie A, l, ε et c :

$$A = \varepsilon \times l \times c$$

soit $\varepsilon = \frac{A}{lc} = \frac{0{,}96}{(1{,}0 \times 1{,}0 \cdot 10^{-2})} = 96$ L·mol⁻¹·cm⁻¹.

ATTENTION
N'oubliez pas l'unité du coefficient ε.

Exercice 6

1. On choisit la longueur d'onde pour laquelle A est maximum (ε est aussi maximum), ce qui correspond au maximum de sensibilité.

2.

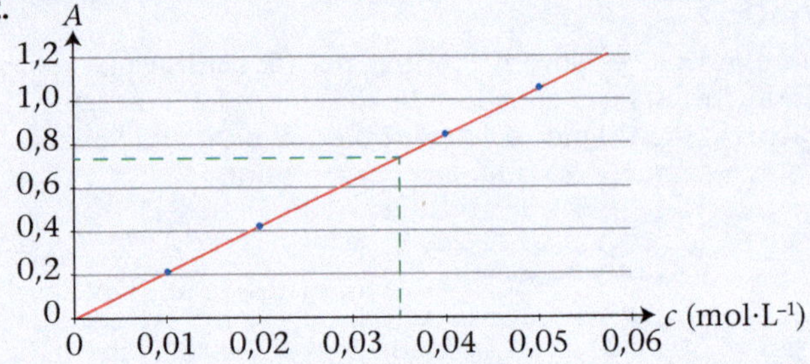

Il s'agit d'une droite passant par l'origine ; l'absorbance est donc proportionnelle à la concentration de la solution : la loi de Beer-Lambert est vérifiée. Il s'agit d'une courbe d'étalonnage.

3. L'équation d'une droite passant par l'origine est du type $y = ax$ où a est le coefficient directeur de la droite. a est donné par :

$$a = \frac{A}{c} = \frac{1{,}10}{(5{,}0 \cdot 10^{-2})} = 22 \text{ L·mol}^{-1}.$$

La loi de Beer-Lambert s'écrit $A = \varepsilon \times l \times c$. Le coefficient directeur a, précédemment calculé, correspond donc au produit $\varepsilon \times l$.

On obtient donc $\varepsilon = \frac{a}{l} = \frac{22}{1{,}0} = 22$ L·mol⁻¹.cm⁻¹.

4. On peut utiliser une méthode graphique : si $A = 0{,}78$, alors $c = 3{,}5 \cdot 10^{-2}$ mol·L⁻¹.

On peut aussi utiliser la loi de Beer-Lambert, $A = \varepsilon \times l \times c$, d'où $c = \frac{A}{\varepsilon l} = \frac{0{,}78}{22} = 3{,}5 \cdot 10^{-2}$ mol·L⁻¹.

CONSEIL
Faites apparaître la construction.

Exercice 7

1. $n_i(Cu) = \dfrac{m}{M(Cu)} = \dfrac{1,3}{63,5} = 2,0 \cdot 10^{-2}$ mol.

$n_i(Ag^+) = cV = 8,0 \cdot 10^{-2} \times 20 \cdot 10^{-3} = 1,6 \cdot 10^{-3}$ mol.

2. On établit le tableau d'avancement.

		$Cu_{(s)}$	+ $2\ Ag^+_{(aq)}$	→ $Cu^{2+}_{(aq)}$	+ $2\ Ag_{(s)}$
	Avancement (mol)	**Quantités de matière (mol)**			
État initial	0	$2,0 \cdot 10^{-2}$	$1,6 \cdot 10^{-3}$	0	0
En cours de transformation	x	$2,0 \cdot 10^{-2} - x$	$1,6 \cdot 10^{-3} - 2x$	x	$2x$
État final	x_{max}	$2,0 \cdot 10^{-2} - x_{max}$	$1,6 \cdot 10^{-3} - 2x_{max}$	x_{max}	$2x_{max}$

3. On suppose que Cu soit le réactif limitant : $x_{max} = 2,0 \cdot 10^{-2}$ mol.

On suppose que Ag^+ soit le réactif limitant : $x_{max} = \dfrac{1,6 \cdot 10^{-3}}{2} = 8,0 \cdot 10^{-4}$ mol.

L'avancement maximal est la plus petite de ces deux valeurs : $x_{max} = 8,0 \cdot 10^{-4}$ mol et les ions Ag^+ constituent le réactif limitant.

4. $n_f(Ag) = 2x_{max} = 2 \times 8,0 \cdot 10^{-4} = 1,6 \cdot 10^{-3}$ mol.

La masse d'argent formé est $m(Ag) = n_f(Ag) \times M(Ag) = 1,6 \cdot 10^{-3} \times 107,9 = 0,17$ g.

Exercice 8

1. $n_i(MnO_4^-) = c_1 \times V_1 = 9,5 \cdot 10^{-4} \times 20 \cdot 10^{-3} = 1,9 \cdot 10^{-5}$ mol.

$n_i(H_2C_2O_4) = c_2 \times V_2 = 2,5 \cdot 10^{-3} \times 10 \cdot 10^{-3} = 2,5 \cdot 10^{-5}$ mol.

2.

		$2\ MnO^-_{4\ (aq)}$	+ $5\ H_2C_2O_{4(aq)}$	+ $6\ H^+_{(aq)}$	→ $2\ Mn^{2+}_{(aq)}$	+ $10\ CO_{2(aq)}$	+ $8\ H_2O_{(l)}$
	Avancement (mol)	**Quantités de matière (mol)**					
État initial	0	$1,9 \cdot 10^{-5}$	$2,5 \cdot 10^{-5}$	excès	0	0	solvant
En cours de transformation	x	$1,9 \cdot 10^{-5} - 2x$	$2,5 \cdot 10^{-5} - 5x$	excès	$2x$	$10x$	solvant
État final	x_{max}	$1,9 \cdot 10^{-5} - 2x_{max}$	$2,5 \cdot 10^{-5} - 5x_{max}$	excès	$2x_{max}$	$10x_{max}$	solvant

3. On suppose que l'ion MnO_4^- soit le réactif limitant :

$$x_{max} = \frac{1{,}9 \cdot 10^{-5}}{2} = 9{,}5 \cdot 10^{-6} \text{ mol.}$$

On suppose que $H_2C_2O_4$ soit le réactif limitant : $x_{max} = \frac{2{,}5 \cdot 10^{-5}}{5} = 5{,}0 \cdot 10^{-6}$ mol.

L'avancement maximal est la plus petite de ces deux valeurs : $x_{max} = 5{,}0 \cdot 10^{-6}$ mol et le réactif limitant est l'acide oxalique.

> **À NOTER**
> Les ions permanganate constituent le réactif en excès.

4. La solution est encore violette, car il reste des ions permanganate.

Exercice 9

1.

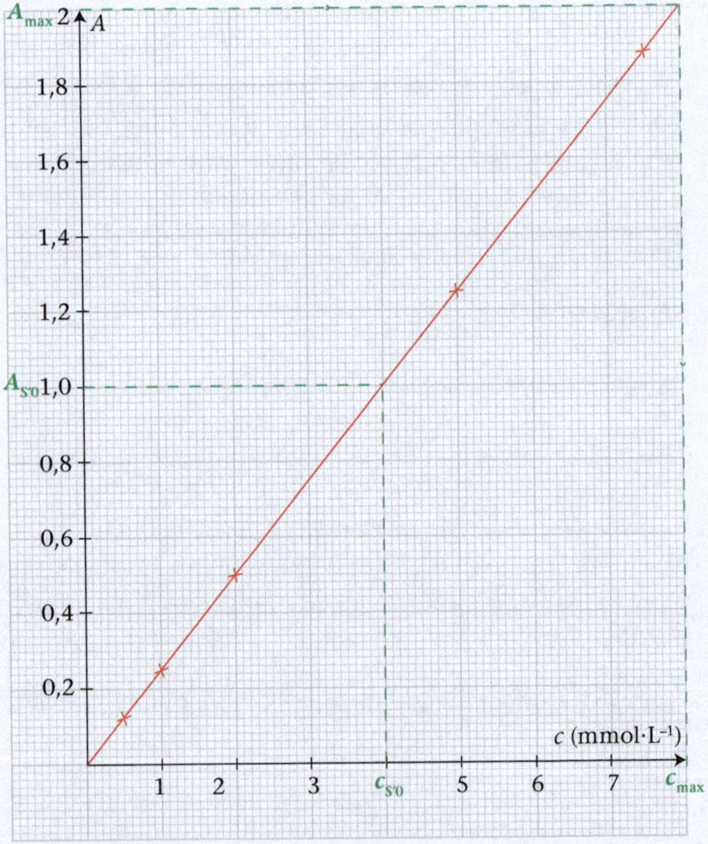

2. La courbe représentative de $A = f(c)$ est une droite qui passe par l'origine. L'absorbance est proportionnelle à la concentration en diiode, on peut écrire $A = kc$ (avec k le coefficient de proportionnalité).

3. $A_{max} = 2,00$. L'abscisse du point d'ordonnée correspondante donne la valeur de c_{max} :

$$c_{max} = 8,0 \times 10^{-3}\ \text{mol·L}^{-1}.$$

4. La solution est diluée dix fois : le facteur de dilution F est donc de 10, et il est égal au rapport des volumes $\frac{V_f}{V_i}$.

Il faut donc une pipette jaugée de 10,0 mL (V_i) et une fiole jaugée de 100,0 mL (V_f).

> **ATTENTION**
> La préparation d'une solution exige de la verrerie de précision.

5. On prend l'abscisse du point d'ordonnée $A_{S'0} = 1,00$.
Soit $c_{S'0} = 4,0 \times 10^{-3}$ mol·L^{-1}.

6. La solution S_0 a été diluée dix fois :

$$c_{S0} = 10 \times c_{S'0} = 10 \times 4,0 \times 10^{-3} = 4,0 \times 10^{-2}\ \text{mol·L}^{-1}.$$

7. Sans dilution, l'absorbance serait non mesurable, car de l'ordre de 10 ($c_{S0} > c_{max}$).

Exercice 10

1. Pour réaliser le dosage par étalonnage de la tartrazine dans le mélange, il faut se placer à une longueur d'onde λ qui soit proche du maximum d'absorbance pour le colorant jaune, et pour laquelle l'absorbance du colorant bleu soit nulle.

À la longueur d'onde $\lambda = 420$ nm, l'absorbance de la tartrazine est grande mais l'absorbance du bleu patenté n'est pas nulle. En revanche, à 450 nm, l'absorbance du bleu patenté est nulle alors que l'absorbance de la tartrazine reste élevée.

2. On recherche sur la figure 3 la valeur de l'absorbance à 640 nm (longueur d'onde choisie pour doser le bleu patenté) : on lit $A_B = 1,06$. On reporte cette valeur sur la figure 4, et on lit une concentration en bleu patenté de 6,6 mg·L^{-1}.

De même, on recherche sur la figure 3 la valeur de l'absorbance à 450 nm (longueur d'onde choisie pour doser la tartrazine jaune) : on lit $A_T = 0,81$. On reporte cette valeur sur la figure 4, et on lit une concentration en tartrazine de 23,0 mg·L^{-1}.

> **CONSEIL**
> Commencez par tracer les deux droites d'étalonnage sur la figure 4.

3. Le sirop de menthe ayant été dilué 10 fois, on a finalement :

$$t'_B = 10 \times 6,6 = 66\ \text{mg·L}^{-1}\ ;\quad t'_T = 10 \times 23,0 = 230\ \text{mg·L}^{-1}.$$

4. Un enfant de 35 kg peut ingérer par jour $m_B = 2{,}50 \times 35 = 87{,}5$ mg de bleu patenté.

Le volume V de sirop de menthe qu'il peut ingérer est donné par la relation $t'_B = \dfrac{m_B}{V}$ soit $V = \dfrac{m_B}{t'_B} = \dfrac{87{,}5}{66} = 1{,}3$ L.

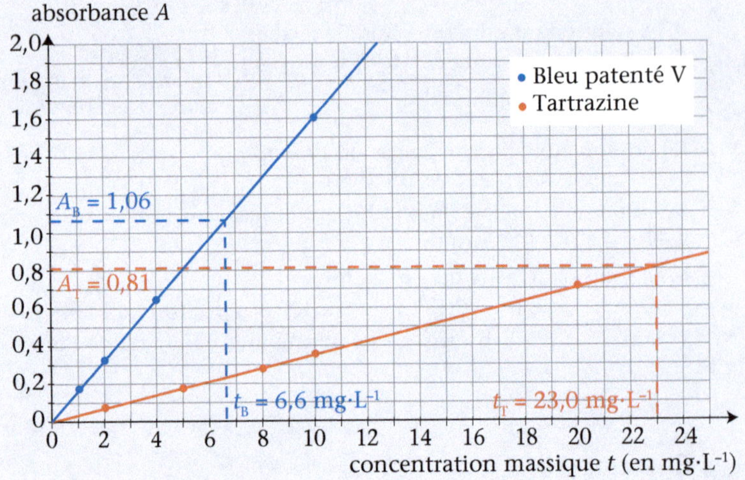

7 De l'atome aux molécules

1 Représentation de Lewis

a. Règles du duet et de l'octet

■ Au cours de leurs transformations chimiques, les atomes évoluent de manière à acquérir une structure stable en **octet** (8 électrons sur la couche externe *L* ou *M*) ou en **duet** (2 électrons sur la couche externe *K*).

À NOTER
Les atomes tendent ainsi à obtenir une structure électronique identique à celle du gaz noble le plus proche : hélium He (K^2), néon Ne (K^2L^8) ou argon Ar ($K^2L^8\,M^8$).

b. Doublets liants et non liants

■ Dans une molécule, les atomes sont liés par des **liaisons covalentes**. Une liaison covalente entre deux atomes est la **mise en commun** de deux électrons, chaque atome fournissant un électron. Ces deux électrons forment un **doublet liant** que l'on représente par un **tiret** entre les atomes concernés.

■ Il existe des liaisons covalentes **doubles ou triples**, c'est-à-dire que 2 ou 3 doublets liants s'établissent entre les atomes.

■ Le nombre de liaisons covalentes que peut former un atome est égal au nombre d'électrons qu'il doit gagner pour obéir à la règle de l'octet.

Atome	C	N	O	H	Cl
Numéro atomique Z	6	7	8	1	17
Structure électronique	$(K)^2(L)^4$	$(K)^2(L)^5$	$(K)^2(L)^6$	$(K)^1$	$(K)^2(L)^8(M)^7$
Nombre de liaisons établies par l'atome	**4**	**3**	**2**	**1**	**1**

■ Les électrons externes qui ne sont pas engagés dans une liaison covalente sont regroupés en doublets **non liants.**

■ Dans la **représentation de Lewis** d'une molécule, on représente chaque atome avec sa couche externe, c'est-à-dire avec les doublets liants et les doublets non liants. Les doublets non liants sont représentés par des tirets placés autour de l'atome auquel ils appartiennent.

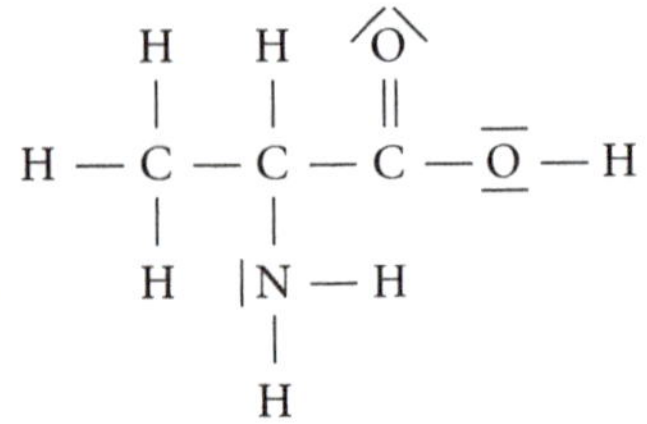

Représentation de Lewis de la L-alanine (acide aminé)

2 Géométrie des molécules

a. Répulsion des doublets d'électrons

■ La **répulsion électrique des doublets liants et non liants** définit la géométrie d'une molécule. Les doublets se positionnent dans l'espace de manière à être le plus loin possible les uns des autres pour minimiser cette répulsion.

b. Géométrie de molécules simples

■ Les quatre doublets (liants et non liants) entourant un atome de carbone, d'azote ou d'oxygène, impliqué dans des liaisons simples, adoptent une **disposition tétraédrique**.

> **À NOTER**
> Les angles formés par les doublets mesurent environ 109 °.

Formule brute	Formule de Lewis	Répartition des doublets	Modèle moléculaire	Forme de la molécule
CH_4 (méthane)	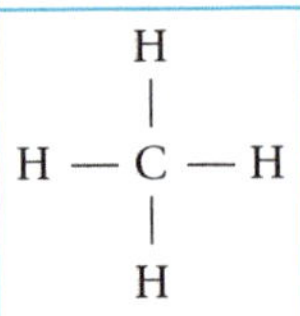	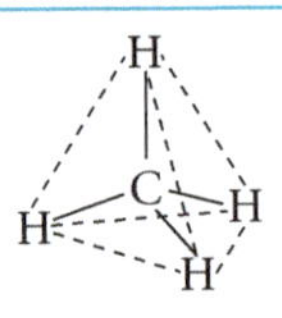		molécule **tétraèdrique**
NH_3 (ammoniac)	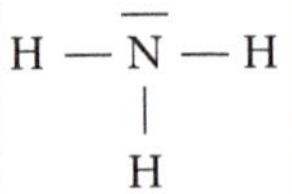	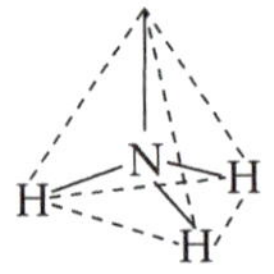		molécule **pyramidale**
H_2O (eau)	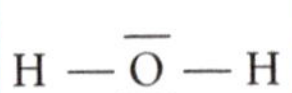	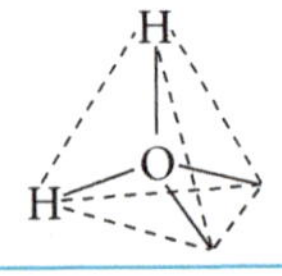	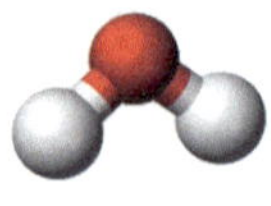	molécule **coudée**

■ La **représentation de Cram** permet de visualiser la géométrie spatiale d'une molécule ; les liaisons entre atomes sont représentées de la façon ci-contre.

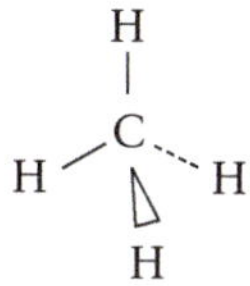

— liaison dans le plan
----- liaison vers l'arrière
◁ liaison vers l'avant

■ Un atome de carbone, d'azote ou d'oxygène engagé dans une double liaison possède une **géométrie triangulaire plane.** Un atome de carbone ou d'azote engagé dans une triple liaison possède une **géométrie linéaire.**

> À NOTER
> Dans le cas de molécules plus complexes, on s'intéresse localement à la géométrie adoptée par un atome avec ses voisins.

Formule brute	Représentation de Lewis	Modèle moléculaire	Forme de la molécule
CH_2O (méthanal)	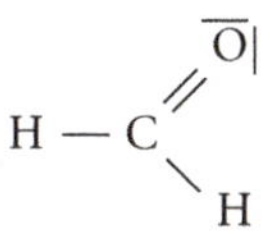		molécule triangulaire plane
C_2H_2 (éthyne)	H — C ≡ C — H		molécule linéaire

3 Isomérie Z/E

a. Isomérie Z/E

■ L'absence de rotation possible autour d'une double liaison est à l'origine de **l'isomérie Z/E.** Il existe, par exemple, deux molécules différentes de but-2-ène de formules semi-développées $CH_3–CH=CH–CH_3$:

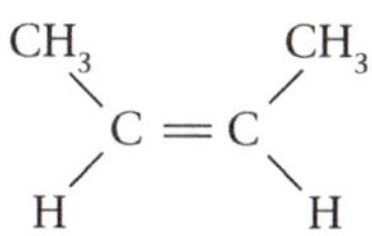

(Z)-but-2-ène

Les deux atomes d'hydrogène sont du même côté de la double liaison C=C.

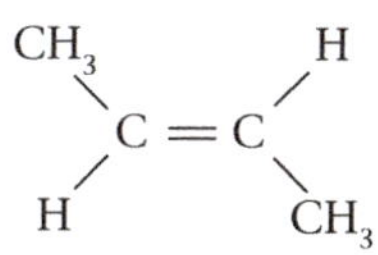

(E)-but-2-ène

Les deux atomes d'hydrogène sont de part et d'autre de la double liaison C=C.

■ Les préfixes Z (*zusammen*, « ensemble ») et E (*entgegen*, « opposés ») viennent de l'allemand.
Ces deux molécules ne sont pas superposables. Les isomères Z et E possèdent des propriétés chimiques et physiques différentes, et peuvent donc être isolées.

À NOTER
L'isomérie Z/E existe si les deux atomes qui constituent la double liaison portent chacun deux groupes différents.

b. Isomérisation photochimique

■ Le passage d'un isomère Z à un isomère E peut se produire sous l'action de la lumière. On parle d'**isomérisation photochimique**.

À NOTER
La lumière apporte l'énergie qui permet de rompre la double liaison afin que la rotation se produise.

■ L'isomérisation photochimique est à l'origine du processus de la vision. Les récepteurs de la rétine (cônes et bâtonnets) captent la lumière grâce à une molécule, le **11-(Z)-rétinal**, liée à une protéine de la famille des opsines. La molécule de rétinal comporte un enchaînement de doubles liaisons conjuguées : elle absorbe la lumière visible. Néanmoins, selon la structure de l'opsine, l'absorption se fera dans le bleu, le rouge ou le vert et elle provoquera l'isomérisation du **11-(Z)-rétinal en 11-(E)-rétinal**. Ce changement de structure déclenche un influx nerveux à l'origine de la vision.

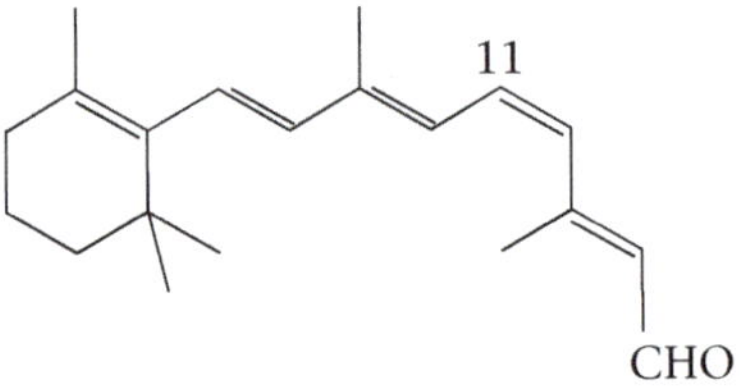

11-(Z)-rétinal

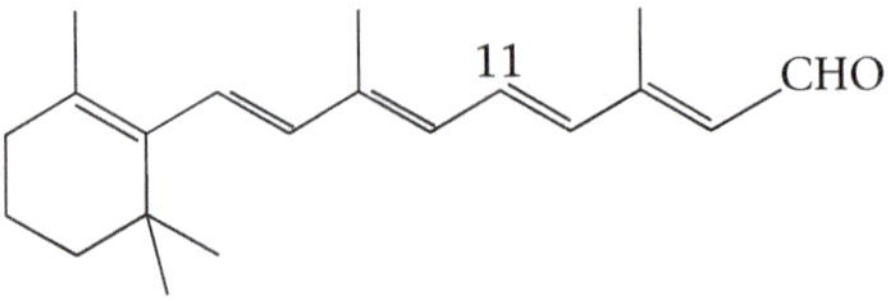

11-(E)-rétinal

1 Établir une représentation de Lewis

Énoncé

Le méthanol est le plus simple des alcools. À température ambiante, c'est un liquide utilisé comme solvant, comme antigel pour liquide de refroidissement... Sa formule développée est représentée ci-contre.

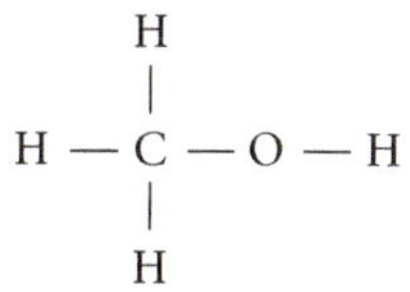

Établir la représentation de Lewis de cette molécule.

Données : le numéro atomique du carbone est $Z = 6$; le numéro atomique de l'oxygène est $Z = 8$; le numéro atomique de l'hydrogène est $Z = 1$.

Savoir-faire

- Établir la structure électronique de chaque atome.
- Déterminer le nombre de liaisons covalentes établies par chaque atome.
- Déterminer ensuite le nombre de doublets non liants dont s'entoure chaque atome.
- Placer les doublets non liants autour des atomes.

Corrigé détaillé

■ La structure électronique de l'atome de carbone est $(K)^2(L)^4$. Il lui manque 4 électrons pour atteindre une structure stable en octet : un atome de carbone établit 4 liaisons.

La structure électronique de l'atome d'oxygène est $(K)^2(L)^6$. Il lui manque 2 électrons pour atteindre une structure stable en octet : un atome d'oxygène établit 2 liaisons.

La structure électronique de l'atome d'hydrogène est $(K)^1$. Il lui manque 1 électron pour atteindre une structure stable en duet : un atome d'hydrogène établit 1 liaison.

■ Les 4 électrons externes de l'atome de carbone sont engagés dans les 4 liaisons covalentes : il ne reste aucun électron sur la couche externe, l'atome de carbone ne possède pas de doublet non liant.

Sur les 6 électrons externes de l'atome d'oxygène, 2 sont engagés dans des liaisons covalentes : il en reste 4, donc l'atome d'oxygène est entouré de 2 doublets non liants.

L'unique électron de la couche externe de l'atome d'hydrogène est engagé dans une liaison covalente : l'atome d'hydrogène n'a pas de doublets non liants.

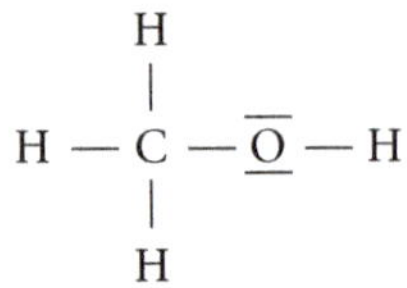

Il suffit de placer deux doublets non liants autour de l'atome d'oxygène pour passer de la formule développée à la représentation de Lewis.

2 Déterminer la géométrie d'une molécule

Énoncé

Déterminer la géométrie de la molécule de méthanol à partir de sa représentation de Lewis établie précédemment.

Savoir-faire

- Étudier successivement l'atome de carbone et l'atome d'oxygène.
- Pour chacun de ces atomes, décompter le nombre de doublets liants et non liants. La géométrie de la molécule est telle que ces doublets d'électrons s'écartent au maximum les uns des autres.

Corrigé détaillé

- L'atome de carbone est entouré de quatre doublets non liants. Pour minimiser leurs répulsions, ces doublets adoptent une disposition tétraédrique. La géométrie autour de l'atome de carbone est tétraédrique.
- L'atome d'oxygène est entouré de deux doublets non liants et de deux doublets liants. Pour minimiser leurs répulsions, ces doublets adoptent une disposition tétraédrique. La géométrie autour de l'atome d'oxygène est coudée.

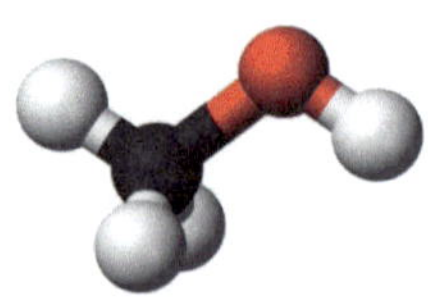

10 qcm pour réviser le cours

Corrigés p. 128

1 **L'atome d'oxygène ($Z = 8$) a pour structure électronique :**
- ❑ **a.** $(K)^2(L)^6$.
- ❑ **b.** $(K)^6(L)^2$.
- ❑ **c.** $(K)^2(L)^8$.

2 **L'atome d'oxygène possède :**
- ❑ **a.** 6 électrons de valence.
- ❑ **b.** 7 électrons de valence.
- ❑ **c.** 8 électrons de valence.

3 **L'atome d'oxygène forme :**
- ❑ **a.** 1 liaison covalente.
- ❑ **b.** 2 liaisons covalentes.
- ❑ **c.** 3 liaisons covalentes.

4 **L'atome d'oxygène possède :**
- ❑ **a.** 1 doublet non liant.
- ❑ **b.** 2 doublets non liants.
- ❑ **c.** 3 doublets non liants.

5 **La représentation de Lewis de la molécule de dioxyde de carbone CO_2 est :**
- ❑ **a.** 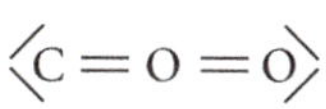
- ❑ **b.** 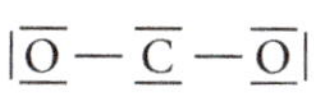
- ❑ **c.** 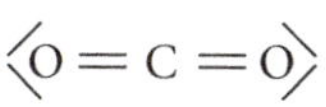

6 **La molécule de dioxyde de carbone est :**
- ❑ **a.** coudée.
- ❑ **b.** linéaire.
- ❑ **c.** pyramidale.

7 **Parmi les molécules suivantes, lesquelles sont coudées ?**
- ❑ **a.** 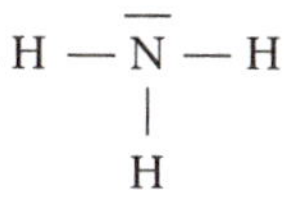
- ❑ **b.** 
- ❑ **c.** 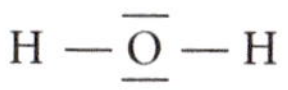

8 **Des isomères Z et E ont la même :**
- ❑ **a.** température de fusion.
- ❑ **b.** formule brute.
- ❑ **c.** solubilité dans un solvant donné.

9 **Parmi les molécules suivantes, lesquelles donnent lieu à une isomérie Z/E ?**
- ❑ **a.** $CH_3–CH=CH_2$
- ❑ **b.** $CH_3–CH=CH–CH_3$
- ❑ **c.** $CH_3–CH_2–CH=CH–CH_3$

10 **Parmi les molécules suivantes, laquelle est un isomère Z ?**
- ❑ **a.** 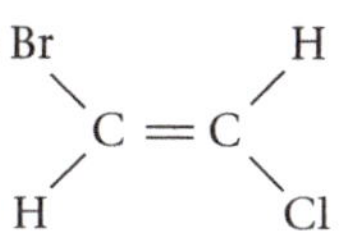
- ❑ **b.** 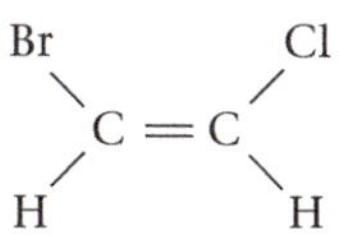
- ❑ **c.** 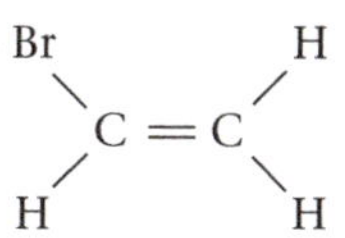

Exercices

Données valables pour tous les exercices : numéros atomiques : carbone $Z = 6$; hydrogène $Z = 1$; soufre $Z = 16$; oxygène $Z = 8$; chlore $Z = 17$; azote $Z = 7$.

Exercice 1 niveau 1

Corrigés p. 128

1. Écrire la structure électronique des atomes d'hydrogène, d'azote et de chlore.
2. Interpréter la représentation de Lewis de la molécule de chloramine donnée ci-contre.
3. Déterminer la géométrie de cette molécule.

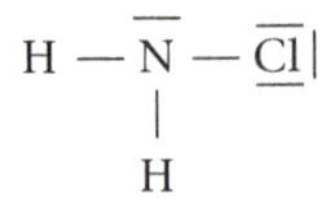

Exercice 2 niveau 1

Corrigés p. 129

Le méthanethiol (ou méthylmercaptan) est un gaz incolore dont l'odeur rappelle celle du chou pourri. Le modèle éclaté de la molécule est donné ci-contre.

1. Donner la formule brute de la molécule.
2. Écrire la structure électronique des atomes d'hydrogène, de carbone et de soufre.
3. Établir la représentation de Lewis de cette molécule.

Exercice 3 niveau 1

Corrigés p. 129

La molécule de l'acide cinnamique, utilisé dans l'industrie du parfum, présente une isomérie Z/E.

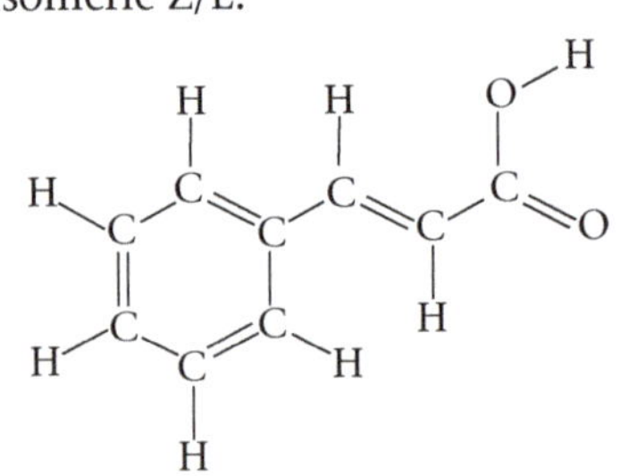

1. Combien cette molécule présente-t-elle de doubles liaisons ? de doubles liaisons conjuguées ?

2. Repérer la double liaison à l'origine de l'isomérie Z/E.

3. L'isomère représenté est-il l'isomère E ou l'isomère Z ?

Exercice 4 niveau 2

Corrigés p. 129

Dans les premiers correcteurs liquides, les pigments blancs (dioxyde de titane...) étaient dissous dans un solvant chloré, le 1,1,1-trichloroéthane (aujourd'hui interdit pour ce genre d'articles) de formule semi-développée $CH_3–CCl_3$.

1. Donner la représentation de Lewis de cette molécule.

2. Donner la représentation de Lewis du (ou des) isomère(s) de cette molécule.

Exercice 5 niveau 2

Corrigés p. 130

La phosphine (ou hydrure de phosphore) est un gaz incolore utilisé pour détruire les insectes et les acariens dans les denrées stockées (en particulier les céréales contenues dans des silos, des bateaux, des containers...).

La phosphine est constituée d'un atome de phosphore et d'atomes d'hydrogène.

1. Rechercher la place de l'élément phosphore dans la classification périodique (p. 382) et en déduire le nombre de liaisons qu'il peut établir.

2. Pourquoi est-il pertinent de comparer l'atome de phosphore à l'atome d'azote ?

3. Proposer une représentation de Lewis pour la molécule de phosphine. En déduire sa formule brute.

4. Prévoir la géométrie de la molécule.

5. Citer une molécule présentant la même géométrie.

Exercice 6 niveau 2

Corrigés p. 130

L'indigo est un colorant très célèbre, puisqu'il est utilisé pour teinter les jeans. Sa formule topologique est donnée ci-contre.

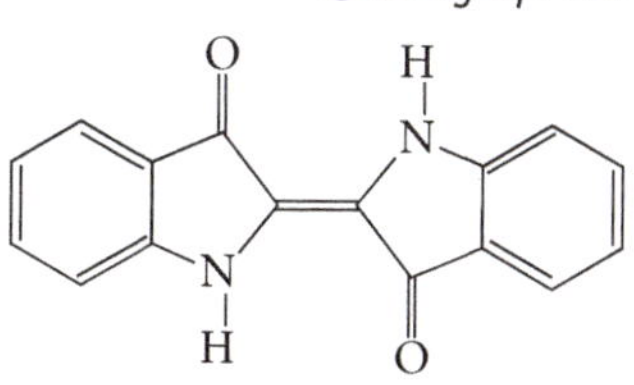

1. Déterminer la formule brute de cette molécule.

2. Écrire la formule développée de l'indigo et la compléter pour obtenir la formule de Lewis.

3. Donner le nombre de doublets liants, de doublets non liants, de liaisons simples et de liaisons doubles.

Exercice 7 niveau 3

Corrigés p. 131

L'éthanal est une espèce chimique d'odeur fruitée, de formule brute C_2H_4O.

1. Donner sa formule de Lewis, sachant que l'un des atomes de carbone présente une double liaison avec l'atome d'oxygène.

2. Donner la géométrie autour de chaque atome de carbone.

Exercice 8 niveau 1

Corrigés p. 131

La phtaléine du phénol est un indicateur coloré acido-basique.

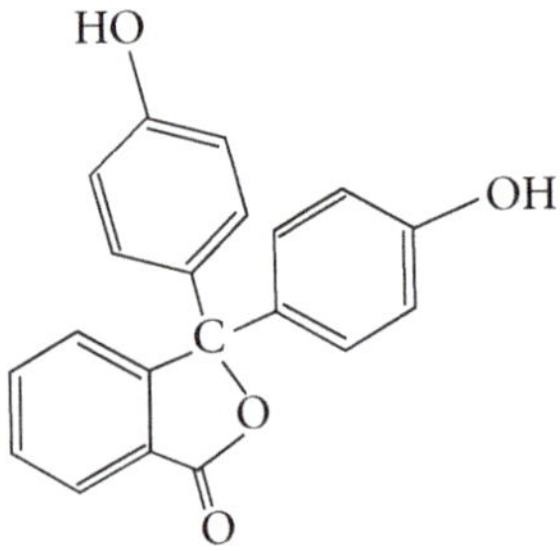

Forme acide

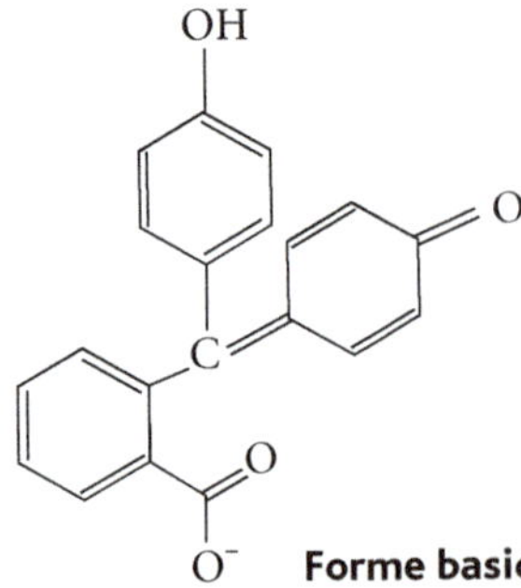

Forme basique

1. Quelle est la formule brute de sa forme acide ? de sa forme basique ?

2. Déterminer la géométrie autour de tous les atomes de carbone de la forme basique.

3. Dans la forme acide, repérer l'atome de carbone qui n'adopte pas la même géométrie. Justifier.

4. Pourquoi la forme acide est-elle incolore alors que la forme basique est rouge ?

Exercice 9 niveau 3

Corrigés p. 132

Le géraniol, espèce chimique présente dans l'huile essentielle de géranium ou le citron, est couramment utilisé en parfumerie pour son odeur de rose.

La formule semi-développée de la molécule de géraniol est :

$$(CH_3)_2C{=}CH{-}CH_2{-}CH_2{-}C(CH_3){=}CH{-}CH_2{-}OH$$

1. Repérer la liaison double à l'origine de l'isomérie Z/E.

Le géraniol est l'isomère E. Représenter cet isomère.

2. Quel est l'état physique du géraniol à température ambiante ?

3. Le nérol est l'isomère Z. Est-il surprenant que le nérol n'ait pas la même température de fusion que le géraniol ?

Données : température de fusion du géraniol $\theta_{fusion} = 15$ °C ; température d'ébullition $\theta_{ébullition} = 229$ °C (sous la pression atmosphérique).

Exercice 10 niveau 3

Corrigés p. 132

Fréquemment utilisé comme solvant, le chloroforme $CHCl_3$ a également été utilisé autrefois comme anesthésique. Dans les conditions normales d'utilisation, le chloroforme est une substance stable. Cependant, exposé pendant de longues périodes à la lumière naturelle en présence d'air, il se décompose lentement. Sa dégradation (due à la lumière) en présence de dioxygène produit du phosgène $COCl_2$ et du chlorure d'hydrogène HCl.

1. Quels sont les réactifs et les produits de cette réaction chimique ?
2. Écrire l'équation de cette réaction.
3. Établir la représentation de Lewis des molécules de chloroforme, de dioxygène, de phosgène et de chlorure d'hydrogène.
Donner la géométrie de ces molécules.
4. Comment qualifie-t-on une réaction nécessitant l'action de la lumière ?

Exercice 11 niveau 3

Corrigés p. 133

En présence de lumière, l'isomère E de l'azobenzène s'isomérise en (Z)-azobenzène.

Dans un tube à essai entouré de papier aluminium, on dissout un peu de (E)-azobenzène dans du toluène. On réalise un premier dépôt sur une plaque de CCM (dépôt A), que l'on éclaire avec une lampe de bureau pendant 40 minutes. On réalise alors un second dépôt (dépôt B) à partir du tube à essai entouré de papier aluminium. Le chromatogramme obtenu après élution est donné ci-contre.

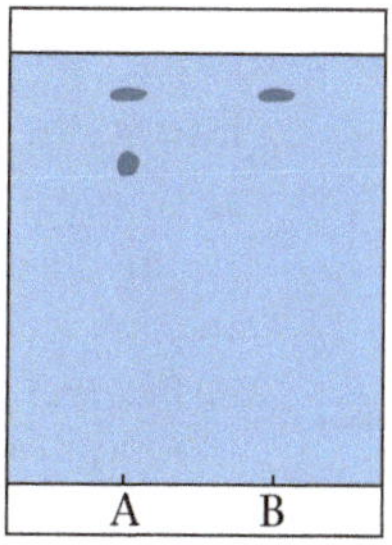

1. À l'aide du chromatogramme, justifier qu'il s'est produit une réaction chimique.
2. À quoi la lampe sert-elle ? À quoi le papier d'aluminium sert-il ?
3. Que pourrait-on observer sur le chromatogramme si on laissait la plaque sous la lampe pendant une très longue durée ?

CORRIGÉS

QCM

1 **a.** La couche K ne peut contenir que deux électrons au maximum et le nombre total d'électrons doit être égal à 8.

2 **a.** Les électrons de valence sont les électrons occupant la couche externe.

3 **b.** Il manque deux électrons à l'atome d'oxygène pour avoir une structure en octet : l'atome d'oxygène établit donc 2 liaisons covalentes.

4 **b.** 2 des 6 électrons externes de l'atome d'oxygène sont engagés dans des liaisons covalentes. Il reste à l'atome d'oxygène 4 électrons « propres », soit deux doublets non liants.

5 **c.** L'atome de carbone de structure électronique $(K)^2(L)^4$ établit 4 liaisons covalentes, il n'a pas de doublets non liants.

6 **b.** L'atome de carbone central ne possède aucun doublet non liant, il est au milieu d'un segment dont les extrémités sont les atomes d'oxygène.

7 **c.** La première molécule (ammoniac) est pyramidale et la seconde est linéaire.

> **ATTENTION**
> N'oubliez pas de tenir compte des doublets non liants pour déterminer la géométrie d'une molécule.

8 **b.** Des isomères Z et E n'ont ni les mêmes propriétés physiques (température de fusion, d'ébullition) ni les mêmes propriétés chimiques (solubilité).

9 **b.** et **c.** Les doubles liaisons de type CHA = CHB, dans lesquelles A et B ne sont pas des atomes d'hydrogène, donnent lieu à une isomérie Z/E.

10 **b.** L'isomère Z est celui pour lequel les atomes d'hydrogène sont du même côté de la double liaison. La dernière molécule ne présente pas d'isomérie Z/E.

Exercice 1

1. Atome d'hydrogène $Z = 1$: $(K)^1$;
atome d'azote $Z = 7$: $(K)^2(L)^5$;
atome de chlore $Z = 17$: $(K)^2(L)^8(M)^7$.

2. Étape 1 : on vérifie d'abord que le nombre de liaisons établies par chaque atome est correct. D'après la question précédente, on peut prévoir que, pour acquérir une structure stable en duet ou en octet, les atomes d'hydrogène établissent une seule liaison covalente, l'atome de chlore une liaison covalente et l'atome d'azote trois liaisons covalentes.

Étape 2 : on vérifie ensuite que le nombre de doublets non liants représenté autour de chaque atome est correct. L'unique électron de la couche externe de l'atome d'hydrogène est engagé dans une liaison covalente : l'atome d'hydrogène n'a pas de doublets non liants.

Sur les 5 électrons externes de l'atome d'azote, 3 sont engagés dans une liaison covalente, il en reste 2 : l'atome d'azote est entouré de 1 doublet non liant.

Sur les 7 électrons externes de l'atome de chlore, 1 est engagé dans une liaison covalente, il en reste 6 : l'atome de chlore est entouré de 3 doublets non liants.

3. L'atome d'azote est l'atome central. Il est entouré de trois doublets liants et d'un doublet non liant. Ces doublets adoptent une répartition tétraédrique. La molécule est donc pyramidale.

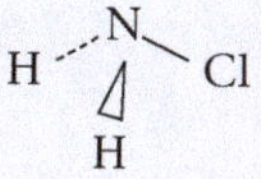

Exercice 2

1. La formule brute de la molécule de méthanethiol est CH_4S.

2. La structure électronique de l'atome de carbone est $(K)^2(L)^4$, la structure électronique de l'atome d'hydrogène est $(K)^1$ et la structure électronique de l'atome de soufre ($Z = 16$) est $(K)^2(L)^8(M)^6$.

3. Les atomes de carbone et d'hydrogène ne possèdent pas de doublets non liants. Il manque 2 électrons à l'atome de soufre pour respecter la règle de l'octet. Il établit donc deux liaisons. Il lui reste alors 6 – 2 = 4 électrons externes, soit deux doublets non liants. La représentation de Lewis de cette molécule est donnée ci-contre.

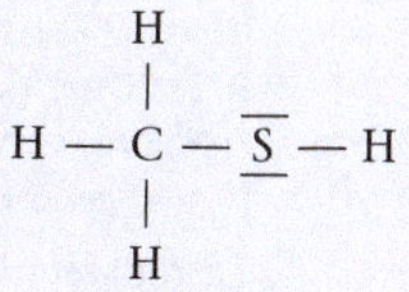

Exercice 3

1. Cette molécule présente 5 doubles liaisons, toutes conjuguées.

2. La double liaison à l'origine de l'isomérie Z/E est la liaison C=C, en dehors du cycle.

3. Les deux atomes d'hydrogène sont de part et d'autre de la double liaison : il s'agit de l'isomère E.

Exercice 4

1. H : $(K)^1$: 1 liaison ;

Cl : $(K)^2(L)^8(M)^7$: 1 liaison, 3 doublets non liants ;

C : $(K)^2(L)^4$: 4 liaisons.

Représentation de Lewis du 1,1,1-trichloroéthane :

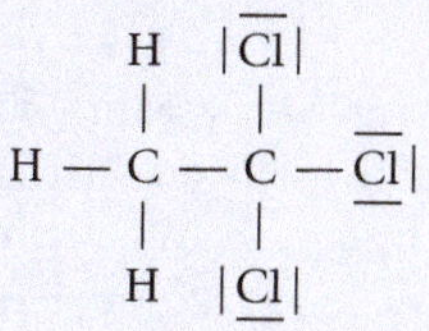

2. Le seul isomère du 1,1,1-trichloroéthane est le 1,2,2-trichloroéthane.

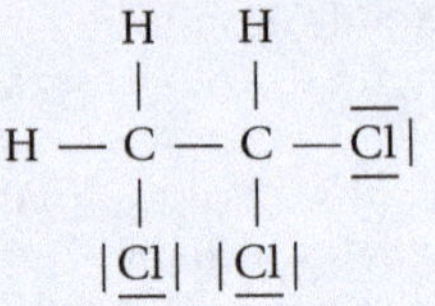

À NOTER
Il s'agit d'isomères de position et pas d'isomères Z/E.

Exercice 5

1. L'élément phosphore est dans la 15e colonne (et dans la troisième ligne) de la classification périodique. Il lui manque trois électrons pour avoir 8 électrons de valence, comme l'argon. L'atome de phosphore établira donc 3 liaisons.

2. L'atome de phosphore et l'atome d'azote appartiennent à la même colonne, ils font partie de la même famille, ils ont le même nombre d'électrons sur leur couche externe et établissent donc le même nombre de liaisons.

RAPPEL
Les éléments d'une même colonne ont des propriétés chimiques voisines.

3. L'atome de phosphore est lié à trois atomes d'hydrogène. Sur ses 5 électrons externes, 3 sont engagés dans une liaison covalente, il en reste 2 : l'atome de phosphore possède 1 doublet non liant.

La représentation de Lewis de la phosphine est : 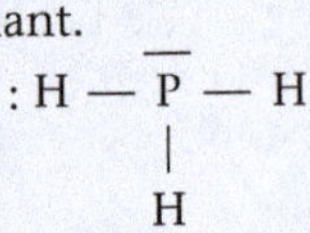

Sa formule brute est PH_3.

4. L'atome de phosphore est l'atome central. Il est entouré de trois doublets liants et d'un doublet non liant. Ces doublets adoptent une répartition tétraédrique. La molécule est donc pyramidale.

5. La molécule d'ammoniac NH_3 a cette même géométrie.

Exercice 6

1. La formule brute de l'indigo est $C_{16}H_{10}N_2O_2$.

2.

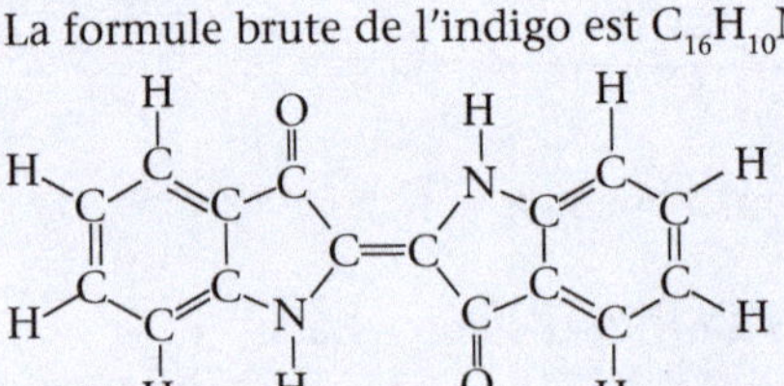

C $(K)^2(L)^4$: 4 liaisons covalentes, aucun doublet non liant.

H $(K)^1$: 1 liaison covalente (règle du duet), aucun doublet non liant.

N $(K)^2(L)^5$: 3 liaisons covalentes, 1doublet non liant.

O $(K)^2(L)^6$: 2 liaisons covalentes, 2 doublets non liants.

La formule de Lewis est donc la suivante.

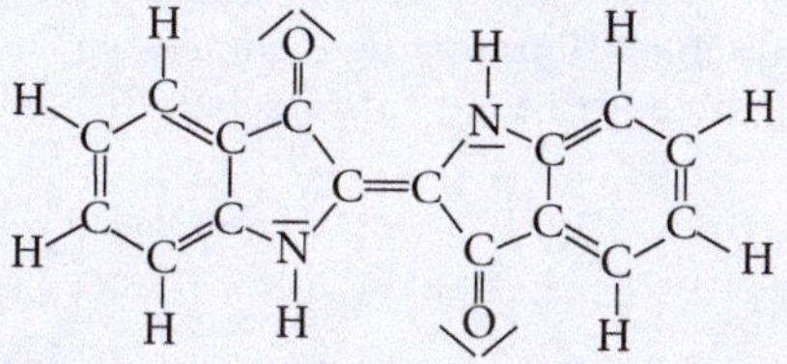

3. Il y a 42 doublets liants, 24 liaisons simples et 9 liaisons doubles et 6 doublets non liants.

Exercice 7

> **CONSEIL**
> Placez d'abord les deux atomes de carbone et l'atome d'oxygène ; placez des doublets liants entre ces atomes, placez les atomes d'hydrogène ; terminez avec les doublets non liants.

1. C $(K)^2(L)^4$; H$(K)^1$; O$(K)^2(L)^6$.

L'atome de carbone forme 4 liaisons pour satisfaire la règle de l'octet, et il ne lui reste aucun électron externe.

L'atome d'hydrogène forme 1 liaison pour satisfaire la règle du duet, et il ne lui reste aucun électron externe.

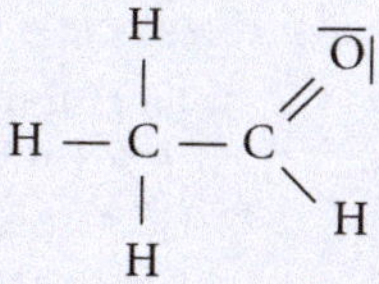

L'atome d'oxygène forme 2 liaisons pour satisfaire la règle de l'octet, et il lui reste 6 – 2 = 4 électrons externes (soit deux doublets).

2. La molécule est tétraédrique autour du premier atome de carbone et triangulaire plane autour du second.

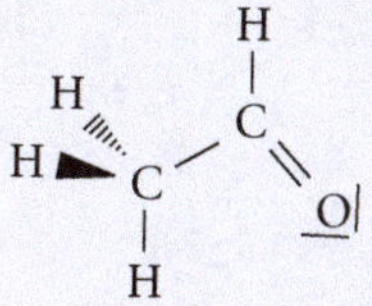

Exercice 8

1. La formule brute de la forme acide est $C_{20}H_{14}O_4$, tandis que, sous sa forme basique, il s'agit d'un anion de formule brute $C_{20}H_{13}O_4^-$.

> **CONSEIL**
> Remarquez que tous les atomes appartiennent au même plan.

2. Dans la forme basique, chaque atome de carbone établit une double liaison et deux liaisons simples : la géométrie autour de chaque atome de carbone est plane.

3. Dans la forme acide, l'atome de carbone central adopte une géométrie tétraédrique, puisqu'il est impliqué dans quatre liaisons covalentes simples.

4. Dans la forme acide, on compte au maximum 3 doubles liaisons conjuguées : elle est incolore. La forme basique compte 11 doubles liaisons conjuguées : elle est colorée.

Exercice 9

1. La liaison double à l'origine de l'isomérie Z/E est représentée en rouge sur le schéma ci-dessous.

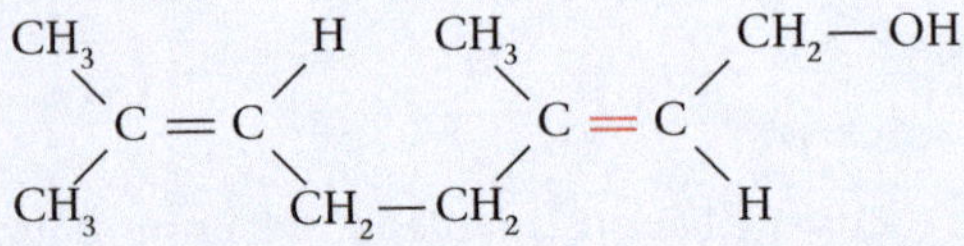

2. Le géraniol est solide pour des températures inférieures à 15 °C, liquide pour des températures comprises entre 15 et 229 °C, et gazeux au-delà.

À température ambiante (20 °C), le géraniol est donc liquide.

3. Le nérol et le géraniol sont deux isomères Z/E : il est normal qu'ils possèdent des propriétés physiques différentes.

À NOTER

Pour l'autre double liaison, la molécule ne présente pas d'isomérie Z/E car un des atomes de C est lié à deux groupes $-CH_3$ identiques.

L'isomère E est celui pour lequel les gros groupements d'atomes sont de part et d'autre de la double liaison.

Exercice 10

1. Le chloroforme et le dioxygène sont les réactifs, le phosgène et le chlorure d'hydrogène sont les produits.

2. L'équation de cette réaction s'écrit :

$$2\ CHCl_3 + O_2 \rightarrow 2\ COCl_2 + 2\ HCl.$$

ATTENTION

Les deux membres d'une équation doivent présenter le même nombre d'atomes de chaque élément.

3.

	Carbone	Hydrogène	Oxygène	Chlore
Structure électronique	$(K)^2(L)^4$	$(K)^1$	$(K)^2(L)^6$	$(K)^2(L)^8(M)^7$
Nombre d'électrons de valence	4	1	6	7
Nombre de liaisons covalentes	4	1	2	1
Nombre d'électrons externe de valence qui ne sont pas engagés dans un doublet liant	0	0	4	6
Nombre de doublets non liants	0	0	2	3

Molécule de chloroforme : l'atome de carbone est l'atome central.

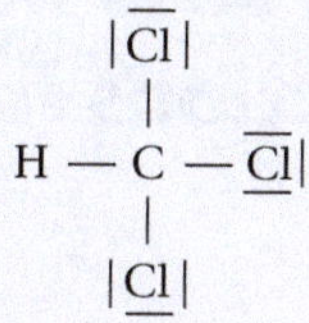

Molécule de dioxygène :

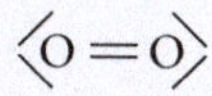

Molécule de phosgène :

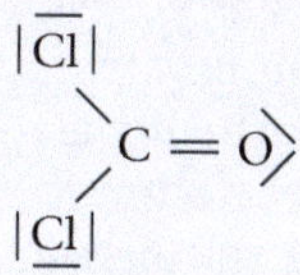

Molécule de chlorure d'hydrogène :

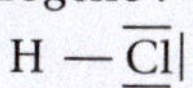

4. Une réaction nécessitant l'action de la lumière est une réaction photochimique.

Exercice 11

1. Le premier dépôt a évolué lors de l'élution en donnant deux taches : il est donc constitué d'au moins deux espèces chimiques. L'une de ces espèces chimiques correspond au (E)-azobenzène, l'autre correspond au (Z)-azobenzène.

2. Cette réaction d'isomérisation se produit en présence de lumière, d'où la nécessité d'éclairer la plaque avec une lampe. Le papier d'aluminium protège la solution contenue dans le tube à essai de la lumière. Dans le tube à essai, le (E)-azobenzène ne s'isomérise pas en (Z)-azobenzène.

3. En laissant la plaque sous la lampe pendant une très longue durée, l'isomérisation est totale : le premier dépôt évoluerait en donnant une seule tache, celle correspondant au (Z)-azobenzène.

8 Cohésion de la matière et interactions fondamentales

COURS

1 La matière

a. La matière à différentes échelles

■ La matière qui nous est familière, des atomes aux galaxies, est constituée de **particules élémentaires** : protons, neutrons et électrons.
Une particule est élémentaire si elle ne peut être partagée en particules plus petites.

À NOTER
Les neutrons et les protons sont considérés comme des particules élémentaires, bien qu'ils soient eux-mêmes constitués de particules, les quarks.

■ Voici la dimension de quelques édifices :

Structure	Dimension
notre galaxie	10^{21} m
système solaire	10^{13} m
Terre	10^{7} m
homme	10^{0} m

Structure	Dimension
cellule	10^{-5} m
atome	10^{-10} m
noyau	10^{-15} m
nucléon	10^{-16} m

b. L'atome

■ Un atome est constitué d'un noyau autour duquel gravite un **nuage électronique.**

■ Ce noyau est représenté symboliquement par ${}^{A}_{Z}X$.

■ *A*, appelé « nombre de masse », correspond au nombre de nucléons. *Z*, appelé « nombre de charge » ou « numéro atomique », est le nombre de protons. La différence $A - Z$ donne le nombre de neutrons.

■ Le cortège électronique compte autant d'électrons qu'il y a de protons dans le noyau car un atome est électriquement neutre.

■ La **charge élémentaire** s'écrit e. Elle a pour valeur $e = 1{,}6 \times 10^{-19}$ C. C'est la charge électrique d'un proton, l'opposé de la charge électrique d'un électron.

■ Toute charge électrique q est un multiple entier de cette charge élémentaire : $q = \pm ne$, avec n nombre entier.

Caractéristiques des particules élémentaires

Particule	proton	neutron	électron
Masse (en kg)	$m_p = 1{,}673 \times 10^{-27}$	$m_n = 1{,}675 \times 10^{-27}$	$m_e = 9{,}11 \times 10^{-31}$
Ordre de grandeur de la masse	$m_p \approx 10^{-27}$ kg	$m_n \approx 10^{-27}$ kg	$m_e \approx 10^{-30}$ kg
Charge	$q_p = e$	$q_n = 0$	$q_e = -e$

2 Les interactions fondamentales

■ La cohésion de la matière est assurée par **quatre interactions fondamentales**. Ces interactions se distinguent par leur portée et leur intensité.

■ Elles sont responsables de la cohésion de l'immense variété d'édifices qui existent dans l'Univers.

À NOTER
Deux corps sont en **interaction** lorsqu'ils exercent l'un sur l'autre des actions de même valeur mais en sens opposé.

a. L'interaction gravitationnelle

■ La **gravitation** est la plus faible des quatre interactions. Son rayon d'action est illimité mais sa valeur diminue quand la distance augmente. C'est une interaction attractive à distance entre deux objets ayant une masse. Elle prédomine à l'échelle cosmique parce que les objets en interaction ont des masses importantes.

■ Deux objets de masses respectives m_A et m_B, dont les centres sont séparés d'une distance d, exercent l'un sur l'autre des forces ayant la même intensité F :

$$F = F_{A/B} = F_{B/A} = G\,\frac{m_A \cdot m_B}{d^2}$$

avec G constante de gravitation universelle, $G = 6{,}67 \times 10^{-11}$ $m^3 \cdot kg^{-1} \cdot s^{-2}$, F en newtons (N), m_A et m_B en kilogrammes (kg) et d en mètres (m).

À NOTER
À cause des frottements, il est très difficile de s'apercevoir que les objets autour de nous s'attirent.
Très difficile mais pas impossible comme le montre l'expérience de « mesure de la masse de la Terre » réalisée par Cavendish en 1798.

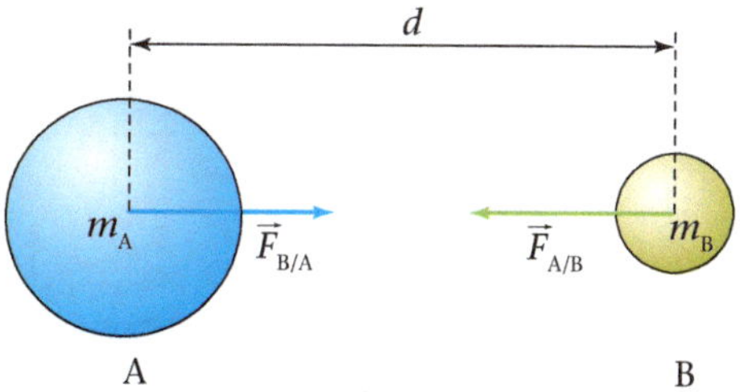

■ Les **forces attractives** s'exerçant sur deux masses en interaction gravitationnelle ont **même direction, même intensité**, mais sont de **sens opposés**.

■ **Notations :**

$\vec{F}_{A/B}$ est la force exercée par A sur B.

$\vec{F}_{B/A}$ est la force exercée par B sur A.

$\vec{F}_{A/B} = -\vec{F}_{B/A}$: ces deux forces s'exercent dans des sens opposés mais sont de même valeur F.

À NOTER

La manifestation la plus courante de l'interaction gravitationnelle est la pesanteur, donc la possibilité de distinguer le haut et le bas.

b. L'interaction électromagnétique

■ C'est l'interaction dont les effets sont les plus fréquemment constatés dans la vie courante.

Elle explique la cohésion des atomes, des molécules, les propriétés des solides liquides et gaz… Comme l'interaction gravitationnelle, elle est à longue portée et, comme elle, son intensité décroît avec le carré de la distance.

■ Deux objets A (portant la charge électrique q_A) et B (de charge q_B) dont les centres sont distants de d, exercent l'un sur l'autre des forces de même intensité F :

$$F = F_{A/B} = F_{B/A} = \mathrm{k}\,\frac{|q_A|\cdot|q_B|}{d^2}$$

avec k constante de Coulomb, $\mathrm{k} = 9{,}0\cdot10^9\ \mathrm{N\cdot m^2\cdot C^{-2}}$, q_A et q_B en Coulombs (C), d en mètres (m) et F en newtons (N).

■ Si q_A et q_B sont de signes contraires, les forces sont **attractives**.

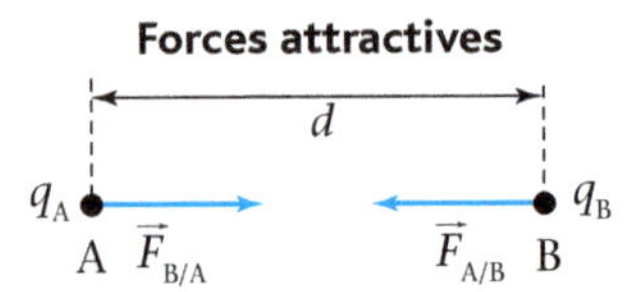

Forces attractives (charges de signes opposés) s'exerçant sur deux objets en interaction électromagnétique.

■ Si q_A et q_B sont de même signe, les forces sont **répulsives**.

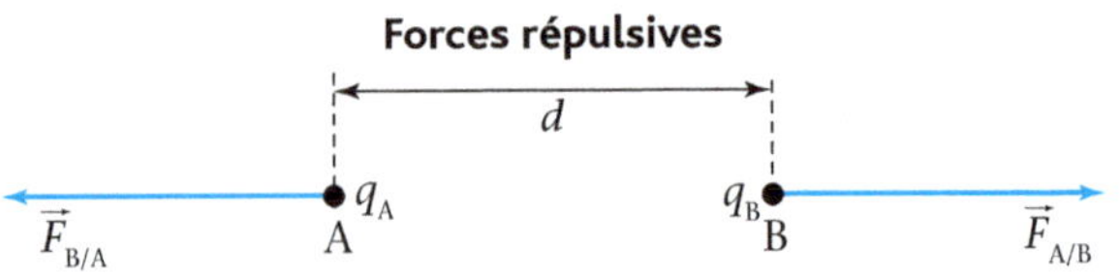

Forces répulsives (charges de même signe) s'exerçant sur deux objets en interaction électromagnétique.

COURS

■ L'attraction entre charges de signes opposés crée un effet d'écran qui diminue la portée théorique infinie de la force électromagnétique en une portée effective beaucoup plus courte. La matière est globalement neutre à grande échelle.

■ La force électrostatique exercée par une charge électrique sur une autre est beaucoup plus forte que la force de gravitation.

Exemple : La force électrostatique qui lie un proton et un électron dans l'atome d'hydrogène est 10^{36} fois plus forte que la force de gravitation.

c. L'interaction forte

■ À cause de l'interaction électromagnétique, les protons d'un noyau devraient se repousser. La cohésion du noyau est, en réalité, assurée par l'**interaction forte**. C'est la plus puissante des quatre interactions. Elle n'agit cependant qu'à des distances très courtes de l'ordre du diamètre du noyau.

> **À NOTER**
> Si la portée de l'interaction forte était plus grande, les noyaux atomiques seraient plus gros.

■ Sa courte portée empêche de trouver des manifestations courantes. Ce qui explique qu'elle n'ait été découverte qu'au début du XXe siècle.

■ Cependant, sans force nucléaire, il n'y aurait pas de noyau indispensable à l'existence de l'atome et sans atome, point de matière, ni d'être humain...

d. L'interaction faible

■ C'est la dernière à avoir été découverte. Elle n'est responsable de la cohésion d'aucun édifice. Sa faiblesse (comme son nom l'indique, elle est la plus faible après la gravitation) et sa courte portée (inférieure au diamètre d'un nucléon) ne lui permettent pas de jouer ce rôle. Il paraît difficile, de prime abord, de trouver des manifestations courantes de cette interaction, elle joue pourtant un rôle capital dans la vie des étoiles notamment.

■ La physique théorique a toujours cherché à décrire l'ensemble des phénomènes avec le moins de lois possibles. Ainsi, Newton montra au XVIIe siècle que la chute des corps et le mouvement des planètes pouvaient être expliqués par la gravitation. James Clerk Maxwell unifia, au XIXe siècle, l'électricité et le magnétisme.

■ Aujourd'hui, les théoriciens tentent de regrouper les quatre interactions fondamentales dans une « théorie du tout ». Malgré leurs efforts, unir la mécanique quantique qui règne sur l'infiniment petit et la relativité générale qui régit l'infiniment grand demeure un « Graal théorique ».

1 Déterminer la valeur d'une force d'interaction

Énoncé

Une balle de tennis et un ballon de football sont posés sur le sol, l'un contre l'autre.
Déterminer l'intensité de la force d'interaction gravitationnelle qui s'exerce entre la balle et le ballon.

Données : masse de la balle de tennis : $m_T = 58$ g ; masse du ballon de football : $m_F = 430$ g ; diamètre de la balle de tennis : $d_T = 6{,}6$ cm ; diamètre du ballon de football : $d_F = 22$ cm ; constante de gravitation universelle : $G = 6{,}67 \cdot 10^{-11}\ m^3 \cdot kg^{-1} \cdot s^{-2}$.

Savoir-faire

- Utiliser la relation mathématique donnant l'intensité de la force qui modélise l'interaction gravitationnelle :
$F = G \dfrac{m_A \cdot m_B}{d^2}$ avec G constante de gravitation universelle, F en newtons (N), m_A et m_B en kilogrammes (kg) et d en mètres (m).
- Écrire le résultat avec un nombre de chiffres significatifs adapté aux données.

Corrigé détaillé

CONSEIL
Il est toujours utile de traduire l'énoncé en schéma.

- On commence par écrire l'expression de l'interaction avec les données de l'énoncé :

$$F = \frac{G(m_F \times m_T)}{(R_F + R_T)^2}.$$

L'expression $R_F + R_T$ correspond à la distance séparant les deux centres.

- Avant de débuter l'application numérique, on vérifie que toutes les données sont exprimées dans les unités de l'expression. Ici, on convertit les masses en kilogrammes et les distances en mètres. Le calcul doit être effectué en une seule étape.

MÉTHODE

Application numérique :

$$F = 6{,}67 \times 10^{-11} \times \frac{430 \times 10^{-3} \times 58 \times 10^{-3}}{[(11 + 3{,}3) \cdot 10^{-2}]^2}$$

$F \approx 8{,}1 \cdot 10^{-11}$ N.

À NOTER
Ce résultat, si on le compare au poids du ballon ou de la balle est très faible. Il illustre le fait qu'on n'a pas l'habitude de voir les objets autour de nous (les balles, les ballons, les tables) s'attirer.

2 Comparer deux interactions

Énoncé

Comparer les valeurs des forces d'interaction gravitationnelle et d'interaction électromagnétique entre le noyau et l'électron d'un atome d'hydrogène. Que peut-on en conclure ?

Données : masse du proton : $m_p = 1{,}67 \cdot 10^{-27}$ kg ; masse de l'électron : $m_e = 9{,}11 \cdot 10^{-31}$ kg ; charge élémentaire : e = $1{,}6 \cdot 10^{-19}$ C ; constante de gravitation universelle : G = $6{,}67 \cdot 10^{-11}$ $m^3 \cdot kg^{-1} \cdot s^{-2}$; k constante de Coulomb : k = $9{,}0 \cdot 10^9$ $N \cdot m^2 \cdot C^{-2}$, rayon de l'atome d'hydrogène : $r_H = 5 \cdot 10^{-11}$ m.

Savoir-faire

- Utiliser la relation mathématique donnant l'intensité de la force qui modélise l'interaction gravitationnelle :

$$F = G \frac{m_A \cdot m_B}{d^2}$$

avec G constante de gravitation universelle, F en newtons (N), m_A et m_B en kilogrammes (kg) et d en mètres (m).

- Utiliser la relation mathématique donnant l'intensité de la force qui modélise l'interaction électromagnétique :

$$F = k \frac{|q_A| \cdot |q_B|}{d^2}$$

avec k constante de Coulomb, q_A et q_B en Coulombs (C), d en mètres (m) et F en newtons (N).

- Associer à cet édifice l'interaction fondamentale prédominante.
- Ne pas oublier que le noyau de l'atome d'hydrogène se compose d'un unique proton.

Corrigé détaillé

■ On commence par noter l'expression des intensités des forces modélisant les interactions :

– expression de la force gravitationnelle : $F_G = G\,\dfrac{m_p \cdot m_e}{{r_H}^2}$;

– expression de la force électromagnétique : $F_e = k\,\dfrac{|e|\cdot|-e|}{{r_H}^2}$.

Il ne faut pas oublier la valeur absolue, car l'intensité d'une force est toujours positive.

Pour comparer, on fait le rapport entre les deux forces :

$$\frac{F_e}{F_G} = \frac{k\,\dfrac{|e|\cdot|-e|}{{r_H}^2}}{G\,\dfrac{m_p \cdot m_e}{{r_H}^2}}$$

$$\frac{F_e}{F_G} = \frac{k|e|\cdot|-e|}{Gm_p \cdot m_e}$$

$$\frac{F_e}{F_G} = \frac{ke^2}{Gm_p \cdot m_e}$$

Application numérique :

$$\frac{F_e}{F_G} = \frac{9{,}0\cdot10^{9} \times (1{,}6\cdot10^{-19})^2}{6{,}67\cdot10^{-11} \times 1{,}67\cdot10^{-27} \times 9{,}11\cdot10^{-31}}$$

$$\frac{F_e}{F_G} \approx 2{,}3\cdot10^{39}.$$

À NOTER
Le rapport entre les valeurs de deux forces est sans unité.

■ Le résultat de ce rapport montre qu'au niveau de l'atome, c'est l'interaction électromagnétique qui assure la cohésion de la matière.

10 qcm pour réviser le cours

Corrigés p. 146

1 Quel est l'ordre de grandeur du diamètre d'un atome ?

❑ **a.** $0{,}1 \cdot 10^{-9}$ nm.

❑ **b.** 10^{-10} m.

❑ **c.** 10^{-9} m.

2 Le neutron est :

❑ **a.** un nucléon.

❑ **b.** dans le noyau.

❑ **c.** porteur d'une charge e.

3 Un atome est électriquement neutre :

❑ **a.** car il contient des nucléons.

❑ **b.** car il contient autant de protons que d'électrons.

❑ **c.** grâce à l'interaction gravitationnelle.

4 La masse d'un électron est :

❑ **a.** du même ordre de grandeur que celles des nucléons.

❑ **b.** 1 835 fois plus petite que celle du neutron.

❑ **c.** de l'ordre de 10^{-30} kg.

5 Quelle est la charge électrique d'un édifice portant 11 protons, 12 neutrons et 10 électrons exprimée en nombre de charges élémentaires e ?

❑ **a.** e.

❑ **b.** 0.

❑ **c.** 21 e.

6 La représentation symbolique de l'atome d'aluminium est $^{27}_{13}Al$.

❑ **a.** 27 est le nombre de nucléons, 13 est le nombre de protons et d'électrons.

❑ **b.** 27 est le numéro atomique de l'aluminium.

❑ **c.** 27 est le nombre de neutrons, 13 est le nombre de protons et d'électrons.

7 L'interaction gravitationnelle a une portée :

❑ **a.** limitée au noyau de l'atome.

❑ **b.** limitée à la taille de l'atome.

❑ **c.** infinie.

8 L'interaction gravitationnelle prédomine à l'échelle :

❑ **a.** moléculaire.

❑ **b.** nucléaire.

❑ **c.** astronomique.

9 L'interaction électromagnétique est :

❑ **a.** toujours attractive.

❑ **b.** attractive ou répulsive.

❑ **c.** liée à la masse des corps en interaction.

10 La cohésion d'une molécule de glucose est assurée par l'interaction :

❑ **a.** gravitationnelle.

❑ **b.** faible.

❑ **c.** électromagnétique.

Exercices

Exercice 1 (niveau 1)

Corrigés p. 146

Un noyau de 9 nucléons porte une charge électrique q telle que $q = 4e$.

1. Combien y a-t-il de protons dans le noyau ?
2. Quel est le numéro atomique de ce noyau ?
3. Quelle interaction maintient la cohésion entre les nucléons ?

Exercice 2 (niveau 1)

Corrigés p. 146

1. Calculer la valeur de la force d'attraction gravitationnelle exercée par le Soleil sur la Terre.
2. Quelle est la valeur de la force exercée par la Terre sur le Soleil ?

Données :

constante de gravitation universelle : $G = 6{,}67 \cdot 10^{-11}\ m^3 \cdot kg^{-1} \cdot s^{-2}$;

$m_{Terre} = 5{,}98 \cdot 10^{24}$ kg ;

$m_{Soleil} = 1{,}98 \cdot 10^{30}$ kg ;

$d_{TS} = 1{,}5 \cdot 10^{8}$ km.

Exercice 3 (niveau 1)

Corrigés p. 147

Le calcium est le cinquième élément le plus abondant de l'écorce terrestre.

Essentiel pour la matière organique (os, dent), il n'a été découvert qu'en 1808.

La charge q du noyau de son atome, de représentation symbolique ${}^{40}_{Z}Ca$, a pour valeur $3{,}2 \cdot 10^{-18}$ C.

1. Combien de protons composent ce noyau, sachant que $e = 1{,}6 \cdot 10^{-19}$ C ?
2. En déduire le nombre de neutrons du noyau.
3. Combien d'électrons y a-t-il dans le cortège électronique ?

Exercice 4 (niveau 1)

Corrigés p. 147

Le noyau d'un atome d'or est caractérisé par $A = 197$ et $Z = 79$.

1. Comment appelle-t-on A et Z ? Que représentent-ils ?
2. Donner la représentation symbolique du noyau cet atome.

3. Quelles particules élémentaires composent son noyau ?

4. Quelle est la masse de ce noyau ?

Données : masse du proton : $m_p = 1,673 \cdot 10^{-27}$ kg ;
masse du neutron : $m_n = 1,675 \cdot 10^{-27}$ kg.

Exercice 5 niveau 1

Corrigés p. 147

Le télescope Hubble est un télescope en orbite à environ 600 km d'altitude. Sa masse m_H est de 11 000 kg.

1. Comment s'appelle le type d'interaction qui s'exerce entre la Terre et ce satellite ?

2. Pourquoi ne considère-t-on pas l'interaction électromagnétique ? les interactions fortes et faibles ?

3. Exprimer, puis calculer la valeur de la force exercée par la Terre sur Hubble.

Données : masse de la Terre : $m_{Terre} = 5,98 \cdot 10^{24}$ kg ;
rayon de la Terre : $R_T = 6\ 380$ km ;
constante de gravitation universelle : $G = 6,67 \cdot 10^{-11}\ m^3 \cdot kg^{-1} \cdot s^{-2}$.

Exercice 6 niveau 1

Corrigés p. 148

Une tige électrisée par frottement avec un chiffon en laine est approchée d'une boule en aluminium suspendue par un fil isolant.

1. La tige est électrisée négativement.
Pourquoi ?

2. Que se passe-t-il lorsque l'on approche la tige de la boule ?

3. Que se passe-t-il après le contact entre la boule et la tige ?

Exercice 7 niveau 2

Corrigés p. 148

Selon le modèle planétaire de Rutherford, l'électron est animé d'un mouvement circulaire autour du proton dans un atome d'hydrogène.

1. Calculer la valeur de la force d'interaction gravitationnelle entre le proton et l'électron.

2. Déterminer la valeur de la force électrique exercée par le proton sur l'électron.

3. Représenter cette force en précisant l'échelle utilisée.

4. Cette interaction est-elle attractive ou répulsive ?

5. Existe-t-il une distance d séparant le proton et l'électron de l'atome d'hydrogène qui permette aux forces d'interaction électromagnétique et gravitationnelle d'être du même ordre de grandeur ?

Données : masse du proton : $m_p = 1{,}673 \cdot 10^{-27}$ kg ;
masse de l'électron : $m_e = 9{,}11 \cdot 10^{-31}$ kg ;
rayon de l'atome d'hydrogène : $R_H = 5{,}3 \cdot 10^{-11}$ m ;
constante de gravitation universelle : $G = 6{,}67 \cdot 10^{-11}$ $m^3 \cdot kg^{-1} \cdot s^{-2}$;
constante de Coulomb : $k = 9{,}0 \cdot 10^9$ $N \cdot m^2 \cdot C^{-2}$;
charge élémentaire : $e = 1{,}6 \cdot 10^{-19}$ C.

Exercice 8 niveau 2

Corrigés p. 149

1. Le noyau de l'ion fluor F^- comprend 9 protons et 10 neutrons.
Déterminer le numéro atomique Z et le nombre de masse A de l'atome.
2. Quelle est la charge électrique du noyau en unité de charge élémentaire ? en coulombs ?
3. Combien l'ion possède-t-il d'électrons ?
Justifier.
4. Quelle est la charge électrique du nuage électronique en unité de charge élémentaire ? en coulombs ?
5. Quel type d'interaction s'exerce entre les électrons et le noyau compte-tenu de leur charge ?
Cette interaction est-elle responsable de la cohésion du noyau ? Préciser.

Donnée : $e = 1{,}6 \cdot 10^{-19}$ C.

Exercice 9 niveau 2

Corrigés p. 150

Un ion monoatomique porte une charge électrique telle que $q_{ion} = -1{,}6 \cdot 10^{-19}$ C.
La charge électrique de son noyau est $q_{noyau} = 1{,}44 \cdot 10^{-18}$ C.
La masse de cet ion est $m = 3{,}2 \cdot 10^{-26}$ kg.
1. Combien de charge(s) excédentaire(s) porte cet ion ?
2. Quelle est la valeur du numéro atomique Z ?
À quel élément correspond-il ?
3. Déduire de la masse de l'ion le nombre de masse A de l'élément correspondant.

4. Quelle est la formule chimique de cet ion ?

Données : masse d'un nucléon : $m_n = 1,67 \cdot 10^{-27}$ kg ;
charge élémentaire : e $= 1,6 \cdot 10^{-19}$ C.

Exercice 10 niveau 3

Corrigés p. 150

Une molécule de dioxygène est composée de deux atomes d'oxygène : ${}^{16}_{8}O$.

Les noyaux sont situés à une distance $d = 121$ pm l'un de l'autre.

1. Déterminer la charge électrique q_O portée par chaque noyau.
2. Calculer la valeur des forces d'interaction électrique entre les deux noyaux.
3. Calculer la valeur de la force d'interaction gravitationnelle entre les deux noyaux.
4. Comparer cette valeur à celle de la force électrique.
5. Comment expliquer la stabilité de cette molécule ?

Données : masse du proton : $m_p = 1,673 \cdot 10^{-27}$ kg ;
masse du neutron : $m_n = 1,675 \cdot 10^{-27}$ kg ;
constante de gravitation universelle : G $= 6,67 \cdot 10^{-11}$ $m^3 \cdot kg^{-1} \cdot s^{-2}$;
constante de Coulomb : k $= 9,0 \cdot 10^9$ $N \cdot m^2 \cdot C^{-2}$;
charge élémentaire : e $= 1,6 \cdot 10^{-19}$ C.

CORRIGÉS

QCM

1 **a.** et **b.** Voir le tableau des ordres de grandeur des dimensions de quelques édifices.

> **CONSEIL**
> Les ordres de grandeur des dimensions des différentes structures des édifices organisés sont à connaître.

2 **a.** et **b.** Le neutron est un nucléon comme les protons. Les nucléons constituent le noyau.

3 **b.** Voir Cours, p. 134.

4 **b.** et **c.** $\frac{m_p}{m_e} = \frac{1{,}67 \cdot 10^{-27}}{9{,}11 \cdot 10^{-31}} \approx 1\,835.$

5 **a.** $q_e = -e$; $q_p = e$; $11\ q_p + 10\ q_e = 11e - 10e = e$. Les neutrons ne sont pas chargés.

6 **a.** A : 27 nucléons et Z : 13 protons. Un atome est électriquement neutre. Comme le noyau contient 13 protons, le cortège électronique comprend 13 électrons.

7 **c.** Comme l'interaction électromagnétique, l'interaction gravitationnelle a une portée infinie mais qui décroît rapidement car elle est inversement proportionnelle à la distance au carré.

8 **c.** Voir Cours, p. 135.

9 **b.** L'interaction électromagnétique est répulsive si les charges sont de même signe ou attractive si les charges sont de signes opposés.

> **ATTENTION**
> La masse n'intervient rigoureusement pas dans l'interaction électromagnétique, tout comme la charge n'intervient pas dans l'interaction gravitationnelle.

10 **c.** L'interaction électromagnétique explique la cohésion de la matière au niveau moléculaire.

Exercice 1

1. Les protons sont les nucléons qui portent la charge électrique dans le noyau. Chacun d'eux porte la charge e ; il y a donc 4 protons dans le noyau.

2. $Z = 4$.

3. La cohésion du noyau est assurée par l'interaction forte.

Exercice 2

1. $F_{S/T} = G\,\frac{m_S \times m_T}{d_{TS}^{\,2}}$

$F_{S/T} = 6{,}67 \cdot 10^{-11}\ \frac{1{,}98 \cdot 10^{30} \times 5{,}98 \cdot 10^{24}}{(1{,}5 \cdot 10^{11})^2}$

$F_{S/T} \approx 3{,}5 \cdot 10^{22}$ N.

> **CONSEIL**
> Le calcul doit être effectué avec les données adaptées. Il faut donc convertir la distance Terre-Soleil en mètres.

2. La gravitation est une interaction. La valeur de la force exercée par la Terre sur le Soleil est égale à celle de la force exercée par le Soleil sur la Terre.

$F_{T/S} = F_{ST} \approx 3{,}5 \cdot 10^{22}$ N.

Exercice 3

1. Z, le numéro atomique, correspond au nombre de protons contenus dans le noyau :

$$Z = \frac{3{,}2 \cdot 10^{-18}}{1{,}6 \cdot 10^{-19}} = 20.$$

Le noyau de l'atome de calcium comporte 20 protons.

2. $A - Z = 40 - 20 = 20$ neutrons dans le noyau de l'atome de calcium.

3. Un atome est électriquement neutre donc le cortège électronique comporte Z électrons, c'est-à-dire 20.

Exercice 4

1. A est le nombre de masse ; il représente le nombre total de nucléons. Z est le nombre de charge (numéro atomique) ; il représente le nombre de protons du noyau.

2. La représentation symbolique de l'atome d'or est $^{197}_{79}\text{Au}$.

3. Cet atome est formé de 79 protons.

$A - Z = 197 - 79 = 118$ neutrons.

4. Masse du noyau de l'atome d'or : $m_{Au} = 79\ m_p + 118\ m_n$.

Application numérique :

$m_{Au} = 79 \times 1{,}673 \cdot 10^{-27} + 118 \times 1{,}675 \cdot 10^{-27}$

$m_{Au} = 3{,}3 \cdot 10^{-25}$ kg.

Exercice 5

1. Pour des corps à cette échelle, c'est l'interaction gravitationnelle qui prédomine.

2. Il n'est pas pertinent de considérer l'interaction électromagnétique car la Terre et le télescope ne sont pas électriquement chargés.

En outre, les interactions fortes et faibles ont des portées trop faibles pour agir ici.

3. $F = G \dfrac{m_H \times m_{Terre}}{[(R_T + 600) \times 10^3]^2}$.

Application numérique :

$$F = 6{,}67 \cdot 10^{-11} \frac{11\,000 \times 5{,}98 \cdot 10^{24}}{[(6\,380 + 600) \cdot 10^3]^2}$$

$F \approx 9{,}01 \cdot 10^4$ N.

Exercice 6

1. Les frottements ont permis à la tige de récupérer des électrons arrachés au chiffon de laine.

2. L'approche de la tige va repousser les électrons de la boule. Bien que celle-ci reste neutre, les charges positives vont se retrouver sur la partie de la boule la plus proche de la tige tandis que les charges négatives se trouveront sur la partie la plus éloignée.

La tige et la boule vont donc s'attirer.

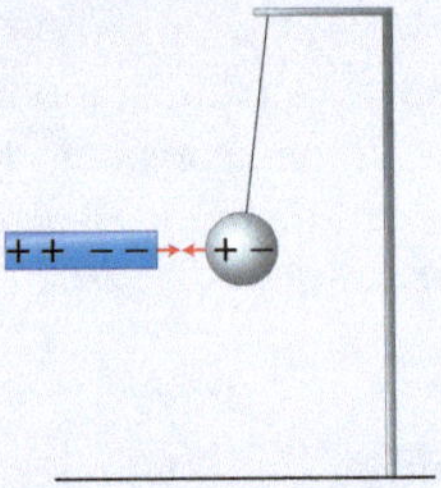

3. La boule va arracher des électrons à la tige lors de leur contact. La boule et la tige sont alors chargées négativement : elles se repoussent (les charges sont de même signe).

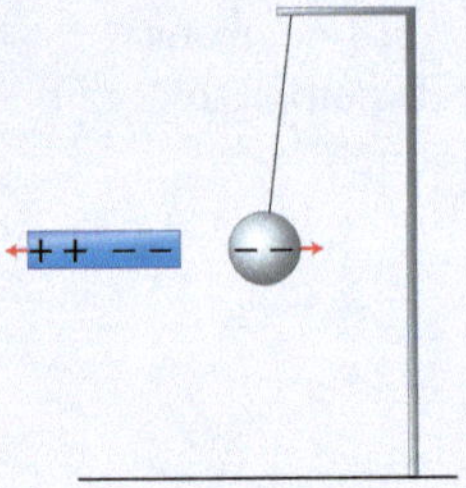

Exercice 7

1. $F_G = G\dfrac{m_p \times m_e}{R_H{}^2}$.

Application numérique :

$F_G = 6{,}67\cdot10^{-11} \times \dfrac{1{,}673\cdot10^{-27} \times 9{,}11\cdot10^{-31}}{(5{,}3\cdot10^{-11})^2}$

$F_G \approx 3{,}6\cdot10^{-47}$ N.

2. $F_e = k\dfrac{|q_p|\cdot|q_e|}{R_H{}^2}$.

Application numérique :

$$F_e = 9{,}0 \cdot 10^9 \frac{(1{,}6 \cdot 10^{-19})^2}{(5{,}3 \cdot 10^{-11})^2} = 8{,}2 \cdot 10^{-8}\ \text{N}.$$

3.

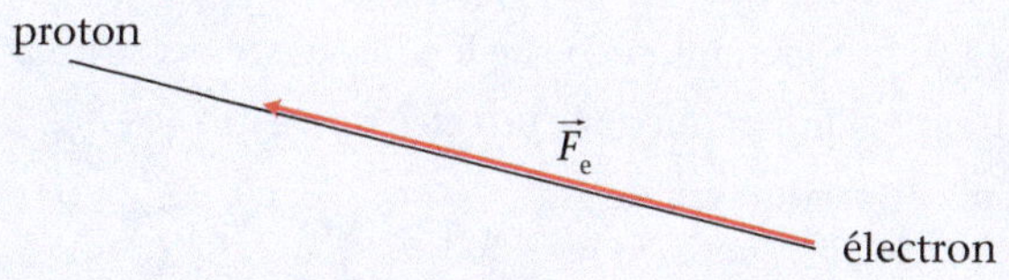

Échelle : 1 cm représente $2 \cdot 10^{-8}$ N.

Il faut tracer un segment fléché de 4,1 cm.

4. Cette interaction est attractive car le proton et l'électron ont des charges opposées.

5. Dire que ces deux forces sont du même ordre de grandeur revient à dire que leur rapport est égal à 1. L'expression de ce rapport s'écrit :

$$\frac{F_e}{F_G} = \frac{k\dfrac{|q_p| \cdot |q_e|}{d^2}}{G\dfrac{m_p \times m_e}{d^2}}, \quad \text{puis } \frac{F_e}{F_G} = \frac{k|q_p| \cdot |q_e|}{G m_p\, m_e}.$$

La distance n'intervenant pas dans cette expression, on peut en conclure qu'il n'existe pas de distance entre le proton et l'électron permettant aux forces électrique et gravitationnelle d'être du même ordre de grandeur.

Exercice 8

1. $Z = 9$, c'est-à-dire le nombre de protons ;

$A = 9 + 10$

$A = 19$, c'est-à-dire le nombre de nucléons.

2. $q = 9\text{e}$

$q = 9 \times 1{,}6 \cdot 10^{-19} = 1{,}4 \cdot 10^{-18}$ C.

3. L'ion fluor possède une charge excédentaire négative. Il a donc un électron de plus dans son cortège électronique que de protons dans son noyau, c'est-à-dire 10 électrons.

4. Chaque électron est porteur d'une charge électrique –e.

$q_e = -10\text{e}$.

$q_e = -10 \times 1{,}6 \cdot 10^{-19} = -1{,}6 \cdot 10^{-18}$ C.

5. C'est l'interaction électromagnétique qui s'exerce entre protons du noyau et électrons du cortège électronique au regard de leur charge.

Selon cette interaction, les protons du noyau devraient se repousser, ce qui ferait exploser le noyau. La cohésion du noyau est assurée par l'interaction forte.

CORRIGÉS

Exercice 9

1. Soit n ce nombre de charge excédentaire, $q_{\text{ion}} = -1{,}6 \cdot 10^{-19}$ C,

donc $n = \dfrac{-1{,}6 \cdot 10^{-19}}{1{,}6 \cdot 10^{-19}} = -1$.

Cet ion monoatomique possède une charge excédentaire négative.

2. L'expression permettant de calculer Z est $Z = \dfrac{q_{\text{noyau}}}{\text{e}}$.

Application numérique :

$$Z = \frac{1{,}44 \cdot 10^{-18}}{1{,}6 \cdot 10^{-19}}$$

$Z = 9$.

D'après le tableau périodique des éléments, ce numéro atomique correspond à l'élément fluor.

> **L'INFO EN PLUS**
>
> Dès que John Dalton a prédit la possibilité de mesurer les masses des atomes, des chimistes ont pensé qu'ils pourraient les classer suivant celles-ci.
>
> Après de nombreuses tentatives infructueuses comme celle de Döbereiner, en 1816, consistant à classer les atomes en triades, Mendeleïev propose son tableau périodique, en 1869. À l'époque, il ne put placer que les 63 éléments connus alors et il prédit pour les cases laissées vides les propriétés détaillées des éléments qui n'étaient pas encore découverts. Les découvertes par la suite des éléments manquant confirmeront cette classification.

3. Leur masse étant si faible devant celle d'un nucléon, on peut négliger la masse des électrons.

L'expression permettant de déduire A est donc :

$$A = \frac{m}{m_{\text{n}}}.$$

Application numérique :

$$A = \frac{3{,}2 \times 10^{-26}}{1{,}67 \times 10^{-27}}$$

$A = 19$.

4. Cet ion est l'ion fluorure de formule chimique F^-.

Exercice 10

1. $Z = 8$. Le noyau de l'atome d'oxygène comporte 8 protons.

Sa charge est donc $q_{\text{O}} = 8\text{e}$.

Application numérique :

$q_{\text{o}} = 8 \times 1{,}6 \cdot 10^{-19}$

$q_{\text{o}} = 1{,}3 \cdot 10^{-18}$ C.

2. La force d'interaction électrique entre les noyaux est :

$$F_{\text{e}} = \text{k}\,\frac{|q_{\text{o}}| \cdot |q_{\text{o}}|}{d^2}.$$

Il ne faut pas oublier de convertir d en mètre :

$$d = 121 \text{ pm} = 121 \cdot 10^{-12} \text{ m}.$$

Application numérique :

$$F_e = 9{,}0 \cdot 10^9 \frac{(1{,}6 \cdot 10^{-19})^2 \times 8^2}{(121 \cdot 10^{-12})^2} ;$$

soit $F_e = 1{,}0 \cdot 10^{-6}$ N.

3. La masse m_O de chaque noyau d'atome d'oxygène est égale à :

$$m_O = (A - Z)\, m_n \times + Zm_p.$$

Application numérique :

$m_O = 8 \times 1{,}673 \cdot 10^{-27} + 8 \times 1{,}675 \cdot 10^{-27}$

$m_O \approx 2{,}678 \cdot 10^{-26}$ kg.

Calculons la force gravitationnelle entre les noyaux :

$$F_G = G \frac{{m_O}^2}{d^2}.$$

Application numérique :

$$F_G = 6{,}67 \cdot 10^{-11} \times \frac{(2{,}678 \cdot 10^{-26})^2}{(121 \cdot 10^{-12})^2} ;$$

$F_G \approx 3{,}27 \cdot 10^{-42}$ N.

4. Pour les comparer, calculons le rapport de ces deux forces :

$$r = \frac{F_e}{F_G} \approx 3{,}1 \cdot 10^{35}.$$

5. La force gravitationnelle attractive est trop faible devant la force électromagnétique de répulsion entre les noyaux pour expliquer la stabilité de la molécule. C'est l'interaction électrique entre les électrons et les protons de charge opposée qui assure la cohésion de la molécule.

9 Radioactivité et réactions nucléaires

1 Réactions nucléaires spontanées

a. Cohésion du noyau

■ La cohésion du noyau est due à l'existence d'une **interaction forte**, attractive, qui unit l'ensemble des nucléons et qui prédomine devant l'interaction électrique (répulsion entre les protons). Sur le diagramme de Segré, la zone centrale en rouge est appelée « vallée de la stabilité » et correspond aux noyaux stables.

■ Dans certains cas, la cohésion n'est pas suffisante. On dit que les noyaux sont instables (ils sont situés en dehors de la vallée de stabilité) : ils sont dits **radioactifs** et se transforment spontanément en d'autres noyaux. Cette transformation est appelée **désintégration**.

Diagramme de Segré

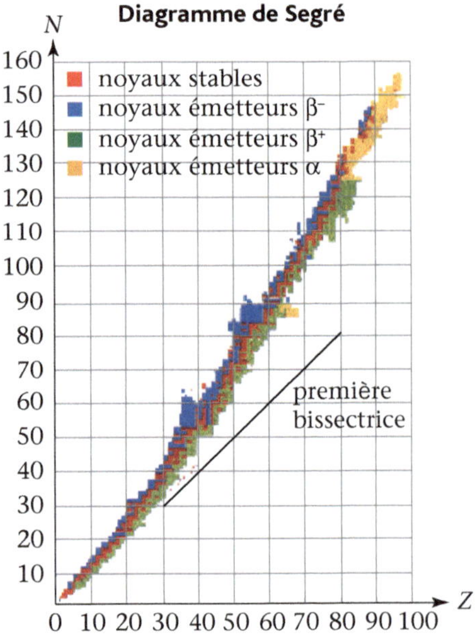

Exemple : De noyau radioactif en noyau radioactif, l'uranium 238 tend à se transformer en une forme stable, le plomb 206.

b. Différents types de désintégrations

■ L'instabilité des noyaux peut avoir plusieurs causes, correspondant chacune à un type de radioactivité.

■ La **radioactivité α** est le mode de désintégration des noyaux possédant un excès de nucléons (en jaune sur le diagramme) : ils émettent un **noyau d'hélium $^{4}_{2}He$** (appelé particule α).

■ La **radioactivité β^-** affecte les noyaux possédant trop de neutrons par rapport aux protons (en bleu) : l'émission d'un électron $_{-1}^{0}\mathbf{e}$ s'accompagne de la transformation d'un neutron en proton.

■ La **radioactivité β^+** affecte uniquement les noyaux **artificiels** possédant trop de protons par rapport aux neutrons (en vert) : l'émission d'un **positon (ou positron)** $_{1}^{0}\mathbf{e}$ s'accompagne de la transformation d'un proton en neutron.

■ Par ailleurs, la désintégration d'un noyau radioactif s'accompagne très souvent de l'émission d'un **rayonnement électromagnétique** γ.

c. Lois de conservation pour écrire l'équation d'une réaction nucléaire

■ Une équation nucléaire vérifie les **lois de conservation** suivantes (appelées lois de Soddy) :
– conservation du nombre de masse (nombre de nucléons) ;
– conservation du nombre de charge.

ATTENTION
Conservation du nombre de masse ne signifie pas conservation de la masse.

Exemple : Désintégration radioactive spontanée du type α d'un noyau d'uranium 238 :

$$_{92}^{238}\text{U} \rightarrow _{90}^{234}\text{Th} + _{2}^{4}\text{He}$$

238 = 234 + 4 : conservation du nombre de masse.
92 = 90 + 2 : conservation du nombre de charge.

d. Activité

■ L'activité d'un échantillon radioactif A est le nombre de désintégrations par seconde :

$A = \dfrac{N_{\text{dés}}}{\Delta t}$ où $N_{\text{dés}}$ est le nombre de désintégrations pendant la durée Δt.

■ Elle s'exprime en **becquerels** dont le symbole est **Bq** (1 Bq = 1 désintégration par seconde).

À NOTER
L'activité peut se mesurer à l'aide d'un compteur Geiger-Muller.

Source radioactive	1 litre d'eau de mer	1 litre de lait	1 kg de granit	Homme de 70 kg	1 kg de minerai d'uranium	1 kg de radium
Valeur de l'activité (en Bq)	10	10^2	10^3	10^4	10^6	$> 10^{13}$

e. Radioactivité naturelle et artificielle

■ Lors de la formation de la Terre, la matière comprenait des noyaux stables et instables. Depuis, la majorité des noyaux instables se sont désintégrés par radioactivité. Cependant, il existe toujours quelques **noyaux radioactifs naturels** :

– ceux qui n'ont pas encore eu le temps de tous se désintégrer depuis qu'ils ont été créés : l'uranium 238, le potassium 40… ;

– les descendants radioactifs des précédents : radium 226… ;

– ceux qui sont créés par l'action des rayonnements sur certains noyaux d'atomes. C'est le cas, par exemple, du carbone 14 qui se forme en permanence dans l'atmosphère.

■ De nombreux **noyaux radioactifs artificiels** sont produits par l'homme pour une utilisation en médecine ou dans l'industrie.

Exemples : Le cobalt 60 est utilisé comme source de rayonnements pour des radiographies.
Les réactions de fission dans les réacteurs nucléaires produisent également des noyaux radioactifs (strontium 90, césium 137…).

2 Réactions nucléaires provoquées

a. La fission

■ **La fission est une réaction nucléaire correspondant à la séparation en deux morceaux du noyau d'un atome.** Elle s'accompagne de libération d'énergie. Dans la plupart des cas, la fission d'un noyau n'est pas un phénomène spontané. L'amorçage nécessite l'utilisation de projectiles. Les deux atomes restant sont en général radioactifs.

Exemple : Un neutron lent peut provoquer la fission d'un noyau d'uranium 235 qui se scinde en deux fragments suivant une multitude de possibilités dont l'une est :

> **À NOTER**
> Provoquée par un neutron, la réaction libère d'autres neutrons, qui peuvent également provoquer la fission d'autres atomes : il s'agit d'une réaction en chaîne. Dans une centrale nucléaire, ces réactions en chaîne sont contrôlées. Dans une bombe atomique de type A, ces réactions en chaîne ne sont pas contrôlées, l'énergie libérée est dévastatrice.

$$^{235}_{92}\mathrm{U} + {}^{1}_{0}n \rightarrow {}^{85}_{35}\mathrm{Br} + {}^{148}_{57}\mathrm{La} + 3\ {}^{1}_{0}n.$$

b. La fusion

■ **La fusion est une réaction nucléaire au cours de laquelle deux noyaux légers s'unissent pour former un noyau plus lourd.** Elle s'accompagne de libération d'énergie.

Exemple : La réaction de fusion qui constitue le premier maillon de la transformation d'hydrogène en hélium dans le Soleil est :

$$^{1}_{1}\mathrm{H} + {}^{1}_{1}\mathrm{H} \rightarrow {}^{2}_{1}\mathrm{H} + {}^{0}_{1}\mathrm{e}$$

où $^{2}_{1}\mathrm{H}$ est un noyau de deutérium.

À NOTER
Alors qu'une désintégration est une réaction nucléaire spontanée, la fusion et la fission sont des réactions nucléaires provoquées.

3 Énergie libérée par une réaction nucléaire

■ Une réaction nucléaire s'accompagne d'une perte de masse, qui a pour expression :

$$|\Delta m| = |m_{\text{produits}} - m_{\text{réactifs}}|.$$

D'après la célèbre relation d'Einstein, cette perte de masse correspond à une libération d'énergie :

$$\boldsymbol{E_{\text{libérée}} = |\Delta m| \cdot c^2}$$

avec $E_{\text{libérée}}$ l'énergie libérée en J, $|\Delta m|$ en kg et c la vitesse de la lumière dans le vide en $\mathrm{m \cdot s^{-1}}$.

■ Pour la désintégration α de l'uranium 238 :

$$E_{\text{libérée}} = |(m({}^{234}_{90}\mathrm{Th}) + m({}^{4}_{2}\mathrm{He})) - m({}^{238}_{92}\mathrm{U})| \times c^2.$$

1 Écrire l'équation d'une réaction nucléaire

Énoncé

Une centrale nucléaire type REP utilise comme combustible de l'uranium enrichi en uranium 235. Les produits obtenus lors de la fission d'un noyau d'uranium 235 absorbant un neutron sont multiples : la fission peut, par exemple, produire un noyau de strontium 94, un noyau de xénon 139, ainsi que des neutrons.

Écrire l'équation de la réaction.

Savoir-faire

- Repérer les réactifs et les produits, sans oublier le neutron incident et les neutrons libérés.
- Rechercher dans la classification périodique le numéro atomique de chacun de ces éléments afin d'écrire la notation symbolique complète des réactifs et des produits.
- Citer alors les lois de conservation qui permettent d'écrire l'équation de la réaction de fission.
- Déterminer le nombre de neutrons libérés afin que la conservation du nombre de masse soit assurée.

Corrigé détaillé

- Les réactifs sont l'uranium 235 et un neutron ; les produits sont le strontium 94, le xénon 139, ainsi que des neutrons.

Le numéro atomique de l'uranium est $Z = 92$: ${}^{235}_{92}\mathrm{U}$.

Le numéro atomique du strontium est $Z = 38$: ${}^{94}_{38}\mathrm{Sr}$.

Le numéro atomique du xénon est $Z = 54$: ${}^{139}_{54}\mathrm{Xe}$.

- La notation symbolique d'un neutron est ${}^{1}_{0}n$.

${}^{235}_{92}\mathrm{U} + {}^{1}_{0}n \rightarrow {}^{94}_{38}\mathrm{Sr} + {}^{139}_{54}\mathrm{Xe} + x\,{}^{1}_{0}n$.

Le nombre de masse doit se conserver :

$$235 + 1 = 94 + 139 + x, \text{ soit } x = 236 - 94 - 139 = 3.$$

3 neutrons sont libérés.

On peut vérifier que le nombre de charge se conserve également : $92 = 38 + 54$.

2 Calculer l'énergie libérée par une réaction nucléaire

Énoncé

Calculer en joules l'énergie libérée par la fission d'un atome d'uranium selon l'équation précédente.

Données : $m(^{235}_{92}\text{U}) = 3{,}902 \cdot 10^{-25}$ kg ; $m(^{94}_{38}\text{Sr}) = 1{,}559 \cdot 10^{-25}$ kg ; $m(^{139}_{54}\text{Xe}) = 2{,}306 \cdot 10^{-25}$ kg ; $m(\text{neutron}) = 1{,}675 \cdot 10^{-27}$ kg ; $c = 2{,}997\,9 \cdot 10^{8}$ m·s^{-1}.

Savoir-faire

- Calculer la variation de masse $|\Delta m|$ (en kg) de cette réaction.
- Utiliser ensuite la relation $E_{\text{libérée}} = |\Delta m| \cdot c^2$.

Corrigé détaillé

$\Delta m = [m(^{94}_{38}\text{Sr}) + m(^{139}_{54}\text{Xe}) + 3m_{\text{neutron}}] - [m(^{235}_{92}\text{U}) + m_{\text{neutron}}]$

$= [1{,}559 \cdot 10^{-25} + 2{,}306 \cdot 10^{-25} + 3 \times 1{,}675 \cdot 10^{-27}] - [3{,}902 \cdot 10^{-25} + 1{,}675 \cdot 10^{-27}]$

$= -3{,}5 \cdot 10^{-28}$ kg.

$|\Delta m| = |-3{,}5 \cdot 10^{-28}| = 3{,}5 \cdot 10^{-28}$ kg.

On applique ensuite :

$E_{\text{libérée}} = |\Delta m| \cdot c^2$

$= 3{,}5 \cdot 10^{-28} \times (2{,}997\,9 \cdot 10^{8})^2$

$= 3{,}1 \cdot 10^{-11}$ J.

ATTENTION

Δm correspond à une perte de masse, le signe de Δm est donc négatif. Or l'énergie libérée est une grandeur positive. Il ne faut donc pas oublier la valeur absolue.

10 qcm pour réviser le cours

Corrigés p. 167

1 **Une réaction de fission est une réaction :**

❑ **a.** chimique.
❑ **b.** nucléaire.
❑ **c.** spontanée.

2 **$^{204}_{82}Pb$ est radioactif α. Le noyau issu de sa désintégration a pour numéro atomique :**

❑ **a.** $Z = 80$.
❑ **b.** $Z = 81$.
❑ **c.** $Z = 82$.

3 **En une minute, on a mesuré 5 760 désintégrations de carbone 14 dans un échantillon provenant d'une momie.**
L'activité de cet échantillon est :

❑ **a.** 96 Bq.
❑ **b.** 5 760 Bq.
❑ **c.** $3{,}456 \cdot 10^5$ Bq.

4 **L'équation de la réaction de fission d'un noyau d'uranium 235 est :**

$$^{1}_{0}n + ^{235}_{92}U \rightarrow ^{90}_{36}Kr + ^{142}_{56}Ba + x\ ^{1}_{0}n.$$

Le nombre x de neutrons produit lors de cette réaction est :

❑ **a.** $x = 0$.
❑ **b.** $x = 3$.
❑ **c.** $x = 4$.

5 **Une réaction au cours de laquelle deux noyaux légers s'unissent pour donner un noyau plus lourd est une :**

❑ **a.** fission.
❑ **b.** fusion.
❑ **c.** réaction chimique.

6 **Lors d'une réaction nucléaire, de l'énergie est libérée.**
La masse des produits est :

❑ **a.** inférieure à la masse des réactifs.
❑ **b.** égale à la masse des réactifs.
❑ **c.** supérieure à la masse des réactifs.

7 **La réaction nucléaire d'équation :**

$$^{32}_{15}P \rightarrow ^{32}_{16}S + ...$$

est une désintégration de type :

❑ **a.** α.
❑ **b.** β^+.
❑ **c.** β^-.

8 **Des noyaux isotopes sont des noyaux ayant le même nombre de :**

❑ **a.** neutrons.
❑ **b.** nucléons.
❑ **c.** protons.

9 **Lors d'une réaction nucléaire d'après les lois de conservation (lois de Soddy), les paramètres qui se conservent sont :**

❑ **a.** le nombre de nucléons.
❑ **b.** la masse.
❑ **c.** la charge électrique.

10 **Dans la relation :**

$$E_{\text{libérée}} = |\Delta m| \cdot c^2,$$

la perte de masse $|\Delta m|$ s'exprime alors en :

❑ **a.** Joules (J).
❑ **b.** grammes (g).
❑ **c.** kilogrammes (kg).

Exercices

Exercice 1 niveau 1

Corrigés p. 167

Le brome 77 est un isotope radioactif artificiel, utilisé en imagerie médicale. Le noyau fils est le sélénium 77.

1. Le brome 77 et le sélénium 77 sont-ils des isotopes ?

2. Écrire l'équation de la désintégration du brome 77.

Le brome 77 est-il émetteur α, β^+ ou β^- ?

Données : numéros atomiques : $Z(\text{Br}) = 35$; $Z(\text{Se}) = 34$.

Exercice 2 niveau 1

Corrigés p. 168

Compléter les équations suivantes :

$^{210}_{84}\text{Po} \rightarrow ^{\cdots}_{\cdots}\text{Pb} + ^{4}_{2}\text{He}$ $\quad$ $^{2}_{1}\text{H} + ^{2}_{1}\text{H} \rightarrow ^{3}_{2}\text{He} + \ldots$

$^{\cdots}_{\cdots}\text{Fe} \rightarrow ^{59}_{27}\text{Co} + ^{0}_{-1}\text{e}^-$ $\quad$ $^{15}_{8}\text{O} \rightarrow ^{15}_{7}\text{N} + \ldots$

Exercice 3 niveau 1

Corrigés p. 168

Le radon 222 est un gaz radioactif, sans odeur ni couleur, présent à l'état naturel. On le trouve partout à la surface de la Terre, principalement dans les régions granitiques. Le radon est la deuxième cause d'apparition du cancer du poumon, après le tabac. On mesure sa concentration en becquerel (Bq) par mètre cube d'air. Le seuil de précaution est de 400 $\text{Bq}\cdot\text{m}^{-3}$ et le seuil d'alerte de 1 000 $\text{Bq}\cdot\text{m}^{-3}$. Pour mesurer l'activité du radon dans une pièce, on prélève 120 mL d'air et l'on compte le nombre n_d de désintégrations ayant lieu pendant la durée $\Delta t = 500$ s. On obtient $n_\text{d} = 73$ désintégrations.

1. Déterminer l'activité A de l'échantillon.

2. La concentration en radon 222 dans la pièce où l'on a effectué le prélèvement est-elle dangereuse ?

Exercice 4 niveau 2

Corrigés p. 168

L'énergie rayonnée par le Soleil provient de la fusion de noyaux d'hydrogène en noyaux d'hélium :

$$4\,^{1}_{1}\text{H} \rightarrow ^{4}_{2}\text{He} + x\,^{0}_{1}\text{e}.$$

1. Déterminer le nombre x de positons formés.

2. L'énergie libérée chaque seconde par le Soleil est de $3{,}9 \cdot 10^{26}$ J. Calculer la perte de masse correspondante.

3. L'âge du Soleil est estimé à 4,6 milliards d'année.

Calculer la perte de masse du Soleil depuis sa formation. La comparer avec sa masse actuelle ($2{,}0 \cdot 10^{30}$ kg).

Exercice 5 niveau 2

Corrigés p. 168

L'histoire de la médecine nucléaire est étroitement liée à celle de la physique nucléaire. Dès 1903 fut reconnue l'action bénéfique des rayons du radium pour le traitement des tumeurs cancéreuses : c'était la naissance de la radiothérapie. Mais c'est principalement la découverte de la radioactivité artificielle en 1934 par Irène et Frédéric Joliot-Curie qui a mis à la disposition des médecins et des biologistes une grande variété de noyaux radioactifs conduisant à l'établissement de diagnostics précis. Actuellement, le technétium 99 est très utilisé en médecine nucléaire.

Le **technétium** est l'élément chimique de symbole Tc et de numéro atomique 43. Son nom provient du grec *technetos* qui signifie « artificiel » : c'est en effet le premier élément chimique produit sans avoir été découvert auparavant dans la nature.

D'après Bac S, Amérique du Sud, 2008.

1. Donner la composition (nombre de protons et nombre de neutrons) d'un noyau de technétium 99.

2. Donner son écriture symbolique.

3. Quelle est la différence entre la radioactivité naturelle et artificielle ?

Actuellement, pour fabriquer le technétium 99, on utilise du molybdène 99 qui se désintègre en technétium 99.

4. Citer les deux lois de conservation utilisées lors de l'écriture des réactions de désintégration radioactive.

5. Écrire l'équation de cette désintégration.

De quel type de radioactivité s'agit-il ?

6. Calculer la perte de masse accompagnant cette réaction.

7. Calculer en Joule l'énergie libérée lors de la désintégration d'un noyau de molybdène 99.

8. En physique nucléaire, on utilise souvent l'électron volt ($1 \text{ eV} = 1{,}60218 \cdot 10^{-19}$ J) ou le mégaélectronvolt ($1 \text{ MeV} = 10^{6}$ eV). Exprimer l'énergie libérée en MeV.

9. On sait aussi fabriquer du technétium 96. En quoi sa composition diffère-t-elle de celle du technétium 99 ?

Comment nomme-t-on ces deux noyaux ?

Données : $c = 299\ 792\ km \cdot s^{-1}$.

	Masse (en kg)
Molybdène 99 $^{99}_{42}Mo$	$1{,}642\ 01 \cdot 10^{-25}$
Technétium 99	$1{,}641\ 98 \cdot 10^{-25}$
Neutron $^{1}_{0}n$	$1{,}674\ 93 \cdot 10^{-27}$
Électron $^{0}_{-1}e$	$9{,}109\ 38 \cdot 10^{-31}$
Noyau d'hélium $^{4}_{2}He$	$6{,}644\ 66 \cdot 10^{-27}$

Exercice 6 niveau 2

Corrigés p. 169

Dans une centrale nucléaire, le combustible utilisé est un mélange d'uranium 238 (majoritaire) et d'uranium 235. L'énergie provient de la fission de l'uranium 235, réaction **exothermique**. L'uranium 238 lui n'est pas **fissile**.

1. Que signifient les termes *fissile* et *exothermique* ?

Parmi les diverses réactions de fission de l'uranium 235 bombardé par des neutrons, on considère la réaction suivante :

$$^{235}_{92}U + ^{1}_{0}n \rightarrow ^{99}_{Z}Zr + ^{A}_{52}Te + 3\,^{1}_{0}n.$$

2. Déterminer les valeurs des nombres A et Z.

Cette fission peut-elle donner naissance à une réaction en chaîne ?

3. Calculer la variation de masse occasionnée par la réaction.

4. En déduire l'énergie dégagée par cette réaction.

5. Calculer le nombre d'atomes d'uranium dans 1,0 g d'uranium.

6. Calculer l'énergie libérée par 1,0 g d'uranium.

7. Le pouvoir calorifique moyen du charbon est de $20\ kJ \cdot g^{-1}$. Cela signifie que 1 g de charbon fournit une énergie égale à 20 kJ. Calculer la masse de charbon qui fournirait la même énergie que 1,0 g d'uranium.

8. Le noyau de zirconium Zr formé est instable. Il se désintègre au cours d'une réaction β^- donnant le noyau de nobium Nb.

Écrire l'équation de la désintégration du noyau de zirconium.

Données : $c = 2{,}997\ 92 \cdot 10^{8}\ m \cdot s^{-1}$.

Noyau	$^{235}_{92}U$	$^{99}_{40}Zr$	$^{134}_{52}Te$	$^{1}_{0}n$
Masse (10^{-27} kg)	390,299 6	164,254 7	222,365 0	1,674 93

ENTRAÎNEMENT

Exercice 7 niveau 3

Corrigés p. 170

La scintigraphie est une technique d'exploration du corps humain qui permet de diagnostiquer des maladies. L'examen consiste à injecter une substance chimique contenant des noyaux radioactifs dans le corps du patient. En se désintégrant, ces noyaux conduisent à l'émission d'ondes électromagnétiques appelées rayonnement gamma. Une gamma-caméra capte ce rayonnement et on peut ainsi constituer une image des organes considérés. L'iode 123 radioactif, qui vient se fixer sur la glande thyroïde, peut être utilisé pour obtenir des renseignements sur la morphologie de cette glande et sur son fonctionnement.

1. Lorsqu'il se désintègre, l'iode 123 donne un noyau de tellure 123. Recopier et compléter l'équation de sa désintégration :

$$^{123}_{53}I \rightarrow \, ^{123}_{52}Te + \ldots$$

2. Nommer la particule émise lors de cette désintégration. Identifier le type de radioactivité (α, β^-, β^+).

Le noyau de tellure est émis dans un état excité. Un rayonnement γ est émis lors de la désexcitation de ce noyau. Ce sont ces photons γ qui permettent d'obtenir une image grâce à une gamma-caméra. L'énergie d'un de ces photons γ est $E = 2{,}50 \cdot 10^{-13}$ SI.

3. Donner le symbole et le nom de l'unité d'énergie dans le Système International d'unités (SI).

4. On rappelle que l'énergie d'un photon est donnée par la relation $E = \frac{hc}{\lambda}$. Calculer la longueur d'onde λ de ce photon.

5. À l'aide du diagramme des ondes électromagnétiques donné ci dessous, montrer que cette valeur est en accord avec le type de photons émis.

Diagramme des longueurs d'onde des ondes électromagnétiques

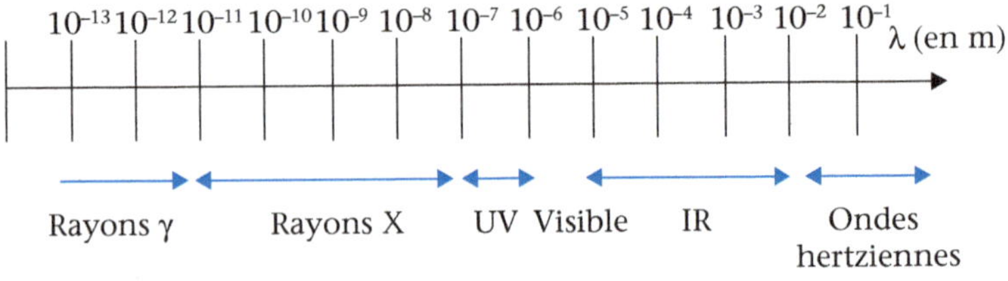

6. L'imagerie médicale utilise également des rayons X.
Des rayons X ou γ, lesquels sont les plus énergétiques ?

Une des protections contre l'irradiation est l'éloignement de la source radioactive. Par conséquent, un patient doit rester éloigné des jeunes enfants après son examen, car il se comporte comme une source radioactive pendant une durée voisine d'un jour. La faible quantité de radioactivité qui subsiste après l'examen s'élimine naturellement et rapidement.

7. Citer un des moyens (autre que l'éloignement) utilisé par le personnel médical pour se protéger des rayonnements radioactifs.

8. La période (ou demi-vie) radioactive de l'iode 123 est de 13,3 heures. Au bout de 26,6 heures, soit un peu plus d'une journée après l'examen, l'activité initiale A_0 de l'iode sera-t-elle divisée par 2, par 4 ou par 8 ? Expliciter la réponse.

9. Dans le cadre de l'utilisation en médecine nucléaire, on admet qu'au bout d'un temps égal à environ 20 fois la période du radioélément, l'échantillon qui le contient est considéré comme inactif. Au bout d'une journée d'éloignement, le patient n'est plus dangereux, cependant est-il toujours radioactif ?

Données : constante de Planck : $h = 6{,}62 \cdot 10^{-34}$ J·s ;
$c = 3{,}00 \cdot 10^{8}$ m·s^{-1}.
La période radioactive est le temps nécessaire pour que l'activité d'une source radioactive soit divisée par 2.

Exercice 8 (niveau 3)

Corrigés p. 170

À l'état naturel, le carbone est constitué par 98,89 % de carbone 12 ($^{12}_{6}C$), 1,108 % de carbone 13($^{13}_{6}C$), tous deux isotopes stables, et des traces de carbone 14 ($^{14}_{6}C$), isotope radioactif.

Le carbone 14 est produit constamment dans la haute atmosphère et il est ensuite absorbé par les plantes par photosynthèse et entre alors dans la chaîne alimentaire. Pendant leur vie, les organismes vivants possèdent la même teneur en carbone 14 que l'atmosphère, mais, à leur mort, les échanges avec le milieu cessent.

Comme le carbone 14 est radioactif, sa quantité va décroître. On peut donc dater l'âge de la mort de l'organisme en déterminant la teneur en carbone 14.

Le tableau ci-dessous donne le nombre (noté A) de désintégrations par minute et par gramme de carbone en fonction du temps :

A	**t (en années)**
13,6	0
6,8	$5{,}57 \cdot 10^3$
3,4	$1{,}11 \cdot 10^4$
1,7	$1{,}67 \cdot 10^4$
0,85	$2{,}22 \cdot 10^4$
0,43	$2{,}78 \cdot 10^4$
0,21	$3{,}34 \cdot 10^4$

1. Le carbone 14 est émetteur radioactif β^-. Écrire l'équation de sa désintégration en identifiant le noyau formé. Vous pourrez vous aider de la classification périodique.

2. Tracer la courbe représentant l'évolution en fonction du temps t du nombre de désintégrations par minute d'un échantillon de 1,0 g de carbone. Choisir comme échelle en abscisses 2,0 cm pour $5{,}57 \cdot 10^3$ années et en ordonnées 1,0 cm pour 1 désintégration par minute et par gramme de carbone.

3. La demi-vie $t_{1/2}$ d'un échantillon radioactif est la durée au bout de laquelle l'activité de l'échantillon est divisée par 2.

Déterminer à l'aide du graphique la demi-vie du carbone 14.

4. L'activité pour 1 gramme de carbone appartenant à un organisme vivant est égale à $A_0 = 13{,}6$ désintégrations par minute.

Exprimer A_0 en Bq.

5. En 1983, on a découvert l'épave d'un drakkar dans le port de Roskilde (à l'ouest de Copenhague). Pour valider l'hypothèse indiquant que ce navire est d'origine Viking, une datation au carbone 14 est réalisée sur un échantillon de bois prélevé sur sa coque. L'activité A mesurée pour cet échantillon est de 12,0 désintégrations par minute et par gramme de carbone.

Déterminer à l'aide du graphique, l'âge de ce bateau.

En quelle année a-t-il été construit ?

6. La période Viking s'étend du VIIIe siècle au XIe siècle.

L'hypothèse faite précédemment est-elle vérifiée ?

7. La méthode de datation au carbone 14 permet-elle de dater des objets ayant quelques millions d'années ?

Exercice 9 niveau 3

Corrigés p. 171

On sait depuis les travaux de Hans Bethe (1939) que l'énergie du rayonnement émis par le Soleil a pour origine la fusion nucléaire de l'hydrogène. Les physiciens essaient de réaliser la même réaction en la contrôlant. Maîtriser sur Terre la fusion des noyaux légers à des fins de production d'énergie mettrait à disposition de l'homme des ressources quasiment illimitées, ce qui pourrait résoudre les problèmes à venir que provoquera la baisse inéluctable des réserves pétrolières. Tel est l'objectif des recherches engagées par les grandes nations industrielles avec le projet ITER, réacteur expérimental de fusion nucléaire.

D'après Bac S, Pondichéry, 2009.

Données : on appelle deutérium d le noyau $^{2}_{1}H$ et tritium t le noyau $^{3}_{1}H$.
L'unité de masse atomique (u) est une unité de masse telle que :
$1\ u = 1{,}66054 \cdot 10^{-27}$ kg
$m(d) = 2{,}013\ 55$ u ;
$m(t) = 3{,}015\ 50$ u ;
$m(^{4}_{2}He) = 4{,}001\ 50$ u ;
$m(n) = 1{,}008\ 66$ u.

1. Réaction deutérium tritium

C'est la réaction la plus facile à déclencher. Elle fait l'objet d'importantes recherches.

L'équation nucléaire en est :

$$^{2}_{1}H + ^{3}_{1}H \rightarrow ^{4}_{2}He + ^{1}_{0}n.$$

a. Quelle est la composition des noyaux de deutérium et de tritium ? Comment qualifie-t-on de tels noyaux ?

b. D'une façon générale, qu'appelle-t-on fusion nucléaire ?

c. Avant la fusion, le système est constitué d'un noyau de deutérium et d'un noyau de tritium. Après transformation, il est constitué des produits de la réaction nucléaire.

Calculer en unités de masse atomique la masse du système avant et après la fusion.

Que peut-on déduire de la comparaison de ces deux valeurs ?

d. Calculer, en Joules, puis en MeV, l'énergie libérée par la fusion d'un noyau de deutérium et d'un noyau de tritium.

Données : $c = 3{,}00 \cdot 10^{8}\ m \cdot s^{-1}$;
$1\ eV = 1{,}60 \cdot 10^{-19}$ J.

e. La constante d'Avogadro vaut $N_A = 6{,}02 \cdot 10^{23}\ mol^{-1}$. La masse molaire atomique du deutérium est d'environ $2{,}0\ g \cdot mol^{-1}$.

Sachant qu'il est possible d'extraire 33 mg de deutérium d'un litre d'eau de mer, calculer en joules l'énergie obtenue à partir du deutérium extrait d'un litre d'eau de mer.

f. Le pouvoir énergétique du pétrole vaut $42{,}0\ MJ \cdot kg^{-1}$.

Calculer la masse de pétrole qui produirait par combustion la même énergie.

Conclure.

2. Radioactivité

Le tritium est radioactif β^-.

a. Qu'est-ce qu'un noyau radioactif ?

b. Qu'est-ce qu'une particule β^- ? Donner sa représentation symbolique sous la forme $^{A}_{Z}X$.

c. Écrire l'équation de la désintégration du noyau de tritium $^{3}_{1}H$ en rappelant les lois utilisées.

QCM

1 **b.** Une réaction de fission est une réaction nucléaire provoquée : elle se produit si un noyau cible est frappé par un noyau projectile.

2 **a.** Le plomb 204 se désintègre en émettant un noyau d'hélium ${}^{4}_{2}\text{He}$. La loi de conservation du nombre de charge permet de déterminer que le numéro atomique du noyau formé est $Z = 82 - 2 = 80$.

3 **a.** L'activité correspond au nombre de désintégrations pas seconde :

$$A = \frac{5760}{60} = 96 \text{ Bq}.$$

4 **c.** La loi de conservation du nombre de masse permet d'écrire :

$$1 + 235 = 90 + 142 + x, \text{ soit } x = 236 - 90 - 142 = 4.$$

5 **b.** Une fusion est une réaction nucléaire au cours de laquelle il y a transformation de noyaux atomiques ; elle se distingue d'une réaction chimique qui concerne les électrons ou les liaisons entre les atomes.

6 **a.** Une réaction nucléaire s'accompagne de libération d'énergie. D'après la relation d'équivalence entre la masse et l'énergie postulée par Einstein, une réaction nucléaire s'accompagne donc d'une diminution de masse.

7 **c.** Les lois de conservation permettent de déterminer que la particule émise est un électron noté ${}^{0}_{-1}\text{e}$.

8 **c.** Deux noyaux isotopes ont le même numéro atomique Z, mais un nombre de neutrons différents (donc un nombre de nucléons différents).

9 **a.** et **c.** La masse diminue lors d'une réaction nucléaire, c'est le nombre de masse qui est conservé.

10 **c.** La perte de masse est en kg, c est en $\text{m}\cdot\text{s}^{-1}$ et l'énergie est en J.

Exercice 1

1. Le brome 77 possède 35 protons ($Z = 35$), le sélénium 77 possède 34 protons ($Z = 34$). Ces deux noyaux n'ont pas le même nombre de protons, ce ne sont pas des isotopes.

2. L'équation de sa désintégration s'écrit ${}^{77}_{35}\text{Br} \rightarrow {}^{77}_{34}\text{Se} + {}^{A}_{Z}X$ où ${}^{A}_{Z}X$ est la particule émise lors de la désintégration.

La loi de conservation du nombre de masse permet d'écrire :

$$77 = 77 + A, \text{ soit } A = 0.$$

La loi de conservation du nombre de charge permet d'écrire :

$$35 = 34 + Z, \text{ soit } Z = 1.$$

La particule émise est un positon noté ${}^{0}_{1}\text{e}$: il s'agit de radioactivité β^{+}.

Exercice 2

$^{210}_{84}Po \rightarrow ^{206}_{82}Pb + ^{4}_{2}He$

$^{2}_{1}H + ^{2}_{1}H \rightarrow ^{3}_{2}He + ^{1}_{0}n$

$^{59}_{26}Fe \rightarrow ^{59}_{27}Co + ^{0}_{-1}e^{-}$

$^{15}_{8}O \rightarrow ^{15}_{7}N + ^{0}_{1}e$

Exercice 3

RAPPEL
$1\ m^3 = 10^3\ L = 10^6\ mL$.

1. $A = \dfrac{n_d}{\Delta t} = \dfrac{73}{500} = 1{,}5 \cdot 10^{-1}$ Bq.

2. $A = 1{,}5 \cdot 10^{-1}$ Bq pour 120 mL d'air, soit $0{,}15 \times \dfrac{10^6}{120} = 1{,}3 \cdot 10^3\ Bq \cdot m^{-3}$ d'air.

Le seuil d'alerte est dépassé.

Exercice 4

1. Conservation du nombre de charge : $4 \times 1 = 2 + x$, d'où $x = 2$.
2 positions sont formés au cours de la réaction.

2. On sait que $E_{\text{libérée}} = |\Delta m| \cdot c^2$, d'où $\Delta m = \dfrac{3{,}9 \cdot 10^{26}}{(3{,}00 \cdot 10^8)^2} = 4{,}3 \cdot 10^9$ kg.

Le Soleil perd $4{,}3 \cdot 10^9$ kg par seconde.

3. L'âge du Soleil est de 4,6 milliards d'années :

$$4{,}6 \cdot 10^9 \text{ années} = 1{,}7 \cdot 10^{12} \text{ jours} = 1{,}5 \cdot 10^{17} \text{ s.}$$

La masse perdue par le Soleil depuis qu'il rayonne est :

$$4{,}3 \cdot 10^9 \times 1{,}5 \cdot 10^{17} = 6{,}2 \cdot 10^{26} \text{ kg.}$$

$\dfrac{6{,}2 \cdot 10^{26}}{2{,}0 \cdot 10^{30}} \times 100 = 0{,}031\ \%$.

Depuis qu'il rayonne, le Soleil a perdu 0,031 % de sa masse.

Exercice 5

1. Un noyau de technétium 99 est constitué de 43 protons et de $99 - 43 = 56$ neutrons.

2. Son écriture symbolique est $^{99}_{43}Tc$.

3. On parle de radioactivité naturelle quand les noyaux existent dans la nature. Un noyau est dit artificiel s'il est créé en laboratoire.

4. Les lois de conservation du nombre de charge et du nombre de masse (nombre de nucléons) sont utilisées lors de l'écriture des réactions de désintégration radioactive.

5. L'équation de cette désintégration s'écrit $^{99}_{42}Mo \rightarrow ^{99}_{43}Tc + ^{0}_{-1}e$.
Un électron est émis, il s'agit de radioactivité β^-.

6. La perte de masse lors de cette réaction nucléaire est :

$$|\Delta m| = |m(^{99}_{43}Tc) + m(^{0}_{-1}e) - m(^{99}_{42}Mo)|$$
$$= |1{,}641\,98 \cdot 10^{-25} + 9{,}109\,38 \cdot 10^{-31} - 1{,}642\,01 \cdot 10^{-25}|$$
$$= 2{,}089\,06 \cdot 10^{-30} \text{ kg.}$$

7. L'énergie libérée est calculée avec la relation

$E_{\text{libérée}} = |\Delta m| \cdot c^2$
$= 2{,}089\ 06 \cdot 10^{-30} \times (299\ 792 \cdot 10^3)^2$
$= 1{,}877\ 55 \cdot 10^{-13}$ J.

> **ATTENTION**
> La valeur de la vitesse de la lumière c doit être exprimée en $m \cdot s^{-1}$.

8. $E_{\text{libérée}} = 1{,}877\ 55 \cdot 10^{-13}$ J $= 1{,}171\ 87 \cdot 10^6$ eV, soit 1,171 87 MeV.

9. Le technétium 96 diffère du technétium 99 par son nombre de neutrons. Ce sont des isotopes.

Exercice 6

1. Une réaction exothermique libère de la chaleur. Un noyau fissile est un noyau pouvant subir une fission à la suite de la collision avec un neutron.

> **À NOTER**
> Le contraire d'une réaction exothermique est une réaction endothermique (qui absorbe de la chaleur). Les noyaux fissiles sont en très petit nombre (^{233}U, ^{235}U, ^{239}Po, ^{241}Po).

2. La loi de conservation du nombre de masse permet de déterminer le nombre A :

$$235 + 1 = 99 + A + 3,$$

soit $A = 236 - 99 - 3 = 134$.

La loi de conservation du nombre de charge permet de déterminer le nombre Z : $92 = Z + 52$, soit $Z = 92 - 52 = 40$.

$^{235}_{92}U + ^{1}_{0}n \rightarrow ^{99}_{40}Zr + ^{134}_{52}Te + 3\ ^{1}_{0}n$

On note la présence de 3 neutrons dans les produits de fission. Ces neutrons « secondaires » peuvent provoquent de nouvelles fissions, d'où une réaction en chaîne.

3. $|\Delta m| = |m(^{99}_{40}Zr) + m(^{134}_{52}Te) + 2 \times m_{\text{neutron}} - m(^{235}_{92}U)|$

$|\Delta m| = |1{,}642\ 547 \cdot 10^{-25} + 2{,}223\ 650 \cdot 10^{-25} + 2 \times 1{,}674\ 93 \cdot 10^{-27} - 3{,}902\ 996 \cdot 10^{-25}|$
$= 3{,}30 \cdot 10^{-28}$ kg.

4. $E_{\text{libérée}} = |\Delta m| \cdot c^2 = 3{,}30 \cdot 10^{-28} \times (2{,}997\ 92 \cdot 10^8)^2 = 2{,}97 \cdot 10^{-11}$ J.

5. Nombre d'atomes d'uranium dans 1,0 g d'uranium 235 :

$$N = \frac{1{,}0 \cdot 10^{-3}}{(3{,}902\ 996 \cdot 10^{-25})} = 2{,}6 \cdot 10^{21} \text{ atomes.}$$

6. On note $E'_{\text{libérée}}$ l'énergie libérée par 1,0 g d'uranium :

$$E'_{\text{libérée}} = 2{,}97 \cdot 10^{-11} \times 2{,}6 \cdot 10^{21} = 7{,}7 \cdot 10^{10} \text{ J.}$$

7. La masse de charbon qui produirait la même énergie que 1 g d'uranium est $m_{\text{charbon}} = \frac{7{,}7 \cdot 10^{10}}{(20 \cdot 10^3)} = 3{,}9 \cdot 10^6$ g $= 3{,}9$ tonnes.

8. Le noyau de zirconium émet un électron noté $^{0}_{-1}e$.

$^{99}_{40}Zr \rightarrow ^{A}_{Z}Nb + ^{0}_{-1}e$.

La loi de conservation du nombre de charge permet d'écrire $40 = Z - 1$, d'où $Z = 41$. La loi de conservation du nombre de nucléons permet d'écrire $99 = A + 0$, d'où $A = 99$.

$^{99}_{40}Zr \rightarrow ^{99}_{41}Nb + ^{0}_{-1}e$

Exercice 7

1. En appliquant les lois de conservation du nombre de charge et du nombre de masse, on obtient l'équation nucléaire :

$$^{123}_{53}I \rightarrow ^{123}_{52}Te + ^{0}_{1}e.$$

2. La particule émise est un positon. Il s'agit d'une radioactivité β+.

3. L'énergie s'exprime en Joule (symbole J).

4. $\lambda = h\frac{c}{E}$.

$$\lambda = \frac{6,62 \cdot 10^{-34} \times 3,00 \cdot 10^{8}}{2,50 \cdot 10^{-13}} = 7,94 \cdot 10^{-13} \text{ m}.$$

5. La longueur d'onde de ce photon se situe bien dans la zone des rayons gamma.

Diagramme des longueurs d'onde des ondes électromagnétiques

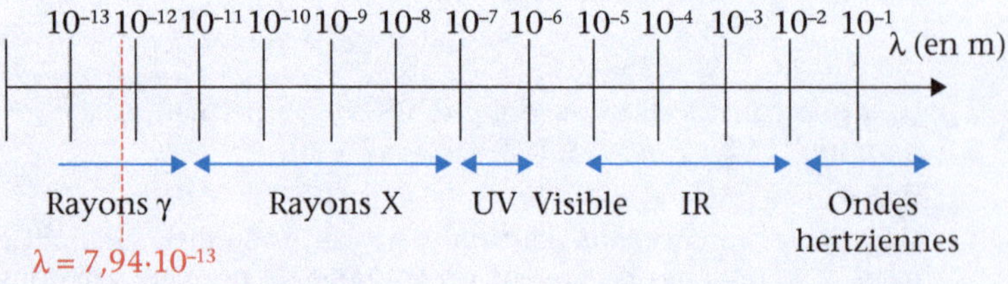

6. Les rayons γ ont une longueur d'onde plus faible que les rayons X, ils sont donc plus énergétiques.

7. Pour se protéger des rayonnements γ, le personnel médical se place derrière des écrans de plomb.

8. Après 13,3 heures, l'activité vaut $\frac{A_0}{2}$. 13,3 heures plus tard, l'activité est de nouveau divisée par 2 : $\frac{\left(\frac{A_0}{2}\right)}{2} = \frac{A_0}{4}$.

Au bout de 26,6 heures l'activité sera donc divisée par 4.

9. Au bout d'une journée, l'iode est encore actif (25 % de l'activité initiale) : la personne est donc encore radioactive. Il faut attendre 20 × 13,3 = 266 h, soit environ 11 jours, pour pouvoir considérer que la personne n'est plus radioactive.

Exercice 8

1. $^{14}_{6}C \rightarrow ^{14}_{7}N + ^{0}_{-1}e$.

Le noyau formé est de l'azote 14.

2.

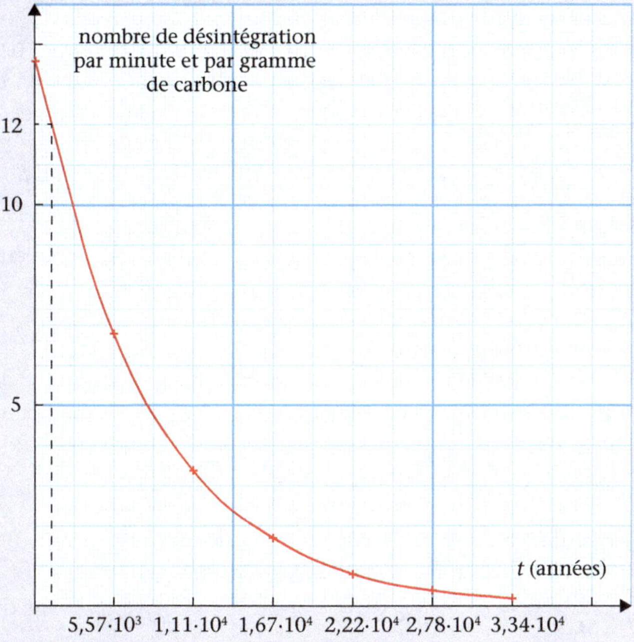

Échelle : 1/2.

3. D'après le graphique, l'activité initiale est divisée par 2 au bout de $5{,}57 \cdot 10^3$ années : $t_{1/2} = 5{,}57 \cdot 10^3$ années.

4. $A_0 = \dfrac{13{,}6}{60} = 0{,}227$ Bq.

5. D'après le graphique, on détermine l'âge de ce bateau : $1{,}0 \cdot 10^3$ années. Ce bateau a été construit il y a environ mille ans : 2 012 – 1 000 = 1 012, soit approximativement en 1012.

6. Ce bateau a été construit au XIe siècle, ce qui correspond à la période Viking.

7. La désintégration « rapide » du carbone 14 limite généralement la période de datation à 50 000 ans. L'incertitude sur la mesure augmente avec l'âge de l'échantillon.

Exercice 9

1. a. Le deutérium ($^2_1$H) est constitué d'un proton ($Z = 1$) et d'un neutron ($A - Z = 1$). Le tritium ($^3_1$H) est constitué d'un proton ($Z = 1$), et de deux neutrons ($A - Z = 2$).

Ces deux noyaux ont le même nombre de protons mais un nombre différents de neutrons, ils sont donc isotopes.

À NOTER
Le deutérium et le tritium sont des isotopes de l'hydrogène.

b. Une réaction de fusion est une réaction nucléaire provoquée au cours de laquelle deux noyaux légers s'associent pour former un noyau plus lourd.

c. Avant la fusion : $m_{initiale} = m(d) + m(t) = 2{,}013\,55 + 3{,}015\,50 = 5{,}029\,05$ u.

Après la fusion : $m_{finale} = m(^4_2He) + m(n) = 4{,}001\,50 + 1{,}008\,66 = 5{,}010\,16$ u.

$m_{finale} < m_{initiale}$, il y a une perte de masse au cours de la réaction de fusion.

d. $E_{libérée} = |m_{finale} - m_{initiale}| \cdot c^2$.

$E_{libérée} = |(5{,}010\,16 - 5{,}029\,05) \times 1{,}660\,54 \cdot 10^{-27}| \times (3{,}00 \cdot 10^8)^2 = 2{,}82 \times 10^{-12}$ J.

Comme 1 eV = $1{,}60 \times 10^{-19}$ J :

$$E_{libérée} = \frac{2{,}82 \times 10^{-12}}{1{,}60 \cdot 10^{-19}} = 1{,}76 \cdot 10^7 \text{ eV}.$$

Comme 1 MeV = 10^6 eV, $E_{libérée}$ = 17,6 MeV.

> ATTENTION
> Il faut convertir les masses en kg.

e. 1 L d'eau mer contient une masse de 33 mg de deutérium. La quantité de matière de deutérium dans un litre d'eau de mer est $n = \frac{m}{M}$.

Le nombre de noyaux de deutérium est donc :

$$N = n\,N_A = \frac{m}{M} \times N_A.$$

> CONSEIL
> Recherchez le nombre de noyaux de deutérium dans un litre d'eau de mer.

L'énergie libérée par chaque noyau de deutérium est $E_1 = 2{,}82 \cdot 10^{-12}$ J.

L'énergie libérée pour N noyaux de deutérium est :

$$E_2 = \frac{m}{M} \times N_A \times E_1 = 2{,}82 \times 10^{-12} \times \frac{33 \cdot 10^{-3}}{2{,}0} \times 6{,}02 \cdot 10^{23} = \mathbf{2{,}8 \cdot 10^{10}\ J.}$$

f. La combustion d'un kilogramme de pétrole libère 42,0 MJ.

Ainsi $2{,}8 \cdot 10^{10}$ J va correspondre à une masse de pétrole :

$$m_{pétrole} = \frac{2{,}8 \cdot 10^{10}}{42{,}0 \cdot 10^6} = \mathbf{6{,}7 \cdot 10^2\ kg.}$$

Un litre d'eau de mer contient du deutérium permettant d'obtenir autant d'énergie que 670 kg de pétrole.

2. a. Un noyau radioactif est un noyau instable qui se désintègre spontanément en formant un nouveau noyau et en émettant des particules.

b. Une particule β^- est un électron émis par le noyau : $^{0}_{-1}e$.

c. $^3_1H \rightarrow {}^A_ZX + {}^{0}_{-1}e$.

Conservation du nombre de charges : $1 = Z - 1$, soit $Z = 2$: il s'agit de l'élément « hélium ».

Conservation du nombre de nucléons : $3 = A$.

Ainsi, le tritium se désintègre suivant l'équation :

$$^3_1H \rightarrow {}^3_2He + {}^{0}_{-1}e.$$

> CONSEIL
> Notez ^A_ZX le nouveau noyau formé dont vous ne connaissez pas encore la nature.

10 Cohésion des solides ioniques ou moléculaires

1 Cohésion des solides ioniques

a. Cohésion d'un solide ionique

■ Un solide ionique est un **assemblage régulier d'anions et de cations.** Un cation est entouré d'anions et réciproquement. Un solide ionique est électriquement neutre.

Fluorure de calcium $CaF_{2(s)}$, un solide ionique

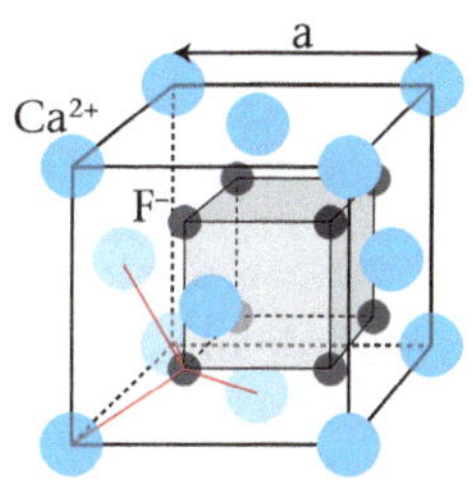

À NOTER
Il y a dans un solide ionique autant de charges positives que négatives. Par conséquent, certains solides ioniques possèdent davantage d'anions que de cations (ou inversement).

■ La cohésion d'un solide ionique est assurée par des **interactions électrostatiques** entre anions et cations, selon la **loi de Coulomb**.

b. Loi de Coulomb

■ Deux corps chargés électriquement exercent l'un sur l'autre une **force électrostatique** de norme :

$$F_{A/B} = F_{B/A} = k \times \frac{|q_A \times q_B|}{d^2}$$

q_A et q_B : les charges portées par les corps A et B en Coulomb (C) ;

d : la distance entre les centres des deux corps en mètres (m) ;

k est une constante $k = 9{,}0 \cdot 10^9\ N \cdot m^2 \cdot C^{-2}$.

■ Cette force est **attractive** si les charges de A et B sont de signes opposés et **répulsive** si leurs charges sont de même signe.

2 Cohésion des solides moléculaires

a. Polarité d'une liaison

■ Selon leur configuration électronique, certains atomes captent plus facilement des électrons que d'autres. Par exemple, l'atome de fluor ayant pour configuration $(K)^2(L)^7$ gagnera facilement un électron pour saturer la couche L. La facilité des atomes à capter un électron s'appelle l'**électronégativité**.

> **À NOTER**
> Dans le tableau périodique, les atomes les plus électronégatifs se trouvent en haut à droite.

■ Lorsque deux atomes sont liés chimiquement, c'est qu'ils mettent en commun deux électrons. Les deux électrons forment alors une **liaison covalente**. Dans le cas de deux atomes identiques, le doublet est également partagé et symétrique par rapport à l'axe de liaison. Dans le cas où les deux atomes sont différents, celui qui est le plus électronégatif attire plus fortement le doublet. Il acquiert une charge partielle négative δ^- alors que l'autre acquiert une charge partielle positive δ^+. Une telle liaison est dite **polarisée**.

Exemple : La liaison O–H est polarisée car l'atome d'oxygène, plus électronégatif que l'atome d'hydrogène, acquiert une charge partielle δ^- alors que l'atome d'hydrogène acquiert une charge partielle δ^+ : $^{\delta-}O - H^{\delta+}$.

b. Polarité d'une molécule

■ Une molécule est **polaire** si sa géométrie est telle que **le centre géométrique des charges partielles négatives G^- ne coïncide pas avec le centre géométrique des charges partielles positives G^+.** La molécule constitue alors un **dipôle électrique permanent.**

Exemple : La molécule d'eau est polaire.

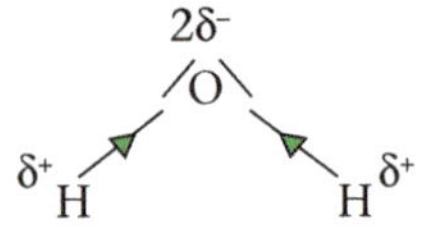

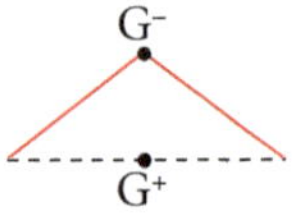

c. Interactions intermoléculaires

■ La cohésion des liquides et des solides moléculaires est assurée par deux types d'interactions intermoléculaires : les interactions de Van der Waals et les liaisons hydrogène.

■ Les **interactions de Van der Waals** sont des interactions faibles, de nature électrostatique, s'exerçant entre des molécules, qu'elles soient polaires ou non.

Exemples : H–I est une molécule polaire : les interactions sont du type dipôle permanent / dipôle permanent.

COURS

La molécule de diiode I–I est apolaire « en moyenne » : pourtant, à cause de mouvements électroniques, la molécule peut former à un instant donné un dipôle instantané : ce dipôle peut polariser une molécule voisine ; des interactions entre dipôles instantanés peuvent apparaître (on parle d'interaction dipôle instantané / dipôle induit).

Les interactions de Van der Waals sont d'autant plus importantes que la molécule est volumineuse, riche en électrons donc polarisable.

■ Les **liaisons hydrogène** s'établissent entre un atome d'hydrogène lié par liaison covalente à un atome très électronégatif (F, O, N) et un autre atome, lui aussi électronégatif, possédant au moins un doublet non liant.

> **À NOTER**
> Une liaison hydrogène est notée en pointillés et les trois atomes concernés sont alignés. Une liaison hydrogène est plus forte qu'une liaison de Van der Waals.

Exemple : La liaison H est la force principale qui unit les molécules d'eau à l'état solide ou liquide. L'atome H d'une molécule (portant une charge δ^+) subit une forte attraction de la part de l'atome O d'une molécule voisine (portant une charge δ^-).

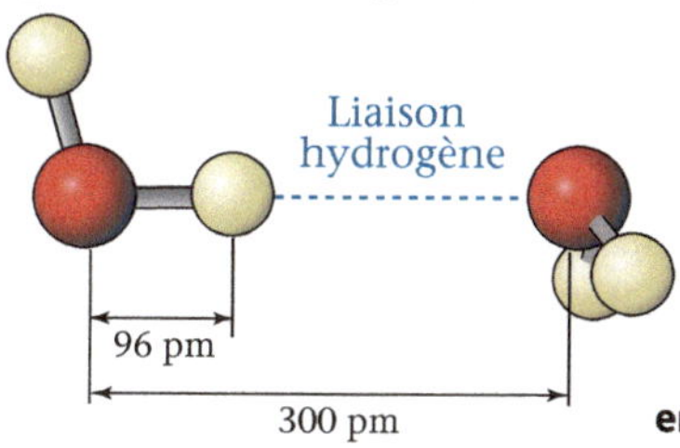

Liaison hydrogène entre des molécules d'eau

> **L'INFO EN PLUS**
> Ce sont les liaisons hydrogène qui assurent la structure en double hélice de l'ADN.

3 Effets physiques des transferts thermiques

a. Transfert thermique

■ Lorsque deux corps sont mis en contact, un **transfert thermique** s'effectue du corps ayant la température la plus élevée vers le corps ayant la température la plus basse.

■ Un transfert thermique a deux effets principaux :

– la variation de la température de ce corps : l'agitation des particules constituant un corps recevant de l'énergie thermique devient plus importante, ce qui se traduit au niveau macroscopique par une **augmentation de température** ;

– le changement de l'état physique du corps.

b. Changement d'état physique

■ L'**état gazeux** est un état désordonné et dispersé dans lequel les interactions entre molécules sont très faibles. L'**état liquide** est un état compact et désordonné ; des interactions existent entre les molécules qui sont plus proches les unes des autres. L'**état solide** est un état compact et ordonné ; des interactions plus fortes existent entre les molécules.

■ Le changement d'état d'un corps pur est une **transformation physique** au cours de laquelle ce corps passe d'un état physique à un autre. Sous une pression donnée, le changement d'état d'un corps pur se produit à une **température constante** et déterminée.

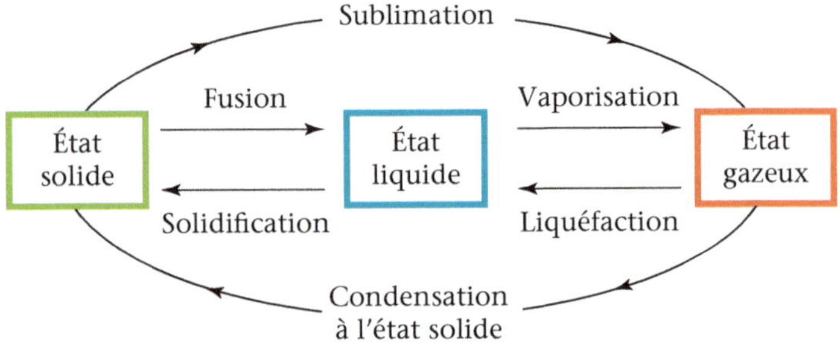

■ Les changements d'état correspondant à la **rupture de liaisons intermoléculaires** nécessitent de l'énergie (il faut chauffer) : fusion, vaporisation, sublimation. Le corps pur passe d'un état ordonné à un état moins ordonné (du solide au liquide par exemple).

■ Au contraire, les changements d'état correspondant à la **formation de liaisons intermoléculaires** libèrent de l'énergie : solidification, liquéfaction et condensation.

■ Plus les interactions intermoléculaires sont importantes, plus les températures de changement d'état sont élevées.

c. Énergie de changement d'état

■ L'énergie thermique Q échangée avec l'extérieur par un corps pur qui subit un changement d'état à pression et température constantes est :

$$Q = n \times L$$

avec Q en Joules (J), n en moles (mol) et L l'énergie molaire de changement d'état en $J \cdot mol^{-1}$.

1 Étudier la polarité d'une molécule

Énoncé

Le tétrachlorométhane est un solvant organique chloré de formule brute CCl_4, dont les vapeurs sont nocives pour les êtres vivants et dangereuses pour la couche d'ozone. Cette molécule est-elle polaire ?

Savoir-faire

- Donner la représentation de Lewis de cette molécule.
- Établir ensuite sa géométrie en recherchant le nombre de doublets autour de l'atome central et la disposition qui minimise leur répulsion.
- Comparer l'électronégativité du carbone et du chlore afin de déterminer si la liaison C–Cl est polarisée.
- Faire un schéma en indiquant les charges partielles apparues.
- Déterminer la position du centre géométrique des charges partielles positives et la position du centre géométrique des charges partielles négatives.

Corrigé détaillé

- L'atome de C ($Z = 6$) de structure électronique $(K)^2(L)^4$ établit 4 liaisons covalentes.

Chaque atome de Cl ($Z = 17$) de structure électronique $(K)^2(L)^8(M)^7$ établit 1 liaison covalente.

- La représentation de Lewis est 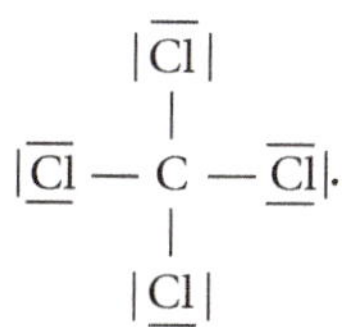.

Les quatre doublets non liants autour du carbone adoptent une disposition tétraédrique pour minimiser leurs répulsions.

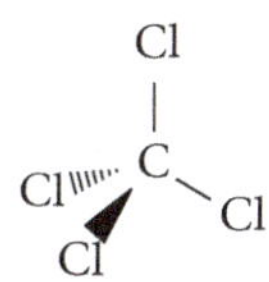

- L'atome de chlore est plus électronégatif que l'atome de carbone. La liaison C–Cl est polarisée. Chaque atome de chlore porte une charge partielle négative δ^- alors que l'atome de carbone porte une charge partielle positive $4\delta^+$. Le centre géométrique des charges partielles négatives est situé sur l'atome de carbone, il coïncide avec la charge partielle positive : la molécule n'est pas polaire.

2 Relier les températures de changement d'état à la structure moléculaire

Énoncé

L'oxygène O ($Z = 8$), le soufre S ($Z = 16$), le sélénium Se ($Z = 34$) et le tellure Te ($Z = 52$) appartiennent à une même colonne de la classification périodique.

Chacun de ces atomes peut se lier avec deux atomes d'hydrogène pour former les molécules H_2O, H_2S, H_2Se et H_2Te dont les températures d'ébullition sous la pression atmosphérique sont données dans le tableau ci-dessous.

	H_2O	H_2S	H_2Se	H_2Te
Température d'ébullition (°C)	100	−63	−45	−5

Tracer le graphe donnant la température d'ébullition en fonction du numéro atomique des espèces chimiques O, S, Se et Te.

Décrire et interpréter l'évolution observée.

Savoir-faire

- Construire le graphique avec la température d'ébullition en ordonnées et le numéro atomique en abscisses.
- Pour choisir une échelle adaptée, il faut d'abord repérer les valeurs extrémales (minimales et maximales) ; l'échelle choisie doit être facile à lire et doit permettre d'obtenir un graphique suffisamment grand.
- Faire ensuite la liste des interactions existant dans chacun de ces liquides moléculaires.
- Comparer les interactions intermoléculaires pour ces quatre espèces chimiques.
- Rappeler enfin le lien entre les interactions à l'état liquide et les températures d'ébullition et conclure.

Corrigé détaillé

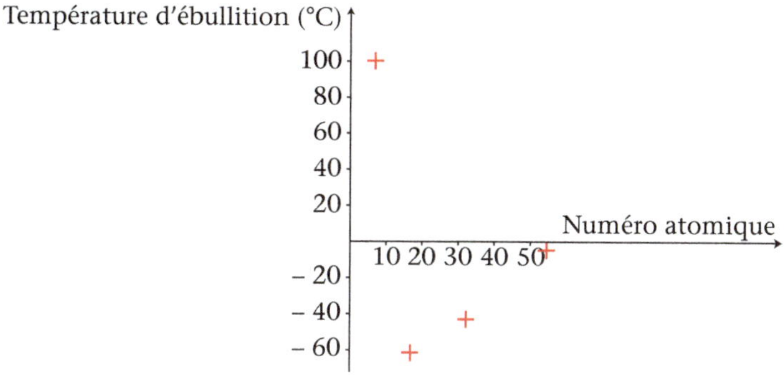

■ Les interactions de Van der Waals assurent la cohésion de ces liquides moléculaires. Lorsque le numéro atomique augmente, le nuage électronique est plus étendu, les interactions de Van der Waals sont plus intenses, la cohésion des liquides est plus forte, la température d'ébullition est plus élevée.

■ Le graphe présente néanmoins une particularité pour l'eau, dont la température d'ébullition est bien supérieure à la valeur prévisible si l'évolution était régulière (on pourrait évaluer plus ou moins la température d'ébullition de l'eau à – 80 °C).

Il existe des forces d'interactions supplémentaires entre les molécules d'eau : les liaisons hydrogène.

10 qcm pour réviser le cours

Corrigés p. 185

1 La transformation de l'état solide à l'état liquide d'un corps pur est une :

❑ **a.** liquéfaction.

❑ **b.** fusion.

❑ **c.** condensation.

2 Sous une pression de 1 bar, la température d'ébullition du dichlore Cl_2 est −34 °C et sa température de fusion est −101 °C. À la température de 25 °C, le dichlore est à l'état :

❑ **a.** gazeux.

❑ **b.** liquide.

❑ **c.** solide.

3 À la pression atmosphérique normale, la température d'ébullition de l'éthane est −89 °C, celle de l'éthanol est 79 °C. Les interactions entre les molécules d'éthanol sont :

❑ **a.** identiques aux interactions existant entre les molécules d'éthane.

❑ **b.** plus importantes que les interactions existant entre les molécules d'éthane.

❑ **c.** moins importantes que les interactions existant entre les molécules d'éthane.

4 Lorsqu'on chauffe un corps pur moléculaire solide :

❑ **a.** sa température augmente nécessairement.

❑ **b.** sa température peut rester constante.

❑ **c.** il fond nécessairement.

5 Un cristal ionique constitué d'ions Na^+ et O^{2-} a pour formule :

❑ **a.** NaO.

❑ **b.** Na_2O.

❑ **c.** NaO_2.

6 Il existe une force répulsive entre :

❑ **a.** un anion et un cation.

❑ **b.** deux cations.

❑ **c.** deux anions.

7 L'énergie mise en jeu dans les interactions de Van Der Waals est très inférieure à l'énergie :

❑ **a.** rencontrée dans les cristaux ioniques.

❑ **b.** des liaisons hydrogène.

❑ **c.** des liaisons covalentes.

8 Dans le naphtalène, solide de formule $C_{10}H_8$ (utilisé comme anti-mites), la cohésion est assurée par :

❑ **a.** des interactions de Van der Waals.

❑ **b.** des interactions électrostatiques.

❑ **c.** des liaisons hydrogène.

9 Le soufre est plus électronégatif que l'hydrogène. La molécule de sulfure d'hydrogène H_2S, dont le modèle moléculaire est représenté ci-dessus :

❑ **a.** est polaire.

❑ **b.** est apolaire.

❑ **c.** possède des liaisons polarisées.

10 Deux atomes A et B sont liés par une liaison covalente. L'atome A est plus électronégatif que B.

❑ **a.** L'atome A attire davantage à lui les électrons de la double liaison.

❑ **b.** L'atome A possède un excès de charges positives.

❑ **c.** La liaison A-B est polarisée.

Exercices

Exercice 1 (niveau 1)

Corrigés p. 185

L'énergie molaire de fusion du cuivre est L_{fus} = 13,1 kJ·mol^{-1}. Quelle énergie ΔE faut-il fournir à un échantillon de cuivre de masse m = 10 g pour le faire fondre intégralement à sa température de fusion ?

Donnée : M(Cu) = 63,5 g·mol^{-1}.

Exercice 2 (niveau 1)

Corrigés p. 186

Compléter le tableau en donnant le nom et la formule des solides ioniques constitués des cations et anions correspondants.

	Ion sodium Na^+	**Ion calcium** Ca^{2+}	**Ion aluminium** Al^{3+}
Ion chlorure Cl^-			
Ion hydroxyde OH^-			
Ion carbonate CO_3^{2-}			

Exercice 3 (niveau 1)

Corrigés p. 186

De l'éther versé sur la peau procure une sensation de froid.

Expliquer ce phénomène.

Donnée : température d'ébullition sous la pression atmosphérique normale : 35 °C.

Exercice 4 (niveau 2)

Corrigés p. 186

Attribuer à chacun des composés suivants sa température de fusion en justifiant : −182 °C, −98 °C, 801 °C ;

chlorure de sodium NaCl, méthane CH_4, méthanol CH_3–OH.

Exercice 5 (niveau 2)

Corrigés p. 186

Marine fait chauffer dans une casserole de l'eau non salée, sans couvercle.

1. Nommer le changement d'état physique correspondant au passage de l'eau liquide à l'eau vapeur.

2. Ce passage peut s'effectuer par ébullition et évaporation.
Expliquer la différence qui existe entre ces deux phénomènes.

3. Parmi les trois graphiques ci-dessous, quel est celui dont l'allure correspond à l'évolution de la température de l'eau pure, non salée que Marine fait chauffer à pression constante ? Justifier.

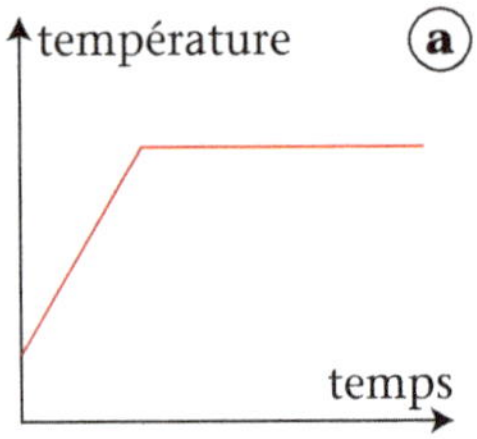

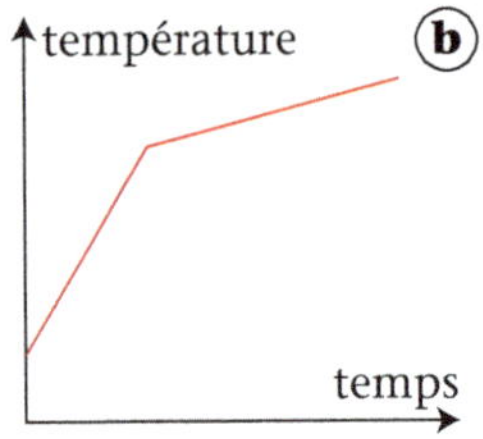

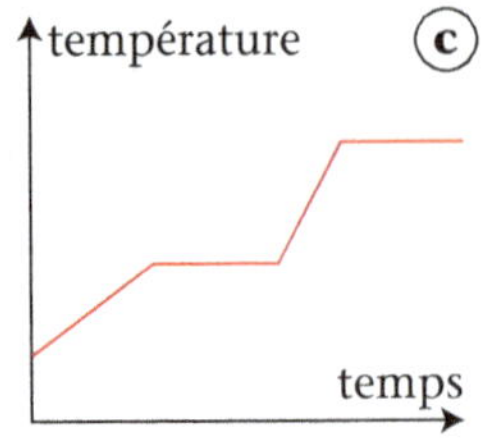

4. Marine décide de mettre un couvercle sur la casserole d'eau. La température d'ébullition de l'eau dans la casserole avec couvercle est-elle inférieure, égale ou supérieure à celle de l'eau qui bout dans la casserole sans couvercle ? Justifier en utilisant le graphique (d).

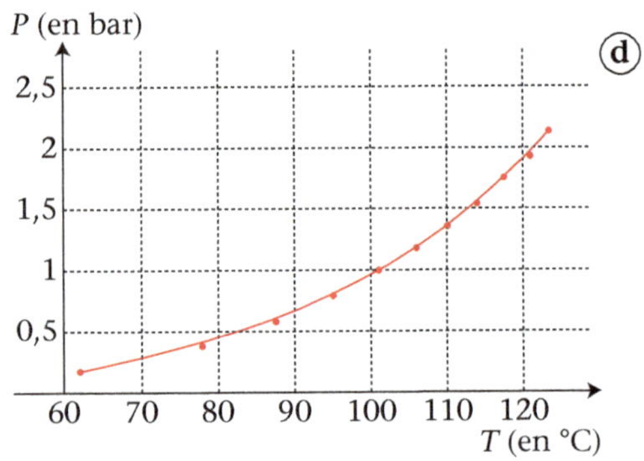

Représentation de la pression en fonction de la température d'ébullition de l'eau

5. En déduire l'intérêt principal de mettre un couvercle.

Exercice 6 niveau 2

Corrigés p. 187

1. Ranger par polarisation croissante les liaisons suivantes :

H–C ; H–O ; H–N ; N–N ; O–C.

2. Faire apparaître les charges excédentaires positives ou négatives sur les atomes correspondants.

3. Les modèles moléculaires de NH_3 et CO_2 sont données ci-dessous. Justifier que la molécule d'ammoniac est polaire alors que la molécule de dioxyde de carbone ne l'est pas.

Données :

	C	N	H	O
Électronégativité	2,5	3,0	2,2	3,5

Exercice 7 niveau 3

Corrigés p. 188

Le chlorure de sodium est un cristal ionique formé par des ions sodium Na^+ et des ions chlorure Cl^- disposés régulièrement. La maille est le volume le plus simple qui représente l'ensemble du cristal. Dans le cas du chlorure de sodium, c'est un cube. L'arête du cube est $a = 564$ pm, la distance entre deux ions Na^+ est $d_1 = a\frac{\sqrt{2}}{2}$, la distance entre un ion Cl^- et un ion Na^+ est $d_2 = \frac{a}{2}$.

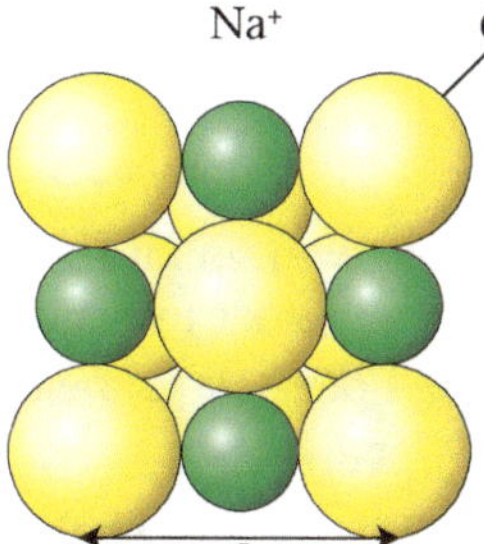

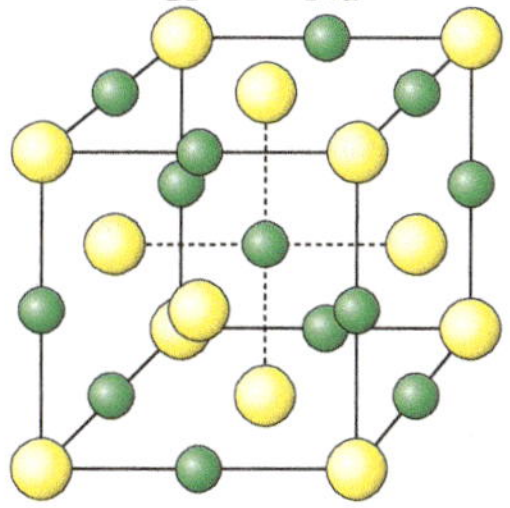

L'INFO EN PLUS
En cristallographie, ce réseau est appelé cubique face centré (cfc).

1. Rappeler la loi de Coulomb entre deux objets ponctuels de charges électriques q_A et q_B, séparés par une distance d.
2. Quelle est la charge électrique de l'ion chlorure Cl^- ? de l'ion sodium Na^+ ?
3. Calculer la valeur de la force électrostatique $\vec{F}_{Cl^-/Na^+}$ exercée par un ion chlorure sur un ion sodium. Cette force est-elle attractive ou répulsive ?
4. Calculer la valeur de la force électrostatique $\vec{F}_{Na^+/Na^+}$ exercée entre deux ions sodium. Cette force est-elle attractive ou répulsive ?

5. Pourquoi le solide ionique est-il stable alors qu'il y a des attractions et des répulsions au sein de cet ensemble ?

Données : charge électrique élémentaire $e = 1{,}6 \cdot 10^{-19}$ C ; constante de la loi de Coulomb $k = 9{,}0 \cdot 10^{9}\ N \cdot m^{2} \cdot C^{-2}$.

Exercice 8 (niveau 3)

Corrigés p. 188

Une plaque chauffante fournissant une énergie de 400 J par seconde est utilisée pour chauffer de l'eau liquide, puis de l'huile.

1. Quelle est l'énergie Q_1 qu'il faut transférer à une masse m = 1,0 kg d'eau liquide pour la faire passer de 20 °C à 60 °C ?

En déduire la durée de chauffage correspondante Δt_{eau}.

2. Quelle est l'énergie Q_2 qu'il faut transférer à une masse m = 1,0 kg d'huile pour la faire passer de 20 °C à 60 °C ? En déduire la durée de chauffage correspondante Δt_{huile}.

3. La même expérience est réalisée avec 1,0 kg d'éthanol.

Sans faire de calculs, comparer $\Delta t_{éthanol}$ à Δt_{eau} et Δt_{huile}.

Données : l'énergie thermique reçue un corps de masse m dont la température varie d'une température initiale θ_i à une température finale θ_f s'écrit $Q = m \times c \times (\theta_f - \theta_i)$ avec Q en Joules (J), m en kilogrammes (kg), θ en °C et c la capacité thermique massique (ou chaleur massique) de la substance en $J \cdot kg^{-1} \cdot °C^{-1}$: c_{eau} = 4 186 $J \cdot kg^{-1} \cdot °C$; c_{huile} = 2 000 $J \cdot kg^{-1} \cdot °C$; $c_{éthanol}$ = 2 460 $J \cdot kg^{-1} \cdot °C$.

Exercice 9 (niveau 3)

Corrigés p. 189

On s'intéresse aux acides (Z)-but-2-ène-1,4-dioïque (nom courant : acide maléique) et (E)-but-2-ène-1,4-dioïque (nom courant : acide fumarique).

1. L'acide fumarique est-il représenté par la formule 1 ou par la formule 2 ?

Formule 1

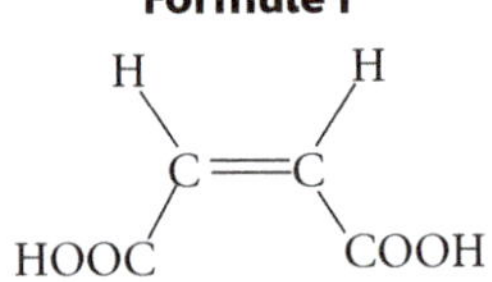

Formule 2

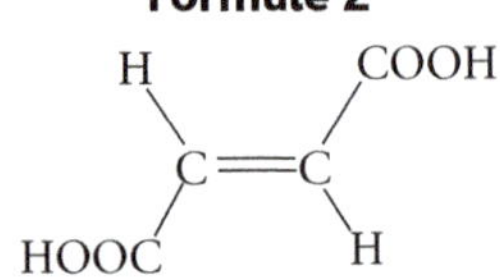

2. Montrer que l'un de ces deux acides peut établir des liaisons hydrogène intramoléculaires (au sein d'une même molécule). Faire un schéma.

3. Ces deux acides ont des températures de fusion très différentes : 131°C (acide maléique) et 287°C (acide fumarique). Justifier que la température de fusion de l'acide fumarique est plus élevée que celle de l'acide maléique.

QCM

1 **b.** La liquéfaction désigne le passage d'un corps pur de l'état gazeux à l'état liquide. La condensation est un changement d'état qui fait passer un corps pur de l'état gazeux directement à l'état solide, sans passer par l'état liquide.

2 **a.** Le dichlore Cl_2 est solide si la température est inférieure à −101 °C, liquide entre −101 °C et −34 °C et il est gazeux pour des températures supérieures à −34 °C.

3 **b.** Plus les interactions intermoléculaires sont importantes, plus les températures de changement d'état sont élevées.

4 **b.** Lors du chauffage, l'énergie thermique apportée à un corps pur peut conduire à son élévation de température ou provoquer un changement d'état, la température restant alors constante.

5 **b.** L'ion O^{2-} une charge électrique −2e et l'ion Na^+ porte une charge électrique +e. Un cristal ionique étant électriquement neutre, un ion O^{2-} est accompagné de deux ions Na^+.

6 **b.** et **c.** Les interactions sont répulsives entre ions de même signe.

7 **a.**, **b.** et **c.** Énergie d'une liaison covalente : 100 à 500 $kJ \cdot mol^{-1}$; énergie d'une liaison hydrogène : 5 à 40 $kJ \cdot mol^{-1}$; énergie d'une liaison de Van der Waals : 0,5 à 30 $kJ \cdot mol^{-1}$.

8 **a.** Le naphtalène est un solide moléculaire dont la cohésion est assurée par des interactions de Van der Waals. Il n'y a pas de liaisons hydrogène, car il n'y a pas d'atome d'hydrogène lié à un atome très électronégatif (F, O ou N).

9 **a.** et **c.** La molécule de sulfure d'hydrogène possède des liaisons polarisées, l'atome de soufre portant une charge négative excédentaire $2\delta^-$ et les atomes d'hydrogène une charge positive excédentaire δ^+. D'un point de vue électrostatique, les charges partielles positives sont équivalentes à une charge partielle positive $2\delta^+$ placée au milieu du segment reliant les atomes d'hydrogène. La molécule de sulfure d'hydrogène est polaire.

10 **a.** et **c.** L'atome A possède un excès de charges négatives.

Exercice 1

$n = \dfrac{m}{M} = \dfrac{10}{63{,}5} = 0{,}16$ mol.

$\Delta E = n \times L_{\text{fus}} = 0{,}16 \times 13{,}1 = 2{,}1$ kJ.

Il faut fournir 2,1 kJ pour faire fondre intégralement l'échantillon de cuivre.

Exercice 2

	Ion sodium Na^+	Ion calcium Ca^{2+}	Ion aluminium Al^{3+}
Ion chlorure Cl^-	NaCl : chlorure de sodium	$CaCl_2$: chlorure de calcium	$AlCl_3$: chlorure d'aluminium
Ion hydroxyde OH^-	NaOH : hydroxyde de sodium	$Ca(OH)_2$: hydroxyde de calcium	$Al(OH)_3$: hydroxyde d'aluminium
Ion carbonate CO_3^{2-}	Na_2CO_3 : carbonate de sodium	$CaCO_3$: carbonate de calcium	$Al_2(CO_3)_3$: carbonate d'aluminium

ATTENTION

Alors que la formule d'un solide ionique commence toujours par la formule du cation, le nom d'un solide ionique commence par celui de l'anion, suivi de la préposition *de* et du nom du cation.

Exercice 3

L'éther est très volatil ; il se vaporise rapidement et ce changement d'état se fait en prenant de la chaleur à la peau, dont la température s'abaisse.

Exercice 4

Le chlorure de sodium est un solide ionique : les solides ioniques sont des composés stables, les interactions entre ions sont très fortes (elles obéissent à la loi de Coulomb en $\frac{1}{r^2}$) et sont de longue portée : la température de fusion du chlorure de sodium est élevée puisqu'il est difficile à « casser » : 801 °C.

Le méthane est un hydrocarbure apolaire : les liaisons intermoléculaires sont des liaisons de Van der Waals de faible énergie. Sa température de fusion est basse : – 182 °C.

Dans le méthanol, des liaisons hydrogène sont possibles entre l'atome d'hydrogène d'une molécule et l'atome d'oxygène d'une autre molécule. Ces liaisons hydrogène sont responsables d'une température d'ébullition plus élevée : – 98 °C.

Exercice 5

1. Le changement d'état physique correspondant au passage de l'eau liquide à l'eau vapeur est la vaporisation.

2. L'évaporation a lieu à la surface du liquide. Ce phénomène se produit quelle que soit la température. L'ébullition a lieu au sein du liquide avec formation de bulles. Pour un corps pur, l'ébullition a lieu à une température fixe pour une pression donnée.

3. L'allure du graphique ⓐ est correcte : la température de l'eau s'élève, puis l'eau se vaporise. Lors de ce changement d'état physique, sa température reste constante (l'eau bout à 100 °C sous une pression de 1 013 hPa), ce qui correspond à un palier (segment horizontal sur le graphe).

4. Dans la casserole avec couvercle, la vapeur d'eau s'accumule et la pression s'élève. La pression est alors supérieure à la pression atmosphérique. Or la température d'ébullition augmente si la pression augmente (graphique ⓓ). Dans la casserole avec couvercle, l'eau bout à une température supérieure à 100 °C.

5. Si la température de l'eau est plus élevée, les aliments cuisent plus vite, d'où un gain de temps et des économies d'énergie.

Exercice 6

1.

	H–C	H–O	H–N	N–N	O–C
Différence d'électronégativité	0,3	1,3	0,8	0	1,0

La liaison N–N n'est pas polarisée du tout, car les deux atomes liés sont identiques, donc de même électronégativité.

Les atomes H et C ont une différence d'électronégativité faible, la liaison C–H est donc très peu polaire.

N–N < H–C < H–N < O–C < O–H.

2. δ^- δ^+ N–H δ^- δ^+ O–H δ^- δ^+ O–C

3. La molécule d'ammoniac est polaire : les charges partielles positives sont équivalentes à une charge qui est située entre les trois atomes d'hydrogène, alors que la charge partielle négative est située sur l'atome d'azote.

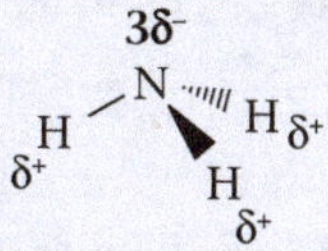

La molécule de dioxyde de carbone n'est pas polaire : les deux charges partielles négatives sont équivalentes à une charge située au même endroit que la charge partielle positive.

ATTENTION
Une molécule comportant des liaisons polarisées n'est pas forcément polaire. Cela dépend de sa géométrie.

Exercice 7

1. Loi de Coulomb : $F_{A/B} = F_{B/A} = k \times \frac{|q_A| \times |q_B|}{d^2}$.

2. L'ion chlorure porte une charge électrique $-e = -1{,}6 \cdot 10^{-19}$ C.
L'ion sodium porte une charge électrique $+e = +1{,}6 \cdot 10^{-19}$ C.

3. La distance entre un ion chlorure et un ion sodium est :

$d_2 = \frac{564}{2} = 282$ pm $= 282 \cdot 10^{-12}$ m.

$$F_{Cl^-/Na^+} = k \times \frac{e^2}{d_2^{\,2}} = 9{,}0 \times 10^9 \times \frac{(1{,}6 \cdot 10^{-19})^2}{(282 \cdot 10^{-12})^2} = 2{,}9 \cdot 10^{-9} \text{ N.}$$

Ces deux ions, de signes contraires, s'attirent.

> **À NOTER**
> La distance entre un ion chlorure et un ion sodium correspond à la distance entre le centre des sphères les représentant.

4. La distance entre deux ions sodium est :

$$d_1 = 564 \times \frac{\sqrt{2}}{2} = 398 \text{ pm} = 398 \cdot 10^{-12} \text{ m.}$$

$$F_{Na^+/Na^+} = k \times \frac{e^2}{d_1^{\,2}} = 9{,}0 \times 10^9 \times \frac{(1{,}6 \cdot 10^{-19})^2}{(398 \cdot 10^{-12})^2} = 1{,}5 \cdot 10^{-9} \text{ N.}$$

Ces deux ions, de même signe, se repoussent.

5. Les ions ont pour plus proche voisin des ions de signes contraires. En raison de cette disposition, les forces attractives l'emportent sur les forces répulsives.

$F_{Cl^-/Na^+} = 2 \times F_{Na^+/Na^+}$.

Exercice 8

1. $Q_1 = m \times c_{eau} \times (\theta_f - \theta_i) = 1{,}0 \times 4\,186 \times (60 - 20) = 1{,}7 \cdot 10^5$ J, ce qui correspond à une durée de chauffage :

$$\Delta t_{eau} = \frac{1{,}7 \cdot 10^5}{400} = 419 \text{ s, soit } 7{,}0 \text{ min.}$$

2. $Q_2 = m \times c_{huile} \times (\theta_f - \theta_i) = 1{,}0 \times 2\,000 \times (60 - 20) = 8{,}0 \cdot 10^4$ J, ce qui correspond à une durée de chauffage :

$$\Delta t_{huile} = \frac{8{,}0 \cdot 10^4}{400} = 200 \text{ s, soit 3 min 20 s.}$$

3. $c_{huile} < c_{éthanol} < c_{eau}$

$\Delta t_{huile} < \Delta t_{éthanol} < \Delta t_{eau}$.

La durée nécessaire pour chauffer 1,0 kg d'éthanol de 20 à 60 °C sera comprise entre 3,3 min et 7,0 min.

Exercice 9

1. La formule 1 correspond à un isomère (Z), donc à l'acide maléique. La formule 2 correspond à l'acide fumarique (isomère (E)).

2. La configuration Z de l'acide maléique permet la formation de liaisons intramoléculaires, ce qui est impossible dans l'acide fumarique.

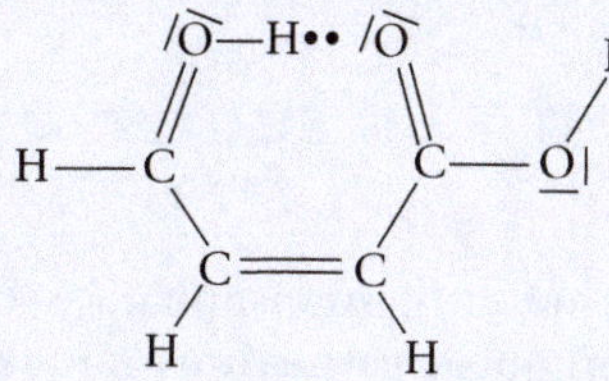

L'acide fumarique ne peut établir que des liaisons intermoléculaires.

3. L'acide maléique donnera donc moins de liaisons hydrogène intermoléculaires (avec d'autres molécules) que l'acide fumarique : la cohésion de l'acide maléique est plus faible que celle de l'acide fumarique, sa température de fusion est inférieure.

COURS

11 Dissolution de solides ioniques ou moléculaires

1 Dissolution d'un solide ionique

a. Cas d'un solvant polaire

■ Des **interactions coulombiennes** apparaissent entre les molécules de solvant et le solide ionique. La structure ionique est fragilisée, les ions du solide se séparent. Cette étape est la **dissociation**.

■ Les ions en solution s'entourent de molécules de solvant. On parle de **solvatation** (ou d'hydratation si le solvant est l'eau).

ATTENTION
Selon le signe de la charge de l'ion, l'orientation des molécules de solvant est différente.

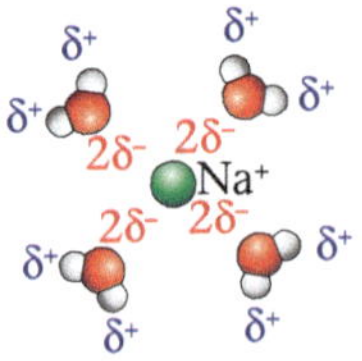

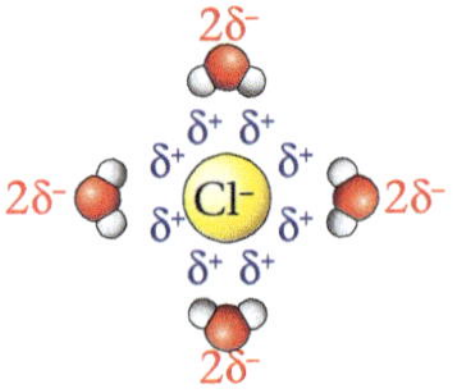

■ Enfin, il y a **dispersion** des ions solvatés dans la solution.

■ Au cours d'une dissolution, il y a conservation de la matière et des charges électriques.

La réaction associée à la dissolution dans l'eau est modélisée par une **équation**.

Exemple : $NaCl_{(s)} \rightarrow Na^+_{(aq)} + Cl^-_{(aq)}$

On obtient une solution aqueuse **électriquement neutre** de chlorure de sodium. Les ions hydratés sont notés avec le qualificatif « aq » (aqueux).

À NOTER
Il existe des solides ioniques insolubles dans l'eau pour lesquels l'attraction entre l'anion et le cation est trop forte pour que les molécules d'eau les séparent (exemple : $AgCl_{(s)}$).

b. Cas d'un solvant apolaire

■ Un solide ionique ne se dissout pas dans un solvant apolaire.

2 Dissolution d'un composé moléculaire dans un solvant

■ Plus les molécules d'un soluté peuvent donner d'interactions avec celles d'un solvant et plus grande sera la **solubilité** dans ce solvant.

■ Un composé moléculaire constitué de molécules polaires est donc soluble dans un solvant polaire. De plus, si des liaisons hydrogène peuvent s'établir entre le solvant et le soluté, la solubilité de ce dernier sera favorisée.

Exemple : Dissolution du saccharose dans l'eau :

$$C_{12}H_{22}O_{11(s)} \rightarrow C_{12}H_{22}O_{11(aq)}.$$

■ Un composé moléculaire constitué de molécules apolaires est soluble dans un solvant apolaire.

> **À NOTER**
> Les molécules de tensioactif sont constituées de deux parties : une longue chaîne carbonée apolaire insoluble dans l'eau et une extrémité polaire, portant parfois une charge électrique, soluble dans l'eau.

3 Concentration molaire

■ La **concentration molaire en soluté apporté** se note $c(A)$ et se réfère à ce qui a été introduit dans le solvant :

$$c(A) = \frac{n(A)}{V}$$

avec $c(A)$ en $mol \cdot L^{-1}$; $n(A)$ la quantité de matière de l'espèce chimique A dissoute en mol ; V le volume de la solution en L.

■ Les solutions ioniques ne contiennent plus le soluté apporté A, mais des ions apparus lors de la dissolution. La **concentration molaire effective d'un ion X** en solution est notée [X], elle est donnée par la relation :

$$[X] = \frac{n(X)}{V}$$

avec [X] en $mol \cdot L^{-1}$; $n(X)$ la quantité de matière de l'espèce chimique X présente en solution en mol ; V le volume de la solution en L.

1 Expliquer la miscibilité de deux solvants en étudiant leur polarité

Énoncé

L'éthanol et le pentane, dont les modèles moléculaires sont donnés ci-dessous, sont des solvants couramment utilisés dans les laboratoires.

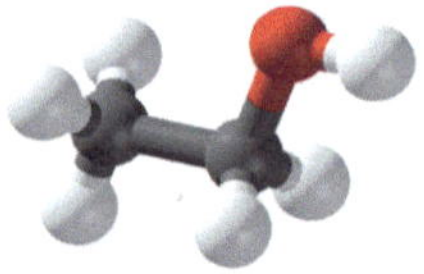

Éthanol

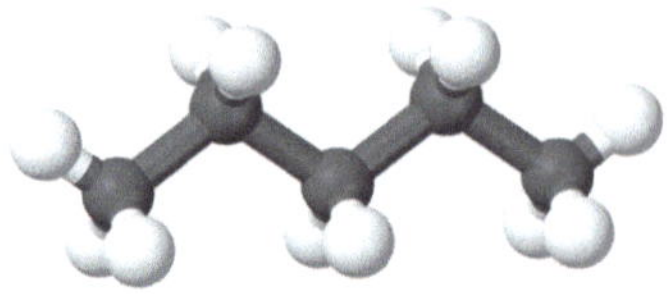

Pentane

Justifier la grande miscibilité de l'éthanol et de l'eau (l'éthanol est miscible à l'eau en toutes proportions) et la très faible miscibilité du pentane et de l'eau.

Savoir-faire

- Identifier les liaisons polarisées dans la molécule d'éthanol.
- Compte tenu de la géométrie de la molécule, déterminer si la molécule d'éthanol est polaire ou apolaire.
- Rechercher si des interactions peuvent s'établir entre l'éthanol et l'eau.
- Procéder de même avec la molécule de pentane.

Corrigé détaillé

- Les électronégativités des éléments C et H étant proches, les liaisons C–H sont peu polarisées. En revanche, l'atome d'oxygène est plus électronégatif que l'atome d'hydrogène et plus électronégatif que l'atome de carbone : les liaisons C–O et O–H sont polarisées.

La géométrie de la molécule est telle que la molécule d'éthanol est polaire.

- L'eau étant également un solvant polaire, ces deux solvants sont miscibles : des interactions de Van der Waals s'établissent entre les molécules d'eau et les molécules d'éthanol. Du fait de la présence du groupe –OH, l'éthanol s'associe également avec l'eau par liaisons hydrogène.

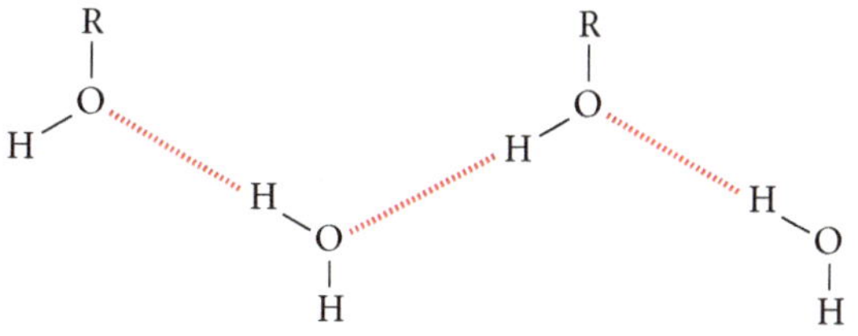

R représente la chaîne carbonée de l'éthanol ($R = CH_3-CH_2$).

À NOTER
Les liaisons hydrogène se rencontrent entre un atome d'hydrogène lié à un atome fortement électronégatif (F, S, O) et un autre atome possédant un doublet non liant (comme l'oxygène).

■ Le pentane est un solvant dont les molécules ne comportent que des atomes de carbone et d'hydrogène. Comme les liaisons C–H sont très peu polarisées, le pentane est un solvant apolaire. Il est donc faiblement miscible avec l'eau, solvant polaire.

2 Calculer des concentrations molaires effectives d'ions en solution

Énoncé

On prépare un volume $V = 500$ mL d'une solution aqueuse en dissolvant 10 g de sulfate de fer III, solide ionique de formule $Fe_2(SO_4)_{3(s)}$.

Déterminer les concentrations molaires effectives des ions Fe^{3+} et SO_4^{2-} dans cette solution.

Donnée : $M(Fe_2(SO_4)_3) = 400$ g·mol^{-1}.

Savoir-faire

- Calculer la quantité $n(Fe_2(SO_4)_3)$ de sulfate de fer dissous.
- Écrire l'équation de dissolution du sulfate de fer dans l'eau.
- Réaliser un tableau d'avancement et déterminer x_{max}.
- En déduire les concentrations molaires effectives des ions en solution.

Corrigé détaillé

■ La quantité de sulfate de fer dissous est :

$$n(Fe_2(SO_4)_3) = \frac{m(Fe_2(SO_4)_3)}{M(Fe_2(SO_4)_3)} = \frac{10}{400} = 2{,}5\cdot 10^{-2} \text{ mol.}$$

Le sulfate de fer III libère des ions fer III et des ions sulfate dont les formules sont données.

■ L'équation associée à la dissolution de ce solide ionique dans l'eau doit respecter la conservation des éléments chimiques et la neutralité électrique de la solution :

$$Fe_2(SO_4)_{3(s)} \rightarrow 2\ Fe^{3+}_{(aq)} + 3\ SO^{2-}_{4\ (aq)}$$

■ La conservation de la matière lors de la dissolution d'un solide ionique se traduit par le tableau d'avancement ci-dessous :

		$Fe_2(SO_4)_{3(s)}$	**$\rightarrow 2\ Fe^{3+}_{(aq)}$**	**$+ 3\ SO^{2-}_{4\ (aq)}$**
	Avancement (mol)	**Quantités de matière (mol)**		
État initial	0	$2{,}5 \cdot 10^{-2}$	0	0
En cours de transformation	x	$2{,}5 \cdot 10^{-2} - x$	$2x$	$3x$
État final	x_{max}	$2{,}5 \cdot 10^{-2} - x_{max}$	$2x_{max}$	$3x_{max}$

■ À l'état final, le solide a été entièrement dissous. On a donc $2{,}5 \cdot 10^{-2} - x_{max} = 0$, soit :

$$x_{max} = 2{,}5 \cdot 10^{-2}\ \text{mol}.$$

Alors $[Fe^{3+}] = \dfrac{2x_{max}}{V} = \dfrac{2 \times 2{,}5 \cdot 10^{-2}}{0{,}500} = 0{,}10\ \text{mol} \cdot \text{L}^{-1}$.

$[SO_4^{2-}] = \dfrac{3x_{max}}{V} = \dfrac{3 \times 2{,}5 \cdot 10^{-2}}{0{,}500} = 0{,}15\ \text{mol} \cdot \text{L}^{-1}$.

ATTENTION

La notation $[(Fe_2(SO_4)_3)]$ est incorrecte, car le sulfate de fer III n'est pas effectivement présent dans la solution préparée.

10 qcm pour réviser le cours

Corrigés p. 201

Le sulfate de sodium est un solide ionique utilisé pour le traitement de la pâte à papier.

On prépare un volume V = 100 mL d'une solution de sulfate de sodium en dissolvant une quantité n = 0,100 mol de sulfate de sodium dans de l'eau.

Donnée **: $M(Na_2SO_4)$ = 142 g·mol⁻¹.**

1 La masse de sulfate de sodium à peser est :

- ☐ **a.** m = 1,42 g.
- ☐ **b.** m = 14,2 g.
- ☐ **c.** m = 142 g.

2 La solution est préparée dans :

- ☐ **a.** une fiole jaugée.
- ☐ **b.** une éprouvette graduée.
- ☐ **c.** un bécher.

3 L'équation de la réaction de dissolution du sulfate de sodium $Na_2SO_{4(s)}$ dans l'eau s'écrit :

- ☐ **a.** $Na_2SO_{4(s)} \rightarrow Na^+_{(aq)} + SO^{2-}_{4\,(aq)}$
- ☐ **b.** $Na_2SO_{4(s)} \rightarrow 2\,Na^+_{(aq)} + SO^{2-}_{4\,(aq)}$
- ☐ **c.** $Na_2SO_{4(s)} \rightarrow Na^{2+}_{(aq)} + SO^{2-}_{4\,(aq)}$

4 La concentration molaire de la solution en sulfate de sodium est :

- ☐ **a.** $c(Na_2SO_4)$ = 0,100 mol·L⁻¹.
- ☐ **b.** $c(Na_2SO_4) = 1{,}00 \cdot 10^{-3}$ mol·L⁻¹.
- ☐ **c.** $c(Na_2SO_4)$ = 1,00 mol·L⁻¹.

5 La concentration molaire en solution des ions sodium est :

- ☐ **a.** $[Na^+]$ = 0,500 mol·L⁻¹.
- ☐ **b.** $[Na^+]$ = 1,00 mol·L⁻¹.
- ☐ **c.** $[Na^+]$ = 2,00 mol·L⁻¹.

6 La concentration molaire en solution des ions sulfate est :

- ☐ **a.** $[SO_4^{2-}]$ = 0,500 mol·L⁻¹.
- ☐ **b.** $[SO_4^{2-}]$ = 1,00 mol·L⁻¹.
- ☐ **c.** $[SO_4^{2-}]$ = 2,00 mol·L⁻¹.

7 En solution aqueuse, l'anion sulfate SO_4^{2-} est :

- ☐ **a.** dissocié.
- ☐ **b.** hydraté.
- ☐ **c.** solvaté.

8 En solution aqueuse, le cation sodium Na^+ est entouré de molécules d'eau.

- ☐ **a.** Des interactions électrostatiques existent entre les molécules d'eau et le cation.
- ☐ **b.** Les molécules d'eau sont orientées de telle sorte que les atomes d'hydrogène soient au plus près du cation.
- ☐ **c.** Les molécules d'eau sont orientées de telle sorte que l'atome d'oxygène soit au plus près du cation.

9 Le cyclohexane, dont le modèle moléculaire est donné ci-contre, est un solvant :

- ☐ **a.** polaire.
- ☐ **b.** apolaire.
- ☐ **c.** organique.

10 Le sulfate de sodium est :

- ☐ **a.** soluble aussi bien dans l'eau que dans le cyclohexane.
- ☐ **b.** plus soluble dans le cyclohexane que dans l'eau.
- ☐ **c.** plus soluble dans l'eau que dans le cyclohexane.

Exercices

Exercice 1 niveau 1

Corrigés p. 201

Recopier et compléter les équations de dissolution suivantes :

$CuSO_{4(s)} \rightarrow Cu^{2+}{}_{(aq)} + ...$

$NaHCO_{3(s)} \rightarrow Na^{+}{}_{(aq)} + ...$

$... \rightarrow NH^{+}_{4(aq)} + NO^{-}_{3(aq)}$

$FeCl_{3(s)} \rightarrow ... + 3\ Cl^{-}{}_{(aq)}$

Exercice 2 niveau 1

Corrigés p. 201

On prépare une solution aqueuse de chlorure de baryum telle que la concentration molaire effective des ions chlorure soit $[Cl^{-}] = 0{,}050\ mol{\cdot}L^{-1}$.

1. Écrire l'équation de dissolution dans l'eau du chlorure de baryum de formule $BaCl_{2(s)}$.
2. Que vaut la concentration molaire effective des ions baryum dans cette solution ?

Exercice 3 niveau 1

Corrigés p. 202

Le bromure de potassium est un solide ionique utilisé comme sédatif. On veut préparer un volume $V = 100$ mL d'une solution de bromure de potassium de concentration molaire $c(KBr) = 7{,}0{\cdot}10^{-3}\ mol{\cdot}L^{-1}$.

1. Écrire l'équation associée à la dissolution de ce solide dans l'eau.
2. Calculer la quantité de matière de bromure de potassium à dissoudre.
3. Calculer la masse de bromure de potassium nécessaire pour préparer la solution.

Données : masse molaire $M(Br) = 79\ g{\cdot}mol^{-1}$ et $M(K) = 39\ g{\cdot}mol^{-1}$.

Exercice 4 niveau 2

Corrigés p. 202

Le toluène est un solvant dont la formule semi-développée est représentée ci-contre.

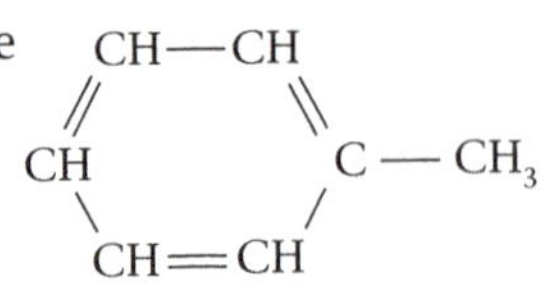

1. Le toluène est-il un solvant polaire ?
2. Expliquer pourquoi le permanganate de potassium est peu soluble dans le toluène alors que le diiode est très soluble dans le toluène.
3. Prévoir la miscibilité du toluène avec l'eau.

Exercice 5 (niveau 2)

Corrigés p. 202

Le chlorure de calcium est le deuxième sel le plus utilisé après le chlorure de sodium pour le salage des routes l'hiver. On souhaite préparer un volume $V = 250$ mL d'une solution de chlorure de calcium de concentration $c(CaCl_2) = 0{,}10\ mol{\cdot}L^{-1}$.

Donnée : $M(CaCl_2) = 111\ g{\cdot}mol^{-1}$.

1. Calculer la masse de chlorure de calcium à peser.
2. Donner la liste du matériel nécessaire pour préparer cette solution.
3. Écrire l'équation de la réaction de dissolution du chlorure de calcium $CaCl_{2(s)}$ dans l'eau.
4. Quelle est la concentration molaire effective des ions calcium Ca^{2+} dans cette solution ?
5. Quelle est la concentration molaire effective des ions chlorure Cl^- dans cette solution ?

Exercice 6 (niveau 2)

Corrigés p. 203

Le sérum physiologique est une solution aqueuse de chlorure de sodium. Il est conditionné dans des flacons de volume $V = 5{,}0$ mL contenant une masse $m = 45$ mg de chlorure de sodium.

1. Écrire l'équation de dissolution du chlorure de sodium dans l'eau.
2. Calculer les concentrations molaires des ions chlorure et sodium.

Données : masse molaire $M(Na) = 23\ g{\cdot}mol^{-1}$ et $M(Cl) = 35{,}5\ g{\cdot}mol^{-1}$.

Exercice 7 (niveau 2)

Corrigés p. 203

Pour enlever une tache d'huile sur un tissu, une lessive ou un savon contenant des molécules tensioactives sont nécessaires. Les molécules tensioactives sont constituées d'une « tête » *hydrophile* qui peut se lier à l'eau par liaison hydrogène et d'une longue chaîne carbonée *hydrophobe* mais *lipophile*.

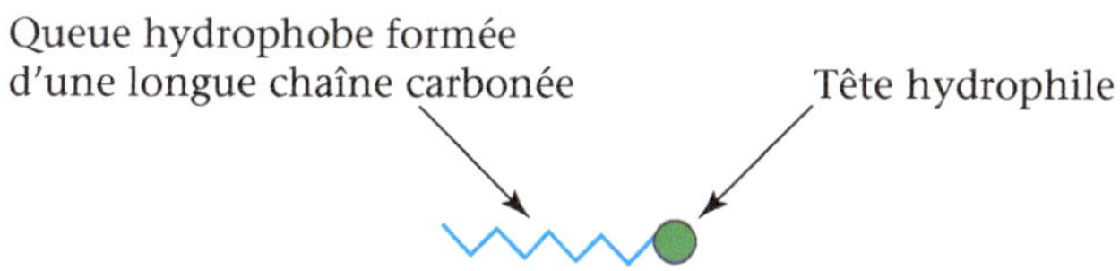

1. Pourquoi une tache d'huile ne s'enlève-t-elle pas en utilisant simplement de l'eau ?
2. Définir les mots en italique dans le texte.

3. Lorsqu'un tissu présentant une tache d'huile est placé dans une eau savonneuse, la partie hydrophobe de la molécule tensioactive est attirée par le corps gras.

Le corps gras est décollé du tissu, et les molécules tensioactives forment autour de la goutte d'huile un agrégat appelé micelle.

Compléter le schéma suivant en représentant quelques molécules tensioactives.

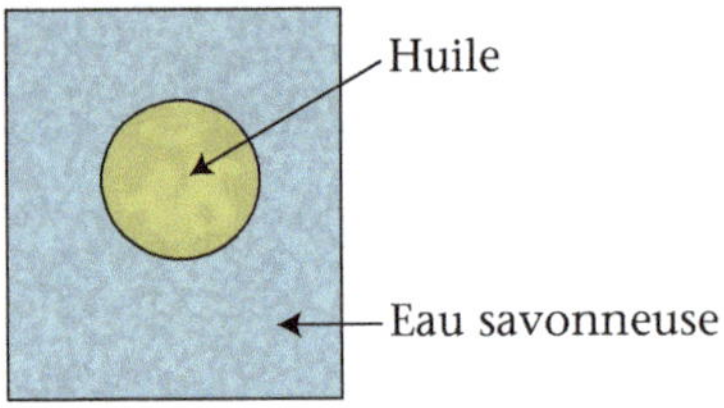

4. Parmi les espèces suivantes, indiquer laquelle est un tensioactif, puis repérer sa partie hydrophile et sa partie lipophile :

Ion méthanoate $H-COO^-$;

Ion palmitate $CH_3-(CH_2)_{14}-COO^-$;

Heptane $CH_3-(CH_2)_5-CH_3$.

Exercice 8 niveau 2

Corrigés p. 204

L'alginate de sodium est un polymère naturel extrait de certaines algues. Il est utilisé comme gélifiant alimentaire. Il est soluble dans l'eau. En revanche, lorsqu'on l'introduit dans une solution contenant des ions calcium Ca^{2+}, les ions Ca^{2+} remplacent les ions Na^+ et relient deux chaînes d'alginate différentes. Les chaînes ainsi associées entre elles forment un vaste réseau ; la solution devient épaisse et visqueuse.

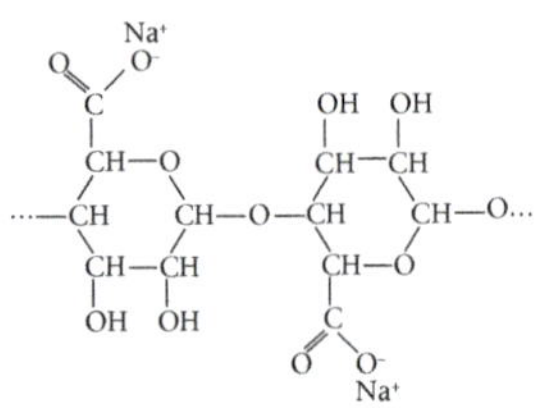

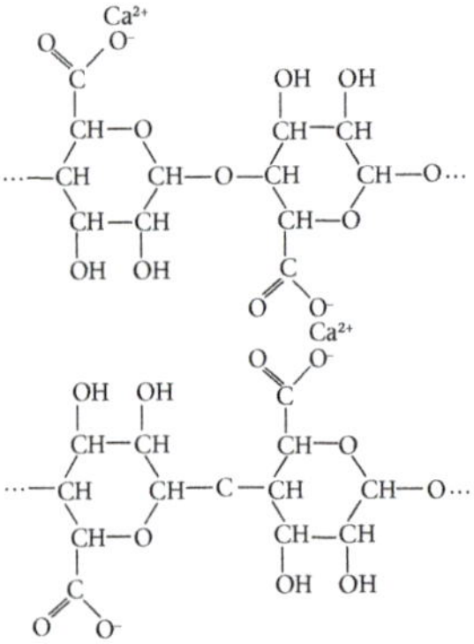

1. Rechercher le code européen associé de l'alginate de sodium.

2. Rechercher quelques aliments qui contiennent cet additif.

3. Pourquoi les ions calcium permettent-ils de faire des liens entre les chaînes d'alginate ? Pourquoi les ions sodium ne jouent-ils pas ce rôle ?

4. Pourquoi l'alginate de sodium est-il un bon épaississant pour les produits lactés ?

Exercice 9 (niveau 3)

Corrigés p. 204

Le sel de Mohr est un solide ionique de formule $FeSO_4$, $(NH_4)_2SO_4$, $6\ H_2O$. À partir de ce solide, on souhaite préparer une solution S_1 de volume $V_1 = 100$ mL telle que la concentration molaire effective en ions fer soit égale à $5{,}00 \cdot 10^{-2}$ mol·L^{-1}.

1. Dans le sel de Mohr, les ions fer sont-ils sous la forme d'ions Fe^{2+} ou Fe^{3+} ?

2. Écrire l'équation de dissolution du sel de Mohr dans l'eau.

3. Quelle est la relation entre la concentration c_1 en soluté apporté et la concentration molaire effective en ions fer ?

4. Calculer la masse molaire du sel de Mohr.

5. Quelle masse de sel de Mohr faut-il dissoudre ?

6. Déterminer la concentration molaire effective des ions ammonium et des ions sulfate dans la solution S_1.

7. On veut préparer, à partir de la solution S_1, 50,0 mL d'une solution S_2 de sel de Mohr de concentration molaire effective en ions fer égale à $1{,}00 \cdot 10^{-2}$ mol·L^{-1}.

Décrire précisément le protocole de la dilution à réaliser.

Données : Les ions ammonium ont pour formule NH_4^+ et les ions sulfate SO_4^{2-}.

$M(Fe) = 55{,}8$ g·mol^{-1} ; $M(S) = 32{,}1$ g·mol^{-1} ; $M(O) = 16{,}0$ g·mol^{-1} ; $M(N) = 14{,}0$ g·mol^{-1} ; $M(H) = 1{,}00$ g·mol^{-1}.

Exercice 10 (niveau 3)

Corrigés p. 205

On dispose d'une solution aqueuse notée S_1 de chlorure de sodium de concentration molaire $c_1 = 3{,}5 \cdot 10^{-1}$ mol·L^{-1} et d'une solution S_2 de chlorure de magnésium de concentration molaire $c_2 = 3{,}0 \cdot 10^{-1}$ mol·L^{-1}.

1. Écrire les équations de dissolution dans l'eau de ces deux solides ioniques.

2. En déduire les concentrations molaires effectives des ions dans les deux solutions S_1 et S_2.

On mélange un volume $V_1 = 100$ mL de la solution S_1 avec un volume $V_2 = 50$ mL de la solution S_2.

Aucune transformation chimique n'a lieu.

3. Calculer la quantité d'ions chlorure $n_1(Cl^-)$ apportée par la solution S_1.

4. Calculer la quantité d'ions chlorure $n_2(Cl^-)$ apportée par la solution S_2.

5. Calculer la quantité totale d'ions chlorure $n(Cl^-)$ dans le mélange.

6. En déduire la concentration des ions chlorure dans le mélange.

Exercice 11 *niveau 3*

Corrigés p. 206

Le sulfate de zinc est un solide hydraté de formule $ZnSO_4, xH_2O$; cela signifie que 1 mole de $ZnSO_4$ est accompagnée de x moles de molécules d'eau.

On prépare un volume $V = 100$ mL d'une solution aqueuse de sulfate de zinc à partir d'une masse $m = 5,0$ g de sulfate de zinc hydraté. Un dosage permet de déterminer la concentration molaire en ions zinc dans la solution obtenue :

$[Zn^{2+}] = 1,75 \cdot 10^{-1}$ mol·L^{-1}.

1. Écrire l'équation de la dissolution du sulfate de zinc hydraté.
2. Calculer la quantité de sulfate de zinc hydraté dans la solution.
3. En déduire la masse molaire du sulfate de zinc hydraté.
4. Déterminer la valeur de x.

QCM

1 **b.** La masse de sulfate de sodium à peser est :

$$m = n \times M = 0{,}100 \times 142 = 14{,}2 \text{ g.}$$

2 **a.** Une fiole jaugée contient un volume précis de liquide. Le trait de jauge se trouve sur le col qui est plus long et plus étroit que la base pour permettre un ajustage précis du volume.

3 **b.** L'équation de dissolution doit respecter la conservation des éléments et de la charge électrique.

4 **c.** La concentration molaire de la solution en sulfate de sodium est :

$$c(Na_2SO_4) = \frac{n}{V} = \frac{0{,}100}{0{,}100} = 1{,}00 \text{ mol·L}^{-1}.$$

5 **c.** D'après l'équation de dissolution :

$$[Na^+] = 2\ c(Na_2SO_4) = 2{,}00 \text{ mol·L}^{-1}.$$

6 **b.** D'après l'équation de dissolution, $[SO_4^{2-}] = c(Na_2SO_4) = 1{,}00$ mol·L^{-1}.

7 **b.** et **c.** La solvatation dans l'eau est aussi appelée hydratation.

8 **a.** et **c.** Le côté porteur de la charge partielle négative des molécules d'eau est orienté vers le cation.

9 **b.** et **c.** Le cyclohexane est un solvant constitué uniquement d'atomes de carbone et d'hydrogène : c'est un solvant organique. Les électronégativités du carbone et de l'hydrogène étant très proches, il est considéré comme apolaire.

10 **c.** Un solide ionique comme le sulfate de sodium ne se dissout pas dans un solvant apolaire.

Exercice 1

$CuSO_{4(s)} \rightarrow Cu^{2+}_{(aq)} + SO^{2-}_{4\ (aq)}$
$NaHCO_{3(s)} \rightarrow Na^+_{(aq)} + HCO^-_{3(aq)}$
$NH_4NO_{3(s)} \rightarrow NH^+_{4\ (aq)} + NO^-_{3(aq)}$
$FeCl_{3(s)} \rightarrow Fe^{3+}_{(aq)} + 3\ Cl^-_{(aq)}$

À NOTER
Utilisez l'électro-neutralité du cristal ionique et de la solution.

Exercice 2

1. $BaCl_{2(s)} \rightarrow Ba^{2+}_{(aq)} + 2Cl^-_{(aq)}$

2. La concentration molaire en ions Ba^{2+} se déduit d'un tableau d'avancement correspondant à l'équation de dissolution.

		$BaCl_{2(s)}$ →	$Ba^{2+}_{(aq)}$ +	$2\ Cl^-_{(aq)}$
	Avancement (mol)	Quantité de matière (mol)		
État initial	0	n	0	0
En cours de transformation	x	$n - x$	x	$2x$
État final	x_{max}	$n - x_{max}$	x_{max}	$2x_{max}$

La quantité de matière d'ions Cl^- en solution est $2x_{max}$ alors que la quantité de matière de Ba^{2+} est x_{max}.

$$[Cl^-] = \frac{2x_{max}}{V} = 0{,}050\ mol{\cdot}L^{-1}.$$

$$[Ba^{2+}] = \frac{x_{max}}{V} = \frac{[Cl^-]}{2} = 0{,}025\ mol{\cdot}L^{-1}.$$

Exercice 3

1. $KBr_{(s)} \rightarrow K^+_{(aq)} + Br^-_{(aq)}$

2. $n(KBr) = c(KBr) \times V = 7{,}0{\cdot}10^{-3} \times 0{,}100 = 7{,}0{\cdot}10^{-4}$ mol.

3. On calcule la masse molaire du bromure de potassium :

$M(KBr) = M(K) + M(Br) = 39 + 79 = 118\ g{\cdot}mol^{-1}$.

La masse de bromure de potassium nécessaire pour préparer la solution est $m(KBr) = n(KBr) \times M(KBr) = 7{,}0{\cdot}10^{-4} \times 118 = 8{,}3{\cdot}10^{-2}$ g = 83 mg.

> **CONSEIL**
> Donnez les relations littérales entre c, V et n, puis entre n, m et M avant de faire les calculs.

Exercice 4

1. Le toluène est un solvant constitué uniquement d'atomes de carbone et d'hydrogène. Il est considéré comme apolaire car les électronégativités du carbone et de l'hydrogène sont très proches.

2. Le permanganate de potassium est un solide ionique, très soluble dans l'eau mais peu soluble dans un solvant apolaire comme le toluène. Le diiode est un solide constitué de molécules apolaires, dont la cohésion est assurée par des interactions de Van der Waals : il est soluble dans un solvant apolaire comme le toluène.

3. Le toluène est quasiment insoluble dans l'eau (0,535 $g{\cdot}L^{-1}$ à 25 °C).

Exercice 5

1. La masse de chlorure de calcium à peser est :

$$m(CaCl_2) = n(CaCl_2) \times M(CaCl_2) = c(CaCl_2) \times V \times M(CaCl_2)$$
$$= 0{,}10 \times 0{,}250 \times 111 = 2{,}8\ g.$$

2. Pour préparer cette solution, il faut une fiole jaugée de 250 mL, une coupelle de pesée, une spatule, un entonnoir, une balance et bien sûr une pissette d'eau distillée.

3. L'équation de dissolution doit respecter la conservation des éléments et de la charge électrique :

$$CaCl_{2(s)} \rightarrow Ca^{2+}_{(aq)} + 2\ Cl^{-}_{(aq)}.$$

4. D'après l'équation de dissolution, $[Ca^{2+}] = c(CaCl_2) = 0{,}10\ mol{\cdot}L^{-1}$.

5. D'après l'équation de dissolution, $[Cl^-] = 2c(CaCl_2) = 0{,}20\ mol{\cdot}L^{-1}$.

Exercice 6

1. $NaCl_{(s)} \rightarrow Na^{+}_{(aq)} + Cl^{-}_{(aq)}$.

2. On calcule la quantité de matière n de chlorure de sodium dissous :

$n = \frac{m}{M}$ où M est la masse molaire du chlorure de sodium.

$M = M(Na) + M(Cl) = 23 + 35{,}5 = 58{,}5\ g{\cdot}mol^{-1}$.

Soit $n = \frac{45{\cdot}10^{-3}}{58{,}5} = 7{,}7{\cdot}10^{-4}$ mol.

		$NaCl_{(s)}$ →	$Na^{+}_{(aq)}$ +	$Cl^{-}_{(aq)}$
	Avancement (mol)	**Quantité de matière (mol)**		
État initial	0	$7{,}7{\cdot}10^{-4}$	0	0
En cours de transformation	x	$7{,}7{\cdot}10^{-4} - x$	x	x
État final	x_{max}	$7{,}7{\cdot}10^{-4} - x_{max}$	x_{max}	x_{max}

Le chlorure de sodium est entièrement dissous.

On a donc $7{,}7{\cdot}10^{-4} - x_{max} = 0$, soit $x_{max} = 7{,}7{\cdot}10^{-4}$ mol.

Alors $[Na^+] = [Cl^-] = \frac{x_{max}}{V} = \frac{7{,}7{\cdot}10^{-4}}{(5{,}0{\cdot}10^{-3})} = 0{,}15\ mol{\cdot}L^{-1}$.

Exercice 7

1. L'huile et l'eau sont non miscibles, l'huile restera donc collée au vêtement plutôt que de se mélanger à l'eau.

2. *Hydrophile* : qui a de l'affinité pour l'eau.

Hydrophobe : qui n'a pas d'affinité pour l'eau.

Lipophile : qui a une affinité pour les graisses, les solvants organiques.

3. La partie hydrophobe de la molécule tensioactive s'enfonce dans la goutte d'huile. La tête polaire est à l'extérieur.

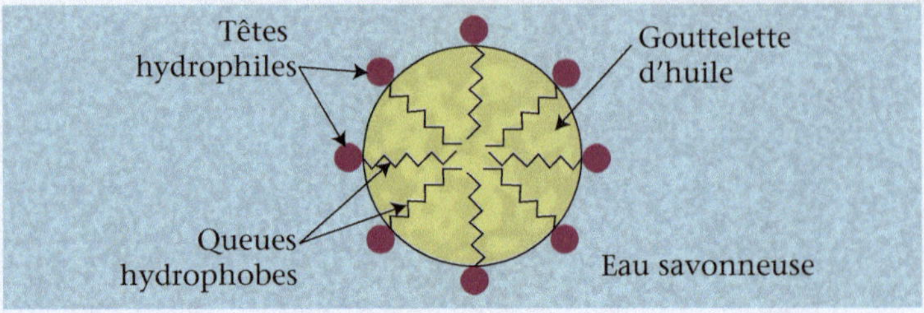

4. L'ion palmitate $CH_3-(CH_2)_{14}-COO^-$ est un tensioactif, il comporte une longue chaîne carbonée apolaire et une partie hydrophile $-COO^-$.

L'INFO EN PLUS
Un mélange dans lequel des gouttelettes d'huile sont dispersées dans de l'eau est une émulsion huile/eau.

Exercice 8

1. Le code européen associé de l'alginate de sodium est E401.

2. On trouve cet additif dans les desserts (mousses au chocolats, pudding...), dans les crèmes glacées, les confitures...

3. Un ion calcium possédant deux charges positives va donc se lier à deux chaînes d'alginate via les groupements carboxyles $-COO^-$. Les ions sodium ne jouent pas ce rôle car ils ne possèdent qu'une seule charge positive.

4. Les produits lactés contiennent du calcium.

Exercice 9

1. Le sel de Mohr est un solide électriquement neutre, donc la somme des charges électriques des différents ions qui le constitue doit être nulle. Si l'on note x la charge de l'ion fer, on doit avoir :

$x + (-2) + 2 \times (1) + (-2) = 0$ soit $x = +2$. Il s'agit des ions Fe^{2+}.

2. L'équation de dissolution s'écrit :

$FeSO_4, (NH_4)_2SO_4, 6\ H_2O_{(s)} \rightarrow Fe^{2+}{}_{(aq)} + 2\ NH_4^+{}_{(aq)} + 2\ SO_4^{2-}{}_{(aq)} + 6\ H_2O_{(l)}$.

3. D'après l'équation de dissolution, $[Fe^{2+}] = c_1$.

4. $M(FeSO_4, (NH_4)_2SO_4, 6\ H_2O)$
$= M(Fe) + M(S) + 4\ M(O) + 2\ M(N) + 8\ M(H)$
$+ M(S) + 4\ M(O) + 12\ M(H) + 6\ M(O)$
$= 392\ g{\cdot}mol^{-1}$.

ATTENTION
N'oubliez pas de tenir compte de la masse de l'eau.

5. $m(FeSO_4, (NH_4)_2SO_4, 6\ H_2O)$
$= n(FeSO_4, (NH_4)_2SO_4, 6\ H_2O) \times M(FeSO_4, (NH_4)_2SO_4, 6\ H_2O)$
$= c_1 \times V_1 \times M(FeSO_4, (NH_4)_2SO_4, 6\ H_2O) = 5{,}00{\cdot}10^{-2} \times 0{,}100 \times 392$
$= 1{,}96$ g.

6. Dans l'équation de dissolution, les nombres stœchiométriques sont 2 devant l'ion ammonium et l'ion sulfate. Par conséquent, la concentration molaire effective des ions ammonium NH_4^+ dans cette solution est $[NH_4^+] = 2c_1$. De même, $[SO_4^{2-}] = 2c_1$.

7. On calcule d'abord le volume $V_{\text{mère}}$ de solution mère à prélever. La dilution n'affectant pas la quantité de matière de soluté, on peut écrire $n(Fe^{2+})_{\text{mère}} = n(Fe^{2+})_{\text{fille}}$.

Soit $[Fe^{2+}]_{\text{mère}} \times V_{\text{mère}} = [Fe^{2+}]_{\text{fille}} \times V_{\text{fille}}$, soit $V_{\text{mère}} = [Fe^{2+}]_{\text{fille}} \times \dfrac{V_{\text{fille}}}{[Fe^{2+}]}$

Application numérique : $V_{\text{mère}} = 1{,}00 \cdot 10^{-2} \times \dfrac{50{,}0 \cdot 10^{-3}}{5{,}00 \cdot 10^{-2}} = 10{,}0$ mL.

Les étapes à suivre pour préparer la solution S_2 sont les suivantes.

– Verser la solution mère (à diluer) dans un bécher. Prélever 10,0 mL de solution mère à l'aide d'une pipette jaugée de 10,0 mL munie d'une propipette.

– Introduire la solution prélevée dans une fiole jaugée de 50,0 mL.

– Remplir la fiole jaugée aux trois quarts avec de l'eau distillée. Après l'avoir bouchée, l'agiter pour homogénéiser la solution.

– Ajouter de l'eau distillée jusqu'au trait de jauge (faire très attention et utiliser si nécessaire un compte goutte). Reboucher la fiole jaugée et la retourner plusieurs fois pour bien homogénéiser la solution.

> **ATTENTION**
> On ne prélève jamais directement dans un flacon ou dans une fiole jaugée. Il faut toujours rincer la pipette avec la solution mère avant d'effectuer le prélèvement.

Exercice 10

1. $NaCl_{(s)} \rightarrow Na^+_{(aq)} + Cl^-_{(aq)}$

$MgCl_{2(s)} \rightarrow Mg^{2+}_{(aq)} + 2Cl^-_{(aq)}$

2. $[Na^+]_1 = c_1 = 3{,}5 \cdot 10^{-1}$ mol·L⁻¹.

$[Cl^-]_1 = c_1 = 3{,}5 \cdot 10^{-1}$ mol·L⁻¹.

$[Mg^{2+}]_2 = c_2 = 3{,}0 \cdot 10^{-1}$ mol·L⁻¹.

$[Cl^-]_2 = 2c_2 = 6{,}0 \cdot 10^{-1}$ mol·L⁻¹.

3. La quantité d'ions chlorure apportée par la solution S_1 est :

$$n_1(Cl^-) = [Cl^-]_1 \times V_1 = 3{,}5 \cdot 10^{-1} \times 0{,}100 = 3{,}5 \cdot 10^{-2} \text{ mol.}$$

4. La quantité d'ions chlorure apportée par la solution S_2 est :

$$n_2(Cl^-) = [Cl^-]_2 \times V_2 = 6{,}0 \cdot 10^{-1} \times 0{,}050 = 3{,}0 \cdot 10^{-2} \text{ mol.}$$

5. La quantité totale d'ions chlorure dans le mélange est :

$$n(Cl^-) = n_1(Cl^-) + n_2(Cl^-) = 3{,}5 \cdot 10^{-2} + 3{,}0 \cdot 10^{-2} = 6{,}5 \cdot 10^{-2} \text{ mol.}$$

6. La concentration des ions chlorure dans le mélange est :

$$[Cl^-] = \frac{n(Cl^-)}{(V_1 + V_2)} = \frac{6{,}5 \cdot 10^{-2}}{(0{,}150)}$$
$$= 4{,}3 \cdot 10^{-1}\ mol.L^{-1}.$$

ATTENTION
Le volume total du mélange est $V_1 + V_2$. La concentration des ions chlorure dans le mélange n'est pas égale à $c_1 + c_2$.

Exercice 11

1. L'équation de dissolution s'écrit :

$$ZnSO_4,\ xH_2O_{(s)} \rightarrow Zn^{2+}{}_{(aq)} + SO_4^{2-}{}_{(aq)} + xH_2O_{(l)}.$$

2. $n(Zn^{2+}) = [Zn^{2+}] \times V = 1{,}75 \cdot 10^{-1} \times 0{,}100 = 1{,}75 \cdot 10^{-2}$ mol.

Or, d'après l'équation de dissolution, la quantité de matière de sulfate de zinc hydraté introduit est égale à la quantité d'ions $Zn^{2+}{}_{(aq)}$ dans l'état final :

$$n(ZnSO_4,\ xH_2O) = n(Zn^{2+}) = 1{,}75 \cdot 10^{-2}\ mol.$$

3. La masse molaire du sulfate de zinc hydraté est :

$$M(ZnSO_4,\ xH_2O) = \frac{m(ZnSO_4,\ xH_2O)}{n(ZnSO_4,\ xH_2O)} = \frac{5{,}00 \cdot 10^{-2}}{1{,}75 \cdot 10^{-2}} = 286\ g \cdot mol^{-1}.$$

4. La masse molaire de sulfate de zinc hydraté est aussi égale à la somme des masses molaires atomiques :

$$M(ZnSO_4,\ xH_2O) = M(Zn) + M(S) + 4M(O) + x(2M(H) + M(O)).$$

D'où $x = \dfrac{(M(ZnSO_4,\ xH_2O) - M(Zn) - M(S) - 4M(O))}{(2M(H) + M(O))}$.

Application numérique :

$x = \dfrac{(286 - 65{,}4 - 32{,}1 - 4 \times 16{,}0)}{(2 \times 1{,}00 + 16{,}0)} = 6{,}92$, soit 7 molécules d'eau.

Il s'agit de sulfate de zinc heptahydraté.

12 Alcanes et alcools

1 Nomenclature des alcanes et des alcools

a. Chaîne carbonée

- On appelle **chaîne carbonée**, ou squelette carboné, l'enchaînement des atomes de carbone dans une molécule organique.
- Lorsque chaque atome de carbone n'est lié qu'à deux autres atomes de carbone au plus, la chaîne carbonée est **linéaire**.
- Lorsqu'au moins un atome de carbone est lié à plus de deux autres atomes de carbone, la chaîne carbonée est **ramifiée**.
- Une chaîne carbonée **cyclique** se referme sur elle-même.

b. Les alcanes

- Les **alcanes** sont des hydrocarbures (corps constitués uniquement d'atomes de carbone et d'hydrogène) dont **tous les atomes de carbone sont liés par des liaisons simples.**

La formule brute d'un alcane est $\mathbf{C}_n\mathbf{H}_{2n+2}$ avec n entier.

- Le nom d'un alcane linéaire est constitué d'un préfixe qui dépend de la longueur de sa chaîne, suivi de la terminaison *-ane*.

Nombre d'atomes de carbone	1	2	3	4	5	6
Nom de l'alcane linéaire	méthane	éthane	propane	butane	pentane	hexane

- Dans le cas d'un alcane ramifié, la chaîne carbonée la plus longue, appelée **chaîne principale**, donne son nom à l'alcane. Les noms des ramifications, pris dans l'ordre alphabétique, précédés de leur numéro de position, sont placés avant le nom de l'alcane.

> **À NOTER**
> Les ramifications sont dans la plupart des cas des groupes méthyles (CH_3) ou éthyles ($-CH_2-CH_3$ ou $-C_2H_5$).

Le numéro de l'atome portant la ramification doit être le plus petit possible.

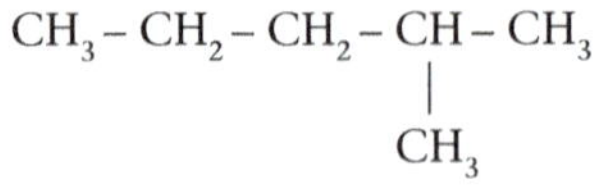

2-méthylpentane

■ Les cyclanes, souvent assimilés à des alcanes, sont des hydrocarbures n'ayant que des liaisons covalentes simples, mais ayant une forme cyclique. La formule brute des cyclanes est C_nH_{2n}.

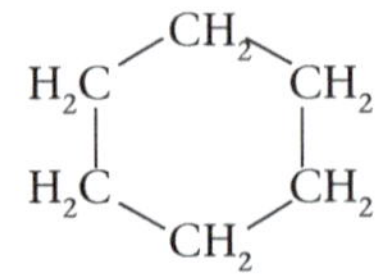

Cyclohexane

c. Les alcools

■ Les molécules organiques constituées d'un squelette carboné portant un groupe caractéristique hydroxyle **–OH** fixé sur un atome de carbone tétragonal appartiennent à la famille des **alcools**.

■ Le nom d'un alcool est obtenu en remplaçant le –e final du nom de l'alcane correspondant par la terminaison *-ol* précédée si nécessaire du numéro de l'atome de carbone lié au groupe –OH.

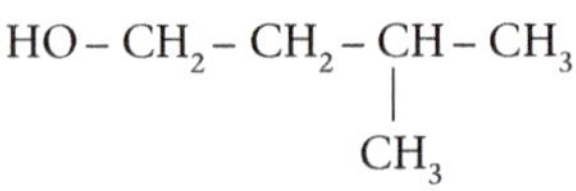

3-méthylbutan-1-ol

> **ATTENTION**
> L'indice de position du groupe hydroxyle doit être le plus petit possible. Il est prioritaire sur les indices de position des ramifications.

2 Propriétés physiques des alcanes et des alcools

a. Miscibilité des alcools avec l'eau

■ Les alcools de faible masse moléculaire sont miscibles avec l'eau du fait de l'établissement de **liaisons hydrogène entre le groupe hydroxyle des molécules d'alcool et les molécules d'eau**.

■ Cependant, lorsque la longueur de la chaîne carbonée hydrophobe croît, le groupe hydroxyle représente une

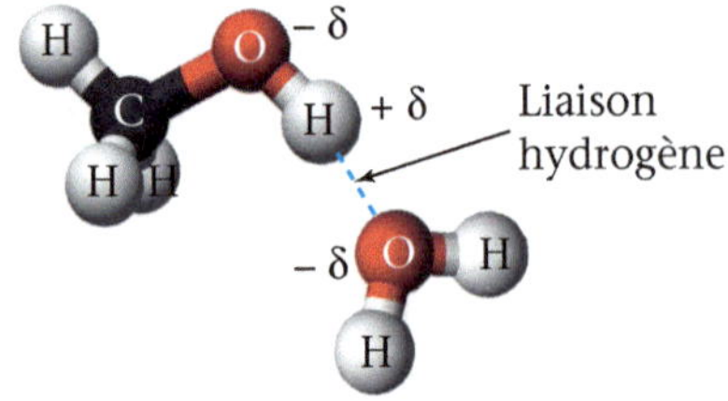

Liaison hydrogène entre le méthanol et l'eau

fraction de plus en plus faible de la masse moléculaire et les alcools deviennent de moins en moins miscibles avec l'eau.

	Méthanol	Pentan-1-ol	Hexan-1-ol
Miscibilité des alcools dans l'eau ($g{\cdot}L^{-1}$)	miscible en toutes proportions	23	6

b. Températures de changement d'état

■ Les alcanes sont apolaires : les **interactions de Van der Waals** sont du type « dipôle instantané-dipôle induit ». Ces interactions sont d'autant plus fortes que les molécules sont polarisables, c'est-à-dire longues et riches en électrons. Dans la série linéaire des alcanes, **la température d'ébullition croît donc avec la longueur de la chaîne**.

■ Pour une même formule brute, plus une molécule possède de ramifications, plus sa température d'ébullition est faible.

Formule brute	C_4H_{10}	C_5H_{12}	C_5H_{12}
Formule topologique			
Température d'ébullition (°C)	–0,5	36	28

■ **Les alcools ont une température d'ébullition supérieure** aux alcanes ayant le même nombre d'atomes de carbone ; cela est dû aux **liaisons hydrogène** qui existent entre les molécules d'alcool à l'état liquide.

c. Distillation fractionnée

■ La **distillation fractionnée** permet de séparer les constituants d'un mélange de liquides miscibles qui ont des températures d'ébullition différentes. Le mélange est introduit dans un ballon avec quelques pierres ponce et chauffé à ébullition. En s'élevant dans une colonne, les vapeurs formées s'enrichissent en composé le plus volatil. Un **réfrigérant à eau** permet de récupérer le distillat liquide.

■ On utilise cette technique dans l'industrie pétrolière.

1 Rechercher des isomères

Énoncé

Écrire la formule semi-développée et la formule topologique de tous les alcools isomères de formule brute $C_4H_{10}O$.
(Rappel : des isomères sont des molécules ayant même formule brute, mais des formules semi-développée ou développée différentes.)

Savoir-faire

- Écrire tout d'abord la chaîne carbonée la plus longue.
- Envisager systémiquement toutes les positions possibles pour le groupe hydroxyle.
- Lorsque le groupe hydroxyle est positionné sur la chaîne, compléter celle-ci avec des atomes d'hydrogène.
- Écrire une chaîne carbonée ayant un atome de carbone de moins.
- Envisager systématiquement toutes les positions possibles pour le groupe hydroxyle et le groupe méthyle.

Corrigé détaillé

- La chaîne carbonée la plus longue a 4 atomes de carbone.

On peut placer le groupe hydroxyle sur le premier atome de carbone et on obtient l'isomère 1 :

$HO-CH_2-CH_2-CH_2-CH_3$

CONSEIL
Pour passer de la formule semi-développée à l'écriture topologique, il faut représente la chaîne carbonée par une ligne brisée, en considérant que chaque segment représente une liaison C–C. Il ne faut représenter ni les atomes de carbone, ni les atomes d'hydrogène liés à ces atomes de carbone (ils sont implicites). Les autres atomes sont représentés de manière explicite ainsi que les atomes d'hydrogène qu'ils portent (par exemple un groupement OH).

- Si l'on place le groupe hydroxyle sur le deuxième atome de carbone, on obtient l'isomère 2 :

$CH_3-CH(OH)-CH_2-CH_3$ (OH porté par le CH)

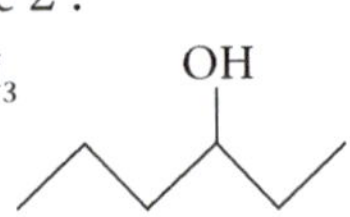

ATTENTION
En plaçant le groupe hydroxyle sur le troisième atome de carbone, on retrouve l'isomère 2, alors qu'en plaçant le groupe hydroxyle sur le dernier atome de carbone, on retrouve l'isomère 1.

- Les deux isomères possibles présentant une chaîne carbonée avec trois atomes de carbone seulement sont les suivants.

Isomère 3 :

Isomère 4 :

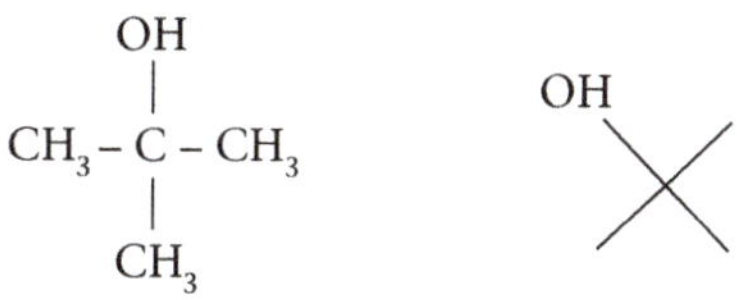

2 Nommer des alcools

Énoncé

Nommer les alcools précédents.

Savoir-faire

- Trouver l'alcane linéaire dont dérive l'alcool.
- Numéroter ensuite la chaîne en donnant au groupe hydroxyle le plus petit numéro.
- En déduire le numéro porté par chaque ramification (s'il y en a).

Corrigé détaillé

Isomère 1 : cet alcool dérive du butane, le groupe hydroxyle porte le numéro 1 : butan-1-ol

Isomère 2 : cet alcool dérive du butane, le groupe hydroxyle porte le numéro 2 : butan-2-ol.

Isomère 3 : cet alcool dérive du propane, le groupe hydroxyle porte le numéro 1 (et pas le numéro 3). Par conséquent, le groupe méthyle porte le numéro 2 : 2-méthylpropan-1-ol.

Isomère 4 : cet alcool dérive du propane, le groupe hydroxyle et le groupe méthyle portent le numéro 2 : 2-méthylpropan-2-ol.

10 qcm pour réviser le cours

Corrigés p. 218

1 Le 3-méthylpentane est un atome comportant :

- ❑ **a.** 5 atomes de carbone.
- ❑ **b.** 6 atomes de carbone.
- ❑ **c.** 8 atomes de carbone.

2 Lorsque le nombre d'atomes de carbone augmente, la température d'ébullition des alcanes linéaires :

- ❑ **a.** augmente.
- ❑ **b.** diminue.
- ❑ **c.** on ne peut pas savoir.

3 Sachant que M(C) = 12 g·mol^{-1} et que M(H) = 1,0 g·mol^{-1}, la masse d'un alcane non cyclique possédant n atomes de carbone se calcule par :

- ❑ **a.** $M = 12n + 2$.
- ❑ **b.** $M = 12n + 12$.
- ❑ **c.** $M = 14n + 2$.

4 Parmi les formules semi-développées ci-dessous, indiquez celle(s) qui représente(nt) à un alcane dont la chaîne carbonée est ramifiée.

❑ **a.**

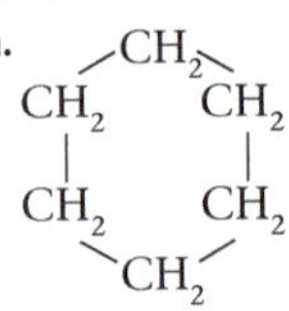

❑ **b.**

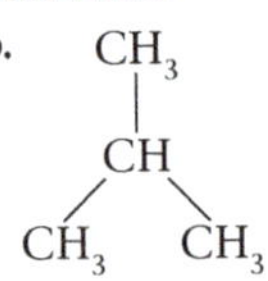

❑ **c.**

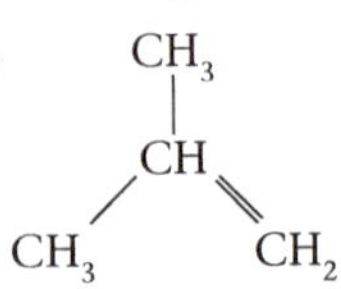

5 Le groupe caractéristique –OH s'appelle le groupe :

- ❑ **a.** carbonyle.
- ❑ **b.** hydroxyde.
- ❑ **c.** hydroxyle.

6 L'éthanol est miscible à l'eau car :

- ❑ **a.** il est moins dense que l'eau.
- ❑ **b.** il forme des liaisons hydrogène avec les molécules d'eau.
- ❑ **c.** sa chaîne carbonée est courte.

7 Le nom de la molécule dont la formule semi-développée est donnée ci-dessous est :

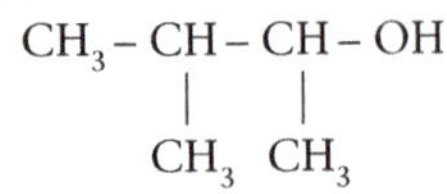

- ❑ **a.** le 1,2-diméthylpropan-1-ol.
- ❑ **b.** le 3-méthylbutan-2-ol.
- ❑ **c.** le 2-méthylbutan-3-ol.

8 La formule topologique du 3-éthyl-2-méthylhexane est :

❑ **a.**

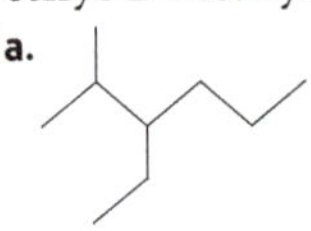

❑ **b.**

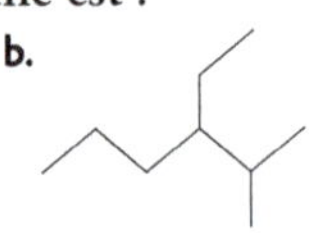

❑ **c.**

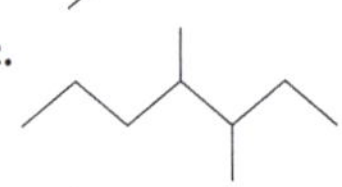

9 La solubilité de l'hexan-1-ol dans l'eau à 20 °C est de 5,9 g·L^{-1}.
La solubilité du butan-2-ol est :

- ❑ **a.** inférieure à 5,9 g·L^{-1}.
- ❑ **b.** supérieure à 5,9 g·L^{-1}.
- ❑ **c.** on ne peut pas savoir.

10 Si un alcane et un alcool ont le même squelette carboné, la température d'ébullition de l'alcane sera :

- ❑ **a.** inférieure à celle de l'alcool.
- ❑ **b.** supérieure à celle de l'alcool.
- ❑ **c.** on ne peut pas savoir.

Exercices

Exercice 1 (niveau 1)

Corrigés p. 218

Le White spirit, utilisé pour diluer certaines peintures, est essentiellement constitué d'alcanes en C_7 (possédant sept atomes de carbone). Le modèle moléculaire de l'un de ces alcanes est donné ci-contre.

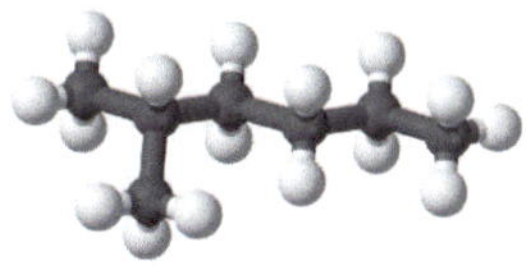

1. La chaîne carbonée de cet alcane est-elle linéaire, ramifiée ou cyclique ?
2. Écrire les formules brute, semi-développée et topologique de cet alcane.
3. Le nommer.

Exercice 2 (niveau 1)

Corrigés p. 219

Donner le nom de ces molécules suivantes.

1. 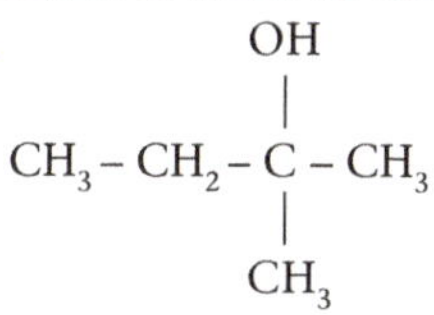

2. 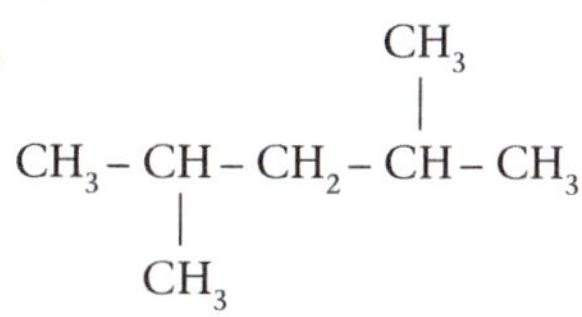

3. 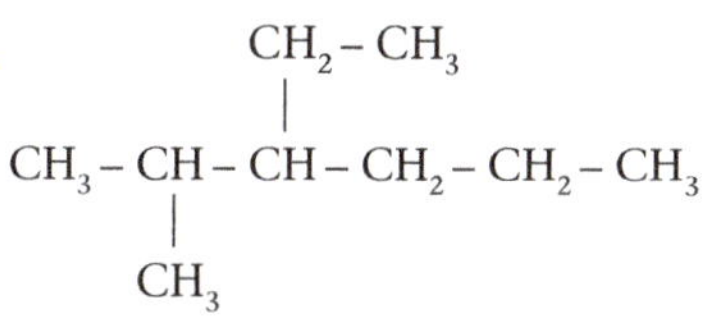

Exercice 3 (niveau 1)

Corrigés p. 219

Écrire la formule semi-développée et l'écriture topologique des composés suivants :

1. 2,2-diméthylbutane
2. hexan-3-ol
3. cyclopentane
4. 3-méthylbutan-1-ol (alcool isoamylique)

Exercice 4 (niveau 2)

Corrigés p. 220

Pourquoi le 2-éthyl-4-méthylpentane n'est-il pas un nom correct ? Même question pour le 3-méthylbutane.

Exercice 5 (niveau 2)

Corrigés p. 220

Écrire la formule semi-développée des molécules suivantes :

hexane ; 2-méthylpentane ; hexan-1-ol.

Associer à chaque molécule sa température d'ébullition sous la pression de 1 bar en justifiant la réponse.

60 °C ; 157 °C ; 69 °C.

Exercice 6 (niveau 2)

Corrigés p. 221

Un réchaud de camping est alimenté avec du butane.

1. Quels sont les états physiques du butane à 25 °C ? à –5 °C ?

2. Lors d'une randonnée hivernale, ce réchaud risque de ne pas fonctionner. Expliquer.

3. Dans ces conditions, il est plutôt conseillé d'utiliser un réchaud alimenté avec du propane. Expliquer.

Données : sous la pression atmosphérique normale :

	Butane
Température de fusion	–138 °C
Température d'ébullition	–0,5 °C

Exercice 7 (niveau 2)

Corrigés p. 221

On réalise une distillation fractionnée pour séparer les constituants d'un mélange de 30 mL de pentane et de 30 mL d'éthanol. Le chauffage doit être arrêté avant que la totalité du liquide contenu dans le ballon ait disparu. Toutes les trente secondes, on relève dans le tableau la température θ (°C). Lorsque la température atteint 40 °C, on enlève l'erlenmeyer et on le remplace par un bécher.

Temps (s)	θ (°C)
0	22
200	22
400	22
600	36
800	36
1 000	36

Temps (s)	θ (°C)
1 200	36
1 400	36
1 600	79
1 800	79
2 000	79

1. Légender le schéma suivant.

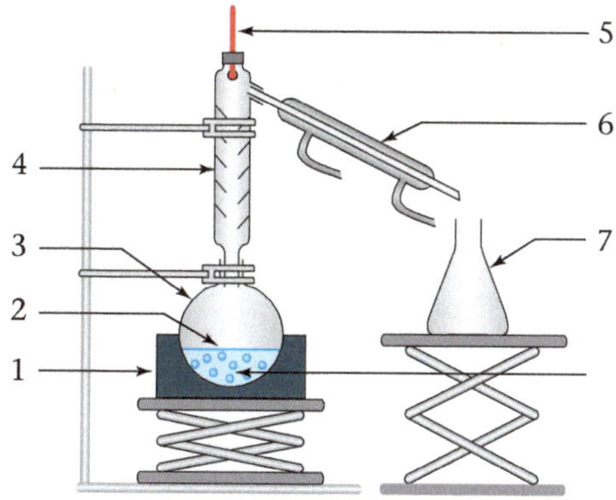

2. Préciser le rôle des éléments 5 et 6.

3. Dans quel sens se déplacent les vapeurs dans la colonne ? le liquide dans la colonne ?

4. Écrire les formules semi-développées de ces composés.

5. Tracer la courbe représentant la variation de la température en fonction du temps.

6. Pourquoi l'évolution de la température présente-t-elle des paliers ?

7. Que récupère-t-on dans l'erlenmeyer ?

Données : température d'ébullition (sous la pression de 1 bar) :
pentane : $\theta_{éb} = 36$ °C ;
éthanol : $\theta_{éb} = 79$ °C.

Exercice 8 (niveau 3)

Corrigés p. 222

Le glycérol ou glycérine ($C_3H_8O_3$) est un polyol extrêmement utilisé dans de nombreuses préparations pharmaceutiques et cosmétiques. Son nom officiel est le propan-1,2,3-triol.

1. Donner la formule semi-développée du glycérol.

2. La température d'ébullition du glycérol est de 290 °C à la pression atmosphérique, alors que celle du propan-1-ol est de 97°C.
Expliquer.

3. La masse volumique du glycérol à 25 °C est de 1,26 g·mL^{-1} alors que celle du propan-1-ol est de 0,803 g·mL^{-1}.
Proposer une explication.

Exercice 9 (niveau 3)

Corrigés p. 222

Un des alcanes présent dans l'essence a un pourcentage atomique en carbone de 30,77 %.

1. Rappeler la formule brute d'un alcane ayant *n* atomes de carbone.
2. Exprimer le pourcentage atomique en carbone dans un alcane en fonction de *n*.
3. En déduire la formule brute de cet alcane.
4. L'identifier sachant que de tous les isomères possibles, c'est celui qui est le moins volatil.

Exercice 10 (niveau 3)

Corrigés p. 223

Le pétrole brut est d'abord chauffé jusqu'à 380 °C sous pression atmosphérique. Partiellement vaporisé, il est alors introduit à la base d'une colonne de distillation. Les diverses vapeurs émises au bas de celle-ci se condensent en s'élevant.

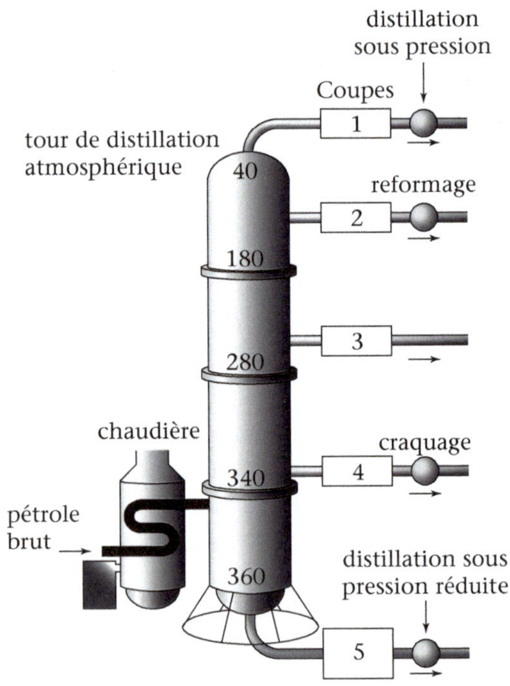

Sur toute la hauteur de la tour, à différents niveaux, des plateaux permettent de récupérer une dizaine de produits plus ou moins lourds, nommés coupes pétrolières. Chaque coupe correspond à un mélange d'hydrocarbures présentant des propriétés spécifiques qui les adaptent à des utilisations particulières. Les coupes sont ensuite traitées pour donner des produits commerciaux.

Coupe	Nombre d'atomes de carbone
essence	C5 – C10
gaz	C1 – C4
gasoil, fioul domestique	C12 – C22
kérosène	C9 – C14
résidus lourds	> C18

1. De quoi est composé le pétrole brut ?

2. Associer les coupes pétrolières citées ci-dessus aux numéros du schéma ci-dessus.

3. Les résidus lourds issus de cette distillation renferment beaucoup de produits de densité moyenne.
On les soumet, dans une autre colonne, à une distillation fractionnée sous pression réduite qui permet de récupérer du fioul lourd, bitume…
Comment évolue la température d'ébullition d'un corps lorsque la pression diminue ?
Quel est l'intérêt d'effectuer une deuxième distillation sous pression réduite ?

4. À quoi sert le kérosène ? le fioul ? le bitume ?

QCM

1 **b.** La chaîne carbonée principale du 3-méthylpentane comporte 5 atomes de carbone, auquel se rajoute l'atome de carbone du groupe méthyle $-CH_3$.

2 **a.** Lorsque le nombre d'atomes de carbone augmente, l'intensité des interactions de Van der Waals entre les molécules croît, les températures de changement d'état s'élèvent.

3 **c.** La formule brute d'un alcane non cyclique est C_nH_{2n+2} soit :

$$M = n \times M(\mathrm{C}) + (2n + 2) \times M(\mathrm{H}) = 12n + 2n + 2 = 14n + 2.$$

4 **b.** La chaîne carbonée de la molécule **a.** est cyclique.
La chaîne carbonée de la molécule **c.** présente une double liaison, il ne s'agit pas d'un alcane, mais d'un alcène.

5 **c.** L'ion hydroxyde est l'ion HO^-. Le groupe carbonyle est le groupe C=O (voir le chapitre 19).

6 **b.** et **c.** Le groupe hydroxyle –OH de l'éthanol peut se lier aux molécules d'eau par liaisons hydrogène. La chaîne carbonée étant courte (2 atomes de carbone), les molécules d'éthanol peuvent s'entourer de molécules d'eau, il y a miscibilité totale entre l'éthanol et l'eau.

7 **b.** La chaîne la plus longue comporte 4 atomes de carbone, elle doit être numérotée de façon à ce que l'indice de position du groupe hydroxyle soit le plus petit possible.

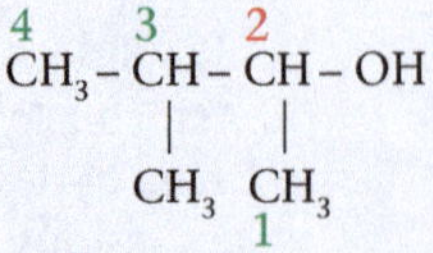

8 **a.** et **b.** La formule **c.** correspond au 3,4-diméthylheptane.

9 **b.** La chaîne carbonée de l'hexan-1-ol est plus longue que la chaîne carbonée du butan-2-ol. L'hexan-1-ol est moins soluble dans l'eau que le butan-2-ol (dont la solubilité dans l'eau à 20 °C vaut 77 g·L^{-1}).

10 **a.** Pour passer de l'état liquide à l'état gazeux, il faut accroître l'agitation afin de rompre les interactions existant à l'état liquide. Or ces interactions sont plus fortes entre deux molécules d'alcool (liaisons hydrogène) qu'entre deux molécules d'alcane (liaisons de Van der Waals). La vaporisation d'un alcool nécessite donc une température plus élevée.

Exercice 1

1. La chaîne est ramifiée.

2. Sa formule brute est C_7H_{16}.

Sa formule semi-développée est :

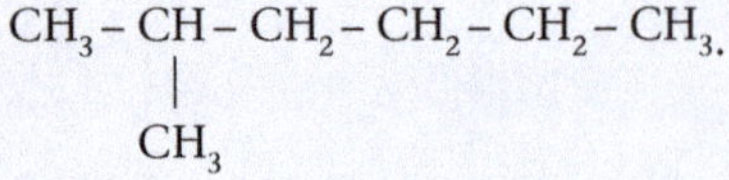

Sa formule topologique est

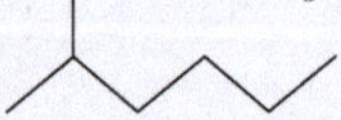

3. Il s'agit du 2-méthylhexane.

Exercice 2

> **À NOTER**
> Entre deux nombres, il y a toujours une virgule. Entre un nombre et une lettre, il y a toujours un tiret.

1. La chaîne carbonée la plus longue est constituée de 4 atomes de carbone, avec un groupe hydroxyle sur le carbone 2 et un groupe méthyle sur le carbone 2.
Il s'agit du 2-méthylbutan-2-ol.

2. Si un groupe apparaît plusieurs fois, on le nomme une seule fois en faisant précéder son nom des préfixes di-, tri-, tétra-… : 2,4-diméthylpentane.

3. Lorsqu'une molécule possède plusieurs ramifications, il faut les nommer dans l'ordre alphabétique, en les faisant précéder du numéro du carbone ramifié dans la chaîne principale : 3-éthyl-2-méthylhexane.

Exercice 3

	Formule semi-développée	**Écriture topologique**
2,2-diméthylbutane	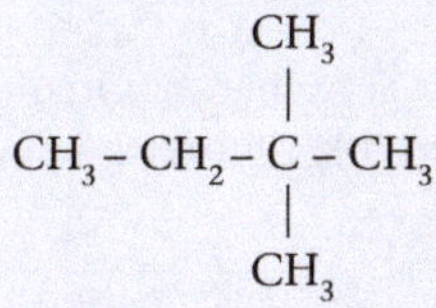	
hexan-3-ol	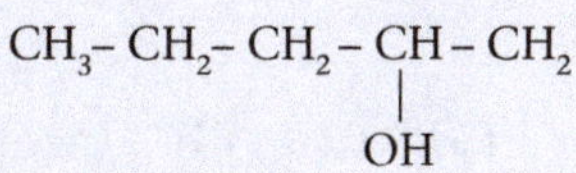	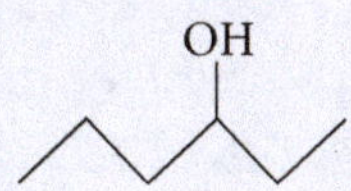
cyclopentane	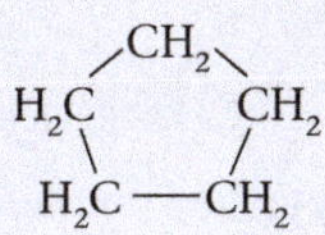	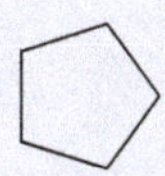
3-méthylbutan-1-ol	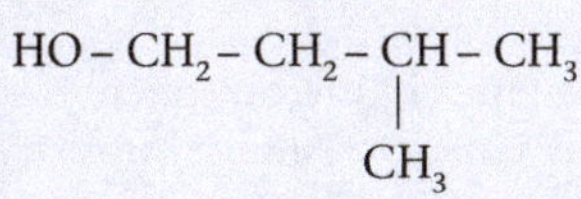	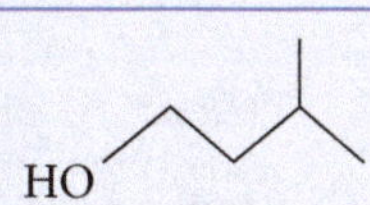

> **L'INFO EN PLUS**
> Le cyclopentane a été utilisé comme anesthésique durant des guerres dans le passé. Le préfixe *cyclo-* indique qu'il s'agit d'un alcane cyclique.

Exercice 4

Le 2-éthyl-4-méthylpentane aurait pour formule semi-développée :

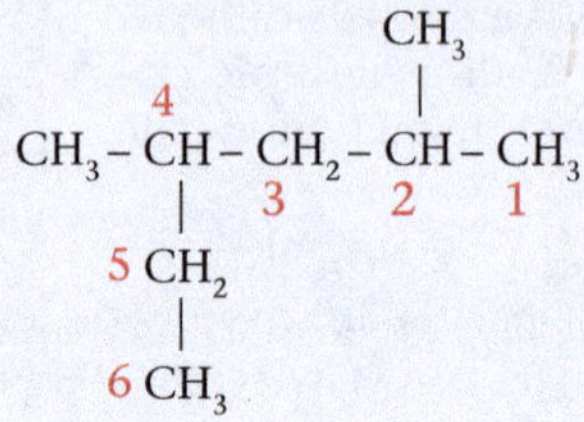

La chaîne principale est celle qui possède le plus grand nombre de carbone : elle est constituée ici de 6 atomes de carbone (et pas 5 comme le laisse entendre le nom proposé dans l'énoncé).

Avec la numérotation indiquée, le nom de cet alcane est 2,4-diméthylhexane.

Le 3-méthylbutane aurait pour formule semi-développée :

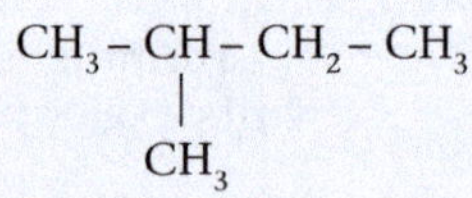

Il faut toujours retenir la numérotation qui conduit au plus petit numéro de position pour le groupe méthyle, soit 2-méthylbutane.

Exercice 5

Les formules semi-développées de ces composés sont les suivantes :

hexane : $CH_3 - CH_2 - CH_2 - CH_2 - CH_2 - CH_3$

2-méthylpentane :

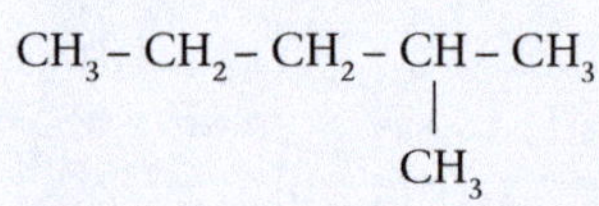

hexan-1-ol : $CH_3 - CH_2 - CH_2 - CH_2 - CH_2 - CH_2 - OH$

L'hexane et le 2-méthylpentane ont la même formule brute (C_6H_{14}), mais le second est ramifié : sa température d'ébullition est inférieure à celle de l'hexane.

L'hexan-1-ol a la même chaîne carbonée que l'hexane, mais il a une température d'ébullition plus élevée du fait de la présence d'un groupement –OH.

On a donc θ(2-méthylpentane) = 60 °C.

θ(hexane) = 69 °C.

θ(hexan-1-ol) = 157 °C.

> **RAPPEL**
> Les corps possédant des températures de changement d'état peu élevées correspondent à des corps pour lesquels les interactions intermoléculaires sont faibles.

Exercice 6

1. À 25 °C, le butane est gazeux. À –5 °C, le butane est liquide.

2. Le butane au-dessous de –0,5 °C est liquide, il n'y a pas de gaz qui passe par le détendeur : le réchaud ne fonctionnera pas.

3. La chaîne carbonée du propane est plus courte que celle du butane, sa température d'ébullition est donc inférieure (–42 °C). Le propane ne deviendra liquide qu'en dessous de –42 °C.

Exercice 7

1. 1. chauffe-ballon ; 2. mélange de pentane et d'éthanol avec pierre ponce ; 3. ballon ; 4. colonne de Vigreux ; 5. thermomètre ; 6. réfrigérant à eau ; 7. erlenmeyer.

2. Le thermomètre (5) indique la température d'ébullition de l'espèce chimique qui est en train de se vaporiser.

Le réfrigérant à eau (6) sert à condenser des vapeurs. Un courant d'eau froide circule autour du conduit des vapeurs chaudes. Ces vapeurs se refroidissent alors et se condensent dans le tube. Les gouttes qui se forment coulent par gravité vers la sortie du réfrigérant et sont récupérées dans l'erlenmeyer.

3. Dans la colonne, il existe un double mouvement de fluides : la vapeur monte et du liquide redescend ; c'est un reflux.

4. Pentane : $CH_3 - CH_2 - CH_2 - CH_2 - CH_3$

Éthanol : $CH_3 - CH_2 - OH$

5.

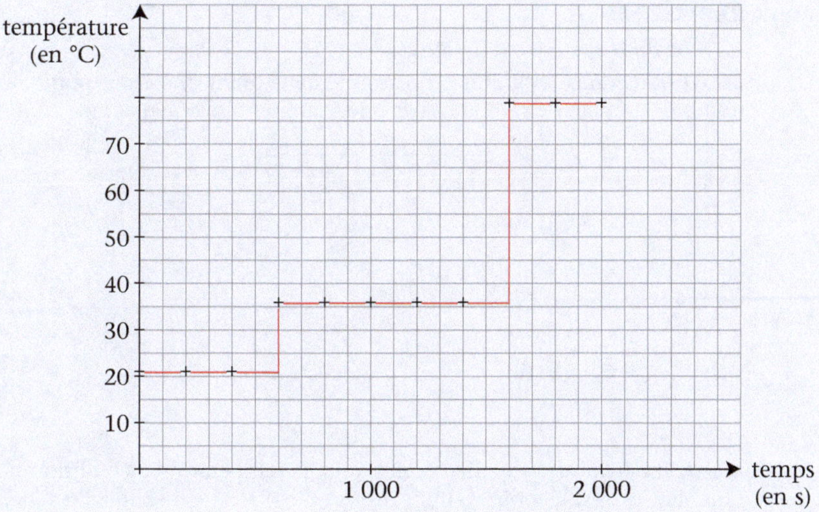

6. Les paliers de température correspondant à la vaporisation des différents constituants du mélange initial. On a donc autant de paliers de température que de constituants.

7. Le pentane est extrait en premier, c'est le composé le plus volatil, celui qui a la température d'ébullition la plus basse : on le récupère dans l'erlenmeyer.

Exercice 8

1. Glycérol : $CH_2 - OH$
$|$
$CH - OH$
$|$
$CH_2 - OH$

2. Le glycérol avec ses trois fonctions hydroxyles est capable d'établir davantage de liaisons hydrogènes que le propan-1-ol.

Il en découle une augmentation importante de sa température d'ébullition.

3. Les molécules de glycérol sont plus fortement liées entre elles que les molécules de propan-1-ol.

Elles sont donc plus proches et occupent moins de place, d'où une masse volumique supérieure.

Exercice 9

1. La formule générale d'un alcane est C_nH_{2n+2}.

2. Le pourcentage atomique en carbone dans un alcane correspond au nombre d'atomes de carbone par rapport au nombre total d'atomes, soit :

$$\frac{n}{(n + 2n + 2)} = \frac{n}{(3n + 2)}.$$

3. $\frac{n}{(3n + 2)} = 0{,}3077$, soit :

$n = 0{,}307\,7 \times (3n + 2)$

$n = 0{,}923\,1 \times n + 0{,}615\,4$

$n - 0{,}923\,1 \times n = 0{,}615\,4$

$0{,}076\,9 \times n = 0{,}615\,4$

$n = \frac{0{,}315\,4}{0{,}076\,9} = 8.$

4. L'alcane le moins volatil est celui qui a la température d'ébullition la plus élevée, c'est le moins ramifié, c'est-à-dire l'alcane linéaire : l'octane.

Exercice 10

1. Le pétrole brut est un mélange complexe d'un très grand nombre d'hydrocarbures.

2. Plus on s'élève dans la colonne, plus on rencontre des substances volatiles, dont les molécules contiennent un petit nombre d'atomes de carbone :

1. gaz ;
2. essence ;
3. kérosène ;
4. gasoil, fioul domestique ;
5. produits lourds.

3. La température d'ébullition d'un corps diminue si la pression diminue. Les hydrocarbures contenus dans la fraction résiduelle, appelée « résidu atmosphérique », ont de longues chaînes susceptibles d'être scindées en plusieurs morceaux si le chauffage continue sous la pression atmosphérique.

Afin d'éviter ces coupures de chaînes, on fait la séparation des produits de ce résidu sous une pression réduite, ce qui permet d'abaisser la température d'ébullition des composants, donc de moins chauffer.

4. Le kérosène est un carburant pour l'aviation.

Le fioul est un combustible vendu pour les usages domestiques (chauffage) ou utilisé par divers engins professionnels ou agricoles (tracteurs…). Le fioul domestique est aussi appelé mazout.

Le bitume est une substance très visqueuse (voire solide) à la température ambiante et de couleur noire. C'est l'un des ingrédients des enrobés utilisés pour les routes.

13 Champs et forces

1 Notion de champ

a. Définitions

■ Un **champ** est une grandeur physique. Il décrit localement une propriété de la nature qui peut être quantifiée par une mesure ou un calcul.

■ Un champ peut être scalaire lorsque la grandeur étudiée est caractérisée par sa valeur.

Exemple : Champs de pression ou de température.

■ Le champ de vitesse du vent, lui, est un champ vectoriel. La grandeur physique mesurable le caractérisant est un vecteur.

> À NOTER
> Un vecteur est défini par sa direction, son sens, sa valeur et son origine.

b. Représentation des champs

■ Pour représenter un champ scalaire, on peut utiliser des courbes appelées **lignes d'égales valeurs**. Elles sont obtenues en reliant tous les points où la grandeur étudiée à la même valeur.

■ On utilise, pour un champ vectoriel, des **lignes de champ**. Elles sont tangentes en chaque point aux vecteurs champs associés et sont orientées par une flèche dans le sens du champ.

■ Un champ est uniforme lorsque la grandeur qui le définit reste constante en tout point de l'espace. C'est le cas pour un champ vectoriel quand, dans une région de l'espace, les vecteurs sont égaux. Les lignes de champ sont alors parallèles.

> À NOTER
> La notion de champ permet de connaître la valeur d'une grandeur en un point sans avoir à la mesurer ou à la calculer.

2 Champs magnétiques

■ La Terre, les aimants et les circuits électriques parcourus par des courants électriques, sont des **sources de champ magnétique**.

Exemple : Un aimant exerce une action mécanique à distance autour de lui qui peut être mise en évidence par une aiguille aimantée s'orientant dans le sens du champ.

a. Le vecteur champ magnétique

■ Le champ magnétique est un champ vectoriel. On le représente en un point de l'espace par une grandeur vectorielle, le **vecteur champ magnétique $\vec{B}$.**

■ Ses caractéristiques sont :
- sa direction : celle de l'aiguille aimantée en ce point ;
- son sens : du pôle sud au pôle nord à travers une aiguille aimantée ;
- son intensité : B se mesure en tesla (T) à l'aide d'un teslamètre.

b. Les lignes de champ

■ Ces lignes, qui ne se coupent pas, sont orientées du pôle nord vers le pôle sud à l'extérieur de l'aimant.

■ On peut visualiser les lignes de champs dans un plan en utilisant de la limaille de fer qui se comporte comme une aiguille de boussole et s'oriente selon les lignes de champ. On réalise ainsi un spectre magnétique.

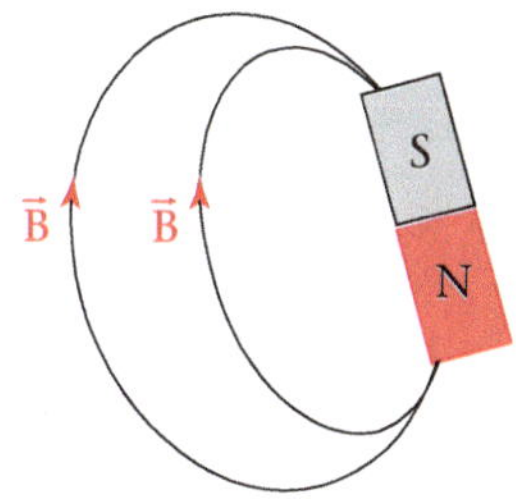

Les lignes de champ sortent de l'aimant par le pôle nord et rentrent par le pôle sud.

c. Champ magnétique terrestre

■ Le champ géomagnétique trouve son origine au cœur de la planète dans le noyau. Il est le résultat de l'agitation à plus de 2 900 km sous nos pieds d'un mélange liquide de fer et de nickel.

■ Le **champ magnétique terrestre** est assimilable à celui créé par un aimant droit placé au centre de la Terre dont le pôle sud coïnciderait presque avec le pôle nord géographique. L'axe joignant les pôles magnétiques est incliné d'une dizaine de degrés par rapport à l'axe de rotation de la Terre. De ce fait, le pôle Nord magnétique se retrouve à environ 1 000 km du pôle Sud.

À NOTER
Le champ magnétique se déplace. Cette dérive s'accélère. Ainsi, il s'est déplacé autant ces 18 dernières années qu'en un siècle et demi.

■ Le champ magnétique terrestre $\vec{B}_{Terre}$ a pour caractéristiques :
- sa direction : elle fait avec l'horizontal un angle i appelé inclinaison ;
- son sens : dans l'hémisphère nord, il pointe vers le sol ;
- son intensité : en tesla, elle varie selon le lieu.

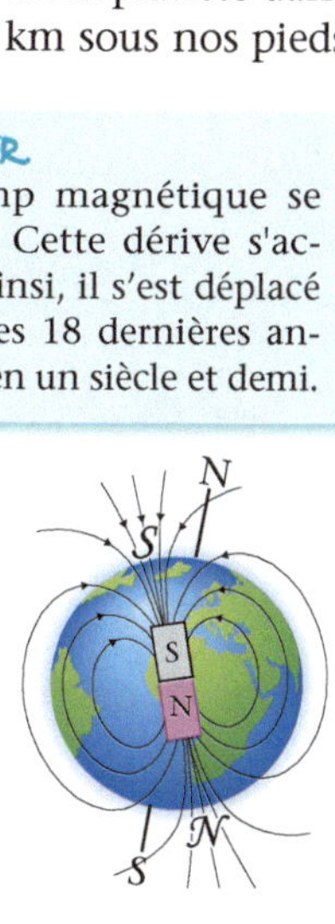

3 Champ électrostatique

■ La présence d'un champ électrostatique se manifeste par l'**action mécanique que subit une charge électrique**.

■ Un champ électrostatique agit sur des particules chargées, qu'elles soient ou non en mouvement. Il peut les accélérer et les faire dévier de leur trajectoire comme c'est le cas pour les électrons dans un canon à électrons.

a. Le vecteur champ électrostatique

■ Un champ électrostatique, noté $\vec{E}$, est un champ vectoriel. Il est dirigé selon la force $\vec{F}$ qui modélise l'action mécanique qui s'exerce sur une charge q et a pour expression :

$$\vec{E} = \frac{\vec{F}}{q}$$

avec E en newtons par coulomb ($N \cdot C^{-1}$) ou en volts par mètre ($V \cdot m^{-1}$), F en newtons (N) et q en coulombs (C).

■ On peut visualiser ce champ en faisant flotter de petites graines à la surface d'un liquide isolant à proximité de la source du champ.

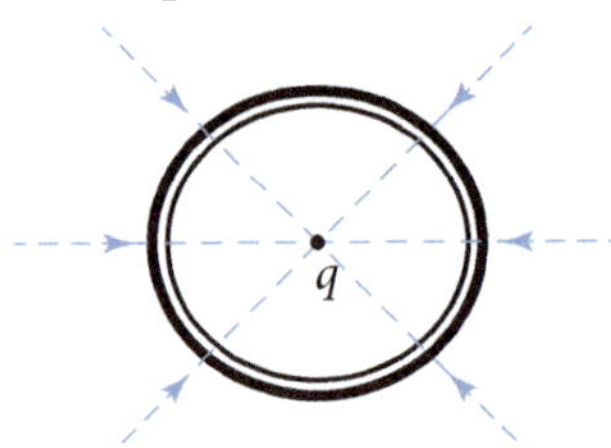

Lignes du champ électrostatique créé par une charge ponctuelle négative

b. Caractéristiques d'un champ électrostatique dans un condensateur plan

■ Un condensateur plan est formé de deux lames conductrices planes et parallèles, les armatures, séparées par un isolant (air, verre, matériaux plastiques) aussi appelé **diélectrique**.
La plupart des condensateurs peuvent être assimilés à un condensateur plan.

■ Lorsqu'un condensateur plan est soumis à une tension électrique, les armatures acquièrent des charges électriques opposées. Un **champ électrostatique** est alors créé entre les deux plaques.

■ Caractéristiques de $\vec{E}$ entre les armatures :
– sa direction : $\vec{E}$ est perpendiculaire aux armatures ;
– son sens : de l'armature positive à l'armature négative ;
– son intensité : $E = \frac{U}{d}$ avec U en volts (V), d en mètres (m) et E en volts par mètre ($V{\cdot}m^{-1}$).

■ Dans un condensateur, les lignes de champ électrostatique sont des droites parallèles entre elles, perpendiculaires aux armatures et dirigées vers l'armature négative : le champ électrostatique, à l'intérieur d'un condensateur plan, est **uniforme**.

4 Champ de gravitation, champ de pesanteur

a. Loi de gravitation universelle

■ Deux objets A et B, de masses respectives m_A et m_B, dont les centres sont séparés d'une distance d exercent l'un sur l'autre des **forces d'attraction gravitationnelle** ayant la même intensité F :

$$F = F_{A/B} = F_{B/A} = G\,\frac{m_A \cdot m_B}{d^2}$$

avec G constante de gravitation universelle, $G = 6{,}67 \cdot 10^{-11}\ m^3{\cdot}kg^{-1}{\cdot}s^{-2}$, F en newtons (N), m_A et m_B en kilogrammes (kg) et d en mètres (m).

b. Champ de gravitation

■ Un objet massique exerce autour de lui une action mécanique d'attraction gravitationnelle sur tout autre objet massique. Il en résulte un **champ de gravitation**. C'est un champ vectoriel centripète : toutes les lignes de champ sont orientées vers le centre de l'objet massique à l'origine du champ.

La norme de ce champ a pour expression $\mathcal{G} = \frac{F}{m}$ avec m la masse d'un objet ponctuel sur lequel s'exerce la force d'attraction gravitationnelle $\vec{F}$.

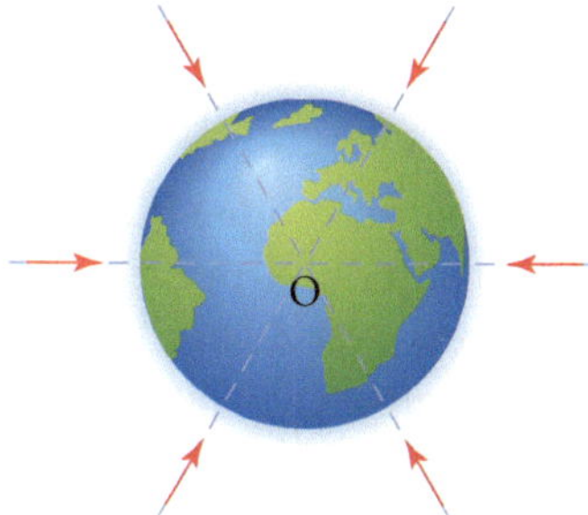

Lignes centripètes du champ de gravitation

c. Champ de pesanteur

■ Un champ règne en un point de l'espace autour de la Terre ou d'une planète, lorsqu'un objet massique, placé en ce point, y subit une action mécanique d'attraction modélisée par son poids.

Le **champ de pesanteur** noté $\vec{g}$ est défini par la relation :

$$\vec{g} = \frac{\vec{p}}{m}.$$

■ Ses caractéristiques sont :
– sa direction : la verticale du lieu ;
– son sens : vers la Terre (planète) ;
– son intensité de pesanteur : g qui dépend du lieu.

■ En raison du mouvement de rotation de la Terre, les **champs de pesanteur et de gravitation ne sont pas complètement identiques**. La différence est suffisamment faible, cependant, pour qu'en première approximation, on identifie champ de pesanteur et de gravitation.

À NOTER
Un fil à plomb donne la verticale d'un lieu. Celle-ci n'est pas rigoureusement dirigée vers le centre de la Terre.

d. Champ de pesanteur local

■ Au voisinage de la Terre, dans un espace restreint, le **champ de pesanteur est uniforme.** Tous les vecteurs qui décrivent le champ de pesanteur sont égaux.

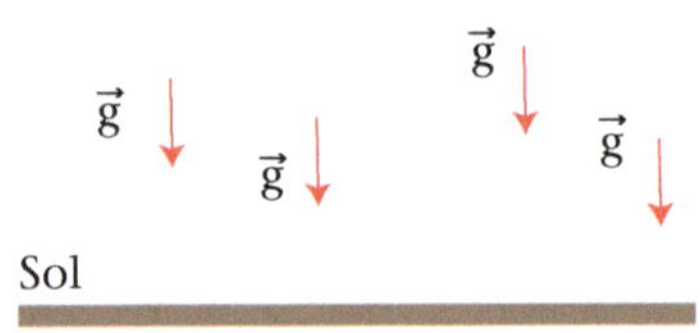

Champ de pesanteur local

■ Les caractéristiques du champ de pesanteur local sont :
– sa direction : verticale du lieu ;
– son sens : vers le bas ;
– son intensité : elle varie selon le lieu ; $g = 9{,}81\ N{\cdot}kg^{-1}$ à Paris.

COURS

Champ magnétique d'un aimant en U

Énoncé

Quelques lignes de champ magnétique d'un aimant en U ont été représentées dans le schéma ci-dessous.

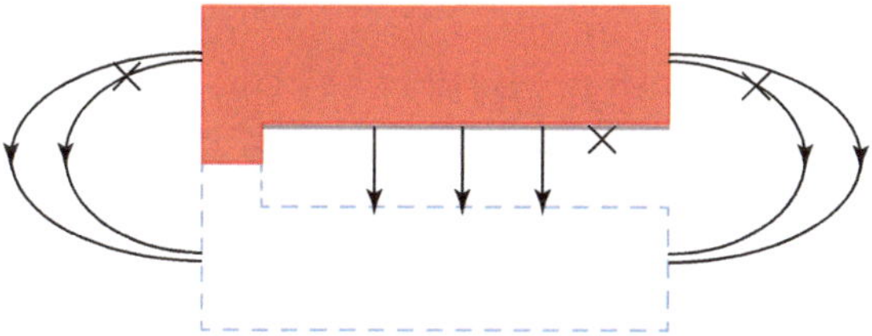

1. Déterminer d'après l'orientation des lignes la nature de chaque pôle de l'aimant.

2. Seules quelques lignes de champ sont représentées sur le schéma. Pourrait-on trouver des lignes de champ qui se croisent ?

3. Comment peut-on visualiser les lignes de champ magnétique ?

4. Quelle particularité ont-elles dans l'entrefer de l'aimant ?

Qu'en déduit-on ?

5. Tracer les vecteurs champ magnétique aux points indiqués sans souci d'échelle.

Savoir-faire

- Déterminer le pôle nord et le pôle sud de l'aimant pour connaître l'orientation des lignes de champ sortant d'un aimant.
- Se rappeler les caractéristiques des lignes de champ vectoriel.
- Se rappeler que la limaille se comporte comme l'aiguille d'une boussole et s'oriente selon les lignes de champs.
- Repartir du schéma de l'énoncé et tracer dessus les vecteurs du champ magnétique.

Corrigé détaillé

1. La nature des pôles de l'aimant peut être connue grâce aux lignes de champ magnétique d'un aimant.

En effet, celles-ci partent du pôle nord et se referment sur le pôle sud. Le côté rouge est donc le pôle nord de l'aimant.

2. Les lignes de champ ne peuvent se croiser.

Deux lignes ne se croisent en un point que s'il y a en ce point deux champs magnétiques différents.

3. La limaille de fer permet de visualiser les lignes de champ magnétique.

4. Les lignes de champ sont parallèles entre elles. Dans l'entrefer, le champ magnétique est uniforme.

5. Pour tracer les différents vecteurs champ magnétique, il faut utiliser le fait qu'en un point, le vecteur champ est tangent à la ligne de champ qui passe par ce point.

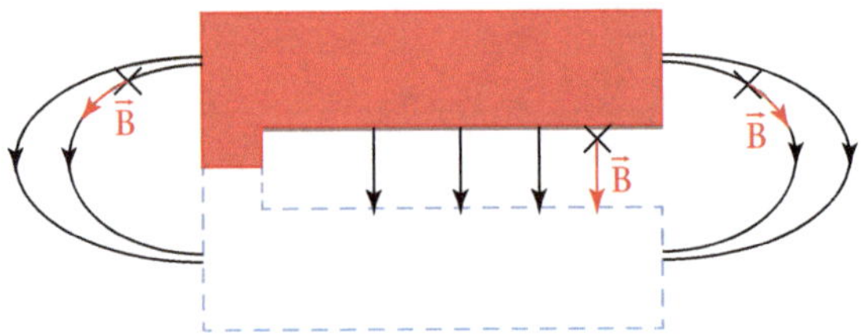

10 qcm pour réviser le cours

Corrigés p. 236

1 Les lignes d'égales valeurs sont :

❑ **a.** obtenues en reliant des points où la grandeur étudiée a même valeur.

❑ **b.** des courbes orientées.

❑ **c.** plus proches lorsque la variation de la valeur mesurée est plus importante.

2 Les champs vectoriels :

❑ **a.** sont caractérisés par des lignes de champ parallèles entre elles.

❑ **b.** peuvent être uniformes.

❑ **c.** sont caractérisés par des lignes d'égales valeurs.

3 Un champ magnétique est :

❑ **a.** toujours créé par un aimant.

❑ **b.** un champ scalaire.

❑ **c.** dirigé du pôle sud vers le pôle nord à travers une aiguille aimantée.

4 Les lignes de champ magnétique sont :

❑ **a.** visualisables grâce à de la limaille de fer.

❑ **b.** plus proches les unes des autres à proximité du pôle nord.

❑ **c.** parallèles entre elles dans l'entrefer d'un aimant en U.

5 L'intensité du champ magnétique s'exprime :

❑ **a.** en teslas.

❑ **b.** en Joules.

❑ **c.** en volts par mètre.

6 Le champ magnétique terrestre :

❑ **a.** est modélisé par le champ que crée un aimant droit situé au centre du globe.

❑ **b.** a conservé la même orientation depuis la formation de la Terre.

❑ **c.** est caractérisé par une valeur qui dépend du lieu.

7 Le champ électrostatique :

❑ **a.** est un champ vectoriel.

❑ **b.** est caractérisé par sa valeur E donnée par $E = |q| \cdot F$.

❑ **c.** n'agit que sur des particules chargées immobiles.

8 Le champ électrostatique dans un condensateur plan est :

❑ **a.** uniforme entre ses armatures.

❑ **b.** perpendiculaire aux armatures.

❑ **c.** orienté de l'armature – vers l'armature +.

9 Le champ gravitationnel :

❑ **a.** existe seulement autour des planètes et des étoiles.

❑ **b.** est un champ scalaire.

❑ **c.** est centripète.

10 Le champ de gravitation de la Terre :

❑ **a.** est dirigé vers le centre de la Terre.

❑ **b.** a une intensité constante à la surface de la Terre.

❑ **c.** est lié à sa masse.

Exercices

Les données suivantes seront utiles pour la réalisation des exercices de ce chapitre.
constante de gravitation universelle : $G = 6{,}67 \cdot 10^{-11}$ $m^3 \cdot kg^{-1} \cdot s^{-2}$; masse du Soleil : $M_S = 2{,}0 \cdot 10^{30}$ kg ; masse de la Terre : $M_T = 5{,}98 \cdot 10^{24}$ kg ; rayon de la Terre : $R_T = 6{,}38 \cdot 10^6$ m ; $g = 9{,}8$ $m.s^{-2}$;
distance entre le centre de la Terre et le centre du Soleil : $1{,}5 \cdot 10^{11}$ m ; $e = 1{,}6 \cdot 10^{-19}$ C ; masse de l'électron : $m_e = 9{,}1 \cdot 10^{-31}$ kg.

Exercice 1 *niveau 1*

Corrigés p. 236

On trouve sur des cartes météorologiques des informations sur les températures, les pressions et les vitesses des vents.

1. Qu'appelle-t-on grandeur physique ?
2. Les champs de température, de pression et de vitesse des vents sont-ils des champs scalaires ou vectoriels ? Expliquer.
3. Qu'a-t-il fallu faire pour cartographier le champ de vitesse du vent ?

Exercice 2 *niveau 1*

Corrigés p. 237

On a placé, à proximité d'un aimant droit, différentes aiguilles de boussole le long d'une ligne de champ.

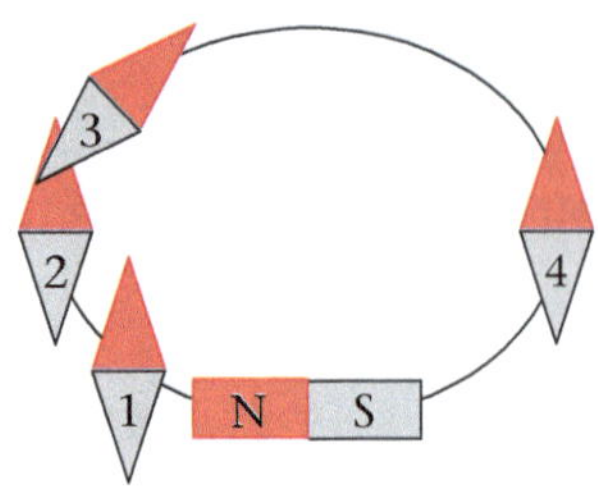

1. Quel dispositif expérimental permet de visualiser les lignes de champ magnétique ?
2. Quelles sont parmi les quatre aiguilles de ce schéma, celles qui ne sont pas bien représentées ? Justifier.

Exercice 3 *niveau 1*

Corrigés p. 237

On modélise le champ magnétique terrestre par un aimant droit.

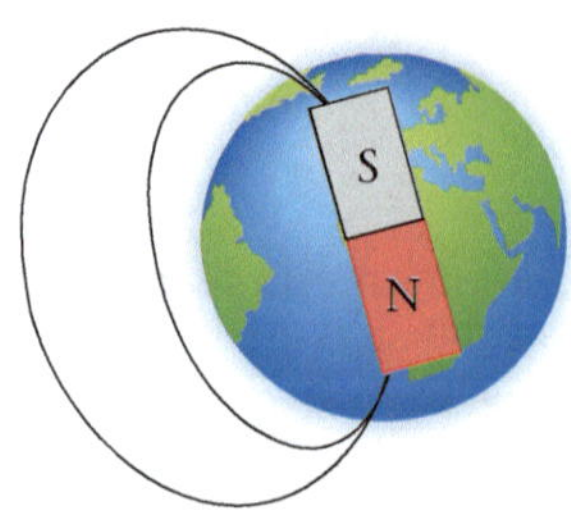

1. Les pôles géographiques et magnétiques coïncident-ils ?
2. Comment le pôle nord d'une boussole indique-t-il une direction proche du pôle nord géographique ?
3. Orienter les lignes de champs représentées.

Exercice 4 niveau 1

Corrigés p. 237

Le fil à plomb est un outil utilisé par les maçons.

1. À quoi sert un fil à plomb ?
2. À quoi est dû l'écart entre la verticale d'un lieu et la droite qui passe par le centre de la Terre ?
3. Que peut-on dire du champ de pesanteur à l'intérieur d'une maison ?
4. Que peut-on en déduire concernant les murs d'une maison ?

Exercice 5 niveau 1

Corrigés p. 238

Le satellite Spoutnik a été le premier satellite artificiel. Lancé en 1957 par l'URSS, il se désintégra dans l'atmosphère, le 4 janvier 1958.

C'était une sphère de diamètre 58 cm pour une masse d'environ 84 kilogrammes.

1. Déterminer la valeur du champ de gravitation de la Terre auquel était soumis ce satellite à une altitude de 280 km.
2. Déterminer la valeur du champ de gravitation de la Terre auquel était soumis ce satellite au sol.

Exercice 6 niveau 2

Corrigés p. 238

On applique une tension U entre les deux plaques d'un condensateur plan.

La charge de chaque armature est indiquée sur le schéma ci-dessous.

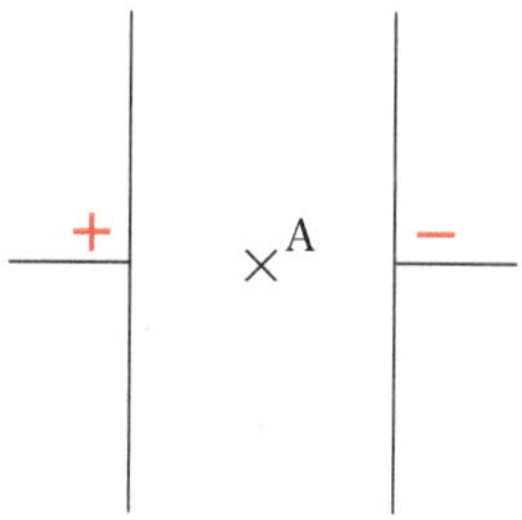

1. Donner la direction et le sens du champ électrostatique entre les armatures du condensateur.
2. Représenter les lignes de champ à l'intérieur du condensateur plan.
3. Que peut-on dire du champ électrostatique entre les deux armatures ?
4. Représenter le vecteur champ en A.

Exercice 7 niveau 2

Corrigés p. 239

La Lune est l'unique satellite naturel de la Terre.

Leurs centres sont en moyenne séparés par une distance de $3{,}84 \times 10^8$ m.

1. Expliquer pourquoi la Lune subit l'attraction de la Terre.
2. Calculer la force d'attraction gravitationnelle exercée par la Terre sur la Lune.
3. Quel type de champ est le champ de gravitation de la Terre ?
4. Représenter ce champ sur un schéma.

Exercice 8 niveau 2

Corrigés p. 239

Un satellite artificiel de masse $m = 1\ 200$ kg est en orbite autour de la Terre.

1. Quelle force exerce la Terre sur celui-ci ?
2. Donner l'expression de l'intensité de cette force en fonction du rayon de la Terre R_T, de l'altitude h, de la constante de gravitation et des masses respectives m et M_T du satellite et de la Terre.
3. Le champ de pesanteur peut s'identifier en première approximation au champ de gravitation.

a. Pourquoi ?

b. Quelle relation entre la force $\vec{F}$ et le poids $\vec{p}$ du satellite peut-on déduire de cette approximation ?

c. En déduire l'expression de l'intensité de pesanteur g à l'altitude h.

d. Calculer l'intensité de pesanteur à une altitude de 700 km au-dessus de la surface terrestre.

Exercice 9 niveau 2

Corrigés p. 240

1. Donner l'expression de l'intensité du champ de pesanteur terrestre en fonction de l'altitude h.
2. En déduire l'expression de g_0, intensité du champ de pesanteur terrestre au niveau du sol.
3. À quelle altitude l'intensité du champ de pesanteur est-elle trois fois plus faible qu'à la surface de la Terre ?

Exercice 10 niveau 3

Corrigés p. 241

Le point d'équigravité Terre–Soleil est ce point d'une ligne imaginaire joignant les centres des deux astres où les champs de gravitation solaire et terrestre se compensent.

1. Duquel des deux astres ce point sera-t-il le plus proche ?
2. Quelle distance sépare le centre de la Terre du point d'équigravité Terre–Soleil ?

Exercice 11 niveau 3

Corrigés p. 241

1. À quoi est dû le champ de pesanteur terrestre ?
2. À quel type de champ a-t-on à faire ?
3. Quel angle font les champs de pesanteur en deux points de la surface terrestre séparés de 15 km ?
4. Que peut-on en déduire ?
5. Représenter le champ de pesanteur local.

Exercice 12 niveau 3

Corrigés p. 242

Un électron est placé dans une région ou règne le champ électrostatique $\vec{E}$ d'un condensateur.

1. Quelles forces s'exercent sur cet électron ?
2. Quelle condition est requise pour que l'électron soit en équilibre ?
3. Comment les armatures sont-elles chargées ?
4. Calculer la valeur de l'intensité du champ électrostatique.

QCM

1 **a.** et **c.** Les lignes de champ sont des courbes orientées dans le sens des vecteurs représentant la grandeur mesurée.

2 **b.** Les champs vectoriels peuvent être uniformes. Ce n'est que quand ils le sont qu'ils sont caractérisés par des lignes de champ parallèles entre elles. Les lignes d'égales valeurs ne sont définies que pour des champs scalaires.

3 **c.** Un champ magnétique est un champ vectoriel qui peut également être créé par le courant électrique.

4 **a.** et **c.** Les grains de limaille se comportent comme de minuscules aiguilles de boussole. L'intensité du champ magnétique en un point est fonction de la distance entre ce point et la source du champ.

5 **a.** Le Joule est l'unité d'énergie et le volt par mètre l'unité de l'intensité du champ électrostatique.

6 **a.** et **c.** Les inversions de champ magnétique au cours desquelles le pôle nord magnétique passe au sud, les géophysiciens en ont, à ce jour, dénombrées 11 irrégulièrement réparties lors des trois derniers millions d'années. La dernière a eu lieu il y a 780 000 ans.

7 **a.** Le champ électrostatique est un champ vectoriel. La valeur de $\vec{E}$ est donnée par $E = \frac{F}{|q|}$. Il agit sur des particules chargées immobiles ou en mouvement.

8 **a.** et **b.** Le champ électrostatique est orienté de l'armature + vers l'armature –.

9 **c.** Le champ gravitationnel est un champ vectoriel qui existe autour de tout objet possédant une masse.

10 **a.** et **c.** L'intensité du champ de gravitation dépend de la distance au centre de la Terre.

Exercice 1

1. Une grandeur physique est une propriété de la nature qui peut être quantifiée par une mesure ou un calcul accompagné généralement d'une unité.

2. La température et la pression sont deux grandeurs scalaires. Elles seront donc représentées en une région de l'espace par un champ scalaire.La vitesse étant une grandeur vectorielle, elle sera donc représentée par un champ vectoriel.

3. Pour représenter un champ vectoriel, il faut faire figurer sur un plan les vecteurs correspondant aux mesures de la grandeur en différents points.

Exercice 2

1. On peut visualiser les lignes avec de la limaille de fer. Ses grains se comportent comme des aiguilles de boussole et matérialisent les lignes de champ.

2. 1 n'est pas tangente à la ligne de champ et 4 n'est pas dans le sens du champ magnétique.

> **À NOTER**
> Une ligne de champ sort du pôle nord et se referme sur l'aimant par le pôle sud.

Exercice 3

1. L'axe joignant les pôles magnétiques est décalé par rapport à l'axe de rotation de la Terre.

2. Le champ magnétique terrestre peut être assimilé à celui crée par un aimant droit situé au centre de la Terre. Le pôle nord d'une boussole est attiré par le pôle sud d'un aimant droit. Le pôle sud de l'aimant étant situé près du pôle nord géographique, le nord de la boussole indique donc le pôle nord magnétique voisin du pôle nord géographique.

> **À NOTER**
> Les caractéristiques du champ magnétique terrestre sont à connaître.

3. Les lignes de champ magnétique terrestre « rentrent » dans le globe par le pôle magnétique nord.

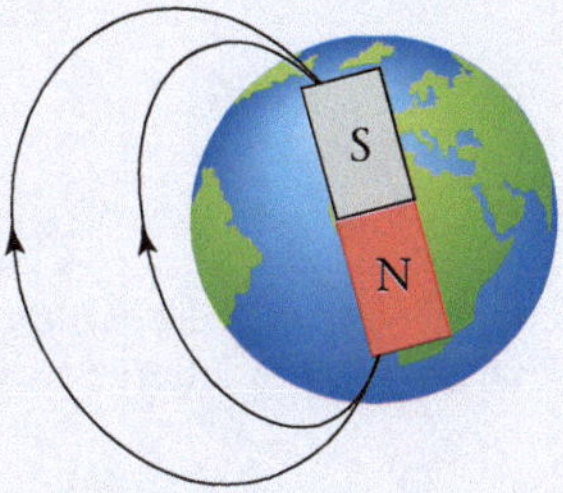

Exercice 4

1. Il permet d'obtenir la verticale d'un lieu.

2. Cet écart est dû au mouvement de rotation de la Terre.

3. On peut considérer que le champ de pesanteur est uniforme, car la taille d'une maison est limitée.

4. On peut en déduire que les murs d'une maison sont quasiment parallèles. En fait, ils sont avant tout verticaux.

Exercice 5

1. La valeur du champ de gravitation de la Terre est donnée par la relation suivante :

$$\mathcal{G}(h) = \frac{G \times m_T}{d^2}.$$

Cette relation devient ici :

$$\mathcal{G}(h) = \frac{G \times m_T}{(h + R_T)^2}$$

où h est l'altitude à laquelle orbite le satellite et R_T le rayon de la Terre.

Application numérique :

$$\mathcal{G}(h) = \frac{6{,}67{\cdot}10^{-11} \times 5{,}98{\cdot}10^{24}}{(2{,}80{\cdot}10^{-11} + 6{,}38{\cdot}10^{6})^2}.$$

$\mathcal{G}(h) = 8{,}99\ \text{N}{\cdot}\text{kg}^{-1}$.

2. La valeur du champ de gravitation de la Terre est donnée par la relation suivante :

$$\mathcal{G}(h) = \frac{G \times m_T}{d^2}.$$

Cette relation devient ici :

$$\mathcal{G}(h) = \frac{G \times m_T}{R_T^{\ 2}}.$$

Application numérique :

$$\mathcal{G}(h) = \frac{6{,}67{\cdot}10^{-11} \times 5{,}98{\cdot}10^{24}}{(6{,}38{\cdot}10^{6})^2}.$$

$\mathcal{G}(h) = 9{,}80\ \text{N}{\cdot}\text{kg}^{-1}$.

Exercice 6

1. Les lignes de champ sont perpendiculaires aux armatures et orientées vers l'armature chargée négativement.

2.

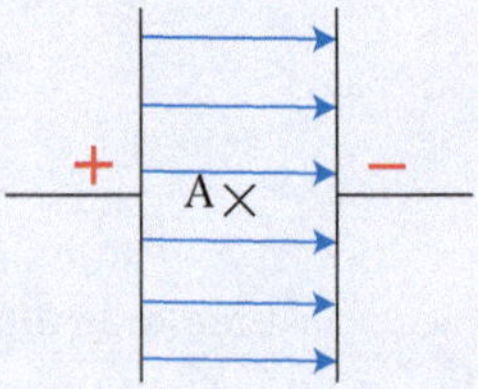

3. Les lignes de champ électrostatique sont des droites parallèles entre elles : il règne un champ électrostatique uniforme entre les armatures du condensateur.

4.

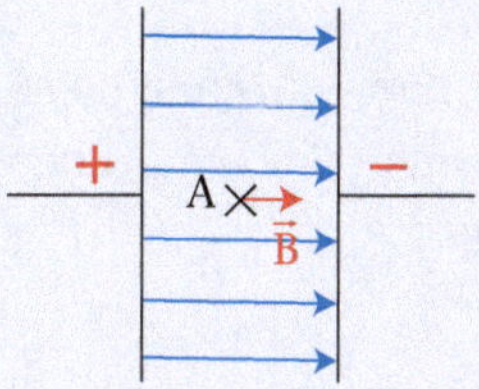

Exercice 7

1. La Lune est dans le champ de gravitation de la Terre.

2. D'après la loi de gravitation universelle :

$$F_{T/L} = G\,\frac{m_T \cdot m_L}{d^2}$$

Application numérique :

$$F_{T/L} \approx \frac{6{,}67 \cdot 10^{-11} \times (5{,}98 \cdot 10^{24} \times 7{,}35 \cdot 10^{22})}{(3{,}84 \cdot 10^{8})^2}$$

$F_{T/L} \approx 1{,}99 \cdot 10^{20}$ N.

3. Il s'agit d'un champ vectoriel centripète.

4. Toutes les lignes de champ sont orientées vers le centre de la Terre.

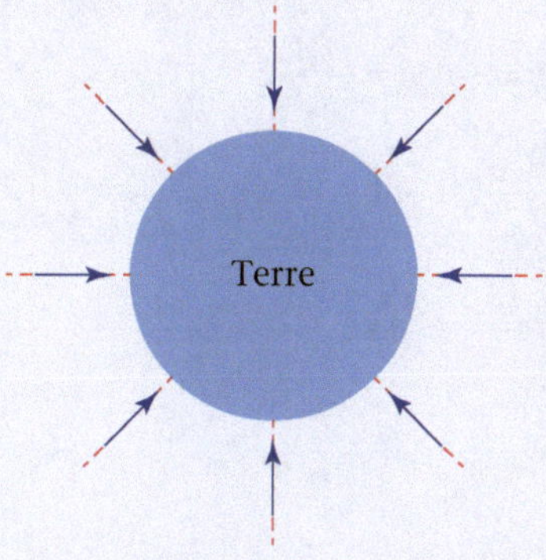

Exercice 8

1. Le satellite subit une action mécanique modélisée par la force de gravitation $\vec{F}$.

2. $F = \dfrac{G(m \times M_T)}{(R_T + h)^2}$

3. a. En raison du mouvement de rotation de la Terre, la verticale (direction du champ de pesanteur) n'est pas confondue avec la droite qui passe par le centre de la Terre (direction du champ de gravitation).

b. Leurs normes sont égales. On peut en déduire $F = p$.

c. $mg = \dfrac{G(m \times M_T)}{d^2}$.

$$mg(h) = \frac{G(m \times M_T)}{(R_T + h)^2}$$

$$g(h) = \frac{Gm_T}{(R_T + h)^2}.$$

d. $g(h) = \dfrac{GM_T}{(R_T + h)^2}$.

Application numérique :

$$g(700\,000 \text{ m}) = \frac{6{,}67 \cdot 10^{-11} \times 5{,}98 \cdot 10^{24}}{(6{,}38 \cdot 10^6 + 7{,}00 \cdot 10^5)^2}$$

$$= 7{,}96 \text{ m} \cdot \text{s}^{-2}.$$

Exercice 9

1. L'intensité du champ de pesanteur en fonction de h est :

$$g(h) = \frac{GM_T}{(R_T + h)^2}.$$

2. Au niveau du sol $g_0 = \dfrac{GM_T}{R_T^2}$.

3. $\dfrac{g(h)}{g_0} = \dfrac{\dfrac{GM_T}{(R_T + h)^2}}{\dfrac{GM_T}{R_T^2}}$

$$\frac{g(h)}{g_0} = \frac{R_T^2}{(R_T + h)^2}$$

$$\frac{R_T^2}{(R_T + h)^2} = \frac{1}{3}.$$

On obtient ensuite :

$$\sqrt{\frac{R_T^2}{(R_T + h)^2}} = \sqrt{\frac{1}{3}}.$$

Soit $\dfrac{R_T}{(R_T + h)} = \sqrt{\dfrac{1}{3}}$, soit $R_T = \dfrac{(R_T + h)}{\sqrt{3}}$

$$h = (\sqrt{3} - 1)R_T$$

Application numérique : $h = (\sqrt{3} - 1) \times 6{,}38 \cdot 10^6 = 4{,}67 \cdot 10^6$ m $= 4{,}67 \cdot 10^3$ km.
À $4{,}67 \cdot 10^3$ km, l'intensité du champ de pesanteur est trois plus faible qu'à la surface de la Terre.

Exercice 10

1. Le point d'équigravité sera plus proche de la Terre, car la masse du Soleil est de beaucoup supérieure à celle de la Terre.

2. Soit d la distance séparant le centre de la Terre et le point d'équigravité, D la distance séparant les centres du Soleil et de la Terre et m la masse d'un objet situé au point d'équigravité.

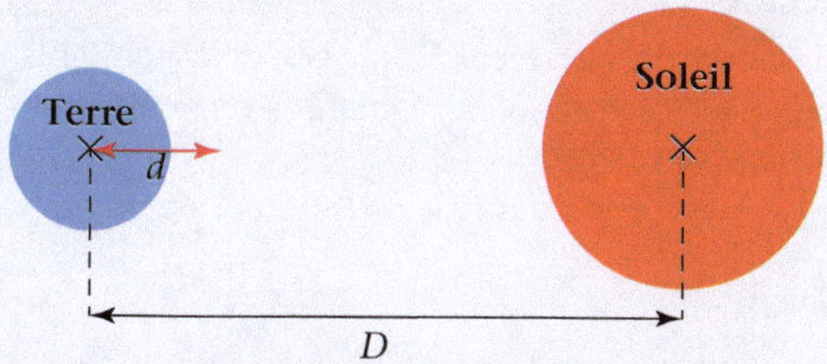

Les normes des champs de gravitation sont égales.

On a donc :

$$\frac{GM_T}{d^2} = \frac{GM_S}{(D-d)^2}$$

$$\left(\frac{D-d}{d}\right)^2 = \frac{M_S}{M_T}$$

$$\frac{D-d}{d} = \sqrt{\frac{M_S}{M_T}}, \text{ soit } d = \frac{D}{\left(1+\sqrt{\frac{M_S}{M_T}}\right)}.$$

Application numérique : $d = \dfrac{1{,}5 \times 10^{11}}{\left(1+\sqrt{\dfrac{2{,}0 \cdot 10^{30}}{5{,}98 \cdot 10^{24}}}\right)}$

$d \approx 2{,}6 \cdot 10^8$ m, soit $2{,}6 \cdot 10^5$ km.

La distance séparant le centre de la Terre du point d'équigravité Terre-Soleil est $2{,}6 \cdot 10^8$ m.

Exercice 11

1. Le champ de pesanteur est dû à la masse de la Terre.

2. Le champ de pesanteur est un champ vectoriel.

3. Soit α cet angle.

$$\alpha = \frac{15 \cdot 10^3 \times 360}{2 \times \pi \times 6{,}38 \cdot 10^6} = 0{,}13°.$$

4. Pour une distance de cet ordre, on peut considérer que le champ de pesanteur est uniforme.

5.

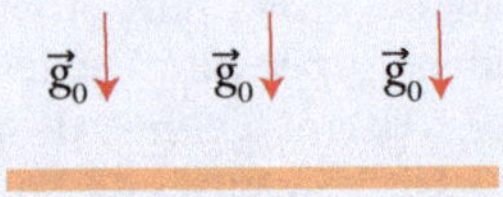

Exercice 12

1. Sur l'électron s'exercent la force de pesanteur et la force électrique.

2. Pour que l'électron soit en équilibre, son poids et la force électrostatique doivent se compenser :

$\vec{F}$ et $\vec{p}$ doivent être de même direction et de même valeur mais de sens opposés.

$\vec{F} + \vec{p} = \vec{0}$.

3. $\vec{F}$ et $\vec{p}$ ont des sens opposés. Le poids étant orienté vers le bas, la force électrostatique sera orientée vers le haut et le champ électrostatique $\vec{E} = \frac{\vec{F}}{q}$ sera orienté vers le bas car la charge de l'électron est négative.

L'armature du haut sera donc l'armature positive.

4. $\vec{F}$ et $\vec{p}$ ont la même valeur, donc $mg = |q|E$.

La charge de l'électron étant négative, l'expression devient :

$$E = \frac{mg}{|q|}.$$

Application numérique :

$$E = \frac{9{,}1 \cdot 10^{-31} \times 9{,}8}{1{,}6 \cdot 10^{-19}} = 5{,}6 \times 10^{-11}\ \text{N} \cdot \text{C}^{-1}.$$

14 Formes et principes de conservation de l'énergie

■ Parmi les propriétés de la matière, l'énergie est l'une des plus importantes mais également l'une des plus abstraites. On ne peut l'observer qu'indirectement, par ses effets.

■ L'énergie d'un système peut revêtir différentes formes : mécanique, chimique, nucléaire, électrique…
L'unité de mesure de l'énergie est le Joule (J).

> **À NOTER**
> Un système est la partie de l'univers physique choisie pour l'analyse. Tout ce qui se trouve en dehors du système est appelée environnement.

1 Principe de conservation de l'énergie

■ Un principe physique est un énoncé non démontré qu'aucune expérience n'a jamais invalidé et qui se vérifie par ses conséquences.

■ La physique s'appuie sur de nombreux principes. Le **principe de conservation de l'énergie** en est un des fondamentaux. Il stipule que l'énergie ne peut être ni créée ni détruite :
– pour un système isolé, l'énergie se conserve ;
– si le système n'est pas isolé, il peut échanger de l'énergie avec l'extérieur : si un système a perdu ou gagné de l'énergie, la même quantité d'énergie a été gagnée ou perdue par d'autres systèmes.

> **À NOTER**
> Un système isolé est un système physique qui n'interagit pas avec son environnement. Il ne peut échanger ni matière, ni énergie avec l'extérieur.

■ En 1930, dans une tentative désespérée de sauver la conservation de l'énergie lors d'une désintégration β, le physicien autrichien Wolfgang Pauli a supposé l'existence d'une nouvelle particule de très faible masse, ne possédant pas de charge électrique, ce qui lui valu d'être baptisée **neutrino**, « le petit neutre » par l'Italien Enrico Fermi en 1933.

■ Après « avoir sauvé » le principe de conservation de l'énergie, le neutrino a menacé de chambouler toute la physique du XXe siècle. En effet, en 2011, un faisceau de neutrino était censé avoir dépassé la vitesse de la lumière dans le vide, remettant en cause le statut de vitesse limite. Depuis, cette mesure a été infirmée par d'autres expériences.

2 Énergies d'un objet ponctuel en mouvement

a. Énergie potentielle de pesanteur

■ L'**énergie potentielle de pesanteur** d'un objet ponctuel est l'énergie que possède cet objet du fait de son poids et de son altitude. On qualifie cette énergie de « potentielle » car elle ne s'est pas encore exprimée. Ainsi, un vase sur une table est attiré par la Terre, mais il ne va pas forcément tomber et se briser au sol.

■ Un objet situé à une altitude z, dont l'origine est choisie arbitrairement, possède une énergie potentielle de pesanteur E_{pp}.
Son expression est :

$$E_{pp} = mgz$$

avec E_{pp} en Joules (J), m la masse en kilogrammes (kg), g l'intensité de pesanteur en newton par kilogramme ($N{\cdot}kg^{-1}$) et z l'altitude, repérée sur un axe (Oz) orienté vers le haut, en mètres (m).

> **ATTENTION**
> Si on change la position de l'origine O, la valeur de l'énergie potentielle de position change également. Il ne faut donc pas oublier, avant d'utiliser la relation donnant l'énergie potentielle de pesanteur, de définir l'origine O du référentiel d'étude.

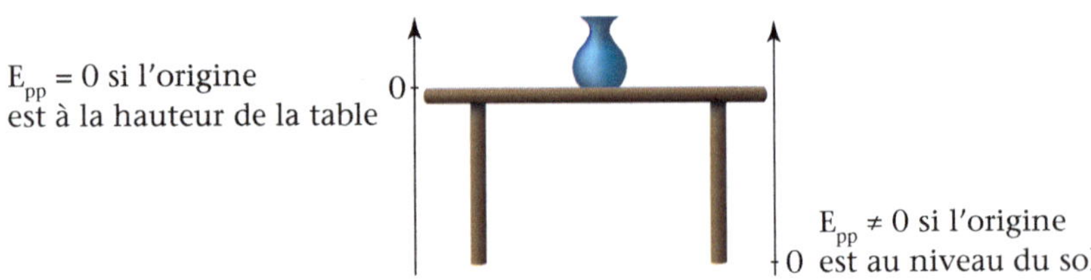

b. Énergie cinétique

■ L'**énergie cinétique** est l'énergie que possède un objet du fait de son mouvement. Elle est proportionnelle à la masse m de l'objet et au carré de sa vitesse v.

■ L'énergie cinétique d'un objet en mouvement de translation est donnée par la relation :

$$E_c = \frac{1}{2} mv^2$$

avec E_c en Joules (J), m en kilogrammes (kg) et v en mètres par seconde ($m{\cdot}s^{-1}$).

> **ATTENTION**
> Les vitesses étant souvent données en $km{\cdot}h^{-1}$ et l'unité de vitesse du Système International étant le $m{\cdot}s^{-1}$, il faut convertir régulièrement l'une et l'autre.

COURS

■ Un objet effectue un mouvement de translation si tout segment, formé par deux points quelconques A et B appartenant à l'objet, reste toujours parallèle à lui-même.

Mouvement de translation rectiligne

■ Le mouvement d'un corps dépend du référentiel d'étude. Il en est de même pour la vitesse et donc l'énergie cinétique de ce corps. Ainsi, les passagers d'un train ont une vitesse nulle et donc une énergie cinétique nulle dans le référentiel lié à ce train.

Dans le référentiel terrestre, en revanche, leur vitesse est celle du train et leur énergie cinétique est donc non nulle.

3 Conservation ou non-conservation de l'énergie mécanique

■ L'**énergie mécanique** d'un système correspond à la **somme** de son énergie potentielle de pesanteur et de son énergie cinétique :

$$E_m = E_{pp} + E_c.$$

■ Les énergies cinétique et potentielle de pesanteur d'un solide peuvent varier au cours d'un mouvement. En effet durant celui-ci, l'altitude du mobile et sa vitesse peuvent changer.

a. Cas de la chute libre

■ Un mobile est en **chute libre** lorsque la seule action à laquelle il est soumis est **son poids** (ou lorsque les autres forces qu'il subit sont négligeables devant son poids).

Au cours de sa chute, sa vitesse augmente comme son énergie cinétique. Tandis que, dans le même temps, son énergie potentielle de pesanteur va diminuer avec son altitude. L'énergie cinétique et l'énergie potentielle de pesanteur s'échangeant l'une l'autre, l'énergie mécanique se conserve.

■ Lorsqu'un objet n'est soumis à aucun frottement : $\Delta E_m = 0$.

Évolution des énergies cinétique, potentielle de pesanteur et mécanique au cours du temps lors d'une chute libre

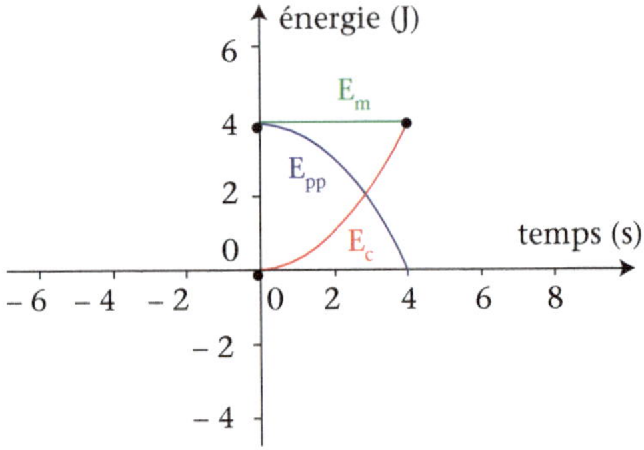

b. Chute avec frottements

■ En cas de chute dans un fluide, un solide est soumis à des frottements exercés par ce fluide. Son énergie mécanique diminue. Elle n'est pas détruite mais se dissipe par transfert thermique, ce qui se traduit par un échauffement du solide ou de son environnement.

COURS

1 Utiliser la conservation de l'énergie pour calculer une vitesse

Énoncé

Un skieur de masse 75 kg glisse sur une piste inclinée de $\alpha = 40°$ avec le plan horizontal. Au départ de l'étude, il se trouve au point A avec une vitesse v_A de 25 km·h^{-1}.

1. Exprimer l'énergie mécanique du skieur en B après une descente de longueur ℓ.

2. Dans le cas où l'énergie mécanique reste constante, quelle sera après 75 m de descente la vitesse atteinte par le skieur ?

La vitesse du skieur en B est en réalité de 19 m·s^{-1}.

3. Comment expliquer cette différence ?

Donnée : g = 9,81 N·kg^{-1}.

Savoir-faire

- Préciser le système étudié.
- Définir l'origine du repère vertical avant d'utiliser la relation donnant l'énergie potentielle de pesanteur.
- Utiliser l'expression de l'énergie cinétique d'un solide en translation.
- Utiliser ensuite la conservation de l'énergie mécanique.
- Interpréter la conservation ou la non-conservation de l'énergie mécanique.

Corrigé détaillé

1. On étudie le skieur sur ses skis.

$E_m = E_{pp} + E_C$, d'où :

$$E_m = mgz + \frac{1}{2} mv^2.$$

Prenons l'origine de l'axe (Oz) en haut de la pente en A, point de départ de l'étude, telle que $z_A = 0$.

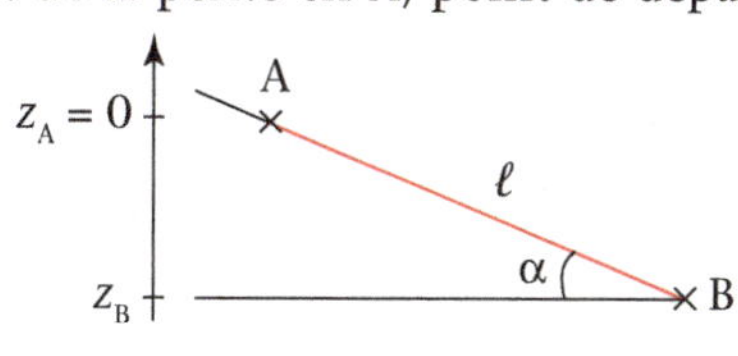

En A, $E_{ppA} = 0$ J.

En B, $z_B = -\ell \sin\alpha$.

$E_{mB} = -\ell \sin\alpha\, mg + \frac{1}{2} mv_B^2$.

2. On détaille les calculs littéraux pour arriver à l'expression qui permettra ensuite de calculer v_B.

$E_{mB} = E_{mA}$

$-\ell \sin 40\, mg + \frac{1}{2} mv_B^2 = \frac{1}{2} mv_A^2$

$v_B^2 = 2\ell g \sin 40 + v_A^2$

$v_B = \sqrt{2g\ell \sin 40 + v_A^2}$

> **ATTENTION**
> Les relations donnant les valeurs des énergies doivent être utilisées avec les unités adaptées.

Ainsi, la vitesse v_A devient :

$$v_A = \frac{25}{3,6} = 6,94 \text{ m·s}^{-1}.$$

Application numérique : $v_B = \sqrt{2 \times 9,81 \times 75 \sin 40 + 6,94^2} = \sqrt{994}$

$$v_B = 32 \text{ m·s}^{-1}.$$

3. La vitesse calculée est bien supérieure à la vitesse réelle. L'énergie mécanique ne s'est pas conservée. Les frottements de l'air sur le corps du skieur et de la neige sur ses skis ont dissipé en énergie thermique une partie de son énergie mécanique.

2 Utiliser la conservation de l'énergie pour déterminer la position d'un objet

Énoncé

Un enfant s'amuse à lancer une balle de tennis de masse $m = 58$ g, verticalement vers le haut et à la rattraper. La vitesse initiale qu'il lui donne est $v = 6,3$ m·s^{-1}.

Quelle hauteur maximale pourra atteindre la balle si les frottements sont négligés ?

Donnée : g = 9,81 N·kg^{-1}.

Savoir-faire

- Utiliser l'expression de l'énergie cinétique d'un solide en translation ainsi que son énergie potentielle de pesanteur et son énergie mécanique.
- Utiliser ensuite la conservation de l'énergie mécanique pour répondre à la question.

Corrigé détaillé

■ Au préalable, il faut définir l'origine O du repère verticale (Oz). Ce point est celui où débute le mouvement du point G, centre de la balle de l'enfant.

Les frottements sont négligés : l'énergie est donc conservée au cours du lancer.

> **CONSEIL**
> Il ne faut pas oublier d'indiquer les deux points entre lesquels va s'appliquer la conservation d'énergie.

■ Les deux points entre lesquels il faut appliquer le principe de conservation de l'énergie sont O position du centre G au moment du lancer et H le point culminant de la trajectoire de la balle.

$\Delta E_{\text{m}} = 0.$

$E_{\text{mH}} = E_{\text{mO}}$

$E_{\text{ppH}} + E_{\text{cH}} = E_{\text{ppO}} + E_{\text{cO}}.$

Or $E_{\text{ppO}} = 0$ car O est le point de référence de l'énergie potentielle de pesanteur et l'énergie cinétique en H est nulle, car la balle est à son apogée.

■ L'expression devient donc :

$E_{\text{ppH}} = E_{\text{cO}}$

$mgz_{\text{H}} = \frac{1}{2} mv^2$

$z_{\text{H}} = \frac{v^2}{2g}$

Application numérique : $z_{\text{H}} = \frac{6{,}3^2}{2 \times 9{,}81} \approx 2{,}0$ m.

10 qcm pour réviser le cours

Corrigés p. 255

Donnée : intensité de pesanteur : $g = 10\ N{\cdot}kg^{-1}$.

1 L'énergie est une grandeur qui :

❑ **a.** peut se transformer.

❑ **b.** peut être créée.

❑ **c.** se mesure en Joules.

2 Un livre de masse 0,6 kg est posé sur une étagère à 1,85 m du sol. Son énergie potentielle de pesanteur est :

❑ **a.** nulle. ❑ **b.** égale à 9 J.

❑ **c.** on ne peut pas répondre.

3 Une voiture roule et possède une énergie cinétique de 350 kJ. Une de ses jantes a une masse de 50 kg.

❑ **a.** Son énergie cinétique sera égale à celle de la voiture.

❑ **b.** La relation $E_c = \frac{1}{2}mv^2$ ne s'utilise pas dans ce cas.

❑ **c.** Elle n'a pas un mouvement de translation lorsque la voiture roule.

4 Une luge dévale une pente. Elle est soumise à des frottements si son énergie mécanique :

❑ **a.** diminue. ❑ **b.** reste constante.

❑ **c.** augmente.

5 Un système isolé :

❑ **a.** peut échanger de la matière avec l'extérieur.

❑ **b.** peut recevoir de l'énergie du milieu extérieur.

❑ **c.** n'échange ni énergie ni matière avec l'extérieur.

6 Pour que l'énergie cinétique d'un solide soit multipliée par 4 :

❑ **a.** sa vitesse doit être doublée.

❑ **b.** sa vitesse doit être multipliée par 4.

❑ **c.** sa masse doit être doublée.

7 L'expression littérale de la vitesse d'un solide de masse *m* dont on connait l'énergie cinétique E_c est :

❑ **a.** $v = \sqrt{\frac{2E_c}{m}}$ ❑ **b.** $v = \frac{\sqrt{E_c}}{2m}$

❑ **c.** $v = \sqrt{\frac{E_c}{2m}}$

8 Lorsqu'une moto freine, son énergie cinétique se dissipe au niveau des freins sous la forme d'énergie :

❑ **a.** potentielle de pesanteur.

❑ **b.** thermique.

❑ **c.** mécanique.

9 Lors d'une désintégration radioactive β :

❑ **a.** le neutrino emporte une partie de l'énergie.

❑ **b.** l'énergie totale se conserve.

❑ **c.** il y a conservation de la masse.

10 Le graphique représente les énergies d'une boule. Il montre que :

❑ **a.** la boule est en chute libre.

❑ **b.** les frottements de l'air sont négligeables.

❑ **c.** la boule a été lancée verticalement vers le haut.

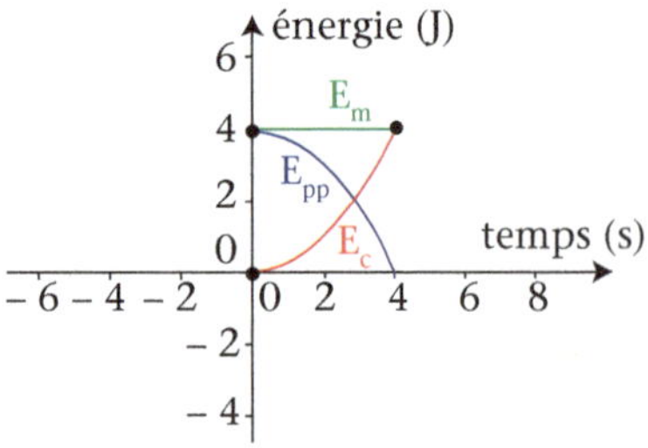

Exercices

Donnée : Intensité de pesanteur : g = 9,81 $N \cdot kg^{-1}$.

Exercice 1 niveau 1

Corrigés p. 255

Le guépard est l'animal terrestre le plus rapide au monde. Sa vitesse peut atteindre les 110 $km \cdot h^{-1}$. Le guépard mâle pèse en moyenne 50 kg.

1. Convertir sa vitesse en $m \cdot s^{-1}$.
2. En déduire l'énergie cinétique de cet animal à pleine vitesse.

Exercice 2 niveau 1

Corrigés p. 256

Un combustible (charbon, gaz naturel...) brûle à l'intérieur d'une chaudière. La chaleur produite par cette combustion permet à l'eau de la chaudière de se vaporiser.

La vapeur d'eau sous pression permet alors à une turbine d'entraîner un alternateur. Celui-ci produit un courant alternatif sinusoïdal.

À la sortie de la turbine, la vapeur d'eau est recyclée grâce à un condenseur dans lequel circule de l'eau froide provenant d'un cours d'eau voisin ou de la mer.

L'eau liquide, ainsi récupérée, retourne dans la chaudière pour recommencer un autre cycle.

1. Citer deux types d'énergie intervenant lors du fonctionnement d'une centrale thermique à flamme.
2. Peut-on considérer une centrale thermique à flamme comme un système isolé ?
3. Quelle conversion d'énergie effectue l'alternateur ?
4. Certaines centrales thermiques à flamme ont des rendements dépassant les 45 %.
Comment expliquer toutes ces « pertes d'énergie » ?

Exercice 3 niveau 1

Corrigés p. 256

Une voiture de masse m = 1 000 kg roule à 90 $km \cdot h^{-1}$ sur une route horizontale.

1. Quelle est la vitesse de cette voiture en $m \cdot s^{-1}$?
2. Calculer son énergie cinétique.

3. Comment évolue son énergie mécanique au cours du déplacement ? Justifier.

4. Comment cette perte est-elle compensée ?

5. Le conducteur freine. La distance de freinage de cette voiture est 45 m à 90 km·h^{-1}.

Sous quelle forme d'énergie se transforme l'énergie mécanique ?

6. Quelle quantité d'énergie le freinage permet-il à la voiture de perdre à chaque mètre ?

7. Pourquoi dit-on que la vitesse est dangereuse ?

Exercice 4 niveau 1

Corrigés p. 256

Il y a environ 50 000 ans, une météorite de 300 000 tonnes s'est abattue dans le désert d'Arizona aux États-Unis.

Sa vitesse au moment de l'impact était de 45 000 km·h^{-1}.

1. Quelle était la vitesse de la météorite en m·s^{-1} au moment de l'impact ?

2. Calculer l'énergie cinétique de la météorite au moment de l'impact.

3. Au cours de la traversée de l'atmosphère terrestre, la météorite a perdu la moitié de sa masse initiale, une partie des roches qui la constituait s'étant vaporisée.

L'énergie mécanique de la météorite a-t-elle variée tandis qu'elle se rapprochait du sol ? Expliquer.

Exercice 5 niveau 1

Corrigés p. 257

Un joueur de tennis frappe son service à 3,0 m de hauteur en A. La balle, d'une masse de 58,0 g, part avec une vitesse de 185 km·h^{-1}. La balle atteint ensuite le carré de service au point B.

1. Déterminer les valeurs de l'énergie potentielle de pesanteur et de l'énergie cinétique de la balle en A lorsqu'elle quitte la raquette du joueur.

2. Comment évolue l'énergie mécanique de la balle entre A et B si les frottements sont négligés ?

3. En déduire la valeur de la vitesse de la balle lorsqu'elle frappe le sol en B.

4. En fait, la vitesse de la balle en B est inférieure à celle calculée. Pourquoi ?

Exercice 6 niveau 2

Corrigés p. 257

Un grêlon de masse m = 9,0 g arrive au sol avec une vitesse v_f = 33 m·s^{-1}. On considère qu'il a chuté sans vitesse initiale.

1. Calculer l'énergie mécanique du grêlon quand il touche le sol.

2. On considère que le grêlon n'est soumis à aucun frottement.

À quelle altitude s'est-il formé ?

3. Que peut-on dire de ce résultat ? Expliquer.

Exercice 7 niveau 2

Corrigés p. 258

Une rampe permet à un skateur de masse 80 kg de s'élever dans les airs pour y réaliser des figures.

Quand le skateur atteint une altitude maximale, son énergie potentielle de pesanteur est égale à 2 700 J. On considère que les frottements sont négligeables.

1. Quelle est la valeur de l'énergie mécanique du skateur ?

2. Quelle vitesse maximale v_{max} va-t-il atteindre ?

3. Si les frottements ne sont plus négligeables, comment va évoluer l'énergie mécanique ? Justifier.

Exercice 8 niveau 2

Corrigés p. 258

Un bobsleigh débute son parcours sur une piste avec une vitesse de 15 km·h^{-1}. La masse de l'engin occupé est égale à 400 kg.

On néglige les frottements.

Quel dénivelé aura-t-il effectué quand il aura atteint la vitesse de 28 m·s^{-1} ?

Exercice 9 niveau 3

Corrigés p. 259

Le plongeon de falaise, *cliff-diving,* est une discipline spectaculaire qui regroupe de par le monde une vingtaine de pratiquants.

Un plongeur de 85 kg s'élance, sans vitesse initiale, d'une hauteur de 28 m.

Sa vitesse quand il touche l'eau est de 70 km·h^{-1}.

1. Calculer l'énergie cinétique que possède le plongeur lorsqu'il atteint l'eau.

2. Les frottements sont-ils négligeables lors du plongeon ?

Exercice 10 niveau 3

Corrigés p. 260

Un pendule est formé d'un solide ponctuel de masse $m = 20$ g et d'un fil inextensible de longueur $L = 15$ cm.

On écarte le pendule d'un angle de 40° par rapport à la verticale et on le lâche sans vitesse initiale.

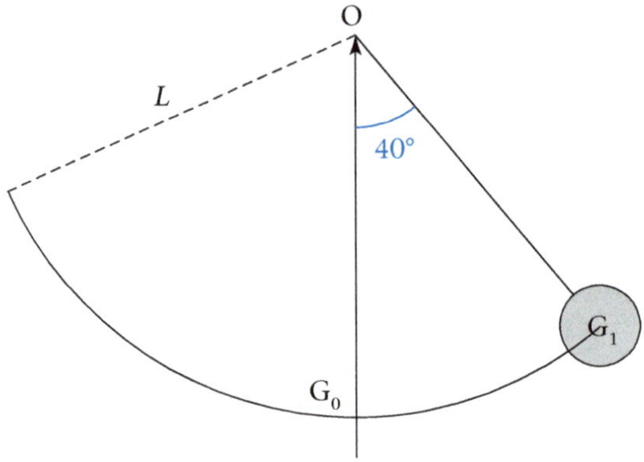

Les frottements sont négligés.

Quelle est la valeur v_0 de sa vitesse en G_0 ?

QCM

1 **a.** et **c.** Le principe de conservation de l'énergie stipule que l'énergie ne peut être ni créée, ni détruite.

2 **c.** La valeur de l'énergie potentielle de pesanteur dépendant de l'origine du repère choisie, on ne peut donc pas répondre.

3 **b.** et **c.** $E_c = \frac{1}{2} mv^2$ ne s'utilise que si l'objet étudié effectue un mouvement de translation. La jante n'aura ce type de mouvement que lorsque la voiture sera en train de freiner.

4 **a.** L'énergie mécanique se dissipe alors en énergie thermique.

5 **c.** Un système isolé n'échange ni matière, ni énergie avec l'extérieur.

> **À NOTER**
> Un système véritablement isolé n'existe pas dans la réalité physique. Il a toujours des interactions avec l'environnement.

6 **a.** L'énergie cinétique d'un solide est proportionnelle à sa masse et au carré de sa vitesse.

7 **a.** La relation donnant l'énergie cinétique d'un objet en mouvement est :

$$E_c = \frac{1}{2} mv^2.$$

Elle devient :

$$v^2 = 2\frac{E_c}{m} \quad \text{et} \quad v = \sqrt{\frac{2E_c}{m}}.$$

8 **b.** L'énergie cinétique d'une moto se dissipe en énergie thermique au niveau des freins.

9 **a.** et **b.** La perte de masse qui a lieu lors de cette réaction nucléaire est à l'origine de l'énergie libérée.

10 **a.** et **b.** La boule a été lâchée sans vitesse initiale. L'énergie potentielle de position diminue au cours du temps : la boule effectue donc une chute. L'énergie mécanique reste constante au cours du temps : les frottements sont négligeables.

Exercice 1

1. Il faut convertir sa vitesse en $m \cdot s^{-1}$:

$$v = \frac{110}{3{,}6} = 30{,}5 \text{ m} \cdot \text{s}^{-1}.$$

2. $E_c = \frac{1}{2} mv^2$.

Application numérique : $E_c = \frac{1}{2} \times 50 \times 30{,}5^2 = 23\ 341 \text{ J} = 23 \text{ kJ}$.

CORRIGÉS

Exercice 2

1. Les types d'énergie intervenant lors du fonctionnement d'une centrale thermique à flamme sont :

– l'énergie chimique de la combustion dans la chaudière ;

– l'énergie thermique de la chaudière ;

– l'énergie mécanique des molécules d'eau dans les turbines ;

– l'énergie électrique produite par l'alternateur…

2. Il ne s'agit pas d'un système isolé. Il y a notamment des interactions avec l'eau des cours d'eau ou de la mer par exemple.

3. L'alternateur transforme l'énergie mécanique en énergie électrique.

4. Le fait de parler de « pertes » d'énergie est un abus de langage puisque l'énergie ne peut être ni créée ni détruite. Toute l'énergie chimique de la combustion (pour les centrales utilisant cette transformation) n'est pas convertie en énergie électrique : de la chaleur produite par la chaudière est évacuée dans l'environnement. Une partie de l'énergie de la vapeur d'eau sert à faire tourner des groupes turbine/alternateur qui transforment une partie de l'énergie mécanique en énergie électrique.

Exercice 3

1. $v = \dfrac{90}{3,6} = 25\ \text{m·s}^{-1}$.

La vitesse de cette voiture de 1 000 kg est de 25 m·s^{-1}.

2. $E_c = \dfrac{1}{2} mv^2$.

Application numérique : $E_c = \dfrac{1}{2} \times 1\,000 \times 25^2 = 3,1{\cdot}10^5$ J.

3. À cause des frottements avec l'air et le sol, la voiture dissipe une partie de son énergie sous forme d'énergie thermique.

4. Le moteur thermique de la voiture transforme l'énergie chimique de combustion de l'essence en énergie mécanique pour permettre le déplacement.

5. Cette énergie se transforme en énergie thermique au niveau des freins.

6. Pour que la voiture s'arrête, il faut que son énergie cinétique s'annule. Or $E_c = 3,1{\cdot}10^5$ J et la voiture a besoin de 45 m pour s'arrêter, le système de freinage fait donc perdre à la voiture, à chaque mètre :

$$\frac{3,1{\cdot}10^5}{45} \approx 6,9{\cdot}10^3\ \text{J·m}^{-1}.$$

7. L'énergie cinétique est proportionnelle au carré de la vitesse. La distance de freinage augmente donc plus rapidement que la vitesse.

Exercice 4

1. $v = \dfrac{45\,000}{3,6} \approx 12\,500\ \text{m·s}^{-1}$

La vitesse de la météorite était d'environ 12 500 m·s^{-1}.

2. $E_c = \frac{1}{2} mv^2$.

Application numérique :

$E_c = \frac{1}{2} \times 3 \times 10^8 \times (1{,}3 \cdot 10^4)^2 = 2{,}3 \times 10^{16}$J.

ATTENTION

Il ne faut pas oublier de convertir la masse en kilogramme.

3. L'énergie mécanique de la météorite est donnée par :

$$E_m = E_{pp} + E_c = mgz + \frac{1}{2} mv^2 = m(gz + \frac{1}{2} v^2).$$

La masse de la météorite ayant diminué au cours de la chute, son énergie mécanique a également baissé. Elle s'est dissipée en énergie thermique suite aux frottements de l'air.

Exercice 5

1. L'origine O du repère vertical (Oz) est au niveau du sol.

$E_{ppA} = mgz_A$.

Application numérique : $E_{ppA} = 58 \cdot 10^{-3} \times 9{,}81 \times 3{,}0 = 1{,}7$ J.

$E_{cA} = \frac{1}{2} \times m \times v_A^2$.

v_A doit être convertie en m·s⁻¹ : $v_A = \frac{185}{3{,}6} = 51{,}4$ m·s^{-1}.

Application numérique : $E_{cA} = \frac{1}{2} \times 58 \cdot 10^{-3} \times 51{,}4^2 = 76{,}6$ J.

2. L'énergie mécanique se conserve. $\Delta E_m = 0$.

3. $E_{ppA} + E_{cA} = E_{cB} + E_{ppB}$.

Or $E_{ppB} = 0$ car $z_B = 0$. Donc $E_{cB} = E_{ppA} + E_{cA}$

$\frac{1}{2} \times m \times v_B^2 = mgz_A + \frac{1}{2} \times m \times v_A^2$

$v_B^2 = 2gz_A + v_A^2$

$v_B = \sqrt{2gz_A + v_A^2}$.

Application numérique : $v_B = \sqrt{2 \times 9{,}81 \times 3 + 51{,}4^2} = 51{,}9$ m·s^{-1}.

En km·h^{-1} : $v_B = 187$ km·h^{-1}.

La balle frappe le sol avec une vitesse de 187 km·h^{-1}.

4. En réalité, les frottements de l'air vont ralentir la balle.

Exercice 6

1. Soit O l'origine du repère (Oz) située au niveau du sol telle que $E_{ppO} = 0$ J.

$E_{mf} = E_{ppf} + E_{cf}$.

$E_{mf} = 0 + E_{cf}$.

$E_c = \frac{1}{2} mv^2$

Application numérique : $E_{mf} = \frac{1}{2} \times 9{,}0 \times 10^{-3} \times 33^2 = 4{,}9$ J.

2. Si le grêlon n'est soumis à aucun frottement, son énergie mécanique se conserve.

On a donc $E_{mi} = E_{ppi} + E_{ci}$.

Or $E_{ci} = 0$ J, car le grêlon chute sans vitesse initiale.

Donc $E_{mi} = E_{ppi}$.

$E_{mf} = E_{mi}$ devient donc $E_{ppi} = E_{cf}$, soit $mgz = E_{cf}$.

Soit $z = \frac{E_{cf}}{mg}$.

Application numérique : $z = \frac{4{,}9}{9 \cdot 10^{-3} \times 9{,}81} = 55$ m.

3. Ce n'est pas l'altitude de formation d'un grêlon. L'énergie mécanique initiale doit être bien supérieure à celle calculée. Sans frottements, la vitesse de ce grêlon en arrivant au sol serait bien supérieure à celle annoncée dans l'exercice. Le grêlon pourrait ainsi faire des dégâts autrement important lors de son impact sur Terre.

Exercice 7

1. $E_m = E_{pp} + E_c$.

Quand le skateur atteint son altitude maximale, sa vitesse est nulle et donc son énergie cinétique aussi.

$E_m = E_{pp}$

Donc $E_m = 2\,700$ J.

2. Les frottements sont négligeables : l'énergie mécanique se conserve. Quand il est au bas de la rampe, toute l'énergie potentielle de pesanteur du skateur s'est donc transformée en énergie cinétique.

L'expression $E_c = \frac{1}{2} mv^2$ devient $v = \sqrt{\frac{2E_c}{m}}$.

Application numérique : $v_{max} = \sqrt{\frac{2 \times 2\,700}{80}} = 8{,}2$ m·s⁻¹.

La vitesse maximale du skateur sera $8{,}2$ m·s^{-1}.

3. Son énergie mécanique va se dissiper sous forme d'énergie thermique à cause des frottements de l'air sur le skateur et des roues du skate sur la rampe.

Exercice 8

On prend comme altitude de référence celle à laquelle le bobsleigh a atteint la vitesse de 28 m·s^{-1}.

L'énergie potentielle de pesanteur est nulle en cet endroit.

On néglige les frottements, donc l'énergie mécanique du bobsleigh se conserve au cours de la descente.

On peut écrire :

$$E_{mA} = E_{mB}.$$

CORRIGÉS

$E_{ppA} + E_{cA} = E_{cB} + E_{ppB}$.

Or $E_{ppB} = 0$ car $z_B = 0$.

Donc $E_{cB} = E_{ppA} + E_{cA}$.

$\frac{1}{2} \times m \times v_B^2 = mgz_A + \frac{1}{2} \times m \times v_A^2,$

$$z_A = \frac{\frac{1}{2}mv_B^2 - \frac{1}{2}mv_A^2}{mg} = \frac{v_B^2 - v_A^2}{2g} \text{ avec } v_A = 15 \text{ km·h}^{-1} = 4{,}2 \text{ m·s}^{-1}.$$

Application numérique : $z_A = \frac{28^2 - 4{,}2^2}{2 \times 9{,}8} = 39$ m.

Le bobsleigh aura effectué un denivelé de 39 m.

Exercice 9

1. Le plongeur est considéré comme un objet ponctuel.

Pour calculer l'énergie cinétique d'un objet, il faut que sa vitesse soit en mètre par seconde :

70 km·h^{-1} devient 19 m·s^{-1}.

$E_c = \frac{1}{2} mv^2$.

Application numérique : $E_c = \frac{1}{2} \times 85 \times 19^2 = 1{,}6 \cdot 10^4$ J.

2. Soit O, l'origine du repère vertical (Oz), située au niveau de la mer. À cette hauteur, l'énergie potentielle de pesanteur est nulle.

Soit A le point de départ du plongeur et B son point d'entrée dans l'eau. Si les frottements sont négligeables, il y a conservation de l'énergie mécanique du plongeur entre l'endroit d'où le plongeur plonge et l'eau.

$E_{mB} = E_c + E_{ppB}$; or $E_{ppB} = 0$, donc $E_{mB} = E_c$.

Son énergie cinétique en ce point a été calculée à la question précédente.

Au niveau du point A : l'énergie cinétique du plongeur est nulle puisqu'il s'élance sans vitesse initiale.

Donc $E_{mA} = E_{ppA}$.

Le plongeur avant de s'élancer possède une énergie potentielle de pesanteur telle que $E_{ppA} = mgz_A$.

Application numérique : $E_{ppA} = 85 \times 9{,}8 \times 28 = 2{,}3 \cdot 10^4 \text{ J} = E_{mA}$.

On a donc $E_{mA} \neq E_{mB}$.

L'énergie mécanique n'est pas conservée ; les frottements ne sont donc pas négligeables lors de ce plongeon.

Exercice 10

Soit G_0 le point atteint par G centre de la masse lorsqu'il est aligné sur l'axe (Oz).

On le choisit comme référence pour l'énergie potentielle de pesanteur.

Soit G_1 la position de G lorsqu'on lâche la masse.

Les frottements sont négligés, donc l'énergie mécanique se conserve pendant le mouvement du pendule.

À NOTER
La difficulté de cet exercice provient de la nécessité de trouver soi-même les étapes du raisonnement sans être guidé par des questions.

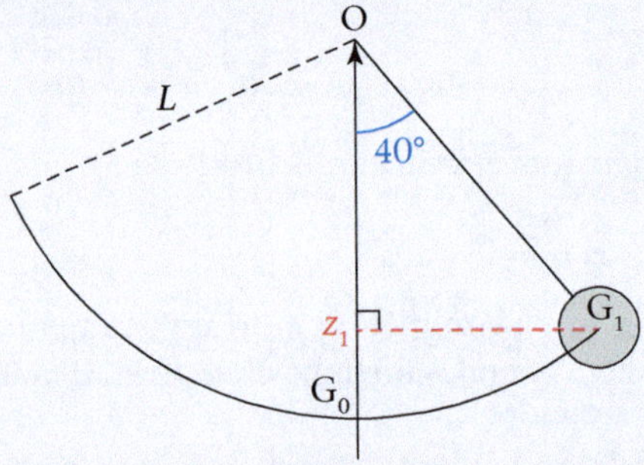

$E_{m1} = E_{m0}$, c'est-à-dire $E_{pp1} + E_{c1} = E_{pp0} + E_{c0}$.
Or E_{c1} et E_{pp0} sont nulles car, respectivement, le pendule est lâché sans vitesse initiale et G_0 est la référence pour l'énergie potentielle de pesanteur.
On a donc $E_{pp1} = E_{c0}$, soit $mgz_1 = \frac{1}{2} mv_0^2$.

$v_0^2 = 2gz_1$

$v_0 = \sqrt{2gz_1}$

$z_1 = L\,(1 - \cos 40)$ et $v_0 = \sqrt{2gL(1-\cos 40)}$.

Application numérique : $v_0 = \sqrt{2 \times 9{,}81 \times 15 \times 10^{-2} \times (1-\cos 40)} = 0{,}83 \text{ m·s}^{-1}$.

La vitesse v_0 en G_0 est 0,83 m·s^{-1}.

15 Produire et transporter l'énergie électrique

1 Ressources énergétiques

■ On distingue les **ressources énergétiques renouvelables** des ressources énergétiques non renouvelables.

Cette distinction s'opère par la comparaison de leurs durées caractéristiques associées : la durée de formation et la durée d'exploitation.

■ Les ressources, dont le stock se régénère beaucoup moins vite qu'il ne disparaît suite à son exploitation, ou ne se reconstitue pas du tout, sont dites **non renouvelables**.

Elles proviennent de l'exploitation de minéraux (uranium) et de combustibles fossiles (pétrole, gaz, charbon) formés au cours des siècles.

Leurs quantités sont limitées d'autant plus que 80 % de la production mondiale d'énergie dépend d'elles.

Durées caractéristiques des ressources non renouvelables

<table>
<tr><th rowspan="2">Ressources non renouvelables</th><th rowspan="2">Origine</th><th colspan="2">Durées caractéristiques</th></tr>
<tr><th>Durée de formation</th><th>Durée d'exploitation</th></tr>
<tr><td>Pétrole</td><td rowspan="3">Fossilisation de matière vivante végétale ou animale</td><td>60 millions d'années environ</td><td rowspan="2">Moins d'un siècle</td></tr>
<tr><td>Gaz</td><td rowspan="2">Plusieurs millions d'années</td></tr>
<tr><td>Charbon</td><td>Environ deux siècles</td></tr>
<tr><td>Uranium</td><td colspan="2">Élément naturel présent à l'état de traces partout sur Terre depuis sa formation</td><td>Moins d'un siècle</td></tr>
</table>

■ Les ressources exploitables sans limite de durée à notre échelle sont dites **renouvelables**. Leur stock est quasi illimité, ou se reconstitue aussi vite ou plus vite qu'il ne disparaît. On compte parmi ces ressources : le Soleil, le vent, les marées, la géothermie, la biomasse…

COURS

2 Production de l'énergie électrique

■ De **nombreuses méthodes de « production » de l'électricité** existent. Elles emploient panneaux solaires, éoliennes, piles, centrales thermiques… Certaines permettent de produire de l'énergie en grande quantité, d'autres pas.
Tous ces modes de production correspondent à des **conversions d'énergie**.

■ Le plus souvent, un **alternateur** est utilisé. Il est constitué de deux parties :
– un **stator**, fixe, constitué d'un enroulement de fils conducteurs ;
– un **rotor**, formé d'un ou de plusieurs aimants.

La rotation de l'aimant à proximité du stator correspond à une conversion d'énergie mécanique en énergie électrique.

Les centrales électriques thermiques utilisent la combustion des ressources fossiles (centrale thermique classique) ou la fission de l'uranium (centrale nucléaire) pour produire l'énergie thermique nécessaire à chauffer l'eau, qui, sous pression, fait tourner des turbines et un alternateur qui produit de l'électricité.

■ Il est aussi possible de produire de l'électricité sans utiliser de transfert thermique.
Dans les éoliennes, c'est l'énergie cinétique du vent et dans les barrages hydrauliques, celle de l'eau qui permettent de mettre la turbine en rotation.

■ Parmi les systèmes n'utilisant pas d'alternateur, on peut citer :
– les **panneaux photovoltaïques** qui convertissent l'énergie lumineuse en électricité ;
– les piles qui sont le siège d'une conversion d'énergie chimique en énergie électrique.

■ Ces conversions d'énergie peuvent être schématisées dans des **chaînes énergétiques**.
Une chaîne énergétique illustre le principe de conservation de l'énergie. Elle permet de représenter les transferts d'énergie entre les différents systèmes ainsi que les formes d'énergie concernées.

3 Contraintes de production – Stockage

■ Les besoins en électricité sont **irréguliers** mais doivent être satisfaits.

■ Il faut donc **adapter la production à la consommation** sous peine d'engendrer d'importantes pertes, tout en tenant compte des modes de production (éoliennes et panneaux photovoltaïques) dont la production est intermittente et dépend des conditions climatiques.

■ L'électricité n'est pas une ressource énergétique – elle ne peut donc être stockée telle quelle. Il va falloir conserver des réserves de sources primaires d'énergie quand c'est possible. Les matières fossiles et l'eau retenue dans les barrages forment ainsi des réserves disponibles à tout moment en fonction des besoins.

■ On peut « stocker » l'énergie électrique en la transformant. C'est le cas, par exemple, dans les **accumulateurs.** Cependant, la mise en réserve sous forme d'énergie chimique et la récupération s'accompagnent d'une forte dissipation en chaleur à cause des réactions électrochimiques.

4 Transport

■ Le transport de l'électricité, depuis les centrales jusqu'aux habitations, nécessite des **câbles électriques**. Ceux-ci ont une **résistance proportionnelle à leur longueur**.

Cette résistance est responsable de la conversion d'une partie de l'énergie électrique en énergie thermique.

■ L'énergie dissipée par effet Joule dans ces câbles s'obtient en utilisant la relation :

$$E_J = P_J \times \Delta t$$

où E_J est l'énergie dissipée en Joules (J), P_J la puissance dissipée en watts (W) et Δt la durée en secondes (s).

La puissance dissipée se calcule ainsi :

$$P_J = U \times I = RI^2$$

avec R la résistance en ohms (Ω) des câbles, I l'intensité du courant qui les traversent en ampères (A).
U est la tension à laquelle ils sont soumis en volts (V).

■ Les câbles dégradent donc, par effet Joule, une puissance proportionnelle à leur longueur, ce qui conduit à des « **pertes** » inévitables durant le transport de l'énergie électrique.

■ L'utilisation de la haute tension (400 kV) permet de limiter les pertes, car pour une même énergie transportée, l'effet Joule est moins important si la tension est plus élevée.

À NOTER
On estime à 2,5 % la perte énergétique due à l'effet Joule dans les câbles de transport électrique en France.

Représenter une chaîne énergétique

Énoncé

Établir la chaîne énergétique présentant les étapes de la production d'électricité de la turbine au réseau électrique.

Savoir-faire

- Schématiser une chaîne énergétique pour interpréter les conversions d'énergie.
- Les objets intervenant dans l'étude sont représentés par des ovales :

– verts, lorsque l'objet est un réservoir d'énergie ;

– orange quand l'objet est un convertisseur d'énergie.

- Une flèche entre chaque objet indique le sens du transfert et la nature de l'énergie transférée.

Corrigé détaillé

- La turbine et l'alternateur sont des convertisseurs d'énergie : la turbine transmet l'énergie cinétique en énergie mécanique et l'alternateur l'énergie mécanique en énergie électrique.

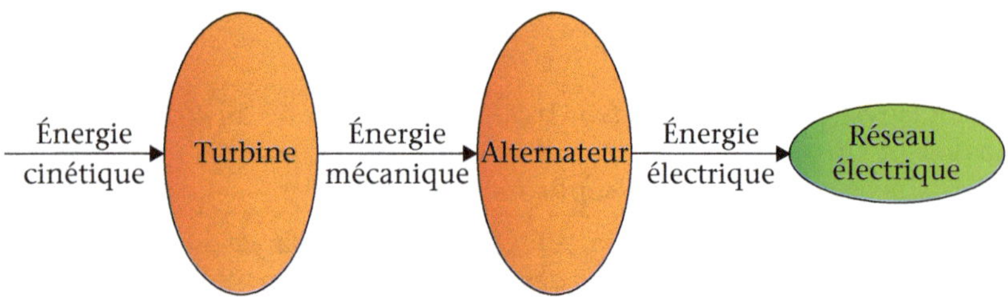

10 qcm pour réviser le cours

Corrigés p. 270

1 L'effet Joule est :

❑ **a.** la transformation totale ou partielle de l'énergie électrique reçue par un appareil en chaleur.

❑ **b.** toujours à éviter.

❑ **c.** évité dans les câbles à haute tension.

2 Les combustibles fossiles utilisés dans les centrales à combustion :

❑ **a.** sont des sources d'énergie chimique.

❑ **b.** sont renouvelables.

❑ **c.** seront épuisés dans moins d'un siècle.

3 L'alternateur d'une centrale électrique convertit :

❑ **a.** l'énergie thermique en énergie cinétique.

❑ **b.** l'énergie mécanique en énergie électrique.

❑ **c.** l'énergie électrique en énergie mécanique.

4 L'uranium, utilisé dans les centrales nucléaires, est :

❑ **a.** une ressource non renouvelable.

❑ **b.** un combustible.

❑ **c.** une ressource renouvelable.

5 Le transport de l'électricité, depuis les centrales, sous haute tension est nécessaire :

❑ **a.** du fait du nombre de consommateurs.

❑ **b.** pour diminuer les pertes.

❑ **c.** à cause de l'effet Joule.

6 Quelle ressource est renouvelable ?

❑ **a.** La géothermie.

❑ **b.** Le vent.

❑ **c.** Le pétrole.

7 Les inconvénients des énergies renouvelables comme les énergies éolienne et solaire sont :

❑ **a.** qu'elles dépendent des conditions climatiques.

❑ **b.** que leur production est intermittente.

❑ **c.** qu'elles génèrent davantage de pertes par effet joule dans les câbles.

8 Dans les câbles, pour une même puissance transportée, lorsqu'on augmente la tension :

❑ **a.** l'intensité diminue.

❑ **b.** l'intensité augmente.

❑ **c.** la puissance dissipée par effet Joule diminue.

9 L'électricité :

❑ **a.** est une ressource énergétique.

❑ **b.** peut être stockée dans des réservoirs.

❑ **c.** peut être emmagasinée dans des accumulateurs, sous forme d'énergie chimique.

10 Une centrale thermique produit de l'électricité à partir de l'énergie thermique fournie par la combustion :

❑ **a.** du bois.

❑ **b.** de l'uranium.

❑ **c.** du charbon.

Exercices

Exercice 1 (niveau 1)

Corrigés p. 270

La batterie d'un téléphone portable se recharge à l'aide d'un chargeur branché sur le secteur.

1. Quel type d'énergie reçoit la batterie pendant la durée de sa charge ?
2. Sous quelle forme la batterie transforme-t-elle cette énergie lors de la charge ?
3. Lorsque l'on touche le téléphone, le matin après la charge, il est chaud. Que peut-on en déduire sur le rendement de la charge d'une batterie de portable ?

Exercice 2 (niveau 1)

Corrigés p. 270

1. Schématiser la chaîne énergétique représentant la production d'électricité d'une éolienne.
2. Quel est le défaut des éoliennes ?

Exercice 3 (niveau 2)

Corrigés p. 271

Les usines marémotrices exploitent industriellement l'énergie des marées. Elles nécessitent d'être situées dans des sites appropriés avec des amplitudes de marées importantes.

Le principe d'exploitation de certaines repose sur un fonctionnement en cycle double effet :

– en marée haute, l'utilisation de la dénivelée créée, permet de remplir le réservoir et d'entraîner des turbines hydroélectriques ;

– lorsque la marée est basse, l'usine vide le réservoir et produit alors de l'électricité en faisant tourner les turbines en sens inverse.

La puissance de ce type de centrale dépend donc de la hauteur de chute d'eau et de son débit.

Un système de pompage permet d'augmenter le niveau du réservoir. Ce procédé sert à stocker de l'énergie et à anticiper les besoins en électricité du réseau.

1. Établir la chaîne énergétique décrivant la production d'électricité par ce type de centrale.
2. Lorsque le système de pompage est utilisé, sous quelle forme l'énergie est-elle stockée ?
3. Expliquer à l'aide d'une chaîne énergétique le stockage de l'énergie.

Exercice 4 niveau 2

Corrigés p. 271

Les centrales géothermiques basent leur fonctionnement sur l'utilisation de la chaleur produite dans le sous-sol de la Terre.

Cette énergie thermique provient essentiellement de la radioactivité naturelle des roches de la croûte terrestre.

L'eau, récupérée en profondeur, passe à l'état de vapeur lors de sa remontée. Celle-ci fait tourner une turbine qui entraîne à son tour un alternateur.

1. Pourquoi la géothermie est-elle considérée comme une ressource énergétique renouvelable ?

2. Compléter la chaîne énergétique représentant cette production d'électricité.

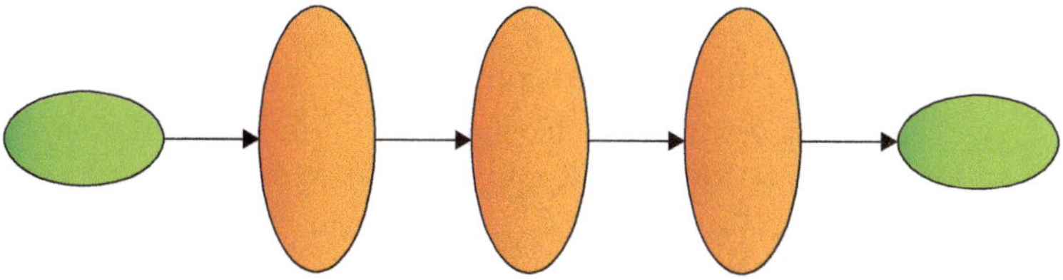

Les « pertes » ne sont pas représentées.

Exercice 5 niveau 2

Corrigés p. 271

Une centrale hydraulique utilise l'énergie cinétique de l'eau pour faire tourner une turbine en contrebas.

Un barrage, en retenant l'écoulement naturel de l'eau, en a fait s'accumuler de grandes quantités possédant de l'énergie potentielle de position.

L'eau s'engouffre ensuite dans de longs tuyaux appelés conduites forcées. À la sortie de la conduite, la force de l'eau fait tourner une turbine qui à son tour fait fonctionner un alternateur qui convertit l'énergie mécanique reçue en énergie électrique.

1. Expliquer en quoi l'énergie qui est emmagasinée par le barrage est une énergie potentielle.

2. À quoi sert la turbine ?

3. Représenter le diagramme énergétique de cette production d'électricité de la source jusqu'à l'alternateur.

Exercice 6 niveau 2

Corrigés p. 272

Pour produire de l'énergie électrique, on a recours à différentes ressources énergétiques :

charbon ; gaz ; biomasse ; soleil ; vent ; uranium ; marée ; pétrole.

1. Après avoir rappelé la différence entre une ressource renouvelable et une ressource non renouvelable, les classer selon ces deux catégories.
2. Associer chaque ressource à son type de centrale.
3. Compléter la chaîne énergétique ci-dessous.

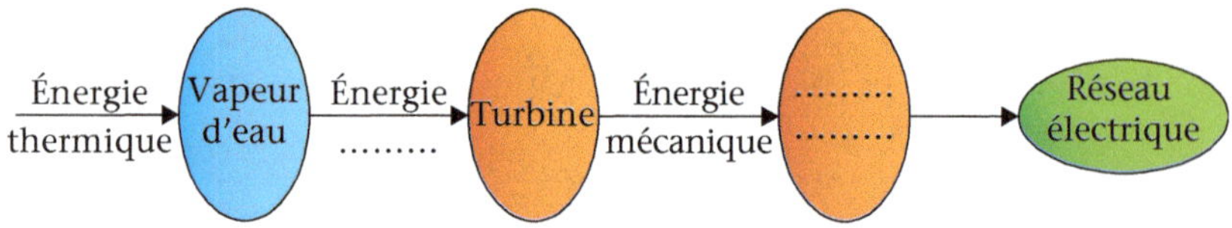

Les « pertes » ne sont pas représentées.

4. Parmi les centrales de la question 2., quelles sont celles dont le mode de fonctionnement est décrit par ce diagramme ?

Exercice 7 niveau 2

Corrigés p. 272

Le transport de l'électricité des centrales jusqu'aux habitations s'effectue à l'aide de câbles électriques. Il engendre des pertes composées principalement de l'énergie dissipée par effet Joule.

Les taux de pertes représentent entre 2 % et 3,5 % de la consommation, suivant les saisons et les heures de la journée en France.

1. Sous quelle forme cette énergie dissipée est-elle convertie ?
2. Pour une même puissance électrique transmise, à résistance égale, l'effet Joule est moins important lorsqu'on utilise la haute tension. Pour un câble de longueur 100 km et de résistance 10 Ω, la puissance transmise par la ligne est de 400 MW, si la tension est de 400 kV ou si la tension est de 200 kV.

a. Calculer l'intensité I_1 du courant quand la tension est de 400 kV.

b. Calculer l'intensité I_2 du courant quand la tension est de 200 kV.

3. Quelle est l'expression de la puissance dissipée par effet Joule en fonction de l'intensité du courant qui circule dans les câbles ?
4. Calculer la valeur du rapport entre les puissances dissipées quand la ligne est exploitée à 400 kV et quand elle l'est à 200 kV.
5. Que peut-on en déduire ?

Exercice 8 niveau 2

Corrigés p. 273

Un chargeur de téléphone solaire photovoltaïque permet de recharger son portable sans le brancher sur le secteur. Ses caractéristiques techniques sont :

– puissance de sortie : 4,0 W ;

– tension : 12 V.

1. Quelle ressource énergétique est alors utilisée. Est-elle renouvelable ?

2. Représenter la chaîne énergétique associée à la charge utilisant ce chargeur.

3. Quelle est l'intensité du courant ?

Exercice 9 niveau 3

Corrigés p. 273

En France, 58 réacteurs assurent plus de 85 % de la production d'électricité.

Une centrale nucléaire possède quatre unités de production pour une puissance totale de 3 600 MW.

En 2010, *elle a produit* 26,3 milliards de kilowattheures.

1. Que peut-on reprocher du point de vue des sciences physiques à l'expression en italique ?

2. Quelle est la ressource énergétique utilisée dans ces centrales ?

3. Qu'est ce qu'un alternateur ?

4. Combien de temps cette centrale a-t-elle fonctionné cette année-là ?

Exercice 10 niveau 3

Corrigés p. 274

Un parc de 84 éoliennes fournit une production énergétique annuelle de 190 GWh. Sa puissance totale est d'environ 50 MW.

1. Calculer la puissance de chacune des éoliennes.

2. Les éoliennes ne fonctionnent pas en continu. Combien de temps ces éoliennes ont-elles « tourné » pour produire 190 GWh ?

3. Combien d'éolienne de ce type faudrait-il implanter pour produire l'énergie électrique annuellement produite en France de $5{,}2 \cdot 10^{14}$ Wh ?

QCM

1 **a.** et **c.** L'effet Joule est utilisé pour produire de la chaleur dans nombre d'appareils comme les bouilloires par exemple. Dans les câbles à haute tension, on essaye de limiter les pertes dues à cet effet.

2 **a.** et **c.** Les combustibles fossiles (pétrole, gaz) sont des ressources énergétiques non renouvelables. Ils sont le résultat de la dégradation d'organismes dans la croûte terrestre. On considère que l'humanité épuise ses réserves un million de fois plus vite qu'elles n'avaient été constituées.

3 **b.** L'énergie mécanique lui est le plus souvent fournie par une turbine.

4 **a.** Dans les centrales nucléaires, l'énergie thermique n'est pas produite par une combustion.

Au rythme auquel l'uranium est exploité, ses réserves seront épuisées dans moins d'un siècle.

5 **b.** et **c.** L'utilisation de la haute tension permet de réduire les pertes inévitables liées à l'effet Joule.

6 **a.** et **b.** Le pétrole se renouvèle beaucoup trop lentement par rapport au rythme auquel il est consommé.

7 **a.** et **b.** La dégradation par effet Joule de l'électricité dans les câbles n'a pas de rapport avec le mode de production de l'électricité.

8 **a.** et **c.** La relation donnant la puissance $P = U \times I$ montre que pour une même puissance si la tension augmente, l'intensité diminue. Comme la relation donnant la puissance dissipée par effet Joule est $P_J = RI^2$, lorsque l'intensité diminue, les pertes diminuent également.

9 **c.** L'électricité ne peut être stockée sous cette forme.

10 **a.** et **c.** L'uranium, bien qu'appelé parfois combustible nucléaire, ne « brûle » pas dans les centrales nucléaires.

Exercice 1

1. Pendant sa charge, la batterie reçoit de l'énergie électrique.

2. Cette énergie est convertie et « stockée » sous forme d'énergie chimique.

3. Ce rendement sera inférieur à 1. Une partie de l'énergie électrique sera dissipée par effet Joule lors de la charge.

Exercice 2

1.

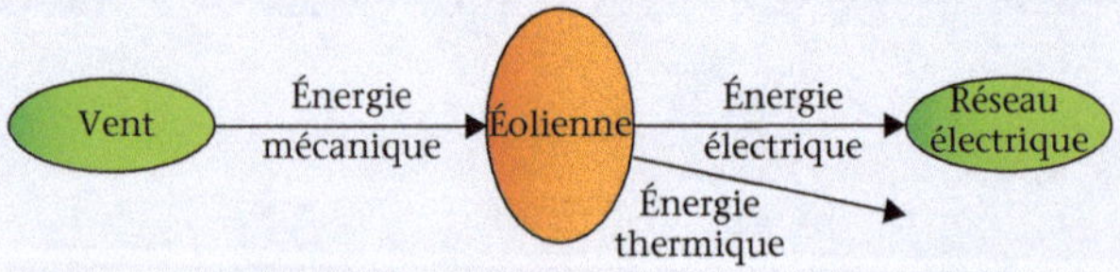

2. Le vent ne souffle pas toujours et sa vitesse n'est pas constante. De ce fait, la production électrique peut varier et ne suit pas forcément la demande.

Exercice 3

1.

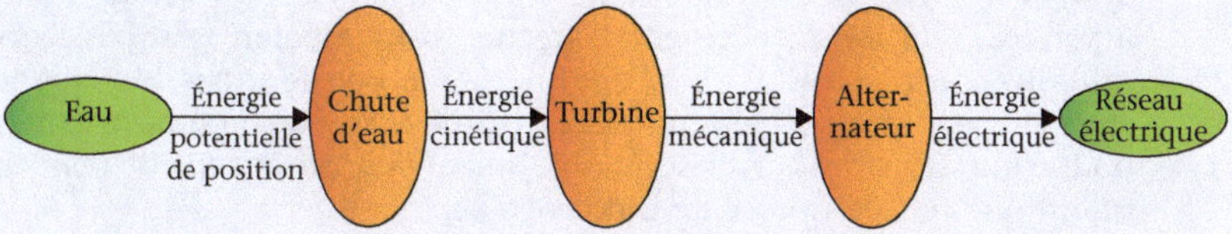

Les « pertes » ne sont pas représentées.

2. L'énergie est stockée sous la forme d'énergie potentielle de position.

3.

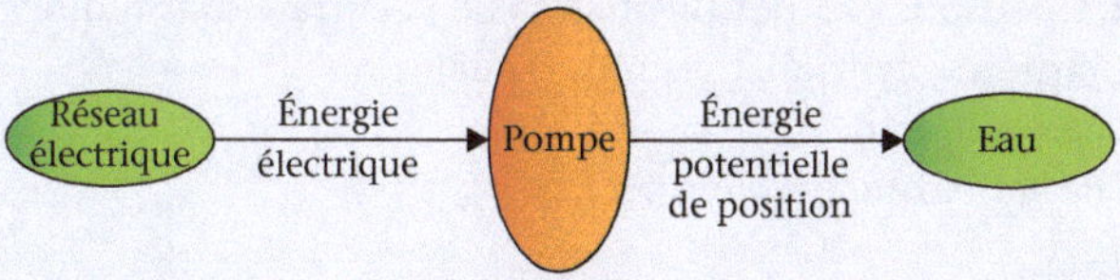

Les « pertes » ne sont pas représentées.

Exercice 4

1. La chaleur fournie est due à la radioactivité naturelle. Son exploitation est sans limite de durée à notre échelle.

2.

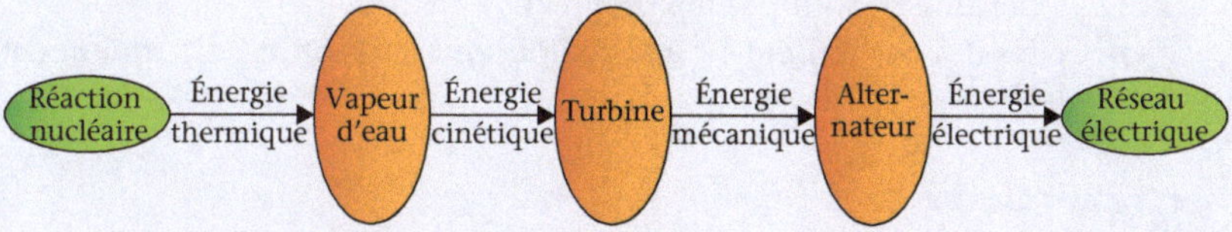

Exercice 5

1. L'eau retenue possède une énergie du fait de son poids et de son altitude mais elle ne s'est pas encore exprimée.

2. La turbine assure la transformation de l'énergie cinétique en énergie mécanique.

3.

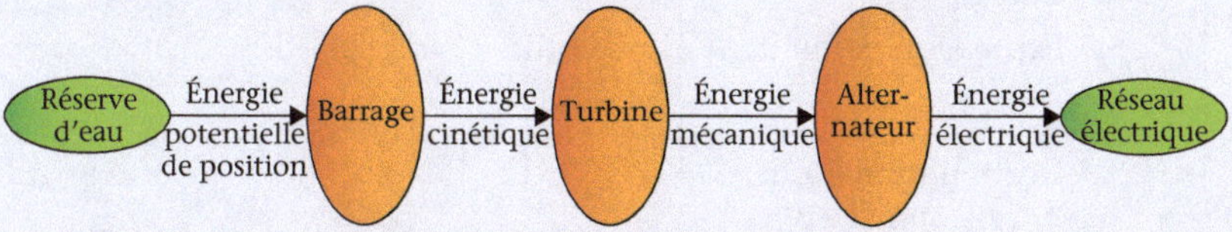

Les « pertes » ne sont pas représentées.

Exercice 6

1. Les ressources non renouvelables voient leurs réserves s'épuiser peu à peu, car leur renouvellement s'effectue très lentement, sur plusieurs millions d'années ou parce qu'elles ne se renouvellent pas. Lorsque le stock de ressource énergétique se reconstitue aussi vite qu'il ne disparaît ou lorsque cette ressource est quasi illimitée (à notre échelle de temps), on dit que cette ressource est renouvelable.

Ressources renouvelables	Ressources non renouvelables
biomasse ; vent ; marée	charbon ; gaz ; uranium ; pétrole

2. Charbon, gaz, pétrole, biomasse : centrale thermique classique.

Uranium : centrale thermique nucléaire.

Vent : éolienne.

Marées : usine marémotrice.

3.

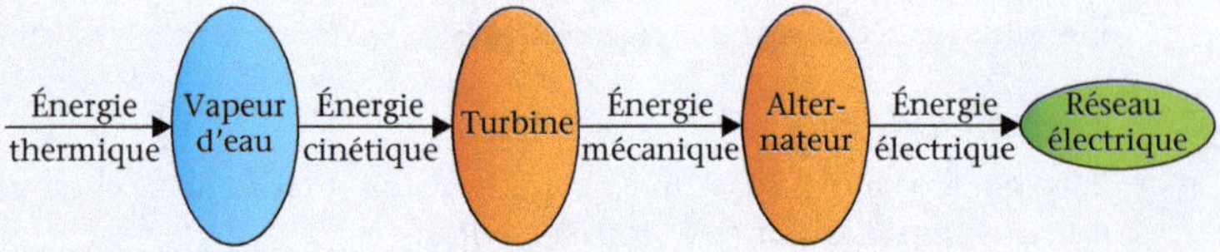

Les « pertes » ne sont pas représentées.

4. Celles qui correspondent à la chaîne sont les centrales thermiques et nucléaires.

Exercice 7

1. L'énergie, dissipée par effet Joule, est convertie en énergie thermique.

2. a. L'expression permettant de déterminer l'intensité est :

$$I = \frac{P}{U}.$$

Application numérique :

400 MW = $400 \cdot 10^6$ W.

$$I_1 = \frac{400 \cdot 10^6}{200 \cdot 10^3} = 1{,}00 \cdot 10^3 \text{ A.}$$

b. L'expression permettant de déterminer l'intensité est :

$$I = \frac{P}{U}.$$

Application numérique :

400 MW = $400 \cdot 10^6$ W.

$$I_2 = \frac{400 \cdot 10^6}{200 \cdot 10^3} = 2{,}00 \cdot 10^3 \text{ A.}$$

3. L'expression permettant de calculer la puissance dissipée par effet Joule est :

$$P_J = R \times I^2.$$

4. Soit P_{J1} les pertes par effet Joule lorsque la ligne est exploitée à 400 kV et P_{J2} celles lorsque la ligne est exploitée à 200 kV.

Le rapport s'écrit :

$$\frac{P_{J1}}{P_{J2}} = \frac{RI_1^2}{RI_2^2} = \frac{I_1^2}{I_2^2} = \left(\frac{I_1}{I_2}\right)^2.$$

Application numérique :

$$\frac{P_{J1}}{P_{J2}} = \left(\frac{10^3}{2 \times 10^3}\right)^2 = \left(\frac{1}{2}\right)^2$$

$$\frac{P_{J1}}{P_{J2}} = \frac{1}{4}.$$

5. La haute tension permet de diminuer les pertes par effet Joule. En effet, lorsque la tension est doublée, les pertes sont divisées par 4.

Exercice 8

1. L'énergie solaire est une ressource renouvelable. En effet, elle n'est pas vraiment « consommée ».

2.

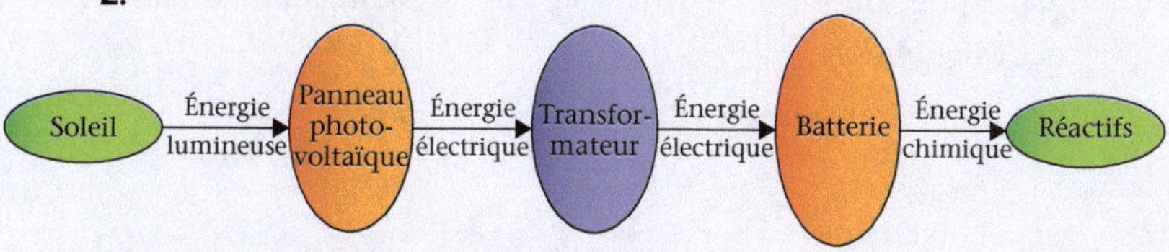

Les « pertes » ne sont pas représentées.

3. L'intensité est donnée par la relation :

$$I = \frac{P}{U}.$$

Application numérique : $I = \frac{4{,}0}{12}$

$I = 0{,}3$ A.

Exercice 9

1. La conservation de l'énergie pour un système isolé est un des principes fondamentaux de la physique. L'énergie ne peut donc être produite au sens propre du terme.

2. L'uranium, le plutonium sont deux combustibles nucléaires, utilisés dans ces centrales.

> **À NOTER**
> L'expression *combustible nucléaire* est discutable, car les centrales nucléaires n'utilisent pas de combustion.

3. Un alternateur est constitué d'une partie tournante appelée rotor et d'une partie fixe appelée stator.
Le rotor est formé d'un ou de plusieurs aimants.
Le stator est une bobine de fils conducteurs.
Lorsque l'aimant est en rotation, il se crée un courant électrique.
4. La relation donnant la durée en fonction de l'énergie et de la puissance est $\Delta t = \frac{E}{P}$.
Application numérique : $\Delta t = \frac{26{,}3 \cdot 10^{12}}{3\,600 \cdot 10^{6}}$
$\Delta t = 7\,306$ heures, soit plus de 304 jours.

Exercice 10

1. 50 MW = $50 \cdot 10^{6}$ W.
Soit $P_{\text{éolienne}}$ la puissance d'une éolienne : $P_{\text{éolienne}} = \frac{50 \cdot 10^{6}}{84}$
$P_{\text{éolienne}} \approx 5{,}9 \cdot 10^{5}$ kW.
2. L'expression suivante permet de calculer la durée de fonctionnement des éoliennes : $\Delta t = \frac{E}{P}$.
Application numérique : 190 GWh = $190 \cdot 10^{9}$ Wh.
$\Delta t = \frac{190 \cdot 10^{9}}{50 \cdot 10^{6}}$
$\Delta t = 3\,800$ heures.
Les éoliennes ont tourné 3 800 h pour produire 190 GWh.
3. En un an, une éolienne fournit :
Application numérique : $E_{\text{éolienne}} = P_{\text{éolienne}} \times \Delta t$.
$E_{\text{éolienne}} = 5{,}9 \cdot 10^{5} \times 3\,800$
$E_{\text{éolienne}} \approx 2{,}2 \cdot 10^{9}$ Wh.
Soit n le nombre d'éoliennes nécessaires :
$n = \frac{5{,}2 \cdot 10^{14}}{2{,}2 \cdot 10^{9}}$
$n \approx 2{,}4 \cdot 10^{5}$ éoliennes.
Il faudrait implanter $2{,}4 \cdot 10^{5}$ éoliennes pour produire l'énergie électrique annuellement produite en France.

16 Utiliser l'énergie électrique

1 Puissance et énergie

a. Puissance

■ La **puissance électrique** est une grandeur qui caractérise un transfert d'énergie.

Sa valeur traduit la vitesse à laquelle s'opère le transfert.

On l'obtient en utilisant la relation suivante :

$$P = \frac{E}{\Delta t}$$

avec P la puissance en watts (W), E l'énergie électrique fournie ou reçue pendant la durée Δt en Joules (J) et Δt la durée du transfert d'énergie en secondes (s).

La puissance correspond donc à un débit d'énergie.

■ La puissance électrique définit les effets d'un appareil électrique.
C'est une **grandeur électrique liée au couple intensité-tension**.
Elle se calcule ainsi :

$$P = U \times I$$

avec P la puissance en watts (W), U la tension en volts (V), à laquelle est soumis l'appareil et I l'intensité en ampères (A) du courant qui le traverse.

> **À NOTER**
> Pour une puissance donnée, il n'existe qu'un couple (U ; I) permettant de faire fonctionner un dipôle dans les conditions normales d'utilisation.

■ En courant continu, cette relation est valable pour tous les appareils.
En courant alternatif, elle n'est valable que pour les appareils fournissant uniquement de l'énergie thermique. U et I sont alors les valeurs efficaces de la tension et de l'intensité mesurées respectivement par un voltmètre et un ampèremètre réglés en mode alternatif.

■ La valeur de la puissance, que peut fournir un générateur ou consommer un récepteur quand l'appareil est en fonctionnement normal, est sa **puissance nominale**.

Elle est indiquée sur sa fiche signalétique accompagnée de sa tension normale d'utilisation, appelée **tension nominale**.

Ordres de grandeur de puissances nominales

Appareil	Puissance
Calculatrice	10^{-3} W
Lecteur mp3	1 W
Lampe fluorocompacte	10 W
Ordinateur portable, télévision	100 W
Appareil ménager	1 kW
Installation domestique	10 kW
Moteur de TGV	10 MW
Centrale nucléaire	1 GW

b. Énergie

- Les appareils électriques sont des **convertisseurs d'énergie**.

Ils peuvent transformer l'énergie électrique en énergie thermique, lumineuse, mécanique, chimique. Certains appareils peuvent même transformer l'énergie électrique en plusieurs formes différentes.

- La consommation d'énergie dépend de la puissance de l'appareil en fonctionnement et de sa durée d'utilisation :

$$E = P \times \Delta t$$

avec E l'énergie électrique fournie ou reçue pendant la durée Δt en Joules (J), P la puissance en watts (W) et Δt la durée du transfert d'énergie en secondes (s).

- Plus la puissance d'un appareil est importante, plus sa consommation d'énergie électrique sera importante et plus il convertira d'énergie.

À NOTER

Les factures d'électricités utilisent comme unité d'énergie le kilowattheure. Le wattheure est la valeur de l'énergie qui correspond à un transfert d'un watt pendant une heure :

1 Wh = 3 600 J.

2 Loi d'Ohm – Effet Joule

- Aucun conducteur n'est parfait. Tous auront une résistance non nulle. Une partie de l'énergie électrique qui les traverse est convertie en énergie thermique et transférée vers le milieu environnant : c'est l'**effet Joule**.

Si cet effet est recherché dans des appareils tels les radiateurs, les fusibles…, il représente une source de « perte » d'énergie par rapport à l'usage souhaité dans de nombreux autres appareils : ordinateurs, fils électriques… L'effet Joule correspond alors à une **dégradation d'énergie**.

■ Un conducteur est dit **ohmique** s'il transfère la totalité de l'énergie électrique qu'il reçoit sous forme d'énergie thermique. La tension à ses bornes est proportionnelle à l'intensité du courant qui le traverse.

La loi d'Ohm est :

$$U = R \times I$$

avec U la tension aux bornes du conducteur ohmique en volts (V), R sa résistance en ohms (Ω) et I l'intensité du courant qui le traverse en ampères (A).

Conducteur ohmique

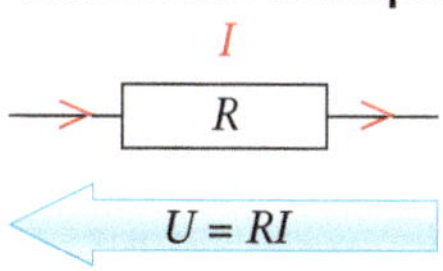

■ La puissance dissipée par effet Joule par ce type de conducteur à un instant donné P_J est :

$$P_J = R \times I^2$$

avec P_J la puissance dissipée en watts (W), R sa résistance en ohms (Ω) et I l'intensité du courant qui le traverse en ampères (A).

■ Tout conducteur ohmique fournit alors une quantité d'énergie thermique donnée par la relation suivante :

$$E_J = R \times I^2 \times \Delta t.$$

À NOTER
La supraconductivité est un phénomène caractérisé par l'absence de résistance électrique chez certains matériaux (supraconducteurs) lorsqu'ils se trouvent à des températures très basses, voisine de 0 °K.

3 Notion de rendement de conversion

■ Le **principe de conservation de l'énergie** est un des principes fondamental de la physique : un appareil électrique restitue intégralement, après l'avoir convertie, l'énergie électrique qui lui avait été fournie.

■ Un conducteur ohmique, par exemple, convertit intégralement l'énergie électrique en énergie thermique et en rayonnement. Seulement, dans nombre d'appareils électriques, une partie de l'énergie restituée ne l'est pas sous la forme désirée mais sous une forme non récupérable et non exploitable. On parle donc d'**énergie dégradée**.

Pour indiquer la part d'énergie convertie jugée nécessaire, on utilise le **rendement de conversion**, noté ρ. C'est une grandeur sans dimension qui reflète l'efficacité énergétique d'une chaîne (ou d'une de ses étapes) :

$$\rho = \frac{E_{\text{utile}}}{E_{\text{reçue}}}.$$

■ En raison des pertes inévitables, l'énergie exploitable à la sortie d'une chaîne est toujours inférieure à l'entrée de la chaîne. Le rendement est toujours compris entre 0 et 1 et on parle de dégradation d'énergie.

> **À NOTER**
> Pour obtenir le rendement en pourcentage, il suffit de multiplier ρ par 100.

4 Énergie électrique dans un générateur

■ Un **générateur**, comme une pile, convertit une partie de l'énergie chimique des réactifs présents en son sein en énergie électrique.

■ La tension U_{PN}, positive, aux bornes d'un générateur de tension traversé par un courant d'intensité I sortant par la borne P, est donnée par la relation :

$$U_{PN} = e - rI$$

avec U_{PN} la tension aux bornes du générateur, e sa force électromotrice en volts (V), r sa résistance interne en ohms (Ω) et I l'intensité du courant en ampères (A).

Une pile

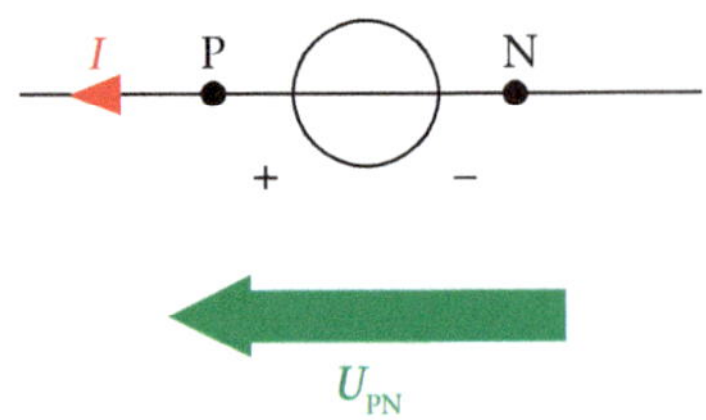

■ L'énergie électrique fournie par le générateur pendant une durée de fonctionnement Δt est donnée par la relation :

$$E = U_{PN} I \,\Delta t, \text{ soit } E = (e - rI)I\Delta t.$$

$$E = eI\Delta t - rI^2\Delta t.$$

> **À NOTER**
> e la force électromotrice (fem), n'est pas une force au sens physique du terme.

$eI\Delta t$ est l'énergie chimique convertie par le générateur tandis que $rI^2\Delta t$ correspond à l'énergie dissipée dans le générateur par effet Joule.

1 Calculer l'énergie consommée

Énoncé

Un radiateur électrique branché sur le secteur porte une plaque sur laquelle on peut lire les indications suivantes : 2,0 kW, 230 V.

1. À quelles grandeurs sont associées ces indications ?

2. Quelle serait la valeur de la résistance R de ce radiateur ?

3. Quelle est l'intensité efficace du courant dans le radiateur en fonctionnement normal ?

4. Quelle énergie sera nécessaire pour faire fonctionner ce radiateur pendant 12 heures par jour pendant une semaine ?

Donner le résultat en Joules et en kilowattheures.

Savoir-faire

- Distinguer puissance et énergie.
- Utiliser la loi d'Ohm.
- Connaître et utiliser la relation liant la puissance et l'énergie.

Corrigé détaillé

1. Le symbole de l'unité permet de reconnaître la grandeur associée : 2 kW est une puissance et 230 V, une tension.

2. La relation donnant la puissance d'un appareil en fonction de la tension à ses bornes et de l'intensité du courant qui le traverse est $P = U \times I$.

Or $I = \frac{U}{R}$.

Donc $P = \frac{U^2}{R}$, soit $R = \frac{U^2}{P}$.

Application numérique : $R = \frac{230^2}{2\,000}$

$R = 26\ \Omega$.

CONSEIL
Avant de débuter l'application numérique, il faut vérifier que toutes les données sont exprimées dans les unités nécessitées par l'expression. Il faut donc que P soit en watt.

3. La relation permettant d'obtenir l'intensité est $I = \frac{P}{U}$.

Application numérique : $I = \frac{2\,000}{230}$

$I \approx 8{,}7$ A.

4. La relation liant l'énergie et la puissance est :

$$E = P \times \Delta t.$$

Application numérique : En Joules :

$E = 2\,000 \times 12 \times 7 \times 3\,600$

$E = 6{,}0 \cdot 10^8$ J.

En kilowattheures :

$E = 2\,000 \times 12 \times 7$

$E = 1{,}7 \cdot 10^2$ kWh.

2 Calculer l'énergie utile

Énoncé

Un appareil convertissant l'énergie électrique en énergie mécanique a un rendement de 65 %.

Il reçoit une énergie électrique de 1,2 kWh.

Calculer la valeur de l'énergie mécanique produite.

Savoir-faire

Connaître et utiliser le rendement de conversion. Ici, le rendement a été exprimé en pourcentage. Sa valeur a été multipliée par 100.

Corrigé détaillé

Le rendement d'un appareil électrique est donné par la relation :

$$\rho = \frac{E_{\text{utile}}}{E_{\text{reçue}}}.$$

Elle devient $E_{\text{utile}} = E_{\text{reçue}} \times \rho$.

Application numérique :

$E_{\text{utile}} = 1{,}2 \times 0{,}65$

$E_{\text{utile}} = 0{,}78$ kWh.

10 qcm pour réviser le cours

Corrigés p. 286

1 L'unité de puissance électrique est :
- ❑ **a.** le Joule.
- ❑ **b.** le watt.
- ❑ **c.** le volt.

2 Le générateur d'un circuit :
- ❑ **a.** fournit de l'énergie électrique aux récepteurs.
- ❑ **b.** a un rendement égal à 1.
- ❑ **c.** est un convertisseur d'énergie.

3 La puissance d'un dipôle soumis à une tension de 5 V et traversé par un courant d'intensité 20 mA est :
- ❑ **a.** $P = 0{,}1$W.
- ❑ **b.** $P = 100$ W.
- ❑ **c.** $P = 250$ W.

4 L'expression *énergie consommée* est incorrecte car :
- ❑ **a.** l'énergie est une grandeur qui se conserve.
- ❑ **b.** une facture d'électricité correspond en réalité à l'énergie transformée par les appareils.
- ❑ **c.** c'est la puissance que l'on consomme.

5 L'énergie électrique d'un appareil :
- ❑ **a.** est la grandeur qui définit, par exemple, sa capacité à éclairer davantage.
- ❑ **b.** est une grandeur instantanée.
- ❑ **c.** dépend de la puissance de l'appareil.

6 Un four de puissance 3,00 kW a consommé une énergie électrique de 4 500 Wh pendant la cuisson d'un plat. Il a fonctionné :
- ❑ **a.** $\Delta t = 40$ min.
- ❑ **b.** $\Delta t = 1$ h 30 min.
- ❑ **c.** $\Delta t = 1$ h 50 min.

7 Un sèche-cheveux convertit principalement l'énergie électrique en énergie :
- ❑ **a.** mécanique et en énergie thermique.
- ❑ **b.** mécanique seulement.
- ❑ **c.** thermique seulement.

8 Le rendement de conversion :
- ❑ **a.** est supérieur à 1 pour tous les appareils chauffant.
- ❑ **b.** double si l'énergie reçue est multipliée par deux pour une même énergie utile.
- ❑ **c.** est le reflet de l'efficacité d'une chaîne énergétique.

9 Un système électrique « basse consommation » est un convertisseur d'énergie dont :
- ❑ **a.** le rendement énergétique est amélioré.
- ❑ **b.** la consommation électrique est diminuée.
- ❑ **c.** le fonctionnement nécessite de « basses tensions ».

10 Dans la chaîne énergétique :

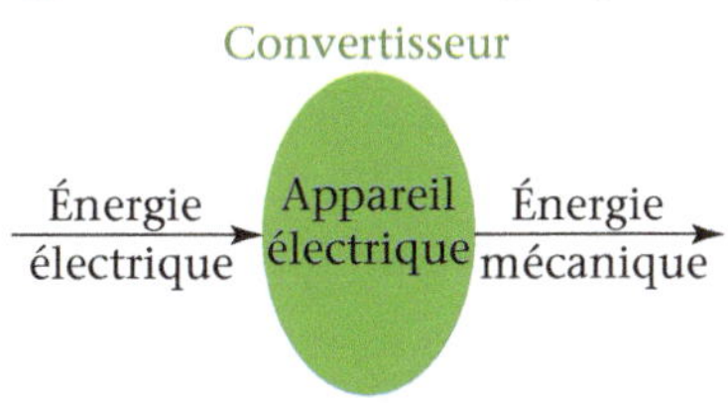

- ❑ **a.** le convertisseur peut être un moteur.
- ❑ **b.** il manque l'énergie dégradée.
- ❑ **c.** le nombre de flèche avant et après le convertisseur est le même car l'énergie est conservée.

Exercices

Exercice 1 (niveau 1)

Corrigés p. 286

1. Sachant qu'un grille-pain de 1 000 W est branché sur le secteur, calculer sa résistance.
2. Quelle est l'intensité du courant qui le traverse ?
3. Quelle conversion d'énergie est mise en jeu dans un grille-pain ?

Exercice 2 (niveau 1)

Corrigés p. 287

Sur l'emballage et le culot d'une lampe, on lit les indications suivantes : « 40 V, 80 W ».

1. Que représentent ces indications ?
2. Après avoir été installée, cette lampe fonctionne 10 heures, en courant continu, dans ses conditions normales d'utilisation.

Sous quelles formes l'énergie électrique fournie à cette lampe est-elle convertie ?

3. Quelle est l'énergie consommée par cette lampe en Joules ? en wattheures ?
4. Calculer l'intensité du courant qui traverse cette lampe.

Exercice 3 (niveau 1)

Corrigés p. 287

Le disque d'un compteur électrique fait un tour chaque fois que l'énergie électrique consommée dans l'installation domestique est de 2,5 Wh. Plusieurs appareils fonctionnent en même temps pour une puissance totale de 2 200 W.

Combien de tours le disque du compteur va-t-il effectuer si les appareils sont utilisés en même temps durant 1 h 30 ?

Exercice 4 (niveau 1)

Corrigés p. 288

Un générateur de force électromotrice 9,0 V et de résistance interne 16 Ω fournit un courant d'intensité $I = 250$ mA.

1. Calculer la valeur de la tension U_{PN} aux bornes de ce générateur.
2. Le générateur fonctionne pendant la durée $\Delta t = 30$ min.

a. Calculer l'énergie électrique qu'il fournit en wattheures.

b. Calculer la puissance de ce transfert d'énergie.

Exercice 5 niveau 1

Corrigés p. 288

Un fer à repasser de résistance 50 Ω est traversé par un courant d'intensité $I = 4,5$ A.

1. Calculer la puissance dissipée par effet Joule.
2. Calculer l'énergie dissipée par effet Joule pour une heure de repassage.

Exercice 6 niveau 2

Corrigés p. 288

Un conducteur ohmique de résistance égale à 500 Ω est inséré dans un circuit dans lequel circule un courant électrique d'intensité $I = 35$ mA. Sa puissance maximale admissible est de 0,75 W.

1. Représenter le schéma de ce circuit et en particulier les appareils de mesure nécessaires pour mesurer l'intensité I du courant dans le circuit et la tension U_{AB} aux bornes du conducteur ohmique en précisant le sens de branchement permettant d'obtenir une valeur positive.
2. Calculer la puissance électrique fournie à ce conducteur ohmique.
3. Calculer la valeur de la tension U_{AB} aux bornes du conducteur ohmique.
4. Déterminer la tension maximale à laquelle peut être soumis ce dipôle.
5. Sous quelle forme l'énergie est-elle convertie ?
6. Pourquoi le conducteur ohmique risque-t-il d'être endommagé en cas de tension trop importante à ses bornes ?

Exercice 7 niveau 2

Corrigés p. 289

On a relevé dans le tableau ci-dessous la tension entre les bornes d'un récepteur et l'intensité du courant qui le traverse.

U (en V)	0	1	2	3	3,5	4	4,5	5	6
I (en mA)	0	2,8	5	11,3	14	20,1	28	34,8	55

1. Représenter le schéma du circuit électrique utilisé pour réaliser ces mesures. Préciser les branchements des appareils de mesure.
2. Tracer la caractéristique intensité-tension de ce récepteur.
3. Ce récepteur est-il un conducteur ohmique ?
4. Quelle est la puissance de ce dipôle pour une tension $U = 5,2$ V ?

Exercice 8 niveau 2

Corrigés p. 290

On a relevé les valeurs de l'intensité du courant qui traverse une pile et celles de la tension entre ses bornes.

Elles sont regroupées dans le tableau ci-dessous :

U (en V)	4,58	4,55	4,5	4,44	4,31	4,25	4,15
I (en mA)	0	20	55	100	193	239	322

1. Tracer la caractéristique intensité-tension de cette pile.
2. Déterminer graphiquement la valeur de la fem e et de la résistance interne r.

Exercice 9 niveau 3

Corrigés p. 291

Dans le tableau ci-dessous, on a relevé la tension entre les bornes d'un dipôle et l'intensité du courant qui le traverse.

Tension (en volts)	0	1	2	3	4	5	6
Intensité (en milliampères)	0	4	8	11,5	16,3	21,3	23,4

1. Tracer la caractéristique intensité-tension de ce dipôle.
2. Le dipôle étudié est-il un conducteur ohmique ?
3. En déduire sa résistance R.
4. Le constructeur indique une valeur maximale supportable $P_{max} = 0{,}50$ W.

Déterminer les valeurs I_{max} et U_{max} à ne pas dépasser.

Exercice 10 niveau 3

Corrigés p. 293

L'étiquetage d'une lampe fluorocompacte de 15 W indique qu'elle équivaut à une lampe à filament de 60 W, tout en durant dix fois plus longtemps.

1. Schématiser la chaîne énergétique mise en jeu dans une lampe.
2. Que peut-on dire de cette équivalence vantée par l'étiquetage ?
3. Quelle quantité d'énergie est économisée en utilisant la lampe fluorocompacte à la place de lampe incandescence pendant ses dix milles heure de fonctionnement ?

Donner la valeur en kilowattheures, puis en Joules.

4. Le rendement de la lampe fluorocompacte est de 25 %.

Calculer l'énergie dissipée sous forme de chaleur par une telle lampe au cours de sa vie.

5. Pourquoi l'utilisation dans le langage courant du terme *pertes* à propos de cette énergie dissipée n'est elle pas rigoureuse du point de vue de la physique ?

Exercice 11 (niveau 3)

Corrigés p. 294

Un chauffe-eau électrique a les caractéristiques suivantes indiquées sur sa plaque : 230 V ; 1 400 W ; 100 L.

La durée de chauffe est de quatre heures.

1. Pourquoi le rendement de la résistance qui assure le chauffage de l'eau est-il égal à 1 ?

2. Quelle est la valeur de l'intensité du courant qui traverse la résistance lorsque le chauffe-eau fonctionne normalement ?

3. Calculer, en Joules, l'énergie électrique fournie au chauffe-eau pendant qu'il chauffe.

4. La température de l'eau augmente de 50 °C pendant la durée de chauffe.

L'énergie E_1 nécessaire pour élever la température de ΔT pour une masse m d'eau est donnée par la relation :

$$E_1 = mc\Delta T$$

avec c la capacité thermique de l'eau.

Calculer E_1.

5. Que remarque-t-on ?

Donnée : $c = 4{,}187$ kJ·kg^{-1}·k^{-1}.

CORRIGÉS

QCM

1 **b.** Le Joule est l'unité d'énergie et le volt l'unité de la tension électrique.

2 **a.** et **c.** Le rendement d'un générateur est inférieur à un, car une partie de l'énergie convertie par le générateur est dissipée par effet Joule. Un générateur électrochimique, comme une pile par exemple, convertit de l'énergie chimique en énergie électrique.

3 **a.** $P = UI = 5 \times 0{,}02 = 0{,}1$ W.

> **À NOTER**
> N'oubliez pas de convertir la valeur de l'intensité en ampère.

4 **a.** et **b.**

5 **c.** La puissance est la grandeur qui renseigne sur l'importance de l'effet produit par un appareil en fonctionnement.

6 **b.** $\Delta t = \frac{E}{P}$.

$\Delta t = \frac{4\,500}{3\,000}$

$\Delta t = 1{,}5$ heures, soit 1 h 30 minutes.

7 **a.** Un sèche-cheveux fournit de l'énergie mécanique avec la rotation du moteur qu'il contient et de l'énergie thermique grâce à sa résistance.

8 **c.** Le rendement de conversion est toujours compris entre 0 et 1 en raison des pertes inévitables.
Le rendement de conversion est doublé si l'énergie reçue est divisée par deux et que l'énergie utile reste la même.

9 **a.** et **b.** Les « basses tensions » ne sont pas forcément synonymes de basse consommation.

10 **a.** et **b.** Lors d'une conversion d'énergie, l'énergie totale restituée est égale à l'énergie fournie. Le nombre de flèche n'a pas d'importance : nombres d'appareils convertissent l'énergie électrique qu'ils reçoivent sous différentes formes.

Exercice 1

1. Une résistance vérifie la loi d'Ohm :

$$I = \frac{U}{R}.$$

La relation exprimant la puissance en fonction de la tension et de l'intensité devient :

$$P = \frac{U^2}{R}.$$

On a donc $R = \frac{U^2}{P}$.

Application numérique : $R = \frac{230^2}{1\,000}$

$R = 52{,}9\ \Omega$.

2. $I = \frac{U}{R}$.

Application numérique : $I = \frac{230}{52{,}9}$

$I = 4{,}35$ A.

3. Le grille-pain convertit de l'énergie électrique en énergie thermique.

Exercice 2

1. Ces indications représentent respectivement la tension nominale et la puissance nominale de cette lampe.

2. L'énergie électrique est convertie par ce récepteur en énergie lumineuse et en énergie thermique.

3. $\Delta E = P \times \Delta t$.

Application numérique : En Joules :

$\Delta E = 80 \times 10 \times 3\,600$

$\Delta E = 2{,}9 \times 10^6$ J.

En wattheures :

$\Delta E = 80 \times 10 = 8{,}0 \cdot 10^2$ Wh.

4. Comme la lampe est traversée par un courant continu, on peut utiliser l'expression :

$$P = U \times I$$

Elle devient $I = \frac{P}{U}$.

Application numérique : $I = \frac{80}{40}$

$I = 2{,}0$ A.

Exercice 3

La valeur de l'énergie totale consommée est donnée par la relation :

$$E = P \times \Delta t.$$

Application numérique : $E = 2{,}2 \cdot 10^3 \times 1{,}5$

$E = 3{,}3 \cdot 10^3$ Wh.

Un tour correspondant à 2,5 Wh, le nombre n de tours sera de :

$n = \frac{3{,}3 \cdot 10^3}{2{,}5}$.

$n = 1{,}3 \cdot 10^3$ tours.

Exercice 4

1. La relation donnant la valeur de la tension aux bornes d'un générateur est :

$$U_{PN} = e - rI.$$

Application numérique : 250 mA = 0,25 A.

$U_{PN} = 9{,}0 - 16 \times 0{,}25 = 9{,}0 - 4{,}0$

$U_{PN} = 5{,}0$ V.

2. a. La relation donnant l'énergie électrique fournie à l'extérieur pendant une durée Δt :

$$E = U_{PN} I \, \Delta t.$$

Application numérique : $E = 5{,}0 \times 0{,}250 \times 0{,}5$

$E \approx 0{,}63$ Wh.

b. La relation donnant la puissance est :

$$P = U_{PN} \times I.$$

Application numérique : $P = 5{,}0 \times 0{,}250$

$P \approx 1{,}3$ W.

Exercice 5

1. Soit P_J la puissance dissipée par effet Joule. On utilise la relation :

$$P_J = R \times I^2.$$

Application numérique : $P_J = 50 \times 4{,}5^2$

$P_J = 1{,}0 \cdot 10^3$ W.

2. L'énergie dissipée vaut :

$$E = R \times I^2 \times \Delta t.$$

Or 1 heure = 3 600 secondes.

Application numérique : $E = 50 \times 4{,}5^2 \times 3\,600$

$E = 3{,}6 \cdot 10^6$ J.

Exercice 6

1.

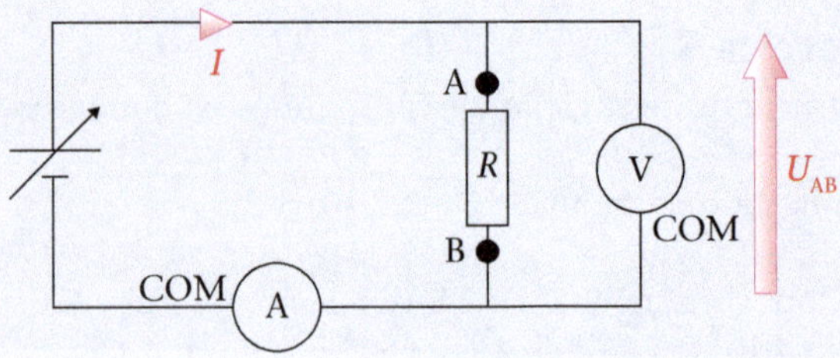

Pour qu'un multimètre affiche une valeur positive, sa borne COM doit être reliée à la borne négative du générateur.

2. D'après l'expression de la puissance électrique et celle de la loi d'Ohm :

$$P = R \times I^2.$$

Application numérique : $P = 500 \times 0{,}035^2$

$P \approx 0{,}61$ W.

3. D'après la loi d'Ohm : $U_{AB} = R \times I$.

Application numérique : $I = 35$ mA $= 0{,}035$ A.

$U_{AB} = 500 \times 0{,}035$

$U_{AB} \approx 18$ V.

4. D'après l'expression de la puissance électrique :

$$P_{max} = U_{max} \times I_{max}.$$

Or $I_{max} = \frac{U_{max}}{R}$.

Donc $P_{max} = \frac{{U_{max}}^2}{R}$.

Soit $U_{max} = \sqrt{R \times P_{max}}$.

Application numérique : $U_{max} = \sqrt{500 \times 0{,}75}$

$U_{max} \approx 19$ V.

5. Un conducteur ohmique dissipe toute l'énergie électrique qu'il reçoit par transfert thermique et par rayonnement.

6. La puissance dissipée par effet Joule est proportionnelle au carré de la tension aux bornes du conducteur ohmique. L'échauffement produit peut donc détériorer le conducteur ohmique.

Exercice 7

1.

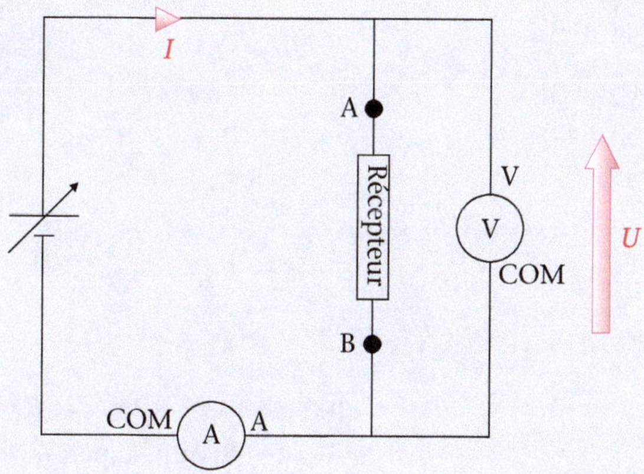

2.

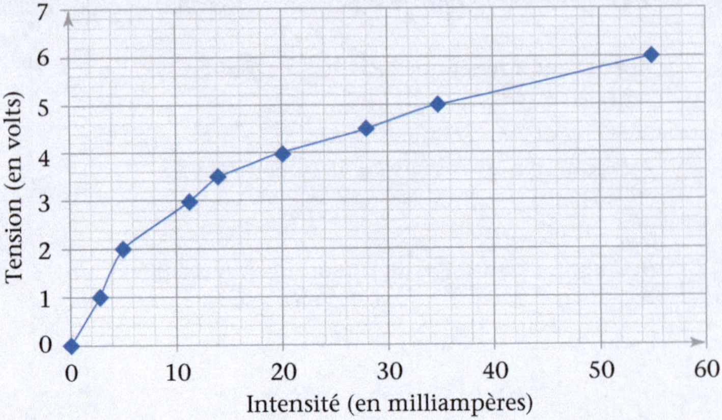

3. La caractéristique n'est pas une droite qui passe par l'origine. Ce récepteur n'obéit donc pas à la loi d'Ohm.

4. Pour $U = 5{,}2$ V, on trouve sur la caractéristique $I = 40$ mA.

On utilise la relation donnant la puissance en fonction de l'intensité et de la tension : $P = U \times I$.

Application numérique : 40 mA = 0,040 A.

$P = 5{,}2 \times 0{,}040$.

$P = 0{,}21$ W.

Exercice 8

1.

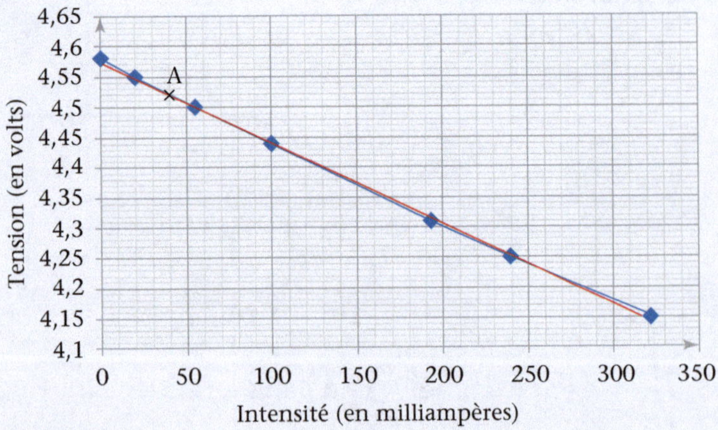

2. La relation donnant la tension aux bornes d'une pile en fonction de l'intensité du courant qui la traverse est $U = e - rI$.

$U = e$ pour $I = 0$ A.

$e = 4{,}58$ V.

Pour le coefficient directeur de la caractéristique, il faut choisir un point quelconque de la droite.

Soit A (4,52 ; 0,04) :

$4{,}52 = 4{,}58 - 0{,}04r$

$r = \dfrac{4{,}58 - 4{,}52}{0{,}04}$.

$r = \dfrac{0{,}06}{0{,}04}$

$r = 1{,}5\ \Omega$.

Exercice 9

1.

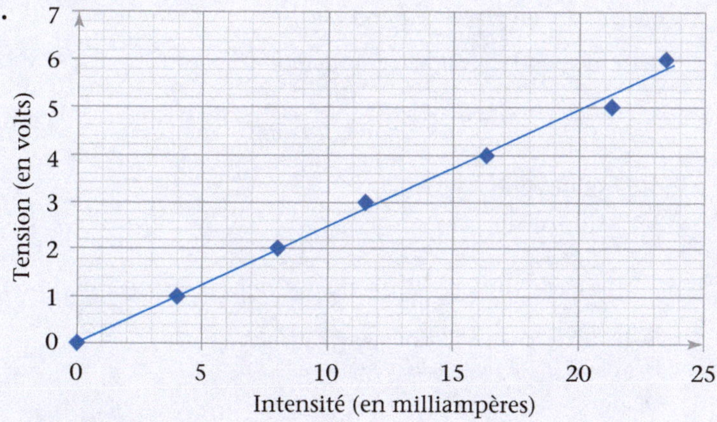

2. Le dipôle étudié est un conducteur ohmique.

Sa caractéristique est une droite passant par l'origine.

3. On obtient la valeur de la résistance en calculant le coefficient directeur de la caractéristique.

Il faut utiliser la relation pour un point A quelconque du graphique.

A a pour coordonnées (3,0 ; 12).

$R = \dfrac{3{,}0}{0{,}012}$

$R = 2{,}5 \cdot 10^2\ \Omega$.

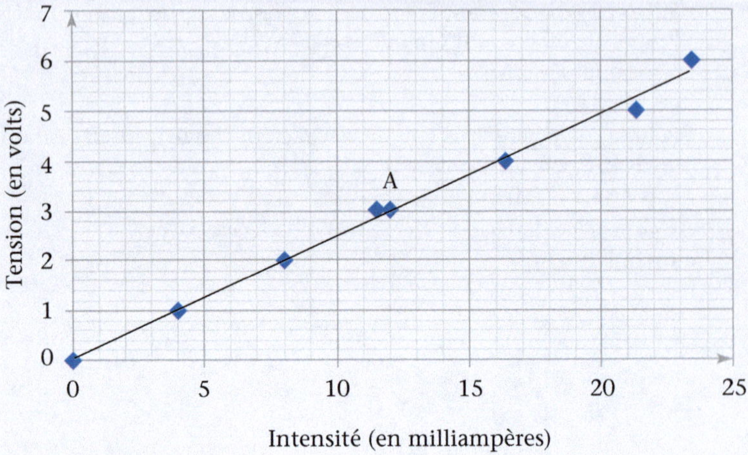

La valeur de la résistance peut être obtenue en prenant d'autres points de la droite du graphique ci-dessus.

4. La relation $P_{max} = R \times I_{max}^2$ devient :

$$I_{max} = \sqrt{\frac{P_{max}}{R}}.$$

Application numérique :

$$I_{max} = \sqrt{\frac{0,50}{250}}$$

$I_{max} \approx 0,045$ A

$I_{max} \approx 45$ mA.

La valeur I_{max} à ne pas dépasser est 45 mA.

De plus :

$$P_{max} = R \times \left(\frac{U_{max}}{R}\right)^2.$$

D'où $U_{max} = \sqrt{P_{max} \times R}$.

Application numérique :

$$U_{max} = \sqrt{0,50 \times 250}$$

$U_{max} \approx 11$ V.

La valeur U_{max} à ne pas dépasser est 11 V.

Exercice 10

1. Toute ampoule, qu'elle soit fluorocompacte ou à incandescence, dégrade une partie de l'électricité qu'elle reçoit en énergie thermique.

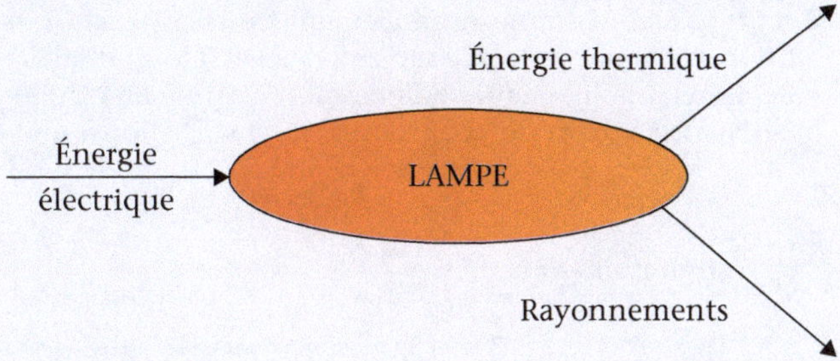

2. Les deux lampes transmettent la même énergie par rayonnement même si l'une (la lampe à incandescence) nécessite davantage d'électricité.

3. La quantité d'énergie consommée se calcule avec la relation suivante :

$E = P \times \Delta t$ avec E l'énergie, P la puissance et Δt la durée de vie.

Soit E_2 l'énergie consommée par la lampe fluorocompacte et E_1 l'énergie consommée par la lampe à incandescence.

La différence de consommation entre les deux lampes vaut donc :

$$E_1 - E_2 = (P_1 - P_2) \times \Delta t.$$

Application numérique : En kilowattheures :

$E_1 - E_2 = (60 - 15) \times 10\,000$

$E_1 - E_2 = 450$ kWh.

En Joules :

1 kWh = 1 000 W × 1 h

1 kWh = 1 000 W × 3 600 s

1 kWh = $3{,}6 \cdot 10^6$ J

$E_1 - E_2 = 450 \times 3{,}6 \cdot 10^6$

$E_1 - E_2 \approx 1{,}6 \cdot 10^9$ J.

> **CONSEIL**
> Il suffit de convertir la valeur obtenue en Joules.

4. Si le rendement de la lampe est de 25 %, 75 % de l'énergie a été dégradée.

Le rendement est donné par la relation $\rho = \dfrac{E_{\text{utile}}}{E_{\text{fournie}}}$.

On remplace E_{utile} par $E_{\text{dégradée}}$.

Soit $E_{\text{dégradée}} = E_{\text{fournie}} \times 0{,}75$.

Application numérique : $E_{\text{dégradée}} = 15 \times 10\,000 \times 0{,}75$

$E_{\text{dégradée}} \approx 1{,}1 \cdot 10^5$ Wh.

5. Toute l'énergie consommée est bien convertie, seulement la conversion en chaleur ne correspond pas à l'usage désiré d'une lampe.

Exercice 11

1. L'énergie électrique est entièrement convertie en énergie thermique dans ce récepteur. L'effet Joule est désiré dans ce type d'appareil.

2. Lorsqu'il fonctionne normalement, le chauffe-eau est soumis à sa tension nominale (indiquée sur la plaque) et il fournit sa puissance nominale. La relation permettant d'obtenir l'intensité du courant qui traverse la résistance à partir de sa puissance et de la tension à ses bornes est :

$$I = \frac{P}{U}.$$

Application numérique : $I = \frac{1\,400}{230}$

$I \approx 6{,}1$ A.

3. L'énergie électrique fournie est donnée par la relation :

$$E = P \times \Delta t.$$

Application numérique : $E = 1\,400 \times 4 \times 3\,600.$

$E \approx 2{,}0 \cdot 10^7$ J

4. L'énergie E_1 nécessaire pour élever la température de ΔT pour une masse m d'eau est donnée par la relation :

$$E_1 = mc\Delta T$$

avec c la capacité thermique de l'eau.

100 L d'eau a pour masse 100 kg.

Application numérique :

$E_1 = 100 \times 4\,187 \times 50$

$E_1 = 2{,}1 \times 10^7$ J

5. Le chauffe-eau a « perdu » de l'énergie. Une partie de l'énergie thermique a été cédée à l'environnement.

17 Stocker et convertir l'énergie chimique

1 Énergie des combustions

a. Énergie chimique

■ L'énergie associée aux liaisons covalentes liant les atomes au sein d'une molécule est appelée **énergie chimique.**
Lors d'une réaction chimique, des liaisons se rompent, d'autres se créent : de l'énergie est soit absorbée, soit libérée sous forme de chaleur.

■ La **combustion est une transformation de la matière** qui permet de convertir de l'énergie chimique et de récupérer de l'énergie thermique. La combustion est donc une réaction chimique **exothermique.** L'énergie thermique est ensuite utilisée telle quelle (chauffage des habitations…), convertie en énergie mécanique (moteurs des voitures…) ou électrique (centrales thermiques…).

Une combustion fait intervenir un **combustible** et un **comburant** (souvent le dioxygène de l'air).

■ Les combustibles fossiles (pétrole, gaz naturel, charbon) et la biomasse sont les combustibles les plus courants, ce sont des stocks d'énergie chimique.

■ La combustion **complète** des alcanes et des alcools produit du **dioxyde de carbone** et de l'**eau.**

> **À NOTER**
> La biomasse regroupe l'ensemble des matières organiques d'origine végétale ou animale (forêt, jardins, effluants d'élevage…). Ces matières organiques peuvent être utilisées directement (bois…) ou après transformations chimiques (biocarburants…).

b. Énergie molaire de combustion

■ L'énergie libérée par la réaction de combustion est notée E et s'exprime en J ou kJ. Elle est d'autant plus importante que la quantité de matière de combustible est grande.

■ L'**énergie molaire de combustion** E_m est l'énergie libérée par mole de combustible transformé. Elle s'exprime en $J \cdot mol^{-1}$ ou $kJ \cdot mol^{-1}$.

E et E_m sont liées par la relation :

$$E = n \times E_m$$

où n est la quantité de matière de combustible transformé (en mol).

c. Ordres de grandeur des énergies libérées lors d'une combustion

■ Les liaisons intermoléculaires étant bien moins fortes que les liaisons covalentes, les énergies molaires de changement d'état sont très inférieures (en valeur absolue) aux énergies molaires de combustion.

Exemple : Butane (C_4H_{10}) : l'énergie molaire de combustion est 2 860 $kJ \cdot mol^{-1}$ et l'énergie molaire de vaporisation est 22,26 $kJ \cdot mol^{-1}$.

2 Combustion et environnement

a. Effet de serre

■ Le dioxyde de carbone est un **gaz à effet de serre** : sa présence dans l'atmosphère permet, avec d'autres gaz, d'avoir une température moyenne qui rend la Terre habitable. Cependant, l'augmentation des rejets de dioxyde de carbone due à l'activité humaine contribue à augmenter l'effet de serre et à modifier les **équilibres climatiques**.

b. Combustion incomplète

■ Il arrive souvent que la combustion soit incomplète. Cela se produit lorsque l'apport en dioxygène est insuffisant. D'autres espèces peuvent alors se former : du monoxyde de carbone CO, gaz incolore, inodore et toxique, ou du carbone (solide noir).

ATTENTION
Lorsqu'une combustion est incomplète, plusieurs équations chimiques peuvent être écrites.

Exemples :

$2\,CH_{4(g)} + 3\,O_{2(g)} \rightarrow 2\,CO_{(g)} + 4\,H_2O_{(g)}$

$CH_{4(g)} + O_{2(g)} \rightarrow C_{(s)} + 2\,H_2O_{(g)}$

c. Autres polluants

■ Les hydrocarbures polluent par les substances indésirables qu'ils contiennent. L'exemple classique est le soufre, naturellement présent dans pratiquement tout gisement de charbon, pétrole ou gaz naturel et qui, dans une flamme, se transforme en dioxyde de soufre, gaz irritant pour les voies respiratoires. À haute température, une fraction du diazote atmosphérique se combine avec le dioxygène pour former des oxydes d'azote.

■ Ces gaz (dioxyde de soufre et oxydes d'azote) sont les principaux responsables des pluies acides car, dans l'atmosphère, ils peuvent se transformer en acide sulfurique ou acide nitrique.

1 Écrire une équation de combustion

Énoncé

Écrire l'équation de la combustion complète de l'octane de formule brute C_8H_{18}.

Savoir-faire

- Identifier les réactifs et les produits de la réaction.
- Écrire les formules des réactifs dans le membre de gauche et les formules des produits dans le membre de droite, séparés par une flèche.
- Ajuster les nombres stœchiométriques de manière à ce que qu'il y ait conservation des éléments C et H.
- Terminer en ajustant le nombre stœchiométrique devant le dioxygène O_2 de manière à ce que qu'il y ait conservation de l'élément O. S'il est impossible d'assurer la conservation de l'élément O avec un nombre entier, il suffit de multiplier les deux membres de l'équation par 2.

Corrigé détaillé

Les réactifs sont l'octane et le dioxygène. La combustion étant complète, les produits sont le dioxyde de carbone et l'eau :

$$C_8H_{18(l)} + O_{2(g)} \rightarrow CO_{2(g)} + H_2O_{(g)}.$$

Conservation de l'élément C : $C_8H_{18(l)} + O_{2(g)} \rightarrow 8\ CO_{2(g)} + H_2O_{(g)}$.

Conservation de l'élément H : $C_8H_{18(l)} + O_{2(g)} \rightarrow 8\ CO_{2(g)} + 9\ H_2O_{(g)}$.

Conservation de l'élément O : $C_8H_{18(l)} + \frac{25}{2}O_{2(g)} \rightarrow 8\ CO_{2(g)} + 9\ H_2O_{(g)}$.

En multipliant tout par 2, on obtient l'équation finale :

$$2\ C_8H_{18(l)} + 25\ O_{2(g)} \rightarrow 16\ CO_{2(g)} + 18\ H_2O_{(g)}.$$

2 Déterminer la masse de CO_2 produit lors du déplacement d'un véhicule

Énoncé

Une automobile consomme $V = 6{,}8$ L d'essence aux 100 km. On assimilera ce carburant à de l'octane de formule brute C_8H_{18} de masse volumique $\rho = 0{,}74\ kg{\cdot}L^{-1}$, et on supposera que la combustion est complète.

Déterminer la masse de CO_2 produite pour un parcours de 100 km.

Données : masses molaires : $M(C) = 12\ g{\cdot}mol^{-1}$; $M(O) = 16\ g{\cdot}mol^{-1}$.

Savoir-faire

- Utiliser la définition de la masse volumique et la relation entre quantité de matière, masse et masse molaire.
- Calculer ensuite la masse molaire de l'octane.
- Déterminer la quantité de matière d'octane brulée pour parcourir 100 km.
- Construire un tableau d'avancement et considérer l'essence comme réactif limitant.

Corrigé détaillé

La quantité de matière d'essence consommée pour parcourir 100 km est :

$$n_{essence} = \frac{m_{essence}}{M_{essence}} = \rho_{essence} \times \frac{V_{essence}}{M_{essence}}$$

avec $M_{essence} = 8 \times M(C) + 18 \times M(H) = 8 \times 12 + 18 = 114\ g{\cdot}mol^{-1}$ et

$$n_{essence} = 0{,}74{\cdot}10^3 \times \frac{6{,}8}{114} = 44\ mol.$$

	$2\ C_8H_{18(l)}$	$+\ 25\ O_{2(g)}$	$\rightarrow\ 16\ CO_{2(g)}$	$+\ 18\ H_2O_{(l)}$
État initial (mol)	44	excès	0	0
En cours de transformation (mol)	$44 - 2x$	excès	$16x$	$18x$
État final (mol)	$44 - 2x_{max} = 0$	excès	$16x_{max}$	$18x_{max}$

À l'état final, toute l'essence est consommée :

$$44 - 2x_{max} = 0, \text{ soit } x_{max} = 22\ mol.$$

À NOTER
Le dioxygène est en excès car il est présent dans l'air.

La masse de dioxyde de carbone à l'état final est donc :

$$m_f(CO_2) = n_f(CO_2) \times M(CO_2)$$
$$= 16 \times x_{max} \times M(CO_2) = 16 \times 22 \times 44 = 1{,}5{\cdot}10^4\ g = \mathbf{15\ kg}.$$

10 qcm pour réviser le cours

Corrigés p. 305

1 **La combustion complète d'un alcane libère :**

- ❑ **a.** du dioxyde de carbone.
- ❑ **b.** du carbone.
- ❑ **c.** de l'eau.

2 **L'équation de combustion complète du propane s'écrit :**

- ❑ **a.** $C_3H_{8(g)} + 5\ O_{2(g)} \rightarrow 3\ CO_{2(g)} + 4\ H_2O_{(g)}$
- ❑ **b.** $C_3H_{8(g)} + 7\ O_{2(g)} \rightarrow 3\ CO_{2(g)} + 4\ H_2O_{(g)}$
- ❑ **c.** $C_3H_{8(g)} + 10\ O_{2(g)} \rightarrow 3\ CO_{2(g)} + 8\ H_2O_{(g)}$

3 **L'équation de réaction de la combustion complète de l'éthanol s'écrit :**
$C_2H_6O_{(l)} + 3\ O_{2(g)} \rightarrow 2\ CO_{2(g)} + 3\ H_2O_{(g)}$
Combien de moles d'eau se forment quand on brûle 5 moles d'éthanol ?

- ❑ **a.** 5.
- ❑ **b.** 10.
- ❑ **c.** 15.

4 **Une combustion incomplète peut produire un gaz toxique.**
Lequel ?

- ❑ **a.** le diazote.
- ❑ **b.** le dioxyde de carbone.
- ❑ **c.** le monoxyde de carbone.

5 **L'énergie molaire de combustion du propane est E_m = 2 056 kJ·mol^{-1}. L'énergie libérée par la combustion complète de 3,0 mol de propane est :**

- ❑ **a.** $E = 6{,}2 \cdot 10^6$ J.
- ❑ **b.** $E = 6{,}2 \cdot 10^3$ J.
- ❑ **c.** $E = 6{,}2 \cdot 10^3$ kJ.

6 **L'énergie libérée lors d'une réaction de combustion est notée *E*.**
Elle dépend :

- ❑ **a.** du combustible.
- ❑ **b.** du caractère complet ou non de la combustion.
- ❑ **c.** de la masse du combustible.

7 **Des stocks d'énergie chimique naturels peuvent être :**

- ❑ **a.** une retenue d'eau.
- ❑ **b.** la biomasse.
- ❑ **c.** le glucose.

8 **L'énergie chimique est l'énergie associée aux liaisons covalentes liant les atomes au sein d'une molécule.**
Elle peut être :

- ❑ **a.** libérée lors d'un changement d'état.
- ❑ **b.** transformée en énergie mécanique.
- ❑ **c.** transformée en énergie thermique.

9 **L'ordre de grandeur d'une énergie molaire de combustion est :**

- ❑ **a.** 10 à 10^2 kJ·mol^{-1}.
- ❑ **b.** 10^3 à 10^4 kJ·mol^{-1}.
- ❑ **c.** 10^4 à 10^5 J.

10 **Actuellement, sur la Terre, il y a une augmentation de la température moyenne.**
L'effet de serre :

- ❑ **a.** est un phénomène naturel.
- ❑ **b.** n'est dû qu'aux activités humaines.
- ❑ **c.** est en augmentation.

Exercices

Exercice 1 (niveau 1)

Corrigés p. 305

Écrire l'équation de combustion complète des molécules suivantes : méthane CH_4, hexane C_6H_{14}, benzène C_6H_{12}, butan-1-ol $C_4H_{10}O$.

Exercice 2 (niveau 1)

Corrigés p. 306

Le gaz présent dans les briquets est du butane. Un élève réalise la combustion complète du butane.

1. Pourquoi ce gaz est-il à l'état liquide dans le briquet ?
2. Quels sont les réactifs de cette réaction chimique ? Quels sont les produits de cette réaction chimique ?
3. Imaginer des expériences permettant la mise en évidence de la formation de ces produits.
4. En approchant un tube à essai du briquet, l'élève remarque qu'un dépôt noir se forme sur le tube.
Quelle est la nature de ce dépôt noir ? Que conclut-il ?

Exercice 3 (niveau 1)

Corrigés p. 306

Le bioéthanol C_2H_6O, obtenu par fermentation de sucres contenus dans différents végétaux (betteraves sucrières, pommes de terre ou céréales), peut être utilisé comme carburant pour les voitures à motorisation essence.

1. Écrire l'équation chimique de la réaction de combustion complète de l'éthanol.
2. Écrire les formules développées des réactifs et des produits.
3. L'énergie molaire de combustion de l'éthanol est :

$$E_m = 1\,250 \text{ kJ·mol}^{-1}.$$

Déterminer l'énergie libérée lors de la combustion de 30 kg d'éthanol.

Données : masses molaires : $M(\text{H}) = 1{,}0$ g·mol^{-1} ; $M(\text{O}) = 16{,}0$ g·mol^{-1} ; $M(\text{C}) = 12{,}0$ g·mol^{-1}.

Exercice 4 (niveau 2)

Corrigés p. 306

L'acétylène, de formule brute C_2H_2, est utilisé dans des chalumeaux oxyacétylèniques pour réaliser des soudures. Un poste à souder est constitué d'une bouteille contenant 3,2 kg d'acétylène et d'une bouteille de dioxygène.

1. L'acétylène est-il un alcane ?

2. Dans le tableau d'avancement ci-dessous, ajuster les nombres stœchiométriques de l'équation chimique de la combustion.

Équation		C_2H_2 +	O_2 →	CO_2 +	H_2O
État initial	$x = 0$	n_1	n_2		
État final	$x = x_{max}$				

3. Calculer la quantité de matière d'acétylène n_1 dans la bouteille. Déduire du tableau d'avancement la quantité de matière n_2 de dioxygène nécessaire à la combustion complète de tout l'acétylène.

4. Quelle est la masse m d'eau formée ?

5. Rechercher le nom de l'acétylène en nomenclature officielle.

Citer une autre utilisation de l'acétylène.

Données : masses molaires : $M(H) = 1{,}0\ g{\cdot}mol^{-1}$; $M(O) = 16{,}0\ g{\cdot}mol^{-1}$; $M(C) = 12{,}0\ g{\cdot}mol^{-1}$.

Exercice 5 niveau 2

Corrigés p. 307

Les activités physiques nécessitent un apport d'énergie : cette énergie provient de la combustion dans l'organisme des glucides, des lipides et des protides que nous ingérons. Le dioxygène nécessaire est apporté par le sang.

Les glucides (qui regroupent toute la famille des sucres) sont transformés en glucose par la digestion. Le glucose de formule $C_6H_{12}O_6$ est un sucre simple, c'est lui qui est ensuite utilisé par le corps, en tant que source d'énergie. Les triglycérides présents dans le beurre ou les huiles végétales sont des lipides ou corps gras. La butyrine de formule $C_{15}H_{26}O_6$ est l'un des triglycérides présents dans le beurre.

1. Écrire les équations des réactions de combustion complète du glucose et de la butyrine solide.

2. Calculer les masses molaires du glucose et de la butyrine.

3. Calculer l'énergie thermique fournie par la combustion complète d'une masse $m = 1{,}0$ g de glucose.

4. Calculer l'énergie thermique fournie par la combustion complète d'une masse $m = 1{,}0$ g de butyrine.

5. En utilisant les données du tableau suivant, vérifier que l'énergie de combustion du glucose correspond à l'apport énergétique d'un glucide. Vérifier également que l'énergie de combustion de la butyrine correspond à l'apport énergétique d'un lipide.

	Glucides	Lipides	Protéines
Apport énergétique moyen ($kcal \cdot g^{-1}$)	4,0	9,0	4,0

6. 100 g de chocolat noir contiennent 5,5 g de protéines, 51 g de glucides, 30 g de lipides et 8,5 g de fibres alimentaires.
Calculer la valeur énergétique d'une barre de chocolat noir (20 g).

7. 100 g de chocolat blanc contiennent 8,5 g de protéines, 54,9 g de glucides, 33,8 g de lipides.
Calculer la valeur énergétique d'une barre de chocolat blanc (20 g). Conclure.

Données : énergie molaire de combustion du glucose : $2{,}98 \cdot 10^3$ $kJ \cdot mol^{-1}$; énergie molaire de combustion de la butyrine : $1{,}12 \cdot 10^4$ $kJ \cdot mol^{-1}$; 1 cal = 4,18 J ; masses molaires : $M(H) = 1{,}0$ $g \cdot mol^{-1}$; $M(O) = 16{,}0$ $g \cdot mol^{-1}$; $M(C) = 12{,}0$ $g \cdot mol^{-1}$.
Les fibres alimentaires n'ont pas de valeur nutritionnelle apparente.

Exercice 6 (niveau 3)

Corrigés p. 308

Le méthane, le propane et le butane sont trois alcanes utilisés comme combustibles dans les gazinières. L'énergie exprimée en $kJ \cdot mol^{-1}$ libérée par la combustion d'une mole de chacun de ces gaz est de la forme $E_m = 210 + 664\ n$, où n est le nombre d'atomes de carbone.

1. Calculer l'énergie libérée par la combustion d'une mole de méthane, d'une mole de propane, d'une mole de butane.
2. L'énergie thermique qu'il faut fournir à un litre d'eau initialement à 18 °C pour que sa température passe à 60 °C est $E = 1{,}8 \cdot 10^2$ kJ. Calculer pour chacun des trois combustibles la quantité de matière nécessaire à cette élévation de température.
3. En vous aidant d'un tableau d'avancement, calculer pour chacun des combustibles la quantité de matière de dioxyde de carbone produit.
4. Pour une même énergie libérée, lequel de ces trois combustibles produit le moins de dioxyde de carbone lors de sa combustion ?
5. Les bouteilles de butane et de propane contiennent toutes les deux 13 kg de gaz liquéfié. Elles sont vendues au même prix. Les partisans du butane disent que celui-ci est plus économique car l'énergie libérée par mole est plus grande. Ont-ils raison ? Justifier.

Données : masses molaires : $M(H) = 1{,}0$ $g \cdot mol^{-1}$; $M(C) = 12{,}0$ $g \cdot mol^{-1}$.

Exercice 7 niveau 3

Corrigés p. 309

La diminution inéluctable des réserves d'énergie fossile et le changement climatique rendent nécessaire le développement de nouvelles sources d'énergie. Outre son usage alimentaire, la biomasse joue un rôle énergétique majeur dans les sociétés humaines, à travers par exemple le bois de chauffage, et ce depuis longtemps. Ce rôle s'étend aujourd'hui au domaine des transports.

Trois générations de biocarburants ont été élaborées. La première exploite la partie « consommable » de plantes terrestres riches soit en sucres (betterave, canne à sucre...), soit en huiles (soja, palme, colza...). Les sucres sont transformés en bioéthanol et les huiles en biodiesel.

Le bilan environnemental de ces carburants de première génération étant contesté, la recherche sur les biocarburants de deuxième et troisième générations est privilégiée. Ces filières du futur utilisent des sources de biomasse non destinées à l'alimentation humaine ou animale.

Les biocarburants de « deuxième génération » sont issus de la transformation de la lignocellulose contenue dans les résidus agricoles (paille) et forestiers (bois), ou dans des plantes provenant de cultures dédiées (taillis à croissance rapide). Les biocarburants de « troisième génération » sont obtenus à partir d'algues.

1. Pourquoi développer les biocarburants ?
2. Pour quelles raisons le bilan environnemental des carburants de première génération est-il contesté ?
3. Quels sont les avantages des biocarburants de deuxième et de troisième générations par rapport aux biocarburants de première génération ?

Exercice 8 niveau 3

Corrigés p. 310

Un véhicule essence consomme en moyenne un volume 5,8 L d'essence pour 100 km. L'essence est un mélange complexe d'alcanes que l'on peut modéliser par de l'octane.

Un Airbus A319 consomme en moyenne un volume de $2{,}4 \cdot 10^4$ L de kérosène pour parcourir 6 850 km.

Le kérosène est un mélange complexe d'hydrocarbures que l'on peut modéliser par un alcane comportant 12 atomes de carbone (dodécane).

1. Écrire l'équation de la réaction de combustion complète de l'octane, puis celle du dodécane.

2. Calculer la quantité de matière n_1 d'octane consommé par kilomètre par le véhicule à essence, puis la quantité de matière n_2 de dodécane consommé par kilomètre par l'Airbus.

3. En déduire la quantité de matière n'_1 puis la masse m'_1 de CO_2 produit par kilomètre par le véhicule essence.

4. En déduire la quantité de matière n'_2 puis la masse m'_2 de CO_2 produit par kilomètre par l'Airbus.

5. Sachant qu'un airbus A319 peut transporter 124 passagers, et que le taux de remplissage moyen des voitures européennes est de 1,8 personne par voiture, calculer la masse de CO_2 produit par kilomètre et par passager.

Conclure.

6. Quels problèmes environnementaux particuliers présentent ces rejets de CO_2 ?

Données : masses volumiques :

$\rho_{octane} = 0{,}70\ kg{\cdot}L^{-1}$; $\rho_{dodécane} = 0{,}75\ kg{\cdot}L^{-1}$.

Masses molaires :

$M_{CO_2} = 44\ g{\cdot}mol^{-1}$; $M_{octane} = 114\ g{\cdot}mol^{-1}$; $M_{dodécane} = 170\ g{\cdot}mol^{-1}$.

QCM

1 **a.** et **c.** Lorsque l'apport en dioxygène est insuffisant, la combustion devient incomplète et du carbone peut se former.

2 **a.** Dans le membre de gauche comme dans le membre de droite se trouvent : 3 fois l'élément carbone C, 8 fois l'élément hydrogène H et 10 fois l'élément oxygène O.

> **ATTENTION**
> Le nombre stœchiométrique « 3 » devant CO_2 indique qu'il faut compter 3 fois l'élément C et $3 \times 2 = 6$ fois l'élément O.

3 **c.** D'après les nombres stœchiométriques, la combustion de 1 mole d'éthanol conduit à la formation de 2 moles de dioxyde de carbone et de 3 moles d'eau : la combustion de 5 moles d'éthanol conduit à la formation de 10 moles de dioxyde de carbone et de 15 moles d'eau.

4 **c.** Le monoxyde de carbone est un gaz mortel incolore et inodore (donc particulièrement difficile à détecter) qui se forme lorsque la combustion est incomplète.

> **L'INFO EN PLUS**
> Le monoxyde de carbone est produit notamment par le mauvais fonctionnement d'appareils ménagers de cuisson, d'appareils de chauffage… L'intoxication aigüe par le monoxyde de carbone est fréquente, souvent collective et saisonnière.

5 **a.** et **c.**
$E = n \times E_m = 3{,}0 \times 2\,056 = 6\,168$ kJ, soit en conservant deux chiffres significatifs $E = 6{,}2{\cdot}10^3$ kJ ou $6{,}2{\cdot}10^6$ J.

6 **a.**, **b.** et **c.** Une combustion incomplète dégage moins d'énergie qu'une combustion complète.

7 **b.** et **c.** Le glucose et la biomasse contiennent de l'énergie chimique qui peut être libérée par combustion.

8 **b.** et **c.** Lors d'un changement d'état, il n'y a pas de rupture de liaisons covalentes, mais seulement rupture d'interactions intermoléculaires.

9 **b.** Les énergies molaires de changement d'état sont plus faibles que les énergies molaires de combustion, de 10 à 10^2 kJ·mol^{-1}.

10 **a.** et **c.** L'effet de serre est un phénomène naturel qui permet d'avoir une température moyenne sur Terre de 15 °C contre –18 °C s'il n'existait pas. Cependant, à cause de l'activité humaine, la quantité de gaz à effet de serre dans l'atmosphère est en augmentation.

Exercice 1

Méthane : $CH_{4(g)} + 2\,O_{2(g)} \rightarrow CO_{2(g)} + 2\,H_2O_{(g)}$

Hexane : $2\,C_6H_{14(l)} + 19\,O_{2(g)} \rightarrow 12\,CO_{2(g)} + 14\,H_2O_{(g)}$

Benzène : $C_6H_{12(l)} + 9\,O_{2(g)} \rightarrow 6\,CO_{2(g)} + 6\,H_2O_{(g)}$

Butan-1-ol : $C_4H_{10}O_{(l)} + 6\,O_{2(g)} \rightarrow 4\,CO_{2(g)} + 5\,H_2O_{(g)}$

> **CONSEIL**
> Commencez par déterminer les nombres stœchiométriques des éléments C et H, puis ajustez le nombre stœchiométrique pour vérifier la conservation de l'élément O.

Exercice 2

1. Le butane est à l'état liquide car il est sous pression.

2. Le butane et le dioxygène sont les réactifs, le dioxyde de carbone et l'eau sont les produits.

3. Pour mettre en évidence la formation d'eau, on peut approcher un tube à essai froid de la flamme du briquet : de la buée se forme. Pour mettre en évidence la formation de dioxyde de carbone, on peut introduire de l'eau de chaux dans un tube à essai qui a été préalablement placé suffisamment longtemps au-dessus de la flamme : l'eau de chaux se trouble.

4. Le dépôt noir est du carbone (que l'on peut récupérer sur ses doigts en frottant le tube noirci). L'élève conclut que la combustion du butane n'est pas complète.

Exercice 3

1. $2\ C_2H_6O_{(l)} + 6\ O_{2(g)} \rightarrow 4\ CO_{2(g)} + 6\ H_2O_{(g)}$

2. La formule développée de l'éthanol est

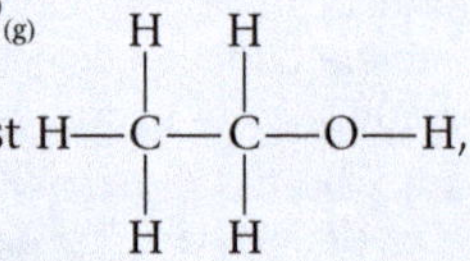

celle du dioxygène est O=O, celle du CO_2 est O=C=O et celle de l'eau est H–O–H.

3. La quantité de matière d'éthanol est $n = \frac{m}{M}$

avec $M = 2 \times M(\text{C}) + 6 \times M(\text{H}) + M(\text{O}) = 2 \times 12 + 6 + 16 = 46\ \text{g·mol}^{-1}$.

Donc $n = \frac{30 \cdot 10^3}{46} = 6{,}5 \cdot 10^2$ mol.

L'énergie libérée est $E = n \times E_\text{m} = 6{,}5 \cdot 10^2 \times 1\ 250 = 8{,}2 \cdot 10^5$ kJ.

Exercice 4

1. La formule générale de l'acétylène n'est pas du type C_nH_{2n+2}, l'acétylène n'est pas un alcane.

> **L'INFO EN PLUS**
> L'acétylène est un alcyne, il comporte une triple liaison.

2.

Équation		$2\ C_2H_2$ +	$5\ O_2$ →	$4\ CO_2$ +	$2\ H_2O$
État initial	$x = 0$	n_1	n_2		
État final	$x = x_{max}$	$n_1 - 2x_{max}$	$n_2 - 5x_{max}$	$4x_{max}$	$2x_{max}$

3. $n_1 = \frac{m}{M}$ avec $M = 2 \times M(\text{C}) + 2 \times M(\text{H}) = 2 \times 12 + 2 = 26\ \text{g·mol}^{-1}$.

D'où $n_1 = \frac{3{,}2 \cdot 10^3}{26} = 1{,}2 \cdot 10^2$ mol.

L'acétylène brûle entièrement : $n_1 - 2x_{max} = 0$, soit :

$$x_{max} = \frac{n_1}{2} = \frac{1{,}2 \cdot 10^2}{2} = 62\ \text{mol}.$$

$n_2 - 5x_{max} = 0$, soit $n_2 = 5x_{max} = 5 \times 62 = 3{,}1 \cdot 10^3$ mol.

4. La quantité de matière d'eau formée est $n_{H_2O} = 2x_{max} = 1{,}2 \cdot 10^2$ mol, soit :

$$m_{H_2O} = n_{H_2O} \times M_{H_2O} = 1{,}2 \cdot 10^2 \times 18 = 2{,}2 \cdot 10^3 \text{ g ou } 2{,}2 \text{ kg.}$$

5. L'éthyne est plus couramment appelé acétylène. L'acétylène donne une flamme très éclairante utilisée par exemple dans les lampes à acétylène des spéléologues. Il a été également utilisé à petite échelle dans des applications d'éclairage public (avant l'éclairage électrique).

Exercice 5

1. Équation de la réaction de combustion complète du glucose :

$$C_6H_{12}O_{6(s)} + 6\ O_{2(g)} \rightarrow 6\ CO_{2(g)} + 6\ H_2O_{(g)}.$$

Équation de la réaction de combustion complète de la butyrine solide :

$$2\ C_{15}H_{26}O_{6(s)} + 37\ O_{2(g)} \rightarrow 30\ CO_{2(g)} + 26\ H_2O_{(g)}.$$

2. M(glucose) = 180 g·mol^{-1} et M(butyrine) = 302 g·mol^{-1}.

3. $E_{glucose} = n(\text{glucose}) \times E_{m,glucose}$

$$= \frac{m}{M\ (\text{glucose})} \times E_{m,glucose} = \frac{1{,}0}{180} \times 2{,}98 \cdot 10^3 = 17 \text{ kJ.}$$

4. $E_{butyrine} = n(\text{butyrine}) \times E_{m,butyrine}$

$$= \frac{m}{M\ (\text{butyrine})} \times E_{m,butyrine} = \frac{1{,}0}{302} \times 1{,}12 \cdot 10^4 = 37 \text{ kJ.}$$

5. $\frac{17}{4{,}18} = 4{,}1$ kcal. On retrouve bien l'apport énergétique d'un glucide.

$\frac{37}{4{,}18} = 8{,}9$ kcal. On retrouve bien l'apport énergétique d'un lipide.

6. Masse de protéines contenue dans 20 g de chocolat noir : $5{,}5 \times \frac{20}{100} = 1{,}1$ g.

Masse de glucides contenue dans 20 g de chocolat noir : $51 \times \frac{20}{100} = 10$ g.

Masse de lipides contenue dans 20 g de chocolat noir : $30 \times \frac{20}{100} = 6{,}0$ g.

La valeur énergétique d'une barre de chocolat noir est donc :

$$1{,}1 \times 4{,}0 + 11 \times 4{,}0 + 6 \times 9{,}0 = 98 \text{ kcal.}$$

7. Une barre de chocolat blanc contient 1,7 g de protéines, 11 g de glucides et 6,8 g de lipides.

La valeur énergétique d'une barre de chocolat blanc est donc :

$$1{,}7 \times 4{,}0 + 11 \times 4{,}0 + 6{,}8 \times 9{,}0 = 112 \text{ kcal.}$$

Qu'il soit noir ou blanc, le chocolat est un aliment énergétique. Cependant, le chocolat blanc est légèrement plus calorique que le chocolat noir. Cela est dû au fait que le chocolat blanc ne contient pas du tout de pâte de cacao (il est composé uniquement de beurre de cacao, de lait et de sucre) : il est donc plus sucré et plus gras que le chocolat noir.

Exercice 6

1. L'énergie libérée par la combustion d'une mole de méthane est donnée par la relation $E_m = 210 + 664\ n$ avec $n = 1$.

$E_{m,\ méthane} = 210 + 664 = 874\ kJ{\cdot}mol^{-1}$.

L'énergie libérée par la combustion d'une mole de propane est donnée par la relation :

$$E_{m,propane} = 210 + 664 \times 3 = 2\ 202\ kJ{\cdot}mol^{-1}.$$

L'énergie libérée par la combustion d'une mole de butane est donnée par la relation :

$$E_{m,butane} = 210 + 664 \times 4 = 2866\ kJ{\cdot}mol^{-1}.$$

2. La quantité de matière de méthane nécessaire pour fournir cette énergie est $n_{méthane} = \dfrac{E}{E_{m,méthane}} = \dfrac{1{,}8{\cdot}10^2}{874} = 0{,}21$ mol.

La quantité de matière de propane nécessaire pour fournir cette énergie est $n_{propane} = \dfrac{E}{E_{m,propane}} = \dfrac{1{,}8{\cdot}10^2}{2\ 202} = 8{,}2{\cdot}10^{-2}$ mol.

La quantité de matière de butane nécessaire pour fournir cette énergie est $n_{butane} = \dfrac{E}{E_{m,butane}} = \dfrac{1{,}8{\cdot}10^2}{2\ 866} = 6{,}3{\cdot}10^{-2}$ mol.

3. Établissons le tableau d'avancement pour la combustion du méthane :

	$CH_{4(g)}$ +	$2\ O_{2(g)}$ →	$CO_{2(g)}$ +	$2\ H_2O_{(g)}$
État initial (mol)	0,21	excès	0	0
En cours de transformation (mol)	$0{,}21 - x$	excès	x	$2x$
État final (mol)	$0{,}21 - x_{max} = 0$	excès	x_{max}	$2x_{max}$

La quantité de matière de dioxyde de carbone produit est :

$$n_{CO_2} = x_{max} = 0{,}21 \text{ mol.}$$

Établissons le tableau d'avancement pour la combustion du propane :

	$C_3H_{8(g)}$ +	$5\ O_{2(g)}$ →	$3\ CO_{2(g)}$ +	$4\ H_2O_{(g)}$
État initial (mmol)	82	excès	0	0
En cours de transformation (mmol)	$82 - x$	excès	$3x$	$4x$
État final (mmol)	$82 - x_{max} = 0$	excès	$3x_{max}$	$4x_{max}$

La quantité de matière de dioxyde de carbone produit est :

$$n_{CO_2} = 3x_{max} = 3 \times 82 = 246 \text{ mmol} = 0{,}25 \text{ mol.}$$

Établissons le tableau d'avancement pour la combustion du butane :

	$2\ C_4H_{10(g)}$ +	$13\ O_{2(g)} \rightarrow$	$8\ CO_{2(g)}$ +	$10\ H_2O_{(g)}$
État initial (mmol)	63	excès	0	0
En cours de transformation (mmol)	$63 - 2x$	excès	$8x$	$10x$
État final (mmol)	$63 - 2x_{max} = 0$	excès	$8x_{max}$	$10x_{max}$

La quantité de matière de dioxyde de carbone produit est :

$$n_{CO_2} = 8x_{max} \text{ avec } x_{max} = \frac{63}{2} = 31 \text{ mmol.}$$

D'où $n_{CO_2} = 8 \times 31 = 248$ mmol = 0,25 mol.

4. C'est le méthane qui produit le moins de dioxyde de carbone lors de sa combustion.

5. Il faut calculer l'énergie libérée pour 13 kg de combustible.

La quantité de matière de propane dans une bouteille est $n_{propane} = \frac{m}{M_{propane}}$ avec $M_{propane} = 3M(\text{C}) + 8M(\text{H}) = 44\ \text{g}\cdot\text{mol}^{-1}$.

$n_{propane} = \frac{13 \cdot 10^3}{44} = 3{,}0 \cdot 10^2$ mol.

D'où $E_{propane} = n_{propane} \times E_{m,\ propane} = 3{,}0 \cdot 10^2 \times 2\ 202 = 6{,}6 \cdot 10^5$ kJ.

La quantité de matière de butane dans une bouteille est $n_{butane} = \frac{m}{M_{butane}}$ avec $M_{butane} = 4M(\text{C}) + 10M(\text{H}) = 58\ \text{g}\cdot\text{mol}^{-1}$.

$n_{butane} = \frac{13 \cdot 10^3}{58} = 2{,}2 \cdot 10^2$ mol.

D'où $E_{butane} = n_{butane} \times E_{m,\ butane} = 2{,}2 \cdot 10^2 \times 2\ 866 = 6{,}3 \cdot 10^5$ kJ.

C'est le propane le plus économique : les deux bouteilles contiennent la même masse, elles ont le même prix mais celle de propane libère plus d'énergie que celle de butane.

Exercice 7

1. Le développement de biocarburants a pour objectifs principaux de réduire les émissions de gaz à effet de serre (les biocarburants participent à la réduction des émissions de gaz à effet de serre dans la mesure où le CO_2 dégagé lors de leur combustion est compensé par le CO_2 absorbé par les végétaux lors de leur croissance) et d'anticiper l'épuisement des réserves mondiales de pétrole.

> **À NOTER**
> Les biocarburants permettent également de réduire la dépendance énergétique pétrolière et d'offrir un débouché supplémentaire aux filières agricoles.

2. Les biocarburants entrent en compétition avec l'alimentation et sont donc une menace pour la sécurité alimentaire. Leur production nécessite une agriculture intensive, consommatrice d'énergie (pour labourer, semer, transporter...), d'engrais, de pesticides... Le développement des plantations de palmiers à huile est, par exemple, responsable de la déforestation.

3. Les biocarburants de deuxième et de troisième générations proviennent de sources qui ne compromettent pas la production alimentaire.

Exercice 8

1. Équation pour l'octane : $2\ C_8H_{18(l)} + 25\ O_{2(g)} \rightarrow 16\ CO_{2(g)} + 18\ H_2O_{(g)}$

Équation pour le dodécane : $2\ C_{12}H_{26(l)} + 37\ O_{2(g)} \rightarrow 24\ CO_{2(g)} + 26\ H_2O_{(g)}$

2. Le volume d'octane consommé par kilomètre est $V_1 = \frac{5{,}8}{100} = 5{,}8 \cdot 10^{-2}$ L.

Ce volume V_1 correspond à une masse d'octane m_1 telle que $m_1 = \rho_{octane} \times V_1$.

La quantité de matière d'octane consommée par km est donc :

$$n_1 = \frac{m_1}{M_{octane}} = \rho_{octane} \times \frac{V_1}{M_{octane}}.$$

> **ATTENTION**
> Si le volume V_1 est en L, et puisque la masse molaire est en $g{\cdot}mol^{-1}$, alors la masse volumique doit être exprimée en $g{\cdot}L^{-1}$: $0{,}70\ kg{\cdot}L^{-1} = 0{,}70 \cdot 10^3\ g{\cdot}L^{-1}$.

Application numérique : $n_1 = 5{,}8 \cdot 10^{-2} \times \frac{0{,}70 \cdot 10^3}{114} = 0{,}36$ mol.

Le volume de dodécane consommé par kilomètre est $V_2 = \frac{2{,}4 \cdot 10^4}{6\ 850} = 3{,}5$ L.

Ce volume V_2 correspond à une masse de dodécane m_2 telle que :

$$m_2 = \rho_{dodécane} \times V_2.$$

La quantité de matière de dodécane consommée par km est donc :

$$n_2 = \frac{m_2}{M_{dodécane}} = \rho_{dodécane} \times \frac{V_2}{M_{dodécane}}.$$

Application numérique : $n_2 = 3{,}5 \times \frac{0{,}75 \cdot 10^3}{170} = 15$ mol.

3. Construisons le tableau d'avancement correspondant à la combustion de la quantité de matière n_1 d'octane :

		$2\ C_8H_{18(g)}$	$+25\ O_{2(g)}$	$\rightarrow 16\ CO_{2(g)}$	$+18\ H_2O_{(g)}$
	Avancement (mol)	**Quantité de matière (mol)**			
État initial	0	0,36	excès	0	0
En cours de transformation	x	$0{,}36 - 2x$	excès	$16x$	$18x$
État final	x_{max}	$0{,}36 - 2x_{max}$	excès	$16x_{max}$	$18x_{max}$

À l'état final, $0{,}36 - 2x_{max} = 0$, soit $x_{max} = \frac{0{,}36}{2} = 0{,}18$ mol.

La quantité de dioxyde de carbone formé est :

$$n'_1 = 16\ x_{max} = 16 \times \mathbf{0{,}18 = 2{,}9\ mol.}$$

La masse de dioxyde de carbone formé est donc :

$$m'_1 = n'_1 \times M_{CO_2} = 2{,}9 \times 44 = 1{,}3{\cdot}10^2\ g.$$

4. Construisons le tableau d'avancement correspondant à la combustion de la quantité de matière n_2 de dodécane :

		$2\ C_{12}H_{26(g)}$	$+37\ O_{2(g)}$	$\rightarrow 24\ CO_{2(g)}$	$+26\ H_2O_{(g)}$
	Avancement (mol)	**Quantité de matière (mol)**			
État initial	0	15	excès	0	0
En cours de transformation	x	$15 - 2\ x$	excès	$24x$	$26x$
État final	x_{max}	$15 - 2x_{max}$	excès	$24x_{max}$	$26x_{max}$

À l'état final, $15 - 2x_{max} = 0$, soit $x_{max} = \frac{15}{2} = 7{,}5$ mol.

La quantité de dioxyde de carbone formé est :

$$n'_2 = 24x_{max} = 24 \times 7{,}5 = 1{,}8{\cdot}10^2\ mol.$$

La masse de dioxyde de carbone formé est donc :

$$m'_2 = n'_2 \times M_{CO_2} = 1{,}8{\cdot}10^2 \times 44 = 7{,}9{\cdot}10^3\ g.$$

5. Pour la voiture, la masse de dioxyde de carbone formé par passager et par kilomètre est donc $\frac{1{,}3{\cdot}10^2}{1{,}8} = 72$ g.

Pour l'Airbus, la masse de dioxyde de carbone formé par passager et par kilomètre est donc $\frac{7{,}9{\cdot}10^3}{124} = 64$ g.

Nos calculs nous permettent de conclure que, sur un vol longue distance, un avion est comparable à une voiture en terme d'émissions de gaz à effet de serre. Cependant, nous avons considéré un avion plein (ce n'est pas toujours le cas !) et une voiture presque vide. De plus, sur un trajet court (dans les 500 km), l'avion est beaucoup plus polluant que la voiture, car le décollage et l'atterrissage sont très consommateurs de carburant.

6. Les rejets importants de dioxyde de carbone sont responsables du réchauffement climatique observé depuis quelques années.

L'INFO EN PLUS

Depuis le début de la révolution industrielle, au milieu du XVIIIe siècle, l'utilisation de combustibles fossiles, la déforestation à grande échelle… ont entraîné une augmentation de près de 25 % de la concentration de dioxyde de carbone dans l'atmosphère.

18 Piles et oxydoréduction

COURS

1 Piles

a. Qu'est-ce qu'une pile ?

■ Une pile est un **générateur électrochimique** au sein duquel des transformations chimiques assurent la conversion de l'énergie chimique stockée en énergie électrique.

■ Une pile est constituée de **deux demi-piles**, contenant chacune une **électrode** plongeant dans une solution ionique : un **électrolyte**. Ces demi-piles sont reliées par un **pont salin** qui permet le transfert d'ions d'une solution à l'autre.

> **À NOTER**
> La transformation d'énergie chimique en énergie électrique n'est que partielle, car une partie de l'énergie est dissipée sous forme thermique par effet Joule.

b. Fonctionnement d'une pile

■ La pile Daniell, schématisée ci-dessous, débite un courant électrique qui circule, à l'extérieur de celle-ci, de l'électrode de cuivre (pôle positif de la pile) vers l'électrode de zinc (pôle négatif). Les électrons, responsables du passage du courant, circulent en sens inverse, de l'électrode de zinc vers l'électrode de cuivre.

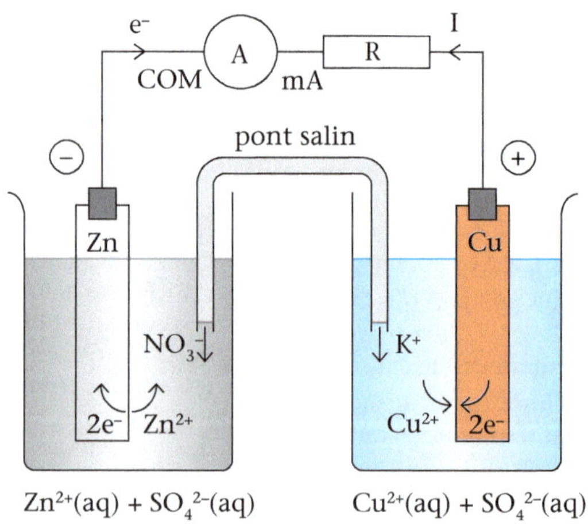

■ À l'électrode de zinc, des atomes de zinc libèrent des électrons selon l'équation :

$$Zn_{(s)} \rightarrow Zn^{2+}{}_{(aq)} + 2\ e^-.$$

Ces électrons libérés par l'électrode de zinc sont consommés par l'électrode de cuivre selon l'équation :

$$Cu^{2+}{}_{(aq)} + 2\ e^- \rightarrow Cu_{(s)}.$$

L'équation qui traduit le fonctionnement global de cette pile est :

$$Cu^{2+}{}_{(aq)} + Zn_{(s)} \rightarrow Cu_{(s)} + Zn^{2+}{}_{(aq)}.$$

La pile précédente a pour schéma conventionnel :

$$-\ Zn(s)\,|\,Zn^{2+}{}_{(aq)}\,\|\,Cu^{2+}{}_{(aq)}\,|\,Cu_{(s)}\ +.$$

■ Une pile est dite usée (ou déchargée) lorsque l'un des réactifs a été entièrement consommé.

c. Pile à combustible et accumulateur

■ Les piles les plus courantes sont les **piles salines** ou **alcalines** constituées d'une électrode en zinc et contenant du dioxyde de manganèse MnO_2. Seul l'électrolyte diffère : dans une pile alcaline, l'électrolyte est une solution basique (d'hydroxyde de sodium par exemple). Une pile alcaline est plus chère qu'une pile saline, mais plus performante.

■ Une **pile à combustible** est alimentée en réactifs de façon continue.

■ Un **accumulateur** fonctionne sur le même principe qu'une pile, mais il peut être rechargé ; un apport d'énergie permet de régénérer les espèces qui ont été consommées aux électrodes.

2 Réaction d'oxydoréduction

a. Couple oxydant / réducteur

■ Un **oxydant** est une espèce chimique susceptible de capter un ou plusieurs électrons. Un **réducteur** est une espèce chimique susceptible de céder un ou plusieurs électrons.

Exemple : Les ions $Cu^{2+}{}_{(aq)}$ sont des oxydants alors que le zinc $Zn_{(s)}$ est un réducteur.

■ Deux espèces chimiques qui se transforment l'une en l'autre par gain ou perte d'électrons sont dites **conjuguées** et forment un couple **oxydant / réducteur**.

■ À chaque couple est associée une **demi-équation** :

$$\mathbf{Ox + \mathit{n}e^- = red}$$

où n est le nombre d'électrons captés pour passer de la forme oxydée à la forme réduite.

■ Les deux espèces $Cu^{2+}_{(aq)}$ et $Cu_{(s)}$ sont **conjuguées et forment le couple** $Cu^{2+}_{(aq)}/Cu_{(s)}$. Le passage de l'oxydant au réducteur ou du réducteur à l'oxydant est décrit par la demi-équation :

$$Cu^{2+}_{(aq)} + 2\ e^- = Cu_{(s)}.$$

À NOTER

On met un signe égal entre l'oxydant et le réducteur lorsque le sens de la transformation n'est pas connu. Le signe « = » traduit la possibilité de passer d'une forme à l'autre suivant les conditions expérimentales.

b. Réaction d'oxydoréduction

■ Lorsqu'on met en contact l'oxydant d'un couple avec le réducteur d'un autre couple, une transformation chimique a lieu. Il s'agit d'une réaction d'oxydoréduction.
Une **réaction d'oxydoréduction** correspond à un **transfert d'électrons** du réducteur d'un couple à l'oxydant d'un autre couple.

■ L'**oxydant** gagne des électrons : il est réduit (il subit une réduction). Le **réducteur** perd des électrons : il est oxydé.

■ Si l'on plonge une lame de zinc dans une solution de sulfate de cuivre II, la plaque de zinc se recouvre d'un dépôt de cuivre rouge, alors que la teinte bleue de la solution s'atténue. Les ions Cu^{2+} sont réduits en métal cuivre, le métal zinc est oxydé en ions Zn^{2+} selon l'équation :

$$Cu^{2+}_{(aq)} + Zn_{(s)} \rightarrow Cu_{(s)} + Zn^{2+}_{(aq)}.$$

Le transfert d'électrons se fait directement entre les réactifs.

c. Piles et oxydoréduction

■ La réaction chimique ayant lieu dans une pile est une **réaction d'oxydoréduction.**
Lorsque la pile Daniell alimente un circuit, des électrons sont transférés du métal zinc vers les ions Cu^{2+}. Le transfert d'électrons se fait par l'intermédiaire du circuit électrique extérieur, on parle de transfert indirect d'électrons.

■ Chaque demi-pile contient les espèces chimiques formant un couple oxydant/réducteur.

■ Par définition, l'électrode qui est le siège d'une oxydation est appelée **anode**. La **cathode** est l'électrode où se produit une **réduction**.
Dans le cas de la pile Daniell, l'électrode de cuivre constitue la cathode alors que l'électrode de zinc constitue l'anode.

1 Établir une demi-équation redox

Énoncé

Écrire la demi-équation d'oxydoréduction du couple :

$$Cr_2O_7^{2-}{}_{(aq)} / Cr^{3+}{}_{(aq)} .$$

Savoir-faire

- Écrire les deux espèces chimiques de part et d'autre du signe égal : l'oxydant à gauche et le réducteur à droite.
- Vérifier la loi de conservation des éléments : ajuster si nécessaire les nombres stœchiométriques et faire intervenir si nécessaire des ions hydrogène $H^+{}_{(aq)}$ et des molécules d'eau $H_2O_{(l)}$.
- Vérifier la loi de conservation de la charge en ajoutant des électrons du côté de l'oxydant et en ajustant leur nombre stœchiométrique.

Corrigé détaillé

- On place l'oxydant à gauche et le réducteur à droite :

$$\ldots\ Cr_2O_7^{2-}{}_{(aq)} + \ldots = \ldots\ Cr^{3+}{}_{(aq)} .$$

- On assure la conservation des éléments autres que l'hydrogène et l'oxygène (ici l'élément Cr) :

$$Cr_2O_7^{2-}{}_{(aq)} + \ldots = 2\ Cr^{3+}{}_{(aq)}.$$

- On assure la conservation de l'élément O à l'aide de molécules d'eau :

$$Cr_2O_7^{2-}{}_{(aq)} + \ldots = 2\ Cr^{3+}{}_{(aq)} + 7\ H_2O_{(l)}.$$

- On assure la conservation de l'élément H à l'aide d'ions hydrogène :

$$Cr_2O_7^{2-}{}_{(aq)} + 14\ H^+{}_{(aq)} + \ldots = 2\ Cr^{3+}{}_{(aq)} + 7\ H_2O_{(l)}.$$

- On assure la conservation de la charge à l'aide d'électrons :

$$Cr_2O_7^{2-}{}_{(aq)} + 14\ H^+{}_{(aq)} + 6\ e^- = 2\ Cr^{3+}{}_{(aq)} + 7\ H_2O_{(l)}.$$

2 Écrire l'équation d'une réaction d'oxydoréduction

Énoncé

On donne les couples oxydant/réducteur $Fe^{3+}_{(aq)}/Fe^{2+}_{(aq)}$ et $Cr_2O_7^{2-}{}_{(aq)}/Cr^{3+}_{(aq)}$.
Écrire l'équation de la réaction qui se produit entre les ions $Cr_2O_7^{2-}{}_{(aq)}$ et les ions $Fe^{2+}_{(aq)}$.

Savoir-faire

- Écrire les demi-équations redox pour chacun des deux couples mis en jeu, dans le sens où les transformations ont lieu.
- Multiplier si nécessaire les demi-équations par un facteur tel que le nombre d'électrons captés par l'oxydant soit égal au nombre d'électrons cédés par le réducteur.
- Additionner les deux demi-équations.

Corrigé détaillé

$Cr_2O_7^{2-}{}_{(aq)} + 14\,H^+_{(aq)} + 6\,e^- = 2\,Cr^{3+}_{(aq)} + 7\,H_2O_{(l)}$ $(\times 1)$

$Fe^{2+} = Fe^{3+}_{(aq)} + e^-$ $(\times 6)$

Il faut multiplier la demi-équation du couple Fe^{3+}/Fe^{2+} par 6 afin que les électrons ne figurent pas dans l'équation de la réaction d'oxydoréduction.

D'où $Cr_2O_7^{2-}{}_{(aq)} + 6\,Fe^{2+}_{(aq)} + 14\,H^+_{(aq)} \rightarrow 2\,Cr^{3+}_{(aq)} + 6\,Fe^{3+}_{(aq)} + 7\,H_2O_{(l)}$.

3 Analyser le fonctionnement d'une pile

Énoncé

Une pile zinc/argent est constituée de deux demi-piles reliées par un pont salin.

Chaque demi-pile contient 20 mL de solution aqueuse :

– l'une de nitrate d'argent $(Ag^+_{(aq)} + NO_3^-{}_{(aq)})$;

– l'autre de nitrate de zinc $(Zn^{2+}_{(aq)} + 2\,NO_3^-{}_{(aq)})$.

Soit l'équation de réaction : $2\,Ag^+_{(aq)} + Zn_{(s)} \rightarrow 2\,Ag_{(s)} + Zn^{2+}_{(aq)}$

Écrire la demi-équation associée à chaque couple oxydant/réducteur mis en jeu. Réaliser un schéma de la pile sur lequel sera indiqué le sens de circulation des électrons dans les fils et la polarité des électrodes de zinc et d'argent.

Savoir-faire

- Identifier les couples redox mis en jeu.
- À partir de l'équation de la réaction, repérer le couple associé à une perte d'électrons et celui associé à un gain d'électron.
- Donner les demi-équations se produisant aux électrodes.
- Déduire des demi-équations la polarité de la pile.

Corrigé détaillé

- Les couples oxydant/réducteur qui interviennent sont :

$$Zn^{2+}_{(aq)} / Zn_{(s)} \quad \text{et} \quad Ag^{+}_{(s)} / Ag_{(s)}.$$

- Dans cette pile, on observe la transformation des ions argent $Ag^{+}_{(aq)}$ en argent selon la demi-équation : $Ag^{+}_{(aq)} + e^{-} \rightarrow Ag_{(s)}$.

Inversement, on observe dans l'autre demi-pile la transformation du zinc en ions $Zn^{2+}_{(aq)}$ selon la demi-équation : $Zn_{(s)} \rightarrow Zn^{2+}_{(aq)} + 2e^{-}$.

- L'électrode d'argent est le siège d'une réduction, des électrons sont captés. L'électrode de zinc est le siège d'une oxydation, des électrons sont libérés.

- Dans le circuit extérieur, les électrons circulent de la lame de zinc vers la lame d'argent. L'électrode de zinc constitue la borne négative de la pile.

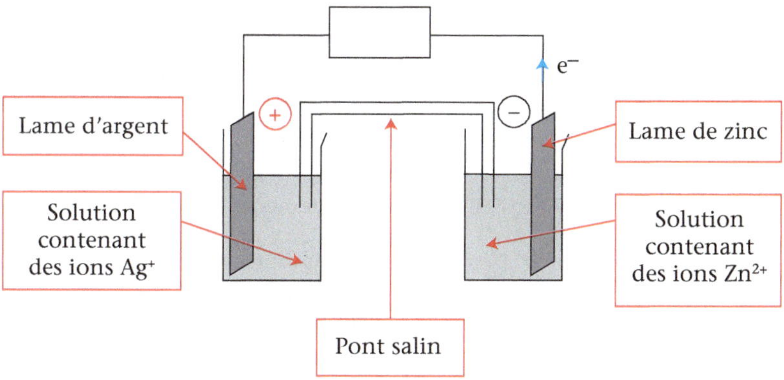

10 qcm pour réviser le cours

Corrigés p. 326

1 Un accumulateur est :

❑ **a.** un générateur électrochimique.

❑ **b.** également appelé « pile à combustible ».

❑ **c.** également appelé « pile rechargeable ».

2 Une pile fournit de l'énergie :

❑ **a.** chimique.

❑ **b.** électrique.

❑ **c.** mécanique.

3 Dans le pont salin qui assure la jonction entre deux demi-piles :

❑ **a.** les porteurs de charge sont des électrons.

❑ **b.** les porteurs de charge sont des ions.

❑ **c.** une transformation chimique a lieu.

4 Une espèce chimique capable de céder un ou plusieurs électrons est un :

❑ **a.** acide.

❑ **b.** oxydant.

❑ **c.** réducteur.

5 On considère la demi-équation redox suivante :

$NO_{(g)} + 2\ H_2O_{(l)} = NO_3^-{}_{(aq)} + 4\ H^+_{(aq)} + 3\ e^-$.

Le réducteur est :

❑ **a.** le monoxyde d'azote NO.

❑ **b.** l'ion NO_3^-.

❑ **c.** l'ion H^+.

6 Dans le couple Pb^{2+} / Pb :

❑ **a.** l'oxydant est Pb^{2+}.

❑ **b.** l'oxydant est Pb.

❑ **c.** le réducteur est Pb.

7 La demi-équation d'oxydoréduction du couple $MnO_{2(s)}$ / $Mn^{2+}_{(aq)}$ s'écrit :

❑ **a.** $Mn^{2+}_{(aq)} + 2\,e^- = MnO_{2(s)}$.

❑ **b.** $MnO_{2(s)} + 2e^- + 4H^+ = Mn^{2+}_{(aq)} + 2H_2O$.

❑ **c.** $MnO_{2(s)} + 2\,e^- = Mn^{2+}_{(aq)} + O_2$.

8 Soit une réaction dont l'équation est $Zn_{(s)} + Pb^{2+}_{(aq)} \rightarrow Zn^{2+}_{(aq)} + Pb_{(s)}$.

❑ **a.** Le zinc est oxydé.

❑ **b.** Les ions Pb^{2+} sont oxydés.

❑ **c.** Le plomb est oxydé.

9 Parmi les réactions dont les équations sont données ci-dessous, lesquelles sont des réactions d'oxydoréduction ?

❑ **a.** $Fe^{2+}_{(aq)} + Ce^{4+}_{(aq)} \rightarrow Fe^{3+}_{(aq)} + Ce^{3+}_{(aq)}$.

❑ **b.** $Fe^{2+}_{(aq)} + 2\ OH^-_{(aq)} \rightarrow Fe(OH)_{2(s)}$.

❑ **c.** $Fe_{(s)} + 2\ H^+_{(aq)} \rightarrow Fe^{2+}_{(aq)} + H_{2(g)}$.

10 À l'extérieur d'une pile en fonctionnement :

❑ **a.** le courant électrique circule du pôle positif au pôle négatif.

❑ **b.** les électrons circulent du pôle positif au pôle négatif.

❑ **c.** une oxydation se produit au pôle positif.

Exercices

Exercice 1 (niveau 1)

Corrigés p. 326

Déterminer les couples oxydant/réducteur mis en jeu dans les demi-équations d'oxydoréduction suivantes.

1. $BrO_4^-{}_{(aq)} + 2\,H^+{}_{(aq)} + 2\,e^- = BrO_3^-{}_{(aq)} + H_2O_{(l)}$
2. $O_{2(g)} + 4\,H^+{}_{(aq)} + 4\,e^- = 2\,H_2O_{(l)}$
3. $Cl_{2(g)} + 2\,H_2O_{(l)} = 2\,HOCl_{(aq)} + 2\,H^+{}_{(aq)} + 2\,e^-$

Exercice 2 (niveau 1)

Corrigés p. 326

Établir les demi-équations d'oxydoréduction associées aux couples suivants en milieu acide.

$Cr^{3+}{}_{(aq)}/Cr_{(s)}$; $Hg_2^{2+}{}_{(aq)}/Hg_{(l)}$; $SO_4^{2-}{}_{(aq)}/SO_{2(aq)}$;
$C_2H_4O_{2(aq)}/C_2H_6O_{(aq)}$; $IO_3^-{}_{(aq)}/I_{2(aq)}$.

Exercice 3 (niveau 1)

Corrigés p. 327

On réalise au laboratoire une pile aluminium-zinc qui met en jeu les deux couples $Al^{3+}{}_{(aq)}/Al_{(s)}$ et $Zn^{2+}{}_{(aq)}/Zn_{(s)}$. Les deux demi-piles constituant cette pile sont reliées par un pont salin au nitrate de potassium $K^+{}_{(aq)} + NO_3^-{}_{(aq)}$.

L'électrode positive de cette pile est l'électrode de zinc.

1. Légender le schéma ci-dessous en indiquant la nature de chaque électrode, la nature des ions métalliques présents dans les béchers, le sens conventionnel du courant et le sens du mouvement des électrons.

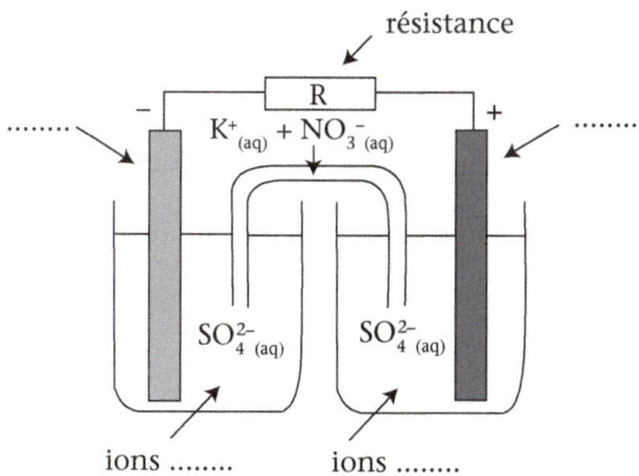

2. Écrire les équations des réactions qui se produisent aux électrodes en précisant pour chacune d'elles s'il s'agit d'une oxydation ou d'une réduction.

3. En déduire l'équation de la réaction de fonctionnement de la pile.

4. Comment évoluent les concentrations des ions métalliques dans chacun des béchers ?

5. En déduire le sens du mouvement des ions présents dans le pont salin.

Exercice 4 niveau 2

Corrigés p. 328

On réalise une pile qui met en jeu les couples $Sn^{2+}_{(aq)} / Sn_{(s)}$ et $Pb^{2+}_{(aq)} / Pb_{(s)}$. On plonge une lame d'étain dans un bécher contenant une solution de nitrate d'étain ($Sn^{2+}_{(aq)} + 2NO_3^-{}_{(aq)}$) (compartiment 1). Dans un second bécher contenant une solution de nitrate de plomb ($Pb^{2+}_{(aq)} + 2NO_3^-{}_{(aq)}$), on plonge une lame de plomb (compartiment 2). On relie ces deux béchers par un pont salin. On réalise un circuit en série comprenant cette pile et un conducteur ohmique. La masse de la lame d'étain augmente.

1. Donner les demi-équations redox se déroulant à la surface des électrodes, ainsi que l'équation de la réaction associée à la transformation qui a lieu dans la pile.

2. Quelle transformation a lieu dans chaque compartiment ?

3. En déduire la polarité de la pile.

4. Quel est le rôle du pont salin ?

Pourrait-on le remplacer par un fil électrique ?

Exercice 5 niveau 2

Corrigés p. 328

Voici le schéma d'une pile Leclanché.

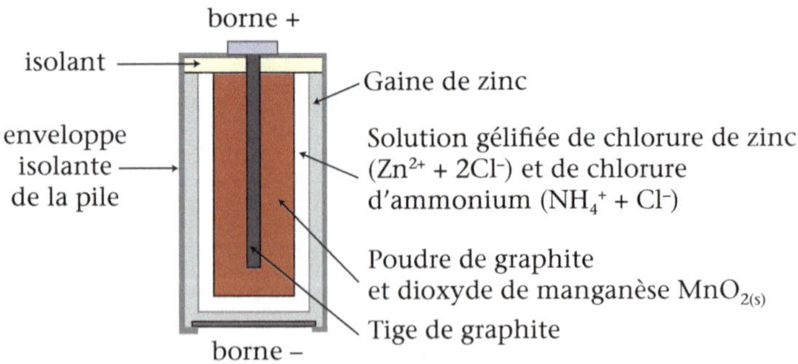

1. Le pôle négatif est constitué par le métal zinc Zn (couple Zn^{2+}/Zn). Le zinc est-il oxydé ou réduit ?

Écrire la demi-équation correspondante.

2. Le pôle positif est une tige de graphite (carbone). C'est une électrode inerte en contact avec du dioxyde de manganèse, oxydant du couple $MnO_2/MnO(OH)$. Écrire la demi-équation correspondante.

3. En déduire l'équation de fonctionnement de la pile.

4. Identifier l'anode et la cathode de cette pile.

5. Dans cette pile, quel est l'électrolyte ?

6. Pourquoi cette pile est-elle dite « sèche » ?

7. S'agit-il d'une pile saline ou alcaline ?

Exercice 6 niveau 2

Corrigés p. 329

On plonge une lame de zinc dans un bécher contenant un volume $V = 50$ mL d'une solution bleue de sulfate de cuivre II de concentration $c = 0{,}10\ mol{\cdot}L^{-1}$

1. On observe que la solution se décolore entièrement.

Quelle indication peut-on en tirer ?

2. Un dépôt rouge apparaît sur la lame de zinc.

Quelle est la nature de ce dépôt ?

3. Écrire l'équation de la réaction qui a lieu entre la lame de zinc et la solution de sulfate de cuivre.

4. Quel est le rôle joué par les ions cuivre dans cette réaction ?

Sont-ils oxydés ou réduits ?

5. Préciser les couples oxydant/réducteur mis en jeu dans cette réaction et écrire les demi-équations correspondantes.

6. Quelle est la masse de zinc m_1 qui a été oxydée ?

7. Quelle est la masse du dépôt rouge m_2 qui apparaît ?

Données : masses molaires : $M(Zn) = 65{,}4\ g{\cdot}mol^{-1}$; $M(Cu) = 63{,}5\ g{\cdot}mol^{-1}$.

Exercice 7 niveau 2

Corrigés p. 330

Convertisseur d'énergie non polluant, la pile à combustible à hydrogène serait le générateur idéal des voitures à moteur électrique mais le coût de fabrication élevé (présence de platine qui joue le rôle de catalyseur) et la difficulté de stocker le dihydrogène freine son développement. À l'anode, du dihydrogène arrive en continu pour y être oxydé. Sur l'autre électrode, le dioxygène est réduit.

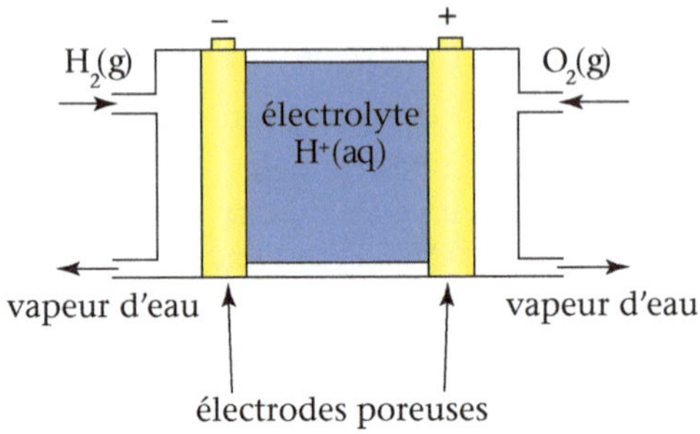

1. Écrire les demi-équations d'oxydoréduction qui se produisent à l'anode et à la cathode.

En déduire l'équation de fonctionnement de la pile.

2. Quels sont les avantages d'un véhicule fonctionnant avec une telle pile ? ses inconvénients ?

Données : couples $H^+_{(aq)} / H_{2(g)}$ et $O_{2(g)} / H_2O_{(l)}$.

Exercice 8 *niveau 3*

Corrigés p. 330

Les piles bouton à oxyde d'argent sont destinées principalement à l'alimentation des montres et sont parfois présentes dans certaines calculatrices. On trouve dans une pile bouton :

– une électrode en oxyde d'argent mêlé à de la poudre de graphite ;

– un électrolyte qui est une solution de potasse (hydroxyde de potassium) ;

– une électrode constituée de zinc en poudre, en contact avec le couvercle métallique.

Certaines piles bouton contiennent de l'oxyde de mercure HgO à la place de l'oxyde d'argent et le mercure est hautement toxique. Il ne faut pas jeter les piles bouton mais les collecter. Elles seront ainsi recyclées et les matériaux les constituant seront revalorisés (le zinc par exemple est réutilisé pour faire des gouttières pluviales entre autres).

1. Celle pile est-elle du type saline ou alcaline ?

2. Lorsque la pile débite, la demi-équation de la réaction à l'une des électrode est la suivante :

$$Ag_2O_{(s)} + 2\ e^- + H_2O_{(aq)} \rightarrow 2\ Ag_{(s)} + 2\ OH^-_{(aq)}.$$

S'agit-il d'une oxydation ou d'une réduction ?

ENTRAÎNEMENT

3. Cette électrode constitue-t-elle la borne positive ou la borne négative de la pile ? Justifier.

4. Donner le couple oxydant/réducteur dont fait partie l'oxyde d'argent.

5. Se produit-il une oxydation ou une réduction à l'autre électrode ?

6. Le couple mis en jeu est $Zn(OH)_4^{2-}/Zn$. Écrire la demi-équation correspondante.

7. Écrire l'équation de la réaction de fonctionnement de cette pile.

Exercice 9 niveau 3

Corrigés p. 330

Une eau-forte est une gravure obtenue en dessinant à l'aide d'une pointe en métal sur une plaque de cuivre recouverte d'un vernis protecteur. La plaque est ensuite plongée dans une solution d'acide nitrique ($H^+_{(aq)} + NO_3^-{}_{(aq)}$) : les parties de cuivre non protégées par le vernis sont alors attaquées. L'équation chimique de la réaction modélisant la transformation est la suivante :

$$2\ NO_3^-{}_{(aq)} + 3\ Cu_{(s)} + 8\ H^+_{(aq)} \rightarrow 2\ NO_{(g)} + 3\ Cu^{2+}_{(aq)} + 4\ H_2O_{(l)}.$$

1. Cette transformation chimique est-elle une réaction d'oxydoréduction ?

2. Parmi les réactifs, identifier l'oxydant et le réducteur.

3. Écrire les couples oxydant/réducteur mis en jeu et les deux demi-équations correspondantes.

Exercice 10 niveau 3

Corrigés p. 331

Parmi les premières piles au lithium, on trouve les piles lithium-dioxyde de soufre. Ces piles ont été développées pour des utilisations militaires ; elles sont aujourd'hui abandonnées au profit de piles présentant moins de risques pour l'environnement. Une pile lithium-dioxyde de soufre comporte une anode de lithium métal, le plus léger des métaux, associée à une cathode liquide constituée d'une électrode de carbone poreux rempli d'une solution de dioxyde de soufre ($SO_{2(l)}$). L'électrolyte sans trace d'eau est un mélange organique (acétonitrile-bromure de lithium).

1. Écrire l'équation de la réaction ayant lieu à l'anode.

2. À la cathode, le dioxyde de soufre va donner l'ion dithionite $S_2O_4^{2-}$. Écrire l'équation de la réaction ayant lieu à la cathode.

3. Donner l'équation de fonctionnement de la pile.

4. Le dithionite de lithium ainsi formé précipite dans le poreux de carbone de la cathode. Écrire l'équation de la réaction chimique correspondant à la formation de ce précipité.

5. Identifier la borne négative de cette pile.

6. Le lithium est un métal alcalin. Donner le nom et le symbole de deux autres métaux alcalins.

7. Que se passe-t-il lorsqu'un métal alcalin est en contact avec de l'eau ?

Justifier le fait que l'électrolyte soit organique et pas aqueux.

Exercice 11 niveau 3

Corrigés p. 331

Les batteries au plomb sont encore très utilisées dans les véhicules automobiles car, robustes et bons marchés, elles sont capables de fournir un courant de grande intensité, utile pour le démarrage électrique des moteurs. Une batterie est constituée par l'association, en série, de plusieurs éléments d'accumulateurs au plomb.

Un élément d'accumulateur comprend deux électrodes : l'une est en plomb métal $Pb_{(s)}$, l'autre est recouverte de dioxyde de plomb $PbO_{2(s)}$. Elles sont immergées dans une solution aqueuse d'acide sulfurique.

Les deux couples oxydant/réducteur impliqués dans le fonctionnement de cet accumulateur sont $Pb^{2+}_{(aq)} / Pb_{(s)}$ et $PbO_{2(s)} / Pb^{2+}_{(aq)}$.

1. Écrire les demi-équations électroniques associées à ces deux couples.

Ci-dessous, l'accumulateur est schématisé lors de sa décharge, c'est-à-dire lorsque qu'il fonctionne comme un générateur et qu'il débite un courant.

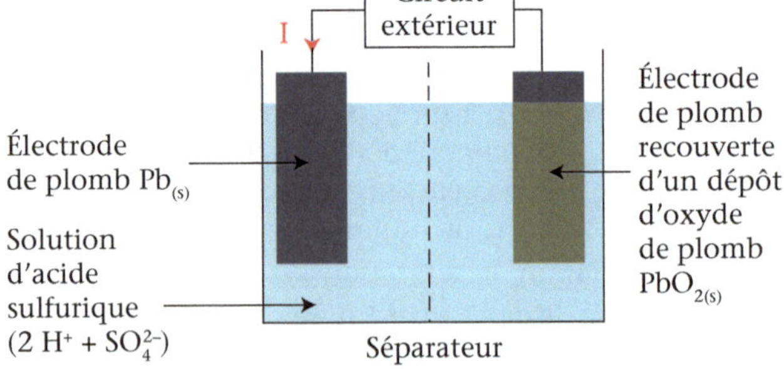

2. Indiquer sur ce schéma le sens de circulation des électrons ainsi que la polarité des deux électrodes.

3. L'oxyde de plomb est-il oxydé ou réduit ?

4. En déduire l'équation de la réaction chimique qui a lieu dans l'accumulateur pendant sa charge.

5. Pendant la décharge, la concentration en acide sulfurique diminue-t-elle ou augmente-t-elle ?

À la différence d'une pile, un accumulateur peut être rechargé en étant alimenté par un générateur.

Les réactions inverses de celle de la décharge se produisent alors aux pôles.

6. Donner l'équation de la réaction chimique qui a lieu dans l'accumulateur pendant sa charge.

7. Refaire un schéma de l'accumulateur en indiquant le sens du courant et le sens de déplacement des électrons lors de la charge. Indiquer sur le schéma la polarité du générateur.

8. Pourquoi ne faut-il pas jeter une batterie avec les ordures ménagères ?

QCM

1 **a.** et **c.** Les piles et les accumulateurs sont des générateurs électrochimiques. Les accumulateurs se distinguent des piles par le fait qu'ils sont électriquement rechargeables.

2 **b.** Lorsqu'une pile débite, elle convertit de l'énergie chimique en énergie électrique.

3 **b.** Dans le pont salin et dans les solutions, ce sont des ions qui se déplacent. Le mouvement des ions dans le pont salin est tel que les solutions restent électriquement neutre. Les électrons circulent dans les métaux.

4 **c.** Un acide est une espèce chimique susceptible de céder un proton H^+.

5 **a.** Le monoxyde d'azote NO est une espèce susceptible de céder 3 électrons, c'est un réducteur.

6 **a.** et **c.** Dans l'écriture Ox/Red d'un couple, l'oxydant est toujours noté avant le réducteur.

7 **b.** Une demi-équation obéit aux lois de conservation des éléments chimiques et de la charge électrique. Dans la première équation proposée, il n'y a pas conservation de l'élément O. Dans la dernière, il n'y a pas conservation de la charge électrique.

8 **a.** Le zinc perd deux électrons, il est oxydé. Les ions Pb^{2+} sont réduits.

9 **a.** et **c.** Une réaction d'oxydoréduction est un transfert d'un ou plusieurs électrons entre deux espèces chimiques différentes. Les couples mis en jeu sont Fe^{3+}/Fe^{2+}, Ce^{4+}/Ce^{3+}, H^+/H_2 et Fe^{2+}/Fe. L'équation **b.** correspond à la formation d'un précipité.

> **CONSEIL**
> Pour montrer qu'une réaction chimique est une réaction d'oxydoréduction, il suffit d'identifier l'un des couples oxydant/réducteur mis en jeu.

10 **a.** Les électrons se déplacent de la borne négative vers la borne positive, c'est-à-dire dans le sens inverse du courant. Des électrons arrivent à la borne positive, où se produit donc une réduction.

Exercice 1

1. $BrO_4^-{}_{(aq)} / BrO_3^-{}_{(aq)}$

2. $O_{2(g)} / H_2O_{(l)}$

3. $HOCl_{(aq)} / Cl_{2(g)}$

Exercice 2

• Demi-équation du couple Cr^{3+}/Cr : on place l'oxydant à gauche, le signe = puis le réducteur à droite. Trois électrons sont nécessaires pour assurer la conservation de la charge électrique.

$Cr^{3+}_{(aq)} + 3\ e^- = Cr_{(s)}$

CORRIGÉS

• Demi-équation du couple $Hg_2^{2+}{}_{(aq)}/Hg_{(l)}$:

$Hg_2^{2+}{}_{(aq)} + \ldots = 2\ Hg_{(l)}$.

On assure la conservation de la charge à l'aide d'électrons :

$$Hg_2^{2+}{}_{(aq)} + 2\ e^- = 2\ Hg_{(l)}.$$

> **CONSEIL**
> Vous devez commencer par assurer la conservation de l'élément Hg.

• Demi-équation du couple $SO_4^{2-}{}_{(aq)}/SO_{2(aq)}$: on place l'oxydant à gauche, le signe =, le réducteur à droite.

$SO_4^{2-}{}_{(aq)} + \ldots = SO_{2(aq)} + \ldots$

L'élément S étant conservé, on assure la conservation de l'élément O à l'aide de molécules d'eau (solvant) :

$$SO_4^{2-}{}_{(aq)} + \ldots = SO_{2(aq)} + 2\ H_2O_{(l)}.$$

On assure la conservation de l'élément H à l'aide d'ion hydrogène :

$$SO_4^{2-}{}_{(aq)} + 4\ H^+{}_{(aq)} + \ldots = SO_{2(aq)} + 2\ H_2O_{(l)}.$$

On assure enfin la conservation des charges à l'aide d'électrons :

$$SO_4^{2-}{}_{(aq)} + 4\ H^+{}_{(aq)} + 2\ e^- = SO_{2(aq)} + 2\ H_2O_{(l)}.$$

• Demi-équation du couple $C_2H_4O_{2(aq)}/C_2H_6O_{(aq)}$:

$$C_2H_4O_{2(aq)} + 4\ H^+{}_{(aq)} + 4\ e^- = C_2H_6O_{(aq)} + H_2O_{(l)}.$$

• Demi-équation du couple $IO_3^-{}_{(aq)}/I_{2(aq)}$:

$$2\ IO^-_{3(aq)} + 12\ H^+{}_{(aq)} + 10\ e^- = I_{2(aq)} + 6\ H_2O_{(l)}.$$

Exercice 3

1.

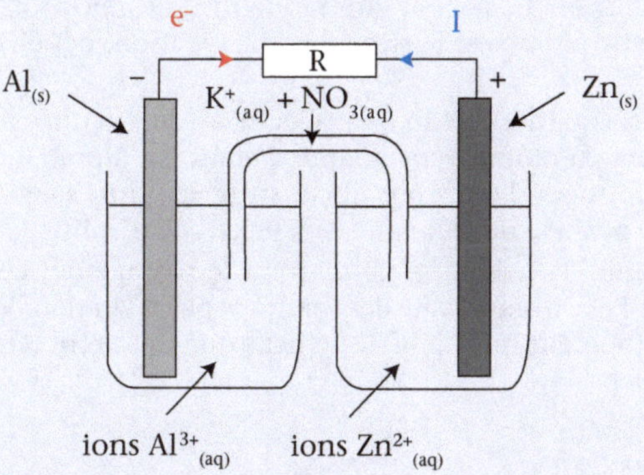

> **CONSEIL**
> Lisez bien l'énoncé : « L'électrode positive de cette pile est l'électrode de zinc. »

2. Les électrons qui arrivent à l'électrode de zinc permettent de transformer les ions Zn^{2+} en zinc métallique selon l'équation : $Zn^{2+}{}_{(aq)} + 2\ e^- \rightarrow Zn_{(s)}$. Il s'agit d'une réduction.

Les électrons qui partent de l'électrode d'aluminium sont libérés par l'oxydation de l'aluminium en ions aluminium selon l'équation : $Al_{(s)} \rightarrow Al^{3+}{}_{(aq)} + 3\ e^-$. Il s'agit d'une oxydation.

3. Équation de la réaction de fonctionnement de la pile :

$$2\ Al_{(s)} + 3\ Zn^{2+}_{(aq)} \rightarrow 2\ Al^{3+}_{(aq)} + 3\ Zn_{(s)}.$$

> **CONSEIL**
> Combinez les deux demi-équations redox en veillant à ce que les électrons n'apparaissent pas dans l'équation globale de la réaction.

4. Il y a consommation d'ions Zn^{2+}, donc $[Zn^{2+}_{(aq)}]$ diminue.
Il y a production d'ions Al^{3+}, donc $[Al^{3+}_{(aq)}]$ augmente.

5. Les ions du pont salin se déplacent afin de maintenir l'électroneutralité des solutions dans les béchers.

Dans la demi-pile qui s'enrichit en cations aluminium Al^{3+} (électrode négative), le pont salin apporte des anions NO_3^-. Dans la demi-pile qui s'appauvrit en cations Zn^{2+} (électrode positive), le pont salin apporte des cations K^+.

Exercice 4

1. Dans le compartiment 1, on observe la formation d'étain selon la demi-équation : $Sn^{2+}_{(aq)} + 2\ e^- \rightarrow Sn_{(s)}$.
Dans le compartiment 2, on observe donc l'oxydation du plomb selon la demi équation : $Pb_{(s)} \rightarrow Pb^{2+}_{(aq)} + 2\ e^-$.
Soit l'équation de réaction : $Sn^{2+}_{(aq)} + Pb_{(s)} \rightarrow Sn_{(s)} + Pb^{2+}_{(aq)}$.

2. L'électrode d'étain est le siège d'une réduction, des électrons sont captés. L'électrode de plomb est le siège d'une oxydation, des électrons sont libérés.

3. D'après les demi-équations redox, les électrons du circuit extérieur circulent de la lame de plomb vers la lame d'étain. Le plomb apparaît donc comme un donneur d'électrons, il constitue la borne négative de la pile. L'électrode positive de cette pile est l'électrode d'étain.

4. Le pont salin ferme le circuit en permettant le passage des charges. Il assure également l'électroneutralité des solutions par migration des ions durant le fonctionnement de la pile, il ne peut donc pas être remplacé par un fil électrique.

Exercice 5

1. Le zinc est oxydé, il perd des électrons selon la demi-équation :

$$Zn_{(s)} \rightarrow Zn^{2+}_{(aq)} + 2\ e^-.$$

2. $MnO_{2\,(s)} + H^+_{(aq)} + e^- \rightarrow MnO(OH)_{(s)}$.

3. Bilan :

$$Zn_{(s)} + 2\ MnO_{2\,(s)} + 2\ H^+_{(aq)} \rightarrow Zn^{2+}_{(aq)} + 2\ MnO(OH)_{(s)}.$$

4. À l'anode se produit une oxydation et à la cathode une réduction.
Par conséquent, l'anode est en zinc. À la cathode, le réactif est du dioxyde de manganèse MnO_2.

CONSEIL
Pour s'en rappeler, on peut remarquer que *anode* et *oxydation* commencent par une voyelle alors que *cathode* et *réduction* commencent par une consonne.

5. L'électrolyte est une solution gélifiée de chlorure d'ammonium $NH_4^+ + Cl^-$ et de chlorure de zinc $Zn^{2+} + 2\ Cl^-$.
6. Cette pile est dite « sèche » car elle ne contient pas de liquide mais un gel évitant à la pile de couler.
7. L'électrolyte de la paroi poreuse est un sel, pour cette raison, la pile est dite saline.

Exercice 6

1. La solution incolore ne contient plus d'ions cuivre Cu^{2+}.
2. Le dépôt rouge observé sur la lame de zinc est du cuivre solide.
3. L'équation de la réaction qui a lieu entre la lame de zinc et la solution de sulfate de cuivre s'écrit donc :

$$Zn_{(s)} + Cu^{2+}_{(aq)} \rightarrow Zn^{2+}_{(aq)} + Cu_{(s)}.$$

4. Les ions cuivre gagnent des électrons, ils sont réduits.
5. Les couples oxydant/réducteur mis en jeu sont Cu^{2+}/Cu et Zn^{2+}/Zn. Leurs demi-équations sont les suivantes :

$$Cu^{2+}_{(aq)} + 2\ e^- = Cu_{(s)} \quad \text{et} \quad Zn^{2+}_{(aq)} + 2\ e^- = Zn_{(s)}.$$

6. Déterminons la quantité initiale d'ions Cu^{2+} :

$$n_i(Cu^{2+}) = n_i(CuSO_4) = cV = 0{,}10 \times 0{,}050 = 5{,}0 \cdot 10^{-3}\ \text{mol}.$$

Établissons un tableau d'avancement :

	$Zn_{(s)}$ +	$Cu^{2+}_{(aq)}$ →	$Zn^{2+}_{(aq)}$ +	$Cu_{(s)}$
État initial (mol)	$n_i(Zn)$	$5{,}0 \cdot 10^{-3}$	0	0
En cours de transformation (mol)	$n_i(Zn) - x$	$5{,}0 \cdot 10^{-3} - x$	x	x
État final (mol)	$n_i(Zn) - x_{max}$	$5{,}0 \cdot 10^{-3} - x_{max}$	x_{max}	x_{max}

Les ions cuivre sont réactif limitant, donc $x_{max} = 5{,}0 \cdot 10^{-3}$ mol.
La quantité de matière de zinc ayant réagi est x_{max}, soit $5{,}0 \cdot 10^{-3}$ mol.
Ce qui correspond à une masse de zinc qui a été oxydé :

$$m_1 = x_{max} \times M(Zn) = 5{,}0 \cdot 10^{-3} \times 65{,}4 = \mathbf{0{,}33\ g.}$$

7. La quantité de matière de cuivre formé est $n(Cu) = x_{max} = 5{,}0 \cdot 10^{-3}$ mol.
Ce qui correspond à une masse de cuivre :

$$m_2 = n(Cu) \times M(Cu) = 5{,}0 \cdot 10^{-3} \times 63{,}5 = \mathbf{0{,}31\ g.}$$

Exercice 7

1. À l'anode se produit l'oxydation du dihydrogène :

$$H_{2(g)} \rightarrow 2\ H^{+}_{(aq)} + 2\ e^{-}.$$

À la cathode se produit la réduction du dioxygène :

$$O_{2(g)} + 4\ H^{+}_{(aq)} + 4\ e^{-} \rightarrow 2\ H_2O_{(l)}.$$

L'équation de fonctionnement de la pile s'écrit alors :

$$O_{2(g)} + 2\ H_{2(g)} \rightarrow 2\ H_2O_{(l)}.$$

2. Un véhicule fonctionnant avec une telle pile est silencieux et non polluant, puisque le seul produit de la réaction est de l'eau. La pile est inusable, elle continue à fonctionner tant qu'elle est approvisionnée en réactifs. Néanmoins, la présence de platine rend ces piles coûteuses et la nécessité de stocker le dihydrogène peut être un problème.

Exercice 8

1. L'électrolyte est une solution aqueuse de potasse (hydroxyde de potassium). Le potassium est un métal alcalin, une solution aqueuse d'hydroxyde de potassium est très basique : il s'agit d'une pile alcaline.

2. Il s'agit d'une réduction car il y a eu gain d'électrons.

3. Les électrons arrivent à cette électrode pour être consommés : cette électrode constitue la borne positive de la pile.

4. L'oxydant est l'espèce chimique qui capte les électrons, ici Ag_2O. Le couple oxydant/réducteur est Ag_2O / Ag.

5. Il se produit une oxydation à l'autre électrode.

6. $Zn_{(s)} + 4\ OH^{-}_{(aq)} \rightarrow Zn(OH)^{2-}_{4\ (aq)} + 2\ e^{-}.$

> **ATTENTION**
> Cette pile contient une solution aqueuse concentrée de potasse ($K^{+} + OH^{-}$) : il ne faut pas faire intervenir les ions $H^{+}_{(aq)}$ pour ajuster la demi-équation, mais les ions hydroxydes $OH^{-}_{(aq)}$.

7. On en déduit l'équation de la réaction de fonctionnement de cette pile :

$$Zn_{(s)} + 2\ OH^{-}_{(aq)} + Ag_2O_{(s)} + H_2O_{(aq)} \rightarrow 2\ Ag_{(s)} + Zn(OH)^{2-}_{4\ (aq)}.$$

Exercice 9

1. Le cuivre est l'un des réactifs. Lors de la transformation chimique, les atomes de cuivre perdent deux électrons et se transforment en ions cuivre $Cu^{2+}_{(aq)}$. Cette transformation chimique met en jeu le couple Cu^{2+} / Cu : c'est une réaction d'oxydoréduction.

2. Le cuivre perd deux électrons : c'est le réducteur. L'oxydant est l'ion nitrate NO_3^-.
3. L'un des couples en jeu est $NO_3^-{}_{(aq)} / NO_{(g)}$ de demi-équation :

$NO_3^-{}_{(aq)} + 3\ e^- + 4\ H^+{}_{(aq)} = NO_{(g)} + 2\ H_2O_{(l)}$.

L'autre couple est $Cu^{2+}{}_{(aq)} / Cu_{(s)}$ de demi-équation : $Cu^{2+}{}_{(aq)} + 2\ e^- = Cu_{(s)}$.

ATTENTION
L'ion $H^+{}_{(aq)}$ n'a pas ici le rôle d'un oxydant puisqu'on ne retrouve pas parmi les produits de la réaction son réducteur conjugué le dihydrogène $H_{2(g)}$.

Exercice 10

1. À l'anode se produit l'oxydation du lithium : $Li_{(s)} \rightarrow Li^+{}_{(aq)} + e^-$.

2. À la cathode : $2\ SO_{2(l)} + 2\ e^- \rightarrow S_2O_4^{2-}{}_{(aq)}$.

3. On en déduit l'équation de fonctionnement de la pile :

$$2\ Li_{(s)} + 2\ SO_{2(l)} \rightarrow 2\ Li^+{}_{(aq)} + S_2O_4^{2-}{}_{(aq)}.$$

4. Un précipité de dithionite de lithium se forme selon l'équation :

$$2\ Li^+{}_{(aq)} + S_2O_4^{2-}{}_{(aq)} \rightarrow Li_2S_2O_{4(s)}.$$

5. L'anode de lithium est la borne négative de la pile.

6. Les métaux alcalins constituent la première colonne de la classification périodique : lithium Li, sodium Na, potassium K.

CONSEIL
Utilisez la classification périodique page 382

7. Les métaux alcalins sont connus pour leur réaction violente avec l'eau, ce qui nécessite l'utilisation d'un électrolyte non aqueux.

Exercice 11

1. Les demi-équations électroniques associées à ces deux couples sont :
$PbO_{2(s)} + 2\ e^- + 4\ H^+{}_{(aq)} = Pb^{2+}{}_{(aq)} + 2\ H_2O_{(l)}$;
$Pb^{2+}{}_{(aq)} + 2\ e^- = Pb_{(s)}$.

2. Les électrons circulent de la lame de plomb vers la lame recouverte d'oxyde de plomb. L'électrode de plomb constitue la borne négative de la pile.

3. L'oxyde de plomb reçoit des électrons du circuit extérieur, il est réduit.

4. L'équation correspondant à la réduction de l'oxyde de plomb est la suivante :

$$PbO_{2(s)} + 2\ e^- + 4\ H^+{}_{(aq)} \rightarrow Pb^{2+}{}_{(aq)} + 2\ H_2O_{(l)}.$$

À l'autre électrode, des électrons sont libérés par l'oxydation du plomb selon l'équation :

$$Pb_{(s)} \rightarrow Pb^{2+}{}_{(aq)} + 2\ e^-.$$

L'équation de la réaction chimique qui a lieu dans l'accumulateur pendant sa charge est :

$$PbO_{2(s)} + 4\,H^+_{(aq)} + Pb_{(s)} \rightarrow 2\,Pb^{2+}_{(aq)} + 2\,H_2O_{(l)}.$$

5. Pendant la décharge, des ions H^+ sont consommés, la concentration en acide sulfurique décroît.

6. Il s'agit de la réaction inverse :

$$2\,Pb^{2+}_{(aq)} + 2\,H_2O_{(l)} \rightarrow PbO_{2(s)} + 4\,H^+_{(aq)} + Pb_{(s)}.$$

7.

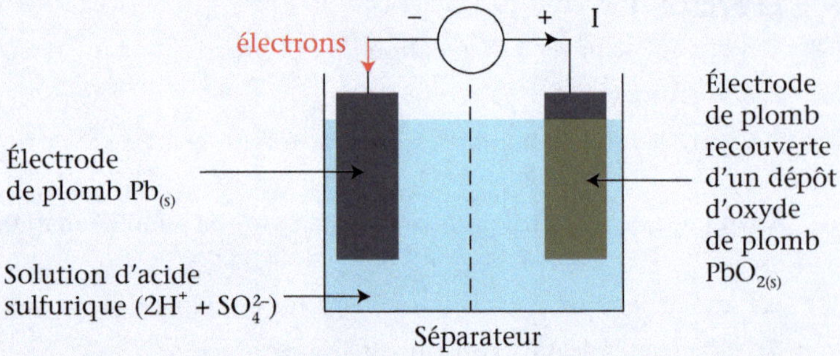

8. Les accumulateurs au plomb sont classés déchets dangereux. Le plomb est l'un des métaux les plus toxiques. Il est la cause d'intoxications aiguës ou chroniques (saturnisme).

19 Synthétiser des molécules organiques

1 Alcools, composés carbonylés et acides carboxyliques

■ Les propriétés chimiques d'une molécule organique portant un groupe caractéristique sont liées à la présence de ce groupe caractéristique.

■ Les composés organiques possédant le même groupe caractéristique appartiennent à la même famille.

a. Alcools

■ Un alcool est un composé organique dans lequel un groupe **hydroxyle** –OH est fixé sur un atome de carbone tétragonal (voir chapitre 12).

b. Aldéhydes et cétones

■ Les aldéhydes et les cétones possèdent un groupe caractéristique **carbonyle** >C = O. Ils sont appelés **composés carbonylés.**

■ Un composé carbonylé dont l'atome de carbone fonctionnel est lié à au moins un atome d'hydrogène est un **aldéhyde** dont la formule générale est donnée ci-contre.

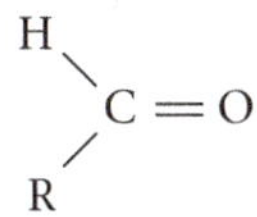

■ Un composé carbonylé dont l'atome de carbone fonctionnel n'est lié qu'à des atomes de carbone est une **cétone** dont la formule générale est donnée ci-contre.

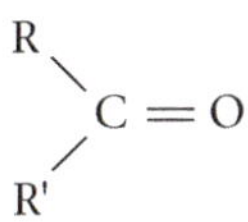

> **À NOTER**
> Les symboles R ou R' représentent des chaînes carbonées.

c. Acides carboxyliques

■ Les acides carboxyliques possèdent un **groupe carboxyle** :

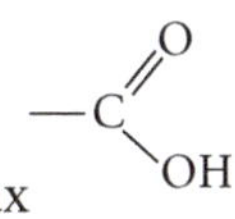

■ La solubilité des acides carboxyliques dans l'eau est due aux **liaisons hydrogène** qui peuvent s'établir entre le groupe carboxyle et les molécules d'eau. Les acides carboxyliques de petite taille (de 1 à 4 atomes de carbone) sont solubles dans l'eau en toutes proportions. Cependant, lorsque leur chaîne carbonée (hydrophobe) s'allonge, leur solubilité dans l'eau diminue.

■ Les solutions aqueuses d'acides carboxyliques présentent un caractère **acide**, que l'on peut mettre en évidence avec un **pH-mètre**, un **indicateur coloré** (bleu de bromothymol) ou du **papier pH**. Dans l'eau, les acides carboxyliques se dissocient partiellement en ion carboxylate et des ions hydrogène $H^+_{(aq)}$ se forment selon l'équation :

$$R{-}COOH_{(aq)} \rightarrow R{-}COO^-_{(aq)} + H^+_{(aq)}.$$

■ Le nom d'un acide carboxylique s'obtient à partir de l'alcane possédant la même chaîne carbonée, en remplaçant le *-e* final par le préfixe *-oïque*. L'adjectif ainsi obtenu est précédé du mot *acide*.

Exemple : L'acide butanoïque :

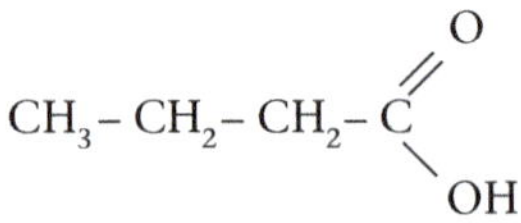

À NOTER

Les acides portent souvent des noms usuels différents de la nomenclature officielle qui reflète leur origine naturelle. L'acide butanoïque est souvent appelé acide butyrique car il est responsable de l'odeur rance du beurre.

2 Réactions d'oxydation ménagée

a. Classe d'un alcool

■ Dans un **alcool primaire**, l'atome de carbone fonctionnel n'est lié qu'à un seul atome de carbone.

Exemple : L'éthanol : $CH_3{-}CH_2{-}OH$

■ Dans un **alcool secondaire**, l'atome de carbone fonctionnel est lié à deux atomes de carbone.

Exemple : Le propan-2-ol :

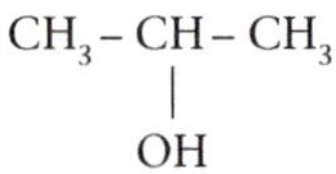

■ Dans un **alcool tertiaire**, l'atome de carbone fonctionnel est lié à trois atomes de carbone.

Exemple : Le méthylpropan-2-ol (ou 2-méthylpropan-2-ol) :

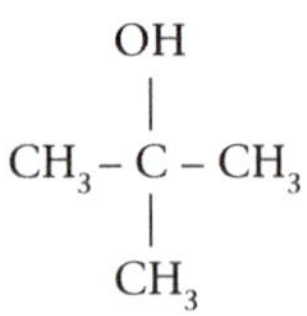

b. Oxydation ménagée d'un alcool

■ Une **oxydation ménagée** est une oxydation ne modifiant pas le squelette carboné de l'alcool de départ.

■ L'oxydation ménagée d'un alcool primaire $R-CH_2-OH$ conduit à un aldéhyde $R-CH=O$ dans le cas où l'oxydant est en défaut.
Le couple oxydant/réducteur intervenant dans cette réaction est $R-CH=O / R-CH_2-OH$.

> **À NOTER**
> Une oxydation ménagée ne modifie que le groupe hydroxyle. Il existe des oxydations qui brisent la chaîne carbonée, ce sont les combustions.

■ Lorsque l'oxydant est en excès, l'aldéhyde s'oxyde lui-même en acide carboxylique R-COOH.
Le couple oxydant/réducteur intervenant dans cette réaction est $R-COOH / R-CH=O$.

■ L'oxydation ménagée d'un alcool secondaire $R-CHOH-R'$ conduit à une cétone $R-CO-R'$.
Le couple oxydant/réducteur intervenant dans cette réaction est $R-CO-R' / R-CHOH-R'$.

> **ATTENTION**
> Un alcool tertiaire ne s'oxyde pas de façon ménagée.

c. Tests caractéristiques

■ Quelques gouttes d'un composé carbonylé ajoutées à une solution de **2,4-DNPH** (2,4-dinitrophénylhydrazine) conduit à la formation d'un **précipité jaune orangé**.

> **À NOTER**
> Ce test ne permet pas de distinguer un aldéhyde ou une cétone.

■ Les aldéhydes s'oxydent facilement, ce qui n'est pas le cas des cétones. Cette propriété est exploitée dans les tests suivants qui permettent d'identifier aldéhydes et cétones :

– précipité rouge brique avec la liqueur de Fehling à chaud ;

– formation d'un miroir d'argent en présence du réactif de Tollens.

d. Rendement d'une synthèse

■ Le rendement d'une synthèse, noté η, est le rapport entre la quantité de matière n_{exp} de produit obtenu expérimentalement et la quantité de matière maximale n_{max} de produit attendu.

$$\eta = \frac{n_{exp}}{n_{max}}.$$

Un rendement est une grandeur sans unité, il est inférieur ou égal à 1.

1 Identifier des composés oxygénés

Énoncé

Déterminer à quelle famille chimique appartiennent les composés oxygénés suivants, et les nommer.

A

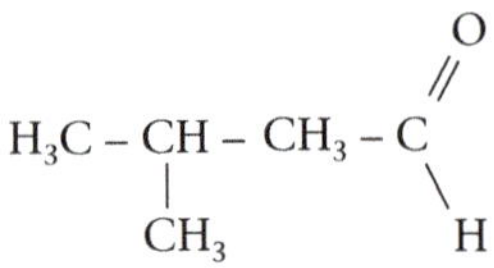

B

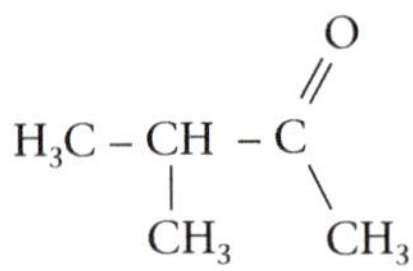

C

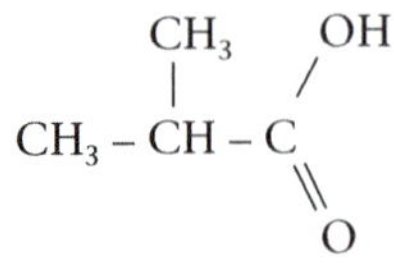

Savoir-faire

- Repérer et identifier le groupe caractéristique.
- Dans le cas d'un composé carbonylé, on considère les atomes liés à l'atome de carbone fonctionnel pour distinguer aldéhyde et cétone.
- Rechercher la chaîne carbonée la plus longue comportant l'atome de carbone fonctionnel.
- Numéroter la chaîne afin que l'atome de carbone fonctionnel ait le numéro le plus petit possible.
- Repérer la position des groupes méthyles portés par la chaîne carbonée.
- Rechercher le nom de l'alcane dont dérive le composé oxygéné.

Corrigé détaillé

- A possède un groupe carbonyle. Comme l'atome de carbone fonctionnel est lié à un atome de carbone et à un atome d'hydrogène, il s'agit d'un aldéhyde. Cet aldéhyde dérive du butane. Sa chaîne est numérotée de gauche à droite : A est le 3-méthylbutanal.

> **À NOTER**
> Les cétones portent des noms féminins, les aldéhydes portent des noms masculins.

- B possède un groupe carbonyle. Comme l'atome de carbone fonctionnel est lié à deux atomes de carbone, il s'agit d'une cétone. La chaîne carbonée la plus longue possède 4 atomes de carbone. On numérote les atomes de carbone de cette chaîne : l'atome de carbone fonctionnel a le numéro 2, le groupe méthyle est en position 3. B est la 3-méthylbutan-2-one.

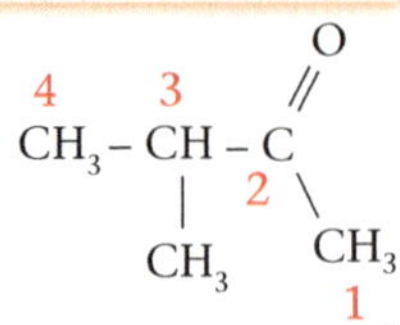

■ C est un acide carboxylique, dont la chaîne la plus longue est constituée de 3 atomes de carbone. La numérotation débute sur l'atome de carbone fonctionnel. Il s'agit de l'acide 2-méthylpropanoïque.

2 Déterminer le rendement d'une synthèse

Énoncé

On réalise l'oxydation d'un volume V_0 = 10 mL de propan-1-ol ($CH_3-CH_2-CH_2-OH$) par une solution acidifiée de permanganate de potassium de concentration c = 0,50 mol·L^{-1} et de volume V = 120 mL. Le propanal est distillé au fur et à mesure de sa formation. À la fin de la synthèse, on récupère une masse m = 6,2 g de propanal.

Déterminer le rendement de cette synthèse.

Données : masse volumique du propan-1-ol : ρ = 0,80 g·mL^{-1}.

Masses molaires : M(C) = 12 g·mol^{-1} ; M(O) = 16 g·mol^{-1} ; M(H) = 1,0 g·mol^{-1}.

Savoir-faire

- Écrire l'équation de la réaction d'oxydation du propan-1-ol en propanal par l'ion permanganate.
- Utiliser un tableau d'avancement pour déterminer le réactif limitant.
- Déterminer la quantité maximale n_{max} de propanal attendue.
- À l'aide de la valeur de m, calculer la quantité de propanal n_{exp} réellement obtenue.

Corrigé détaillé

■ Les couples oxydant / réducteur sont :

$$MnO_4^-{}_{(aq)} / Mn^{2+}{}_{(aq)} \quad \text{et} \quad CH_3-CH_2-CHO_{(aq)} / CH_3-CH_2-CH_2-OH_{(aq)}.$$

■ Les demi-équations d'oxydo-réduction sont :

$$MnO_4^-{}_{(aq)} + 8\,H^+{}_{(aq)} + 5\,e^- = Mn^{2+}{}_{(aq)} + 4\,H_2O_{(l)} \qquad (\times 2)$$

$$CH_3-CH_2-CH_2-OH_{(aq)} = CH_3-CH_2-CHO_{(aq)} + 2\,e^- + 2\,H^+{}_{(aq)} \qquad (\times 5)$$

D'où l'équation :

$$2\,MnO_4^-{}_{(aq)} + 16\,H^+{}_{(aq)} + 5\,CH_3-CH_2-CH_2-OH_{(aq)} \rightarrow$$
$$2\,Mn^{2+}{}_{(aq)} + 8\,H_2O_{(l)} + 5\,CH_3-CH_2-CHO_{(aq)} + 10\,H^+{}_{(aq)}.$$

Soit en simplifiant :

$$2\,MnO_4{}^-{}_{(aq)} + 6\,H^+{}_{(aq)} + 5\,CH_3{-}CH_2{-}CH_2{-}OH_{(aq)} \rightarrow 2\,Mn^{2+}{}_{(aq)} + 8\,H_2O_{(l)} + 5\,CH_3{-}CH_2{-}CHO_{(aq)}.$$

Calculons les quantités de matière initiales de propan-1-ol et d'ions permanganate :

$n_i(MnO_4{}^-) = cV = 0{,}50 \times 0{,}120 = 6{,}0\cdot10^{-2}$ mol ;

$$n_i(CH_3{-}CH_2{-}CH_2{-}OH) = \frac{m_{\text{propan-1-ol}}}{M_{\text{propan-1-ol}}} = \frac{\rho V_0}{M_{\text{propan-1-ol}}} = \frac{0{,}80 \times 10}{(3 \times 12 + 8 + 16)} = \frac{8{,}0}{60} = 0{,}13 \text{ mol.}$$

	$2\,MnO_4{}^-{}_{(aq)}$ +	$5\,CH_3\text{-}CH_2\text{-}CH_2\text{-}OH_{(aq)}$ +	$6\,H^+{}_{(aq)}$ →	$2\,Mn^{2+}{}_{(aq)}$ +	$5\,CH_3\text{-}CH_2\text{-}CHO_{(aq)}$ +	$8\,H_2O_{(l)}$
État initial (mol)	$6{,}0\cdot10^{-2}$	0,13	excès	0	0	solvant
En cours de transformation (mol)	$6{,}0\cdot10^{-2} - 2x$	$0{,}13 - 5x$	excès	$2x$	$5x$	solvant
État final (mol)	$6{,}0\cdot10^{-2} - 2x_{max}$	$0{,}13 - 5x_{max}$	excès	$2x_{max}$	$5x_{max}$	solvant

■ Recherchons le réactif limitant.

Si $MnO_4{}^-$ est le réactif limitant :
$6{,}0\cdot10^{-2} - 2x_{max} = 0$, soit $x_{max} = 3{,}0\cdot10^{-2}$ mol.

Si $CH_3{-}CH_2{-}CH_2{-}OH$ est le réactif limitant :
$0{,}13 - 5x_{max} = 0$, soit $x_{max} = 2{,}6\cdot10^{-2}$ mol.

Le propan-1-ol est le réactif limitant et $x_{max} = 2{,}6\cdot10^{-2}$ mol.

À NOTER
Il est nécessaire de distiller le propanal dès qu'il se forme pour éviter qu'il ne soit oxydé à son tour en acide propanoïque par les ions permanganate.

La quantité de propanal attendu est $n_{max} = 5x_{max} = 0{,}13$ mol.

La quantité de propanal obtenue expérimentalement est :

$$n_{exp} = \frac{m}{M_{\text{propanal}}} = \frac{6{,}2}{(3 \times 12 + 6 + 16)} = \frac{6{,}2}{58} = 0{,}11 \text{ mol.}$$

Soit un rendement $\eta = \dfrac{n_{exp}}{n_{max}} = \dfrac{0{,}11}{0{,}13} = 0{,}85$ ou 85 %.

10 qcm pour réviser le cours

Corrigés p. 345

1 **Le composé** $CH_3-CH_2-CH_2-C(=O)-H$ **appartient à la famille des :**

❑ **a.** aldéhydes. ❑ **b.** cétones.
❑ **c.** acides carboxyliques.

2 **Le nom officiel de la molécule dont la formule semi-développée est représentée ci-dessus est :**

❑ **a.** le butanal. ❑ **b.** le butanol.
❑ **c.** le butanone.

3 **Le groupe caractéristique présent dans la molécule de 2-méthylbutan-2-ol dont le modèle moléculaire est donné ci-contre est :**

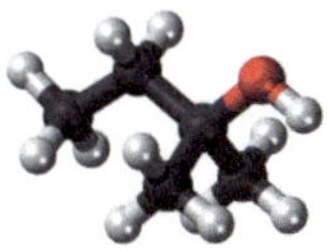

❑ **a.** le groupe carboxyle.
❑ **b.** le groupe hydroxyde.
❑ **c.** le groupe hydroxyle.

4 **Le 2-méthylbutan-2-ol est un alcool :**

❑ **a.** primaire. ❑ **b.** secondaire.
❑ **c.** tertiaire.

5 **L'acide éthanoïque** CH_3-CO_2H **est plus soluble dans l'eau que l'acide :**

❑ **a.** benzoïque $C_6H_5-CO_2H$.
❑ **b.** butanoïque $C_3H_7-CO_2H$.
❑ **c.** méthanoïque HCO_2H.

6 **Une molécule donne un test positif avec une solution de 2,4 DNPH. Cette molécule appartient à la famille des :**

❑ **a.** composés carbonylés.
❑ **b.** alcools.
❑ **c.** acides carboxyliques.

7 **Un aldéhyde réagit avec :**

❑ **a.** la liqueur de Fehling.
❑ **b.** le réactif de Tollens.
❑ **c.** la 2,4 DNPH.

8 **L'oxydation ménagée du propan-2-ol en milieu acide donne :**

❑ **a.** du propanal.
❑ **b.** de la propanone.
❑ **c.** n'est pas possible.

9 **Reconnaître le (les) acides carboxylique(s) parmi les composés suivants.**

❑ **a.** $CH_3-C(=O)-CH_2-CH_3$

❑ **b.** $HO-C(=O)-CH_2-CH_3$

❑ **c.** $H-C(=O)-CH_2-CH_2-CH_3$

10 **La formule topologique de l'acide benzoïque est donnée ci-contre. L'aldéhyde, qui une fois oxydé donne l'acide benzoïque, est :**

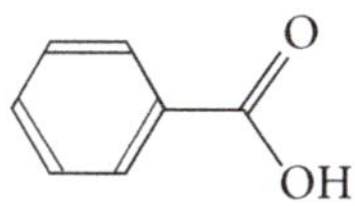

❑ **a.**

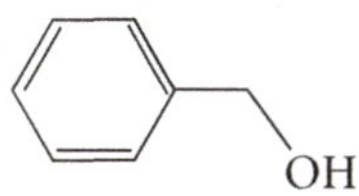

❑ **b.**

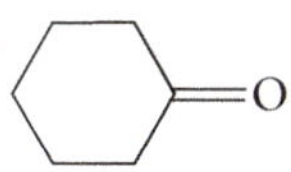

❑ **c.**

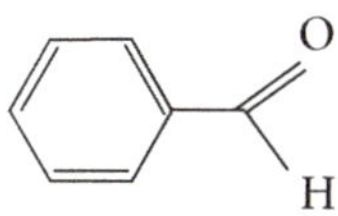

Exercices

Exercice 1 niveau 1

Corrigés p. 345

Écrire la formule semi-développée des composés suivants.

1. 3,3-diméthylbutan-2-one.
2. méthylpropanal.
3. acide 3-méthylpentanoïque.
4. cyclopentanone.

Exercice 2 niveau 1

Corrigés p. 346

1. Indiquer la classe et le nom de chacun des alcools suivants.

a. 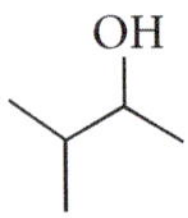

b. 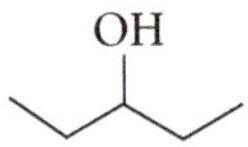

c. 

d. 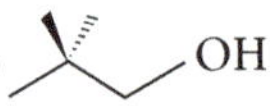

e. 

2. Quel est le point commun entre tous ces alcools ?

Exercice 3 niveau 1

Corrigés p. 346

Donner le nom du groupe caractéristique présent, la famille correspondante et le nom des molécules suivantes.

1. $CH_3-\underset{\underset{O}{||}}{C}-CH_3$

2. $CH_3-\underset{\underset{H}{|}}{C}=O$

3. $CH_3-CH_2-\underset{\underset{CH_3}{|}}{CH}-\underset{\underset{OH}{|}}{C}=O$

Exercice 4 niveau 1

Corrigés p. 347

Donner toutes les formules semi-développées de cétones de formule brute $C_5H_{10}O$.

Exercice 5 niveau 1

Corrigés p. 347

1. Donner toutes les formules semi-développées et le nom de tous les aldéhydes de formule brute C_4H_8O.
2. Donner la formule semi-développée et le nom des alcools qui, par oxydation ménagée, permettent d'obtenir les aldéhydes précédents.
3. Déterminer la classe des alcools précédents.

Exercice 6 niveau 2

Corrigés p. 348

On dispose d'un alcool à chaîne carbonée linéaire de formule brute $C_4H_{10}O$. Afin de l'identifier, on réalise deux expériences.

Expérience 1 : on introduit dans un tube à essai 1 mL de cet alcool et on ajoute quelques gouttes d'une solution acidifiée de permanganate de potassium. La coloration violette du permanganate disparaît. La phase organique obtenue est traité à la 2,4-DNPH : un précipité jaune se forme.

Expérience 2 : on introduit dans un tube à essai contenant 1 mL de l'alcool de départ un excès de solution de permanganate de potassium, jusqu'à ce que la coloration violette persiste.

La phase organique obtenue ne donne cette fois aucun précipité avec la 2,4-DNPH.

Quelle est la classe de cet alcool ? L'identifier et donner sa formule topologique.

Exercice 7 niveau 2

Corrigés p. 348

L'étiquette d'un flacon contenant un composé carbonylé A est partiellement déchirée : la seule information encore lisible est sa masse molaire : $M = 58\ g \cdot mol^{-1}$.

1. Donner la formule générale d'un composé carbonylé.

2. Déterminer la formule brute du composé A.

3. Le chauffage d'un mélange de liqueur de Fehling et de ce composé donne un précipité rouge brique.
Identifier A en donnant son nom et sa formule topologique.

Exercice 8 niveau 3

Corrigés p. 348

En milieu acide, l'éthanol est oxydé en acide éthanoïque par un excès de dichromate de potassium ($2\ K^+_{(aq)} + Cr_2O_{7\ (aq)}^{2-}$).

1. Représenter les formules semi-développées de l'éthanol et de l'acide éthanoïque.

2. Écrire les demi-équations des couples acide éthanoïque / éthanol et $Cr_2O_{7\ (aq)}^{2-} / Cr^{3+}_{(aq)}$ en milieu acide.

3. En déduire l'équation de la réaction d'oxydoréduction de l'éthanol par l'ion dichromate en milieu acide.

Exercice 9 (niveau 3)

Corrigés p. 349

La menthone est un constituant de certaines espèces de menthe. Son odeur et sa saveur en font un arôme très utilisé dans les produits alimentaires. La menthone est préparée par oxydation ménagée du menthol par l'ion permanganate en milieu acide.

On introduit une masse m = 4,7 g de menthol dans un ballon de 100 mL, on ajoute un volume V = 30 mL d'une solution aqueuse de permanganate de potassium de concentration $c = 0{,}50\ mol{\cdot}L^{-1}$, quelques gouttes d'acide sulfurique concentré, quelques grains de pierre ponce. On chauffe à reflux pendant une vingtaine de minutes. On laisse refroidir le mélange réactionnel.

1. Dessiner un montage à reflux en précisant le rôle de chacun des éléments du montage.

2. À quelle famille appartient le menthol ?

3. Quelle est la formule semi-développée de la menthone ?

À quelle famille appartient-elle ?

4. Écrire les deux demi-équations d'oxydoréduction des couples MnO_4^-/Mn^{2+} et menthone/menthol.

5. En déduire l'équation de la réaction d'oxydation du menthol par les ions permanganate.

6. Y-a-t-il un réactif en excès ? Si oui, lequel ?

7. Déterminer la masse théorique de menthone m_{th} que l'on peut obtenir.

8. Proposer un test qui permettrait de mettre en évidence la menthone obtenue.

9. Après purification et séchage, on obtient m_{exp} = 3,4 g de menthone. Calculer le rendement de la synthèse.

Pour quelles raisons ce rendement est-il inférieur à 1 ?

Données : formule semi-développée du menthol :

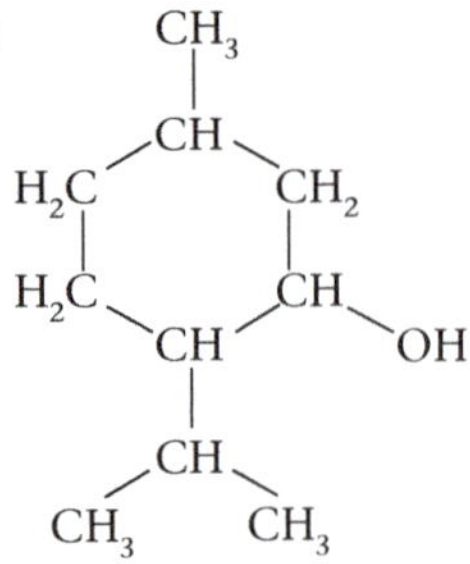

Masses molaires :
M(menthol) = 156,2 g·mol⁻¹ ; M(menthone) = 154,2 g·mol⁻¹.

Exercice 10 niveau 3

Corrigés p. 351

Le benzaldéhyde est un liquide incolore à l'odeur d'amande amère (il est utilisé comme arôme dans la frangipane). Laissé à l'air libre, le benzaldéhyde $C_7H_6O_{(l)}$ s'oxyde et des cristaux blancs d'acide benzoïque $C_7H_6O_{2(s)}$ apparaissent.

1. Justifier que le benzaldéhyde et l'acide benzoïque forment un couple oxydant / réducteur. Le benzaldéhyde est-il un oxydant ou un réducteur ?

2. Le réactif qui provoque l'oxydation du benzaldéhyde est le dioxygène appartenant au couple O_2 / H_2O. Écrire la demi-équation de ce couple.

3. En déduire l'équation de la réaction d'oxydation du benzaldéhyde.

Exercice 11 niveau 3

Corrigés p. 351

Connu essentiellement pour son odeur très caractéristique que l'on retrouve dans un certain nombre de pommades (douleurs rhumatismales, douleurs musculaires), le camphre est aussi utilisé comme plastifiant dans des laques ou des vernis.

Le camphre est un produit naturel qui peut être extrait du camphrier, mais il peut aussi être préparé par oxydation du bornéol.

La réaction effectuée est la suivante :

$$3 \text{ Bornéol} + 2\ CrO_{3(aq)} + 6\ H^+_{(aq)} \rightarrow 3 \text{ Camphre} + 2\ Cr^{3+}_{(aq)} + 6\ H_2O_{(l)}$$

Dans un erlenmeyer contenant un barreau aimanté, on introduit une masse m = 6,0 g de bornéol et 10 mL de propanone (acétone).

On ajoute avec précaution 10 mL de réactif de Jones (solution fortement acidifiée de trioxyde de chrome CrO_3 de concentration c = 1,0 mol·L^{-1}).

On laisse sous agitation à température du laboratoire pendant 30 min. On ajoute alors goutte à goutte 100 mL d'eau glacée : un précipité de camphre se forme, que l'on filtre sur Büchner. Les cristaux sont récupérés et purifiés.

1. Le camphre est une molécule polaire.

Quelle est le groupe caractéristique responsable de la polarité de la molécule de camphre ?

2. Déterminer la formule brute du bornéol et du camphre.

3. Montrer que le camphre et le bornéol forment un couple oxydant / réducteur.

4. Montrer, à l'aide d'un tableau d'avancement, que le bornéol est en excès.

5. Quelle masse m' de camphre peut-on théoriquement obtenir ?

6. Sachant que le rendement de cette synthèse est de 70 %, calculer la masse m'' de camphre obtenue.

Donnée : masses molaires :

M(camphre) = 152 $g \cdot mol^{-1}$;

M(bornéol) = 154 $g \cdot mol^{-1}$.

Exercice 12 niveau 3

Corrigés p. 352

Dans un tube à essai contenant 5 mL d'eau distillée, on ajoute 1 mL d'acide propanoïque. On obtient alors une solution homogène.

1. Écrire la formule semi-développée de l'acide propanoïque.

2. L'acide propanoïque est-il soluble ou insoluble dans l'eau ?

Quelles interactions une molécule d'acide benzoïque établit-elle avec les molécules d'eau ?

3. La solution obtenue est acide.

Proposer un test permettant de le vérifier expérimentalement.

4. Justifier le caractère acide de cette solution.

On réalise la même expérience en utilisant de l'acide pentanoïque à la place de l'acide propanoïque.

On obtient cette fois une solution hétérogène, constituée de deux phases.

5. L'acide pentanoïque constitue-t-il la phase inférieure ou la phase supérieure ?

6. Justifier le fait que l'acide pentanoïque soit moins soluble dans l'eau que l'acide propanoïque.

7. Quels facteurs pourrait-on faire varier pour augmenter la solubilité dans l'eau de l'acide pentanoïque ?

Donnée : densité de l'acide pentanoïque : 0,893.

QCM

1 **a.** Il s'agit d'un composé carbonylé et l'atome de carbone fonctionnel est lié à un atome d'hydrogène.

2 **a.** Dans le cas d'un aldéhyde, on remplace le *-e* final du nom de l'alcane correspondant par le suffixe *-al*.

3 **c.** Le groupe OH est le groupe hydroxyle, l'ion OH^- est l'ion hydroxyde.

4 **c.** L'atome de carbone fonctionnel (celui qui est lié au groupe hydroxyle OH) est lié à trois atomes de carbone.

5 **a.** et **b.** La solubilité des acides carboxyliques diminue lorsque la taille du groupe hydrocarboné augmente.

6 **a.** L'introduction de quelques gouttes d'un composé carbonylé dans une solution de 2,4-DNPH provoque l'apparition d'un précipité jaune orangé.

7 **a.**, **b.** et **c.** Les cétones comme les aldéhydes donnent un test positif avec la 2,4-DNPH. Mais seuls les aldéhydes réagissent avec la liqueur de Fehling et le réactif de Tollens à chaud.

8 **b.** L'oxydation d'un alcool secondaire donne une cétone.

9 **b.** Un acide carboxylique est une molécule possédant le groupe caractéristique carboxyle.

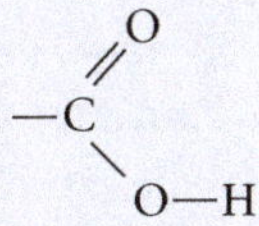

10 **c.** Le composé **a.** est un alcool, **b.** est une cétone qui n'est pas oxydable.

À NOTER
Le test au réactif de Tollens est souvent appelé « miroir d'argent » ; en effet, les aldéhydes réduisent l'ion Ag^+ en argent métallique qui se dépose sur les parois du tube. Les aldéhydes réagissent aussi avec le réactif de Schiff (coloration rose).

Exercice 1

CONSEIL
Commencez par écrire la chaîne carbonée la plus longue, puis liez le groupe caractéristique à un atome de carbone. Placez les substituants méthyles, et terminez en ajoutant autant d'hydrogène que nécessaire autour de chaque atome de carbone.

1. La chaîne carbonée la plus longue est constituée de 4 atomes de carbone : C–C–C–C.

Il s'agit d'une cétone qui possède un groupe carbonyle sur le deuxième atome de carbone. Il y a deux groupes méthyles liés au carbone 3. On obtient la formule semi-développée ci-contre.

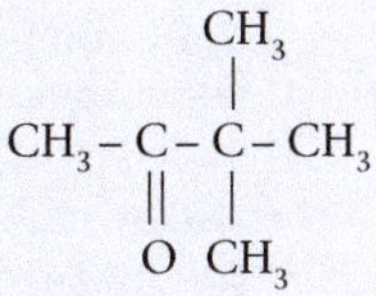

2. Il s'agit d'un aldéhyde dont la chaîne carbonée la plus longue est constituée de trois atomes de carbone : C–C–CH=O.

Le groupe méthyle ne peut être que sur l'atome de carbone n° 2 :

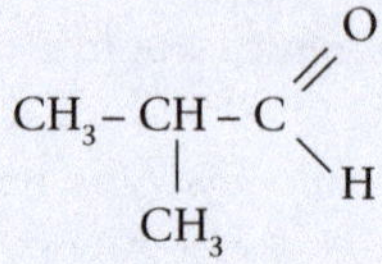

3. Le groupe méthyl est placé qur le carbone n°3.

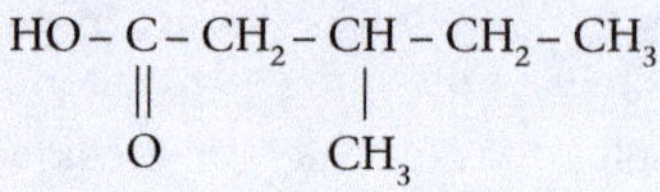

4. Il s'agit d'une cétone dont la chaîne carbonée est cyclique.

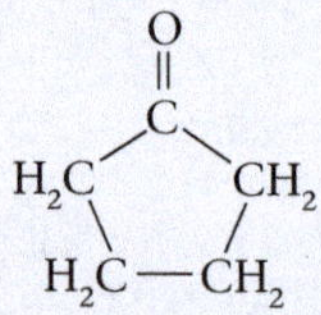

Exercice 2

1. Le nom d'un alcool dérive du nom de l'alcane possédant la même chaîne carbonée. Le *-e* final est remplacé par le suffixe *-ol*.

a. 3-méthylbutan-2-ol ; le carbone fonctionnel est lié à deux atomes de carbone, il s'agit d'un alcool secondaire.

b. pentan-3-ol ; le carbone fonctionnel est lié à deux atomes de carbone, il s'agit d'un alcool secondaire.

c. pentan-1-ol ; il s'agit d'un alcool primaire.

d. 2,2-diméthylpropan-1-ol ; il s'agit d'un alcool primaire.

e. 2-méthylbutan-2-ol ; il s'agit d'un alcool tertiaire.

2. Ces alcools ont la même formule brute $C_5H_{12}O$: ce sont des isomères.

Exercice 3

1. Ce composé possède un groupe carbonyle. Comme l'atome de carbone fonctionnel est lié à deux atomes de carbone, il s'agit d'une cétone. Elle dérive du propane : il s'agit de la propanone.

2. Ce composé possède un groupe carbonyle. Comme l'atome de carbone fonctionnel est lié à un seul atome de carbone, il s'agit d'un aldéhyde. Il dérive de l'éthane : il s'agit de l'éthanal.

3. Ce composé possède un groupe carboxyle. Il s'agit d'un acide carboxylique.

> **ATTENTION**
> Ce groupe ne doit pas être considéré comme un groupe hydroxyle et un groupe carbonyle.

La chaîne carbonée la plus longue possède 4 atomes de carbone, avec un substituant méthyle sur le carbone n° 2. Il s'agit de l'acide 2-méthylbutanoïque.

Exercice 4

On écrit d'abord une chaîne carbonée à 5 atomes de carbone : elle donne les deux premiers isomères.

$$CH_3-C(=O)-CH_2-CH_2-CH_3 \qquad CH_3-CH_2-C(=O)-CH_2-CH_3$$

On écrit une chaîne carbonée ayant 4 atomes de carbone : on obtient un seul isomère.

$$CH_3-C(=O)-CH(CH_3)-CH_3$$

Il n'est pas possible d'obtenir une cétone dont la chaîne principale serait constituée de 3 atomes de carbone.

Exercice 5

1. La chaîne carbonée la plus longue a 4 atomes de carbone, on a alors le butanal.

$$H-C(=O)-CH_2-CH_2-CH_3$$

Un isomère présente une chaîne carbonée avec 3 atomes de carbone, il s'agit du 2-méthylpropanal.

$$H-C(=O)-CH(CH_3)-CH_3$$

2. L'alcool qui permet par oxydation d'obtenir le butanal est le butan-1-ol :

$$HO-CH_2-CH_2-CH_2-CH_3.$$

> CONSEIL
> Recherchez l'alcool ayant la même chaîne carbonée que l'aldéhyde.

L'alcool qui permet par oxydation d'obtenir le 2-méthylpropanal est le 2-méthylpropan-1-ol :

$$HO-CH_2-CH(CH_3)-CH_3$$

3. Ces deux alccols sont des alcools primaires.

Exercice 6

Dans l'expérience 1, la solution se décolore, ce qui signifie que l'ion permanganate a été réduit par l'alcool : l'alcool est primaire ou secondaire, et son oxydation a produit un composé carbonylé qui donne un test positif à la 2,4 DNPH.

Dans l'expérience 2, lorsque l'ion permanganate est en excès, le test à la 2,4-DNPH est négatif : le composé carbonylé a été oxydé ; c'est donc un aldéhyde. L'alcool de départ est donc un alcool primaire.

Il s'agit du butan-1-ol : 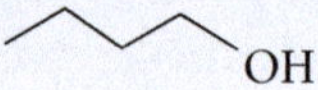

Exercice 7

1. Recherchons la formule générale en étudiant quelques exemples.

L'éthanal a pour formule CH_3-CHO, soit C_2H_4O, la propanone a pour formule $CH_3-CO-CH_3$, soit C_3H_6O.

La formule générale d'un composé carbonylé est $C_nH_{2n}O$.

2. Exprimons la masse molaire M de ce composé A en fonction de n :

$M = n \times M(C) + 2nM(H) + M(O) = 12n + 2n + 16 = 14n + 16$

$14n = M - 16$

$14n = 58 - 16 = 42$

$n = \frac{42}{14} = 3.$

La formule brute de A est C_3H_6O.

3. A est un aldéhyde, c'est le propanal dont la formule topologique est la suivante :

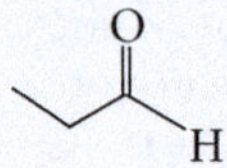

Exercice 8

1. L'éthanol a pour formule semi-développée CH_3-CH_2-OH et l'acide éthanoïque a pour formule semi-développée CH_3-COOH.

> **À NOTER**
> Le dichromate de potassium est un oxydant cancérigène de moins en moins utilisé.

2. $CH_3-CH_2-OH_{(aq)} + H_2O_{(l)} = CH_3COOH_{(aq)} + 4\,H^+_{(aq)} + 4\,e^-$ $(\times 3)$

$Cr_2O_7^{2-}{}_{(aq)} + 14\,H^+_{(aq)} + 6\,e^- = 2\,Cr^{3+}_{(aq)} + 7\,H_2O_{(l)}$ $(\times 2)$

3. $\mathbf{2\,Cr_2O_7^{2-}{}_{(aq)} + 3\,CH_3-CH_2-OH_{(aq)} + 16\,H^+_{(aq)} \rightarrow 4\,Cr^{3+}_{(aq)} + 3\,CH_3COOH_{(aq)} + 11\,H_2O_{(l)}}$

Exercice 9

1.

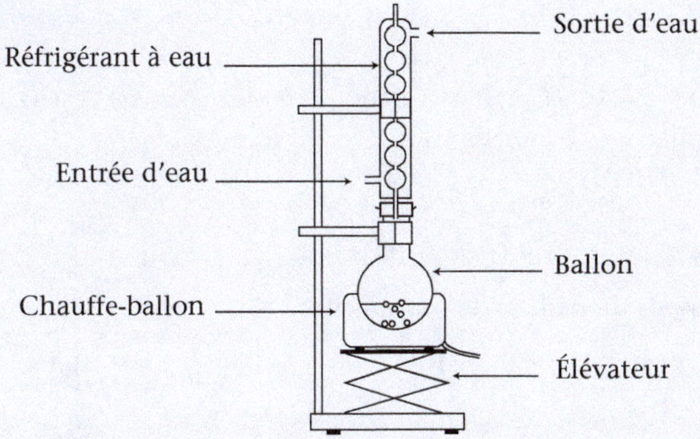

Le menthol, la solution de permanganate de potassium et l'acide sulfurique sont placés dans le ballon et chauffés grâce au chauffe-ballon. Le ballon est surmonté d'un réfrigérant qui condense les vapeurs s'échappant du ballon. Il évite les pertes par évaporation que l'on rencontrerait dans un chauffage simple. Le support élévateur permet d'ajuster le niveau du chauffe-ballon à celui du montage et de pouvoir le baisser rapidement en cas de surchauffe.

2. Le menthol possède un groupe hydroxyle OH, c'est un **alcool** (secondaire).

3. La menthone est obtenue par oxydation d'un alcool secondaire, c'est une **cétone** de formule semi-développée :

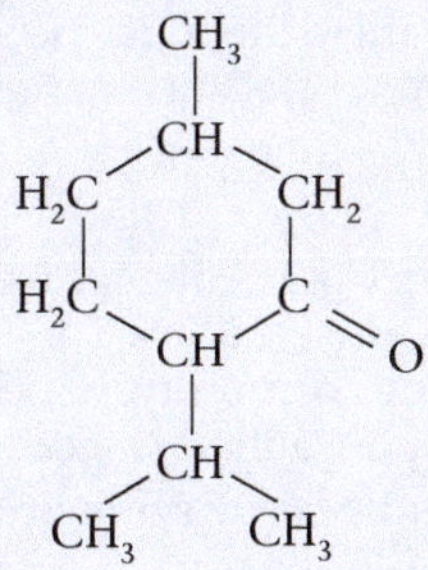

4. La demi-équation d'oxydoréduction du couple MnO_4^-/Mn^{2+} est :

$$\mathbf{MnO_4^-{}_{(aq)} + 8\,H^+{}_{(aq)} + 5\,e^- = Mn^{2+}{}_{(aq)} + 4\,H_2O_{(l)}}.$$

En utilisant une formule simplifiée pour la menthone et le menthol, la demi-équation d'oxydoréduction du couple menthone/menthol est :

$$\mathbf{C_9H_{18}CO + 2\,H^+(aq) + 2\,e^- = C_9H_{18}CHOH.}$$

5. L'équation de la réaction d'oxydation du menthol par les ions permanganate est donc :

$MnO_4{}^-{}_{(aq)} + 8\,H^+{}_{(aq)} + 5\,e^- = Mn^{2+}{}_{(aq)} + 4\,H_2O_{(l)}$ (× 2)

$C_9H_{18}CHOH = C_9H_{18}CO + 2\,H^+{}_{(aq)} + 2\,e^-$ (× 5)

$\mathbf{2\,MnO_4{}^-{}_{(aq)} + 5\,C_9H_{18}CHOH + 6\,H^+{}_{(aq)} \rightarrow 2\,Mn^{2+}{}_{(aq)} + 5\,C_9H_{18}CO + 8\,H_2O_{(l)}}$.

6. $n_i(MnO_4{}^-) = cV = 0{,}50 \times 30{\cdot}10^{-3} = 1{,}5{\cdot}10^{-2}$ mol.

$$n_i(C_9H_{18}CHOH) = \frac{m}{M_{menthol}} = \frac{4{,}7}{156{,}2} = 3{,}0{\cdot}10^{-2}\text{ mol.}$$

Établissons un tableau d'avancement :

	$2\,MnO_4{}^-{}_{(aq)}$ +	$5\,C_9H_{18}CHOH$ +	$6\,H^+{}_{(aq)}$ →	$2\,Mn^{2+}{}_{(aq)}$ +	$5\,C_9H_{18}CO$ +	$8\,H_2O_{(l)}$
État initial (mol)	$1{,}5{\cdot}10^{-2}$	$3{,}0{\cdot}10^{-2}$	excès	0	0	solvant
En cours de transformation (mol)	$1{,}5{\cdot}10^{-2} - 2x$	$3{,}0{\cdot}10^{-2} - 5x$	excès	$2x$	$5x$	solvant
État final (mol)	$1{,}5{\cdot}10^{-2} - 2x_{max}$	$3{,}0{\cdot}10^{-2} - 5x_{max}$	excès	$2x_{max}$	$5x_{max}$	solvant

Recherchons le réactif limitant.

Si $MnO_4{}^-$ est le réactif limitant :

$$1{,}5{\cdot}10^{-2} - 2x_{max} = 0,\ \text{soit}\ x_{max} = 7{,}5{\cdot}10^{-3}\text{ mol.}$$

Si $C_9H_{18}CHOH$ est le réactif limitant :

$$3{,}0{\cdot}10^{-2} - 5x_{max} = 0,\ \text{soit}\ x_{max} = 6{,}0{\cdot}10^{-3}\text{ mol.}$$

L'ion $MnO_4{}^-$ est en excès et $x_{max} = 6{,}0{\cdot}10^{-3}$ mol.

7. La quantité de matière théorique de menthone que l'on peut obtenir est $5x_{max}$, ce qui correspond à une masse de menthone :

$$m_{th} = 5x_{max} \times M_{menthone} = 3{,}0{\cdot}10^{-2} \times 154{,}2 = \mathbf{4{,}6\ g}.$$

8. Le test caractéristique permettant de mettre en évidence la présence d'un composé carbonylé est le test à la 2,4-DNPH. En introduisant quelques gouttes de menthone dans un tube à essai contenant de la 2,4-DNPH, on obtient un précipité jaune orange.

9. Soit η le rendement de cette synthèse :

$$\eta = \frac{m_{exp}}{m_{th}} = \frac{3{,}4}{4{,}6} = 0{,}74\ \text{ou}\ 74\ \%.$$

Le rendement d'une synthèse est toujours inférieur à 1. En effet, une partie du produit est perdue au cours des différentes étapes. De plus, des réactions parasites peuvent avoir lieu qui consomment les réactifs sans que l'on obtienne le produit désiré.

À NOTER
Dans le calcul du rendement, on peut remplacer les quantités de matière par les masses.

Exercice 10

1. Le benzaldéhyde et l'acide benzoïque forment un couple oxydant/réducteur car on passe de l'un à l'autre par gain ou perte d'électrons selon la demi-équation redox :

$$C_7H_6O_{(l)} + H_2O_{(l)} = C_7H_6O_{2(s)} + 2\ H^+_{(aq)} + 2\ e^-.$$

Le benzaldéhyde cède deux électrons, c'est un réducteur.

2. $O_{2(g)} + 4H^+_{(aq)} + 4e^- = 2H_2O_{(l)}$

3. L'équation chimique de la réaction d'oxydoréduction entre le benzaldéhyde et le dioxygène est :

$$2\ C_7H_6O_{(l)} + O_{2(g)} \rightarrow 2\ C_7H_6O_{2(s)}.$$

Exercice 11

1. Le groupe carbonyle est responsable de la polarité de la molécule de camphre.

2. Bornéol : $C_{10}H_{18}O$; camphre : $C_{10}H_{16}O$.

3. On peut écrire une demi-équation d'oxydoréduction liant le camphre et le bornéol :

$C_{10}H_{16}O_{(aq)} + 2\ H^+_{(aq)} + 2\ e^- = C_{10}H_{18}O.$

4. La masse molaire du bornéol est de 154 g·mol^{-1}.

La quantité de matière initiale de bornéol est :

$$n(\text{bornéol}) = \frac{m}{M(\text{bornéol})} = \frac{6{,}0}{154} = 3{,}9 \cdot 10^{-2}\ \text{mol}.$$

La quantité de matière initiale de trioxyde de chrome est :

$$n(CrO_3) = cV = 1{,}0 \cdot 10 \cdot 10^{-3} = 1{,}0 \cdot 10^{-2}\ \text{mol}.$$

		$3C_{10}H_{18}O_{(aq)}$	$+ 2CrO_{3(aq)}$	$+ 6H^+_{(aq)}$	$\rightarrow 3C_{10}H_{16}O_{(aq)}$	$+ 2Cr^{3+}_{(aq)}$	$+ 6H_2O_{(l)}$
	Avancement (mol)	**Quantité de matière (mol)**					
État initial	0	$3{,}9 \cdot 10^{-2}$	$1{,}0 \cdot 10^{-2}$	excès	0	0	solvant
En cours de transformation	x	$3{,}9 \cdot 10^{-2} - 3x$	$1{,}0 \cdot 10^{-2} - 2x$	excès	$3x$	$2x$	solvant
État final	x_{max}	$3{,}9 \cdot 10^{-2} - 3x_{max}$	$1{,}0 \cdot 10^{-2} - 2x_{max}$	excès	$3x_{max}$	$2x_{max}$	solvant

Si le réactif limitant est $C_{10}H_{18}O$, $3{,}9 \cdot 10^{-2} - 3x_{max} = 0$, soit $x_{max} = 1{,}3 \cdot 10^{-2}$ mol.
Si le réactif limitant est CrO_3, $1{,}0 \cdot 10^{-2} - 2x_{max} = 0$, soit $x_{max} = 5{,}0 \cdot 10^{-3}$ mol.
Le réactif limitant est donc le trioxyde de chrome, le bornéol est en excès.

L'INFO EN PLUS

La propanone, ou acétone, est un solvant très utilisé dans l'industrie et en laboratoire car il a l'avantage de solubiliser de nombreuses espèces organiques et parce qu'il est miscible avec l'eau.

5. La quantité de matière de camphre théoriquement obtenue est

$$n(\text{camphre}) = 3x_{max} = 3 \times 5{,}0 \cdot 10^{-3} = 1{,}5 \cdot 10^{-2} \text{ mol.}$$

Ce qui correspond à une masse :

$$m' = n(\text{camphre}) \times M(\text{camphre}) = 1{,}5 \cdot 10^{-2} \times 152 = 2{,}3 \text{ g.}$$

6. Le rendement η d'une réaction est le quotient de la masse de produit obtenu par la masse de produit que l'on peut théoriquement obtenir.

$\eta = \frac{m''}{m'}$, soit $m'' = 0{,}70 \times m' = 0{,}70 \times 2{,}3 = 1{,}6$ g.

Exercice 12

1. L'acide propanoïque possède trois atomes de carbone, sa formule semi-développée est CH_3-CH_2-COOH.

2. La solution étant homogène, l'acide propanoïque est soluble dans l'eau. Cette solubilité est due aux liaisons hydrogène qui peuvent s'établir entre le groupe carboxyle et les molécules d'eau.

À NOTER
Le groupe carboxyle est un groupe hydrophile.

3. On peut ajouter quelques gouttes de BBT (bleu de bromothymol) : la solution se colore en jaune. On peut aussi déposer une goutte de solution sur un morceau de papier pH.

4. Lors de la mise en solution de l'acide propanoïque des ions hydrogène $H^+_{(aq)}$ sont libérés selon l'équation :

$$CH_3-CH_2-COOH_{(aq)} \rightarrow CH_3-CH_2-COO^-_{(aq)} + H^+_{(aq)}.$$

La solution obtenue est donc acide.

5. L'acide pentanoïque, moins dense que l'eau, constitue la phase supérieure.

6. La chaîne carbonée de l'acide pentanoïque (5 atomes de carbone) est plus longue que celle de l'acide propanoïque. Or, la solubilité dans l'eau d'un acide carboxylique décroît au fur et à mesure que la chaîne carbonée s'agrandit.

7. Il est possible d'augmenter la solubilité de cet acide dans l'eau en :

– augmentant la température ;

– en ajoutant une solution basique. Si le pH augmente, l'acide pentatonique sera transformé en ions pentanoate qui sont plus solubles dans l'eau compte tenu de leur caractère ionique.

20 Nouveaux matériaux et molécules biologiquement actives

1 Nanomatériaux

■ Un nanomatériau est un matériau constitué de **nanoparticules**, c'est-à-dire de particules dont la taille est **inférieure ou égale** à 100 nm.

■ Les nanomatériaux ont des propriétés physiques spécifiques par rapport aux matériaux classiques.

Exemple :

	Or massif	Nanoparticules d'or de 20 nm
Température de fusion (°C)	1 063	300
Couleur	doré	rouge

■ Les nanomatériaux font l'objet de recherches dans de nombreux domaines :

– le sport où des **nanotubes de carbone** incorporés à une matrice (cadre de vélo par exemple) permettent d'améliorer ses propriétés mécaniques (légèreté, élasticité, résistance…) ;

– la santé avec les **nanomédicaments** qui génèrent de grands espoirs ;

– l'informatique (microélectronique) ;

– les produits cosmétiques, alimentaires, les peintures dans lesquels on incorpore des nanoparticules d'oxydes métalliques…

2 Matériaux amorphes ou cristallisés

■ Dans un **solide cristallin**, un même motif est répété à l'identique selon un réseau régulier. Un solide cristallin est caractérisé par sa **température de fusion**.

■ Un solide **amorphe (ou vitreux)** est un solide non cristallin qui peut être considéré comme un liquide figé. Un matériau amorphe n'a pas de température de fusion, il possède en revanche une **température de transition vitreuse noté Tg**, qui marque la limite entre un état visqueux, caoutchouteux et un état vitreux, rigide.

> À NOTER
> Tg pour *glass temperature*.

Exemple :

Silice cristalline

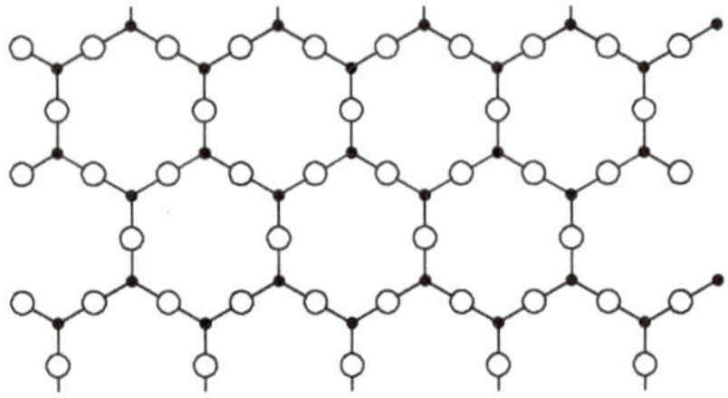

Silice amorphe

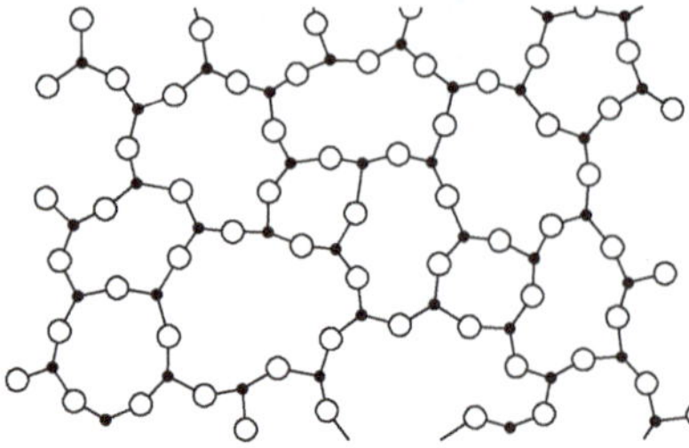

■ Le **verre** est obtenu par fusion de **silice cristalline** (apportée par du sable) à laquelle on ajoute du **carbonate de sodium** (un fondant), du calcaire (un stabilisant), des oxydes métalliques pour modifier la couleur… Lorsque le verre fondu refroidit, le verre devient de plus en plus visqueux, les constituants du verre se déplacent moins facilement et ils ne peuvent plus bouger suffisamment pour parvenir à s'empiler correctement. Le verre se fige dans un état désordonné : le verre est un matériau **amorphe**.

■ Une **céramique** est un matériau solide ne présentent pas de caractère métallique ou de caractère organique. Les céramiques présentent une structure organisée.

Exemple : Faïence, grès…

3 Polymères

■ Les **polymères** sont formés de très grosses molécules (jusqu'à des centaines de milliers d'atomes) appelées **macromolécules**, qui se présentent sous forme de chaînes reliées entre elles par des liaisons de faible intensité.

■ Chaque macromolécule est constituée par la répétition d'un grand nombre de **motifs** élémentaires. Le **degré de polymérisation** *n* est le nombre de fois que le motif se répète dans un polymère.

Exemple : Polypropylène : $\left(CH_2 - \underset{\displaystyle CH_3}{\underset{|}{CH}} \right)_n$

■ Les polymères ne sont pas utilisables à l'état pur. Pour qu'ils soient utilisables comme matériaux industriels, on rajoute aux polymères **certains additifs** (stabilisants, colorants, plastifiants…) et le produit obtenu est appelé **plastique**.

■ La plupart des polymères comportent des zones cristallines et amorphes : ils sont **semi-cristallins**. Leurs propriétés physiques dépendent du taux de cristallinité, mais aussi de la température, de la longueur des chaînes, des additifs…

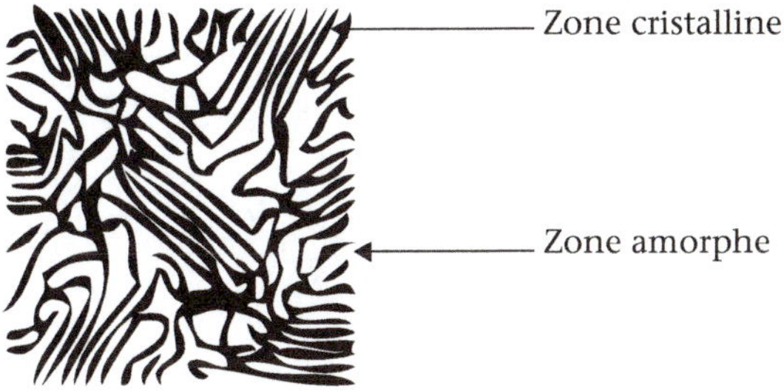

■ La **polymérisation** désigne la réaction chimique au cours de laquelle un grand nombre de petites molécules, appelées **monomères**, se lient les unes aux autres par des liaisons covalentes.

■ La **polyaddition** consiste en l'addition, les uns à la suite des autres, de monomères comportant toujours au moins une double liaison C=C. Lors de la polyaddition, il y a **ouverture** de la double liaison.

Exemple :

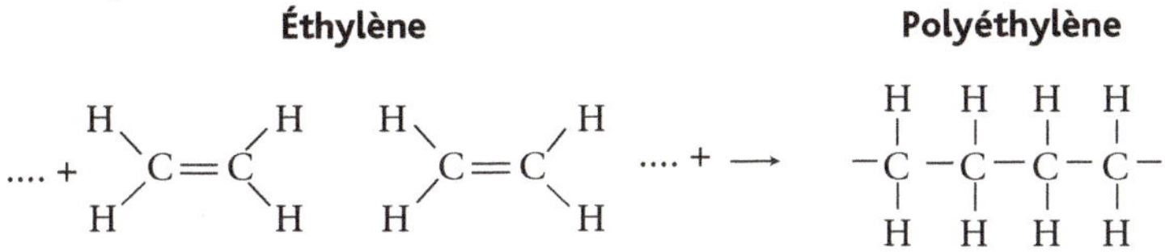

Cette équation peut aussi s'écrire : $n\,(CH_2 = CH_2) \longrightarrow -\!\!\left(CH_2{-}CH_2\right)_n\!\!-$

■ Au cours d'une **polycondensation**, les chaînes de polymère se forment par réaction entre deux molécules di-fonctionnelles qui peuvent réagir à chaque extrémité. La polycondensation s'accompagne de l'élimination de petites molécules (H_2O, HCl...).

Exemple : Dialcool et diacide

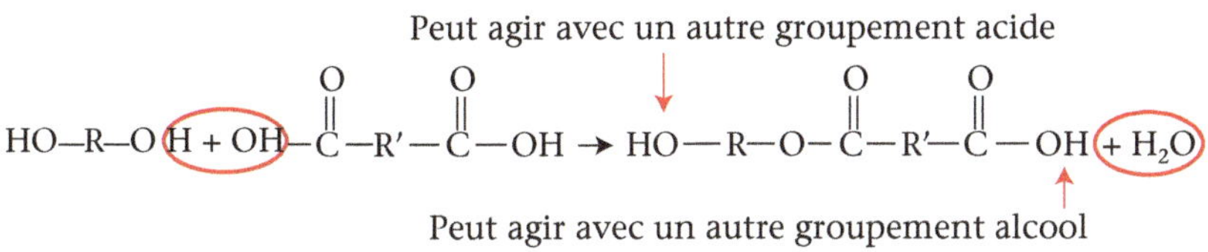

4 Molécules biologiquement actives

■ Une **molécule biologiquement active** est une molécule qui a les propriétés d'interagir avec l'organisme.

Exemple : L'ibuprofène est utilisé comme anti-inflammatoire.

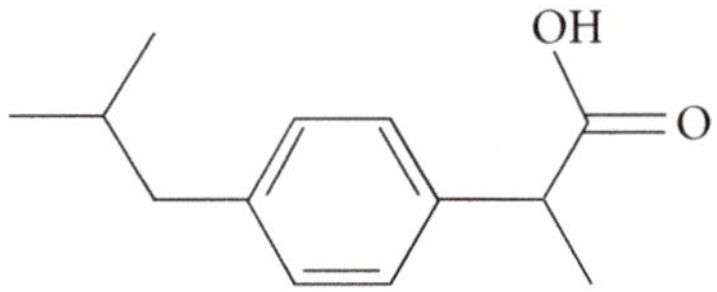

■ Ces molécules peuvent être obtenues par extraction ou par synthèse.

Deux voies de synthèse sont possibles :

– la **synthèse totale** à partir des dérivés du pétrole ;

– l'**hémisynthèse**, une synthèse réalisée à partir d'une molécule extraite de composés naturels et possédant déjà une partie de la structure de la molécule souhaitée.

À NOTER
Ces molécules biologiquement actives étant le plus souvent complexes, l'hémisynthèse est souvent privilégiée car elle nécessite moins d'étapes de synthèse.

COURS

Relier les propriétés physiques d'un matériau à sa structure microscopique

Énoncé

Le polyethylène (PE), dont le monomère est $CH_2=CH_2$, est le plus important polymère de synthèse. C'est le polymère dont sont faits les sacs des supermarchés, les bouteilles de shampoing, les jouets des enfants...

Les deux principales familles de polyéthylènes sont le PEBD et le PEHD. Le PEHD peut être considéré comme un polymère linéaire constitué de grandes chaînes de monomères liées entre elles par des liaisons Van der Waals qui assurent sa stabilité. Le PEBD, lui, est un polymère ramifié, c'est-à-dire que des chaînes sont venues se greffer sur la chaîne principale au cours de la polymérisation.

Parmi les schémas ci-dessous, lequel correspond au PEBD ? au PEHD ?

Lequel, du PEHD ou du PEBD, a la densité la plus élevée ? le taux de cristallinité le plus élevée ?

Lequel est utilisé pour fabriquer un flacon ? un sac poubelle ?

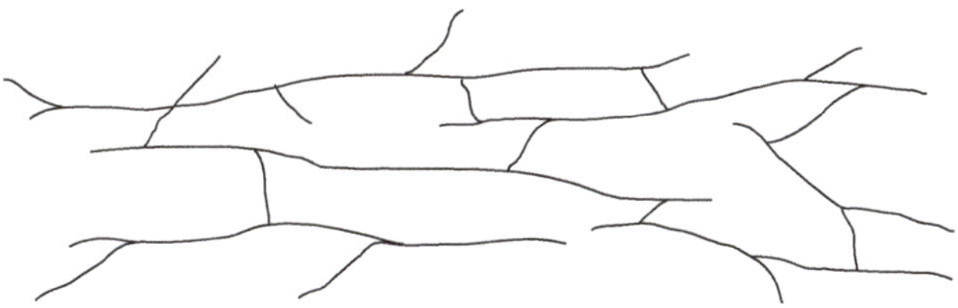

Schéma a

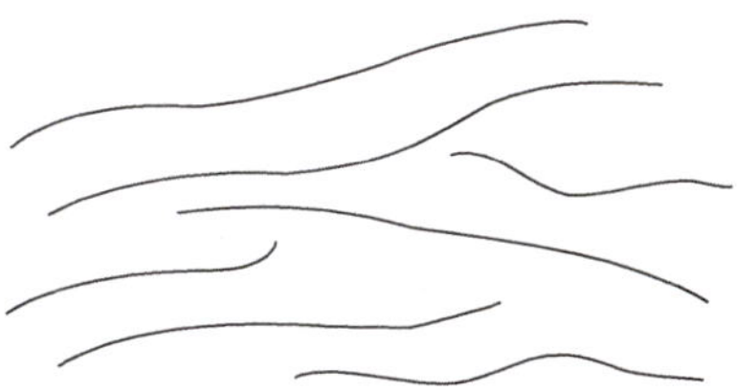

Schéma b

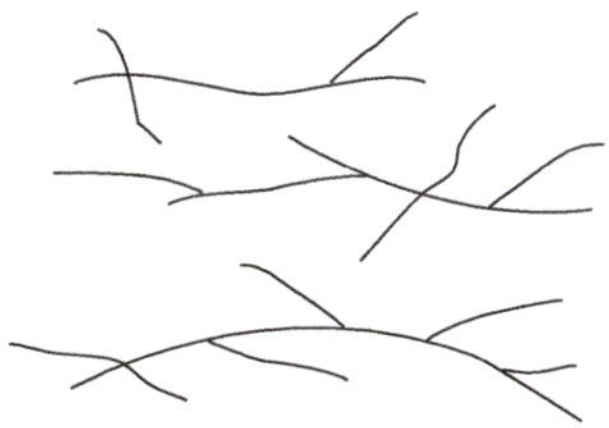

Schéma c

Savoir-faire

- Observer d'abord attentivement les schémas.
- Analyser l'impact que peuvent avoir les ramifications latérales sur le rapprochement des chaînes.
- Utiliser le fait que, pour constituer des cristaux, les chaînes macromoléculaires doivent *a priori* présenter une rigoureuse régularité dans leur structure moléculaire. De façon générale, tous les défauts dans la chaîne (irrégularités dans les enchaînements, ramifications...) sont défavorables à la cristallisation.
- Comparer l'intensité des interactions entre molécules dans le PEBD et dans le PEHD : plus les interactions sont intenses, plus le matériau est rigide.

Corrigé détaillé

- Le schéma b correspond à un polymère linéaire (le PEHD) alors que le schéma c correspond à un polymère ramifié (le PEBD). Les ramifications empêchent les chaînes de PEBD de se rapprocher. Par conséquent, le PEBD a la densité la plus faible (PEBD signifie « polyéthylène basse densité »).

L'INFO EN PLUS
La masse volumique du polyéthylène haute densité (PEHD) est de 940 kg·m^{-3}. Celle du polyéthylène basse densité (PEBD) est de 910 kg·m^{-3}.

- Dans le PEBD, les macromolécules s'alignent difficilement à cause des ramifications, le taux de cristallinité est faible. Les principales applications du PEBD sont les produits souples (sac poubelle).

Dans le PEHD, les liaisons intermoléculaires de type Van der Waals existant entre les chaînes sont plus importantes. Les chaînes sont moins mobiles, le polymère est plus rigide (flacon).

- Le schéma a correspond à un polymère réticulé : il présente des liaisons chimiques (ponts) entre les chaînes, qui conduisent à la formation d'un réseau tridimensionnel. Ce type de polymère est très rigide, le réseau obtenu étant figé et la mobilité des molécules du réseau tridimensionnel étant limitée.

10 qcm pour réviser le cours

Corrigés p. 366

1 Les nanoparticules peuvent être :

❑ **a.** d'origine naturelle.

❑ **b.** produites volontairement afin d'en exploiter les propriétés spécifiques.

❑ **c.** générées involontairement par l'activité humaine.

2 Les nanoparticules :

❑ **a.** peuvent être inhalées, ingérées, traverser les barrières pulmonaires ou gastriques pour se retrouver dans le système sanguin.

❑ **b.** possèdent des propriétés physiques différentes de celle du matériau « massif ».

❑ **c.** sont moins réactives qu'une particule non nanométrique de même composition.

3 Parmi les particules suivantes, laquelle (lesquelles) est (sont) une (des) nanoparticule(s) ?

❑ **a.** une fibre d'amiante (3 microns de diamètre).

❑ **b.** un globule rouge (diamètre de 7 micromètres).

❑ **c.** un liposome (diamètre d'environ 0,1 micromètres).

4 Le verre usuel est :

❑ **a.** un matériau semi-cristallin.

❑ **b.** un empilement ordonné de tétraèdres d'oxydes de silicium.

❑ **c.** un empilement désordonné de tétraèdres d'oxydes de silicium.

5 La température de transition vitreuse d'un solide amorphe est la température à laquelle :

❑ **a.** il passe d'un état ordonné à un état désordonné.

❑ **b.** il passe de l'état solide à l'état liquide.

❑ **c.** il devient déformable.

6 Le sel de table, un solide ionique de formule $NaCl_{(s)}$ dont la structure est donnée ci-contre, est un matériau :

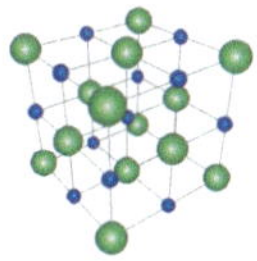

❑ **a.** amorphe.

❑ **b.** cristallisé.

❑ **c.** polymère.

7 Un polymère est un ensemble de molécules à longues chaînes appelées :

❑ **a.** macromolécules.

❑ **b.** monomères.

❑ **c.** motifs.

8 L'éthylène a pour formule semi-développée $CH_2=CH_2$. La formule du polyéthylène (PE) est :

❑ **a.** $-\!\!\left[CH_2-CH_2\right]\!\!-_n$

❑ **b.** $n[CH_2=CH_2]$

❑ **c.** $[CH_2=CH_2]$

9 Le polyéthylène est obtenu par :

❑ **a.** polyaddition.

❑ **b.** polycondensation.

❑ **c.** polysubstitution.

10 Le nylon est un polymère utilisé dans l'élaboration des fibres textiles. Sur le schéma ci-dessous, le nombre de motifs représentés est :

$$\ldots -\overset{\displaystyle O}{\overset{\|}{C}}-(CH_2)_4-\overset{\displaystyle O}{\overset{\|}{C}}-NH-(CH_2)_6-NH-\overset{\displaystyle O}{\overset{\|}{C}}-(CH_2)_4-\overset{\displaystyle O}{\overset{\|}{C}}-NH-(CH_2)_6-NH- \ldots$$

❑ **a.** 2. ❑ **b.** 4. ❑ **c.** 6.

Exercices

Exercice 1 (niveau 1)

Corrigés p. 366

De nombreuses réactions chimiques nécessitent l'utilisation d'un catalyseur. Dans un catalyseur, seule la surface des particules jouent un rôle. Les nanoparticules, de par leur petite taille, offrent une surface de réaction plus grande que le même matériau non fragmenté et sont donc plus réactives, d'où l'idée de les utiliser comme catalyseur.

1. Calculer le volume V (en m^3) et la surface S (en m^2) d'une particule sphérique de rayon $R = 1{,}0\ \mu m$.
2. Calculer de même le volume v et la surface s d'une particule sphérique de rayon $r = 10$ nm.
3. Calculer l'ordre de grandeur du rapport des volumes et du rapport des surfaces. Conclure en complétant la phrase suivante : « Pour un volume .... fois plus petit, la surface de réaction est seulement .... plus petite. »

Données : volume d'une sphère de rayon π : $\frac{4}{3}\pi r^3$; surface d'une sphère de rayon r : $4\pi r^2$.

Exercice 2 (niveau 1)

Corrigés p. 367

Le dioxyde de titane TiO_2 est un pigment blanc utilisé dans la majorité des crèmes solaires car il réfléchit les UV. Lorsqu'il est présent sous forme de particules microscopiques, il laisse un film blanc sur la peau. Cet inconvénient est évité en utilisant des nanoparticules.

1. Rappeler la formule de l'ion oxyde. En déduire celle de l'ion titane.
2. La présence de nanoparticules dans les crèmes solaires suscite des inquiétudes. Pourquoi ?

Exercice 3 (niveau 2)

Corrigés p. 367

Le polytétrafluoroéthylène (PTFE ou téflon) est un polymère remarquable par ses propriétés de résistance aux acides et aux bases, ainsi qu'à beaucoup de solvants. Dans la vie courante, il est largement utilisé comme revêtement antiadhésif dans les ustensiles de cuisine. Le monomère du PTFE a pour formule brute C_2F_4.

1. Donner le nom et la formule développée de cette molécule.
2. À partir de la nature des liaisons, expliquer pourquoi cette molécule est polymérisable.

3. La macromolécule de polytétrafluoroéthène s'écrit :

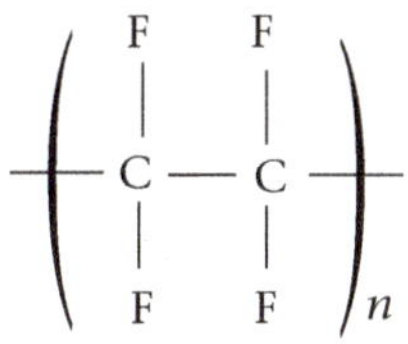

Quelle est la géométrie de la molécule autour des atomes de carbone dans le monomère ? dans le polymère ?

4. Que signifie le *n* figurant en indice à droite du motif ?

5. Écrire l'équation de la polyaddition du tétrafluoroéthène.

6. Quelle est la masse molaire du motif de base du PTFE ?

7. Calculer le nombre de motifs pour une macromolécule ayant une masse molaire moyenne $M = 10^6$ g·mol^{-1}.

8. Le PTFE est un polymère semi-cristallin. Les schémas ci-dessous représentent l'organisation des macromolécules dans un polymère. Quel schéma correspond au PTFE ? Comment qualifie-t-on l'autre matériau ?

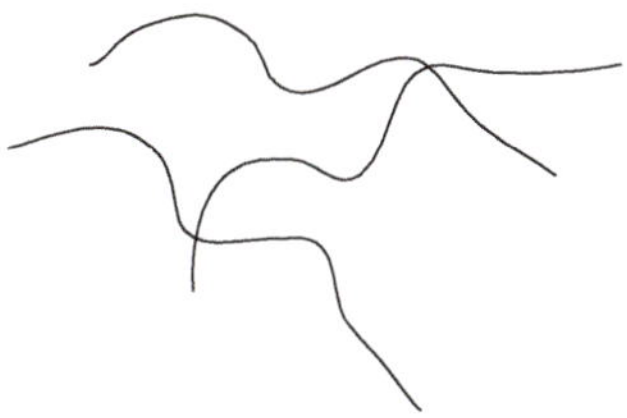

schéma a

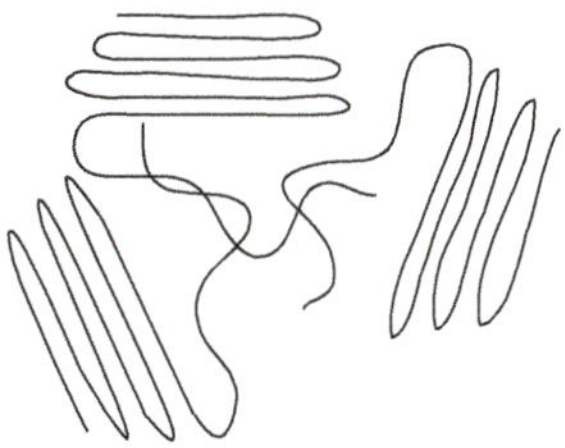

schéma b

Données : masses molaires : M(F) = 19 g·mol^{-1} ; M(H) = 1,0 g·mol^{-1} ; M(C) = 12 g·mol^{-1}.

Exercice 4 (niveau 2)

Corrigés p. 368

Les tuyaux de canalisation sont en polychlorure de vinyle PVC. Le PVC se prépare en trois étapes :

- par addition du dichlore gazeux sur l'éthylène gazeux $CH_2=CH_2$, on obtient du 1,2-dichloroéthane ;
- par chauffage du 1,2-dichloroéthane, on obtient du chlorure d'hydrogène gazeux $HCl_{(g)}$ et du chlorure de vinyle gazeux $CH_2=CHCl$;
- par polymérisation du chlorure de vinyle, on obtient le PVC.

1. Écrire les équations des réactions chimiques correspondant à ce procédé de fabrication.

2. Calculer la masse molaire du PVC obtenu si son degré de polymérisation moyen est $n = 600$.

3. Le PVC est-il un matériau organique ?

4. Le PVC est-il utilisé en dessous de sa température de transition vitreuse ou au-dessus ?

Données : $M(C) = 12\ g{\cdot}mol^{-1}$; $M(H) = 1{,}0\ g{\cdot}mol^{-1}$; $M(Cl) = 35{,}5\ g{\cdot}mol^{-1}$.

Exercice 5 (niveau 2)

Corrigés p. 368

En 1962, on découvre que l'écorce d'un arbre, l'if du Pacifique, possède des propriétés anti-tumorales intéressantes. L'espèce responsable de cette activité est bientôt isolée, sa structure est déterminée : il s'agit du taxol®. Les premiers essais cliniques sont concluants. Cependant, un problème se pose : 2 500 arbres sont nécessaires pour obtenir 1 g de taxol®. Or l'if est un arbre à croissance lente...

Des travaux sur les feuilles d'if sont alors lancés, d'où l'on extrait une espèce chimique moins active que le taxol®, mais ayant une structure proche : la 10-désacétylbaccatine III. À partir de cette molécule, on obtient par hémisynthèse le taxol®. Le taxol® est commercialisé pour traiter les cancers du sein et de l'ovaire.

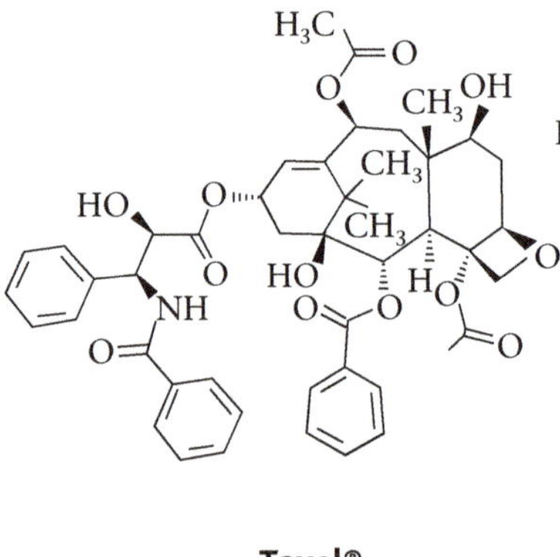

Taxol®

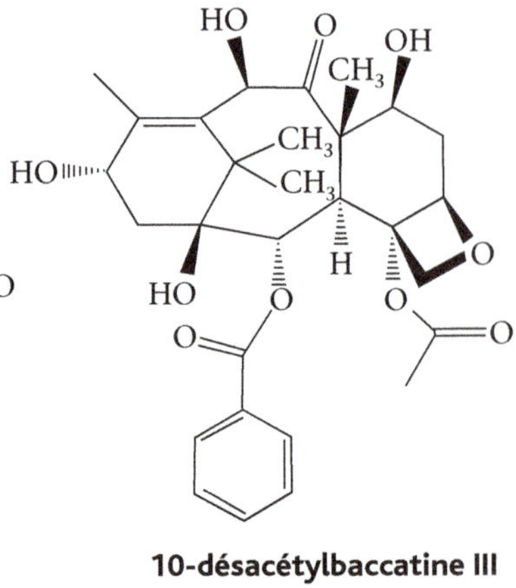

10-désacétylbaccatine III

1. Pourquoi dit-on que la molécule de taxol® est complexe ?

2. Entourer les groupes caractéristiques présents dans la molécule de 10-désacétylbaccatine III et les nommer.

3. La molécule de Taxtol® est-elle biologiquement active ? Justifier.

4. Pourquoi est-il préférable d'utiliser les feuilles de l'if plutôt que l'écorce ?

5. La synthèse du Taxol® à partir du 10-désacétylbaccatine III est une hémisynthèse. Justifier.

6. Pour obtenir une forme administrable à l'homme, il faut ajouter des excipients au principe actif. Qu'appelle-t-on « excipient » ?

Execice 6 niveau 3

Corrigés p. 369

L'acide polylactique (PLA) est un polymère entièrement biodégradable utilisé pour les emballages dans l'alimentation. Des gobelets transparents pour boissons sont réalisés en PLA. Il est également utilisé dans le domaine médical, comme en chirurgie, où les sutures sont réalisées avec des polymères biodégradables qui sont décomposés facilement par réaction avec l'eau.

Dans le processus de fabrication, on extrait tout d'abord l'amidon, le plus souvent à partir du maïs. La fermentation bactérienne de l'amidon conduit à l'acide lactique. L'acide polylactique est ensuite obtenu par polycondensation de l'acide lactique. L'acide polylactique est donc une alternative naturelle au polyéthylène.

1. Le maïs peut être remplacé par d'autres sources d'amidon. En citer deux.

Un fragment de structure de l'amidon est représenté ci-dessous. Sur le document 2, on remarque en particulier que l'amidon a une structure hélicoïdale et non linéaire.

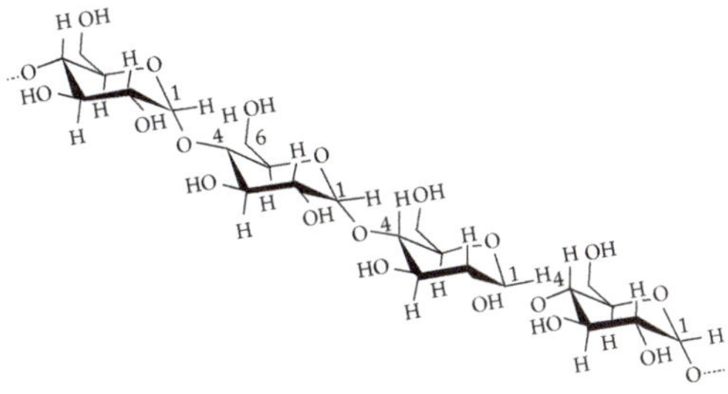

Document 1 : Représentation linéaire d'un fragment d'amidon

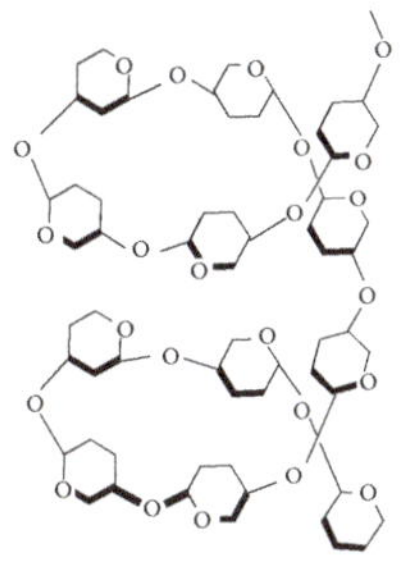

Document 2 : Représentation hélicoïdale d'un fragment d'amidon

2. Quel type d'interaction peut se développer entre les fragments hélicoïdaux de l'amidon ? À quel groupement fonctionnel est-elle due ?

3. Quelle autre macromolécule naturelle présente ce type de structure hélicoïdale ?

4. Identifier les deux groupes caractéristiques présents dans la molécule d'acide lactique dont la formule semi-développée est donnée ci-contre.

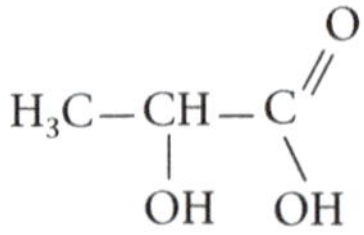

L'équation de la condensation entre deux molécules d'acide lactique s'écrit :

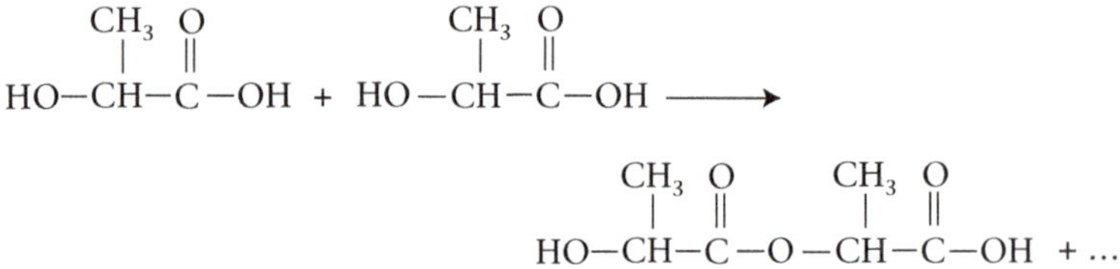

5. Quelle petite molécule est éliminée lors de cette réaction ?

6. Expliquer pourquoi d'autres molécules d'acide lactique peuvent s'enchaîner à ce composé pour former une macromolécule.

7. Le PLA est il un polymère naturel ou de synthèse ?

Exercice 7 (niveau 3)

Corrigés p. 370

Un seau en plastique laissé dehors pendant l'hiver se fissure ou se casse plus facilement que pendant l'été. Proposer une explication.

Exercice 8 (niveau 3)

Corrigés p. 370

Le carbone existe sous des formes cristallisées très différentes. Dans le ***diamant***, chaque atome de carbone est lié à quatre autres atomes de carbone. Dans le ***graphite***, les atomes de carbone sont organisés en feuillets composés d'hexagones reliés entre eux par des interactions de Van der Waals.

Les fullerènes sont des structures intermédiaires entre le carbone diamant et le carbone graphite. Dans les fullerènes, les atomes de carbone prennent une forme géométrique rappelant celle d'une sphère, d'un ellipsoïde… Premier fullerène découvert, le ***C_{60}*** par exemple, est une structure fermée ressemblant à un ballon de foot composée de 20 hexagones et de 12 pentagones. Un ***nanotube de carbone*** est une feuille de graphite formée d'atomes de carbone et enroulée sur elle-même.

1. Faire correspondre à chacun des matériaux dont le nom est écrit en italique un des schémas suivants.

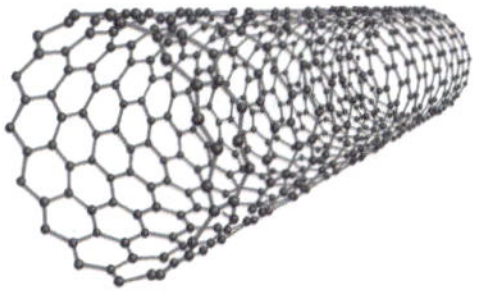

A

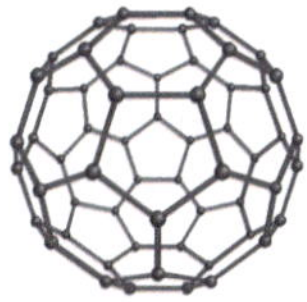

B

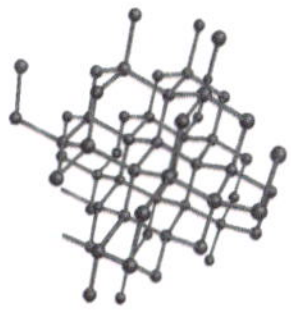

C

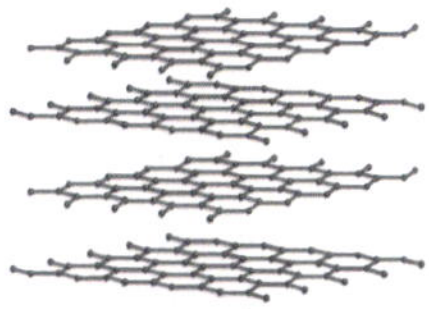

D

2. Quelle peut être la nature des liaisons entre les atomes de carbone dans le diamant ?

3. Citer une utilisation du graphite.

4. Le diamant est dur et indéformable. Le graphite est friable. Ces propriétés sont-elles cohérentes avec la structure microscopique de ces matériaux ? (Faire une recherche sur Internet)

5. Que signifie « C_{60} » ? En quelle année le fullerène C_{60} a-t-il été découvert ?

Faire une recherche sur Internet.

6. Rechercher le diamètre de la structure sphérique du fullerène C_{60}.

Les fullerènes sont-ils des nanoparticules ?

7. Rechercher quelques-unes des propriétés des nanotubes de carbone.

Le diamètre d'un nanotube de carbone est d'environ 1,2 nm et sa longueur peut atteindre plusieurs micromètres.

8. Quelle est le rapport entre le diamètre d'un nanotube et celui d'un cheveu (40 micromètres environ) ? Donner l'ordre de grandeur de ce rapport.

QCM

1 **a.**, **b.** et **c.** Un grand nombre de nanoparticules d'origine naturelle sont présentes dans l'environnement (activité volcanique, feux de forêts…). Les activités humaines, telles que le chauffage (notamment au bois), la combustion de combustibles fossiles dans les véhicules… génèrent également d'importantes quantités de nanoparticules.

2 **a.** et **b.** Dans les nanoparticules, la proportion d'atomes de surface augmente par rapport aux atomes de volume. En conséquence, leur réactivité est plus élevée. On parvient à une frontière caractérisée par l'apparition de propriétés ou de comportements nouveaux. Des matériaux isolants, opaques peuvent devenir respectivement conducteurs, transparents…

> **À NOTER**
> La très grande réactivité des nanoparticules peut leur conférer une toxicité plus importante qu'une particule non nanométrique de même composition.

3 **c.** Un micron (ou micromètre), de symbole µm, vaut 10^{-6} m. Seul le liposome a un diamètre inférieur ou égal à 100 nm (0,1 µm = 100 nm).

4 **c.** Le verre est un matériau amorphe dans lequel il n'existe aucun ordre à grande distance.

5 **c.** Lorsqu'on tente de déformer un échantillon de polymère à une température supérieure à sa température de transition vitreuse, les macromolécules peuvent glisser les unes par rapport aux autres et sont capables de se mettre dans une nouvelle position pour réduire la contrainte appliquée.

6 **b.** Les ions sont répartis de façon périodique dans un empilement tridimensionnel infini.

7 **a.** Le monomère est la molécule de base qui réagit par des réactions dites de polymérisation pour conduire à un polymère.

8 **a.** La double liaison s'ouvre, ce qui permet la formation de liaisons à chaque extrémité.

9 **a.** Une polymérisation au cours de laquelle un grand nombre de molécules de monomères se lient les unes aux autres sans élimination de petites molécules est une polyadition.

10 **a.** Le motif est le suivant :

$$-\!\!\!+\overset{\overset{\displaystyle O}{\|}}{C}-(CH_2)_4-\overset{\overset{\displaystyle O}{\|}}{C}-NH-(CH_2)_6-NH+\!\!\!-$$

Exercice 1

1. $V = \frac{4}{3} \times \pi \times R^3 = \frac{4}{3} \times \pi \times (1{,}0 \cdot 10^{-6})^3 = 4{,}2 \cdot 10^{-18}$ m^3 ;

$S = 4\pi R^2 = 4 \times \pi \times (1{,}0 \cdot 10^{-6})^2 = 1{,}3 \cdot 10^{-11}$ m^2.

2. $v = \frac{4}{3} \times \pi \times r^3 = \frac{4}{3} \times \pi \times (10 \cdot 10^{-9})^3 = 4{,}2 \cdot 10^{-24}\ m^3$;

$s = 4\pi r^2 = 4 \times \pi \times (10 \cdot 10^{-9})^2 = 1{,}3 \cdot 10^{-15}\ m^2$.

3. Ordre de grandeur du rapport des volumes : $\frac{4{,}2 \cdot 10^{-18}}{4{,}2 \cdot 10^{-24}} = 10^6$.

Ordre de grandeur du rapport des surfaces : $\frac{1{,}3 \cdot 10^{-11}}{1{,}3 \cdot 10^{-15}} = 10^4$.

Pour un volume 10^6 fois plus petit, la surface de réaction est seulement 10^4 plus petite.

Exercice 2

1. L'atome d'oxygène appartient à la colonne 16 de la classification périodique (voir page 382) et a donc tendance à capter deux électrons pour respecter la règle de l'octet. L'ion oxyde est O^{2-}. Par conséquent, l'ion titane est Ti^{4+}.

2. La taille des nanoparticules (100 000 fois plus petite que les cellules du corps humain) augmente leur capacité à pénétrer dans nos tissus et organes. De surcroît, plus la matière est coupée « en petits morceaux », plus elle est réactive et donc dangereuse.

À NOTER

Alors que la production et l'exploitation des nanoparticules se développent rapidement, la connaissance des risques qui leur sont liées reste extrêmement embryonnaire.

Exercice 3

1. Le monomère du PTFE est le tétrafluoroéthylène de formule développée ci-contre.

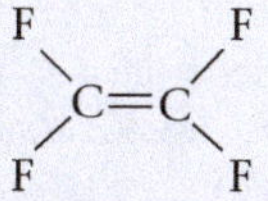

CONSEIL

Le nom du monomère se déduit du nom du polymère.

2. La molécule possède une liaison double carbone-carbone : de telles molécules peuvent subir assez facilement des réactions d'addition.

3. Dans le monomère, la géométrie autour des atomes de carbone est triangulaire plane, alors que dans le polymère, la géométrie autour des atomes de carbone est tétraédrique.

4. n est le degré de polymérisation, c'est le nombre moyen de motif élémentaire dans le polymère.

5.

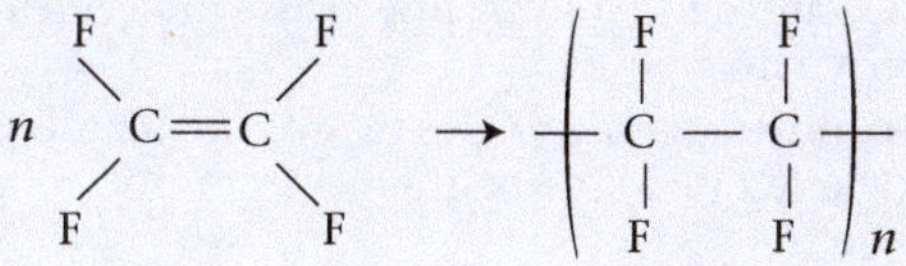

6. $M_{motif} = 2M(C) + 4M(F)$
$= 2 \times 12 + 4 \times 19 = 100\ g{\cdot}mol^{-1}$.

7. $n = \dfrac{M}{M_{motif}}$
$= \dfrac{10^6}{100}$
$= 10^4$ motifs.

8. Un polymère semi-cristallin possède des zones cristallines et des zones amorphes. Le schéma b correspond à un polymère semi-cristallin, le schéma a correspond à un polymère amorphe.

> **L'INFO EN PLUS**
> Un polymère semi-cristallin, ayant à la fois des domaines amorphes et cristallins, est caractérisé par une température de transition vitreuse **et** par une température de fusion. Les parties cristallines ne s'écoulent pas à la température de transition vitreuse T_g (123 °C pour le PTFE) mais fondent à une température de fusion T_f très précise (327 °C).

Exercice 4

1. $CH_2{=}CH_{2(g)} + Cl_{2(g)} \rightarrow ClCH_2{-}CH_2Cl_{(g)}$

$ClCH_2{-}CH_2Cl_{(g)} \rightarrow HCl_{(g)} + CH_2{=}CHCl_{(g)}$

$n\ CH_2{=}CHCl \rightarrow -(CH_2{-}CHCl)_n-$

2. $M_{monomère} = 62{,}5\ g{\cdot}mol^{-1}$;

$M_{PVC} = n \times M_{monomère} = 600 \times 62{,}5 = 37{,}5{\cdot}10^3\ g{\cdot}mol^{-1} = 37{,}5\ kg{\cdot}mol^{-1}$.

3. Le PVC, constitué essentiellement d'atomes de carbone et d'hydrogène, est un matériau organique.

4. Le PVC est utilisé pour les tuyaux des canalisations, il est rigide, il est donc utilisé en dessous de sa Tg (le PVC a une Tg proche de 80 °C).

> **À NOTER**
> Les caoutchoucs élastomères comme les plastiques souples sont utilisés au-dessus de leur température de transition vitreuse.

Exercice 5

1. La molécule de Taxol® est une grosse molécule comportant plusieurs groupes caractéristiques.

2. On reconnaît quatre groupes hydroxyles (entourés en vert), un groupe étheroxyde (en bleu), deux groupes esters (en rouge) et un groupe carbonyle (en noir).

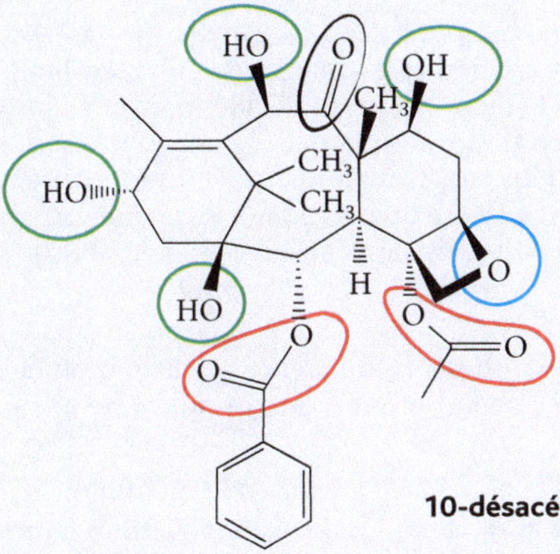

10-désacétylbaccatine III

3. Le Taxol® est une molécule qui interagit avec l'organisme puisqu'elle a des effets thérapeutiques : elle est biologiquement active.

4. L'utilisation de l'écorce provoque la mort de l'if. Les feuilles présentent l'avantage d'être une source renouvelable et quasi inépuisable.

5. La synthèse du taxol est réalisée à partir d'un composé naturel possédant déjà une partie de la molécule visée : il s'agit bien d'une hémisynthèse.

6. Un excipient est une espèce chimique dépourvue d'activité thérapeutique qui est incorporée au médicament pour faciliter son administration, son absorption par l'organisme, améliorer sa conservation, modifier son goût ou sa couleur ...

Exercice 6

1. L'amidon peut être extrait du maïs, mais aussi du blé, de la pomme de terre, des pois...

2. L'existence de groupements hydroxyles OH permet à des liaisons hydrogène de se développer entre les fragments hélicoïdaux de l'amidon.

3. L'ADN est une autre macromolécule de structure hélicoïdale.

4. L'acide lactique est un composé bifonctionnel comportant une fonction acide carboxylique (groupe carboxyle) et une fonction alcool (groupe hydroxyle).

5. Une molécule d'eau est éliminée lors de la condensation de deux molécules d'acide lactique.

6. Le produit de cette réaction est encore difonctionnel et peut réagir de nouveau à chaque extrémité.

7. Le PLA n'est pas synthétisé par les êtres vivants (comme l'amidon...) : il est d'origine synthétique.

Exercice 7

Si la température est élevée, les chaînes de polymère bougent facilement. Donc quand on le déforme, les molécules peuvent changer de position pour réduire la contrainte appliquée : le polymère est flexible. Mais si la température est plus basse (notamment si elle est inférieure à la température de transition vitreuse du polymère), les chaînes sont moins mobiles, l'échantillon de polymère devient dur et fragile, il risque de casser.

Exercice 8

1. Diamant : C ; graphite : D, fullerène C_{60} : B ; nanotube de carbone : A.

2. Dans le diamant, les atomes de carbone sont liés par des liaisons covalentes.

3. Les mines des crayons de papier sont en graphite.

4. Plus un matériau est dur, plus il y a d'interactions entre les atomes. Les liaisons covalentes qui lient les atomes de carbone dans le diamant sont fortes, alors que, dans le graphite, les feuillets sont liés par des interactions de Van der Waals (bien moins fortes).

5. La sphère est constituée de 60 atomes de carbone. Le fullerène C_{60} a été découvert en 1985 par Harold Kroto, Robert Curl et Richard Smalley (ils ont reçu le prix Nobel pour leur découverte en 1996).

6. Les fullerènes possèdent une structure sphérique creuse de dimensions de l'ordre du nanomètre. Cela en fait des nanoparticules.

7. Les nanotubes de carbone ont une résistance supérieure à celle des meilleurs aciers pour une masse bien inférieure et ont la même conductivité électrique que le cuivre. Ce qui en fait un matériau particulièrement prisé des sportifs : on en trouve déjà dans les raquettes de tennis, les clubs de golf, les cadres de vélo…

8. $1{,}2 \text{ nm} = 1{,}2 \cdot 10^{-9} \text{ m}$.

$40 \text{ µm} = 40 \cdot 10^{-6} \text{ m} = 4{,}0 \cdot 10^{-5} \text{ m}$.

Le rapport de ces deux grandeurs est $\dfrac{4{,}0 \cdot 10^{-5}}{(1{,}2 \cdot 10^{-9})} = 3{,}3 \cdot 10^{4}$.

Un nanotube de carbone a donc un diamètre environ 10^4 fois plus petit que le diamètre d'un cheveu.

21 Culture scientifique, métiers scientifiques

Rechercher des informations sur un métier

Énoncé

Réaliser une fiche sur le métier de manipulateur(trice) en électroradiologie médicale.

Savoir-faire

- Il faut rechercher la nature du travail, les qualités requises, les conditions de travail, les formations nécessaires… et indiquer toute autre information complémentaire qui semble importante.
- Pour cela, quelques sites sur Internet permettent une première approche. On y trouve des fiches métiers très complètes.
- On peut se rendre dans les centres d'information et d'orientation (CIO). On y trouve des informations sur les études, les formations professionnelles, les qualifications et les professions. Vous pouvez prendre rendez-vous afin d'avoir des conseils individuels.
- Les journées portes ouvertes organisées une fois par an par la plupart des établissements de l'enseignement supérieur permettent de trouver des réponses à de nombreuses questions.
- Des salons ou des forums des métiers ont lieu chaque année dans les grandes villes de France. Ils permettent de partir à la découverte des différents métiers et secteurs, de se renseigner sur les filières de formation et d'entrer directement en contact avec les entreprises qui recrutent.
- On peut aller interviewer un professionnel.

Corrigé détaillé

Nature du travail

Certains manipulateurs en électroradiologie effectuent, sous la responsabilité du médecin, des examens d'imagerie médicale : spécialistes des scanners, des radios, des IRM, ils participent aux diagnostics. D'autres traitent, grâce à la radiothérapie, des maladies comme le cancer.

Compétences requises

Maîtrise technique, rigueur et précision sont requises. Ce métier pouvant présenter des risques de radiation, le manipulateur doit suivre très précisément les prescriptions des médecins, il doit respecter les protocoles techniques et les règles de radioprotection.

L'évolution constante des techniques requiert une grande faculté d'adaptation et de la curiosité scientifique. Les appareils, sophistiqués et très complexes, exigent d'être à l'aise avec l'informatique.

Le manipulateur en électroradiologie médicale est en contact direct avec des patients. L'attention, le respect, le sens de l'écoute, la capacité à expliquer, à rassurer sont des qualités primordiales.

Conditions de travail

Il peut exercer en milieu hospitalier, où la continuité des soins impose le plus souvent une présence du service de radiologie 24 heures sur 24, samedis et dimanches compris. Il peut également travailler en cabinet de radiologie, avec des horaires plus réguliers.

Accès au métier

Pour exercer le métier de manipulateur en électroradiologie médicale, il faut être titulaire du diplôme d'État (DE) de manipulateur en électroradiologie médicale ou du diplôme de technicien supérieur (DTS) en imagerie médicale et radiologie thérapeutique.

Dans les deux cas, les études durent 3 ans et le recrutement s'opère sur dossier ou concours ouvert aux bacheliers.

L'INFO EN PLUS

Dans les deux cas, les candidats sont nombreux, et la sélection est rude ! Les débouchés pour les jeunes diplômés sont intéressants. Le salaire brut mensuel d'un manipulateur d'électroradiologie médicale débutant se situe entre 1 500 € et 1 800 €.

Exercices

Exercice 1

Corrigés p. 376

Lire le texte et répondre aux questions suivantes.

La chimie préhistorique

Les ocres sont des terres de couleur qui ont été utilisées par les hommes préhistoriques pour réaliser des peintures rupestres.

Il existe deux ocres principales : l'ocre jaune constitué de goethite et l'ocre rouge constitué d'hématite.

Naturel ou artificiel ?

Les Hommes préhistoriques disposaient principalement de trois couleurs pour leurs peintures : le noir, obtenu par exemple par la combustion de bois ou d'os ; le jaune, comme la goethite ; et le rouge, tel que l'hématite ou le sang.

La structure des pigments (goethite et hématite) est bien connue. Tous deux sont des oxydes de fer ; ils partagent une structure identique organisée en double pyramide autour d'un ion central de fer Fe^{3+}. La différence apparaît dans la composition même des oxydes : l'hématite ne contient que du fer Fe^{3+} et de l'oxygène O^{2-}, alors que la goethite contient en plus des groupements hydroxyle HO^-.

Mais alors qu'il existe de l'hématite naturelle, il est également possible d'en fabriquer, et ce, très facilement : il suffit de faire chauffer de la goethite, qui se transforme alors en hématite !

En 1999, des chercheurs français se sont posé la question : le pigment préhistorique rouge retrouvé dans les grottes est-il de l'hématite naturelle ou de la goethite chauffée ? Pour résoudre cette énigme, ils ont observé différents échantillons par diffraction aux rayons X et par microscopie électronique en transmission. La réponse leur est arrivée… sous forme de trous ! En effet, quand la goethite est chauffée, elle se déshydrate et la fuite des molécules d'eau peut laisser des trous : une structure poreuse correspond donc à de l'hématite artificielle. À l'inverse, l'hématite naturelle présente une structure particulière qui ne comporte pas de cavités. Ainsi, sans le savoir, les Hommes préhistoriques ont été les premiers à fabriquer un pigment artificiel, simplement en chauffant du jaune pour obtenir du rouge.

Découverte n° 372, janvier-février 2011.

1. Quelles étaient les trois couleurs prédominantes dans l'art rupestre ?
2. Quelle était l'origine de chacun de ces pigments ?

3. La goethite et l'hématite sont-ils des solides ioniques ou moléculaires ? Comment explique-t-on la cohésion de ces solides ?

4. Quelle est la formule de l'hématite ?

5. Quelle est l'action du chauffage sur la goethite, de couleur jaune et de formule FeOOH ? Écrire l'équation de cette transformation.

6. Au niveau microscopique, qu'est-ce qui différencie l'hématite naturelle de l'hématite de synthèse ?

7. L'hématite et la goethite sont-elles solubles dans l'eau ? Sous quelle forme les hommes préhistoriques les ont-ils utilisées ?

Exercice 2

Corrigés p. 376

Lire le texte et répondre aux questions suivantes.

Les dangers du bisphénol A

Depuis 2011, la fabrication et la commercialisation de biberons contenant du bisphénol A est interdite en France comme dans l'Union européenne.

Des choix similaires ont déjà été faits au Danemark, au Canada, au Costa Rica et dans certains États américains. Ces derniers ont élargi l'interdiction à tout ou partie des plastiques alimentaires contenant du BPA. Produit pour la première fois en 1891, le BPA est un produit utilisé dans la fabrication des plastiques. Cette substance est très répandue dans les objets de la vie courante : on la retrouve dans les biberons, les emballages, à l'intérieur des boîtes de conserve, etc.

3 millions de tonnes

Il s'agit de la quantité de bisphénol A (BPA) produite chaque année dans le monde. 1,15 million de tonnes est écoulé sur le marché européen.

La contamination par ingestion

Classé comme un possible toxique, le BPA fait partie des perturbateurs endocriniens susceptibles d'interférer avec le fonctionnement hormonal de l'organisme, avec des conséquences sur la reproduction. La principale voie de contamination est l'ingestion d'aliments où du BPA est présent. Lorsque les biberons sont chauffés, les plastiques contenant du BPA peuvent libérer la substance « jusqu'à 55 fois plus vite (32 ng/heure) que dans des conditions normales de température », souligne le Comité de recherche et d'information indépendantes sur le génie génétique (Criigen) dans son rapport *Bisphénol A : toxicité sur les mammifères et les humains*, en février 2009. Les autorités sanitaires recommandent d'éviter de chauffer à forte température les aliments liquides (eau, lait...) contenus dans les biberons ou récipients en polycarbonate.

Où trouve-t-on le bisphénol A ?

Le bisphénol A (BPA) est un produit de synthèse issu de la réaction entre le phénol et l'acétone. Il est largement utilisé dans la fabrication des plastiques de type polycarbonate (70 %) et des résines époxydes (30 %). Les polycarbonates se trouvent dans nombre d'objets courants : récipients en plastique, biberons, CD, DVD, lunettes, jouets, matériaux de construction, etc. Les résines sont notamment utilisées pour les revêtements de boîtes de conserve et de canettes. Elles entrent dans la composition d'amalgames dentaires, de matériaux de construction, d'adhésifs, d'encres d'imprimerie – d'où leur présence dans les tickets de caisse –, etc.

Paul Benkimoun et Pascal Santi, *Le Monde*, 5 janvier 2011.

1. Citer quelques produits de la vie courante susceptibles de contenir du BPA.
2. Quel facteur favorise la migration du bisphénol d'un récipient vers son contenu ?
3. Quels risques le bisphénol A présente-t-il pour la santé ?
4. Rechercher sur Internet quel chiffre inscrit au centre du symbole de recyclage porte un matériau plastique à base de polycarbonate, et donc susceptible de contenir du bisphénol A.
5. À quel type de matière plastique correspondent les codes 3 et 6, susceptibles de contenir également du bisphénol A ?
6. Citer quelques avantages des biberons en polycarbonate.
7. Par quels matériaux les fabricants de biberons remplacent-ils le polycarbonate ?
8. Quels sont les réactifs nécessaires à la synthèse du bisphénol A ?
9. Compléter l'équation de la réaction de synthèse du bisphénol A.

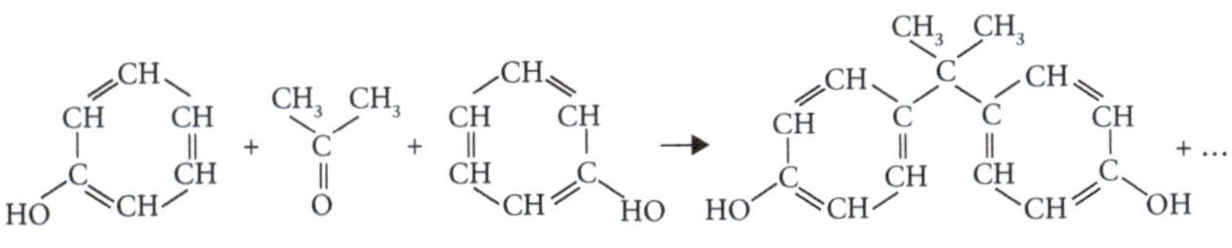

phénol **acétone** **phénol** **bisphénol A**

10. Quel est le groupe caractéristique présent dans l'acétone (propanone) ? Comment pourrait-on vérifier que l'acétone est une cétone ?
11. Écrire la formule topologique du bisphénol A.
12. Établir la géométrie autour de chaque atome de carbone du bisphénol A.

Exercice 1

1. Le noir, le rouge et le jaune sont trois couleurs prédominantes de l'art rupestre.

2. Le noir provenait de charbon de bois ou d'os. Toute la gamme de couleurs allant du jaune au rouge était issue des ocres qui contiennent des oxydes de fer.

3. La goethite et l'hématite sont des solides ioniques, dont la cohésion est assurée par des interactions électrostatiques entre les ions.

4. La formule d'un solide ionique comporte le nombre minimal de cations et d'anions permettant d'assurer la neutralité électrique : $Fe_2O_{3(s)}$.

5. La goethite jaune se transforme en hématite rouge, selon l'équation :

$$2\ FeOOH_{(s)} \rightarrow Fe_2O_{3(s)} + H_2O_{(g)}.$$

À NOTER

Il s'agit d'une déshydratation.

6. L'hématite de synthèse, obtenue par chauffage de la goethite, présente des pores caractéristiques, qui apparaissent dans les cristaux pendant la phase d'évacuation de l'eau. L'hématite naturelle ne comporte pas ces cavités.

7. L'hématite et la goethite sont des pigments, qui par conséquent ne sont pas solubles dans l'eau. Les hommes préhistoriques les utilisaient sous forme d'une poudre très fine mélangée avec de l'eau, des charges et parfois un liant.

Exercice 2

1. On trouve du BPA dans le polycarbonate, un plastique rigide et transparent de haute performance. Le polycarbonate est utilisé pour fabriquer de très nombreux produits de la vie courante : CD, DVD, lunettes de soleil, mais aussi des récipients alimentaires tels que des biberons, de la vaisselle (assiettes et tasses) ainsi que des conteneurs destinés au stockage. Des résidus de BPA se retrouvent également dans des résines époxydes utilisées pour fabriquer des revêtements et des films de protection recouvrant certaines canettes et certaines boîtes de conserve (y compris des boîtes de lait en poudre pour bébés).

2. La migration du PBA du récipient vers son contenu se fait plus facilement à chaud.

La migration du PBA est également plus importante en cas de contenu acide ou encore lors de lavages avec des détergents puissants.

3. Le bisphénol A serait dangereux pour l'appareil reproducteur de l'homme, car il perturbe l'action des hormones : c'est un perturbateur endocrinien.

L'INFO EN PLUS

Le bisphénol A avait d'abord été sélectionné comme possible œstrogène de synthèse, mais il ne fut jamais utilisé comme tel, car son activité est mille fois plus faible que celle de l'œstradiol, hormone sexuelle femelle primaire.

4. Le polycarbonate correspond au code de recyclage 7. Le BPA est présent en tant que monomère dans le polycarbonate.

5. Le code 3 correspond au PVC (polychlorure de vinyle), le code 6 au PS (polystyrène).

6. Les biberons en polycarbonate sont transparents, résistent à la chaleur, aux chocs, et durent longtemps.

7. Les fabricants de biberons ont substitué au polycarbonate, soit le verre, soit d'autres polymères comme le polypropylène.

8. Les réactifs nécessaires à la synthèse du bisphénol A sont le phénol et l'acétone.

9. Cette réaction conduit également à la formation d'une molécule d'eau H_2O.

10. L'acétone possède un groupe carbonyle. Une cétone peut être identifiée à l'aide de la 2,4 DNPH.

11.

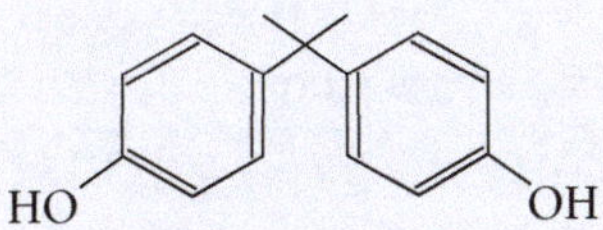

12. La géométrie est triangulaire plane autour des atomes de carbone appartenant aux cycles. L'atome de carbone central est en revanche entouré de 4 doublets liants : la géométrie est tétraédrique autour de cet atome.

Formulaire

Constantes fondamentales

Grandeur	Symbole	Valeur approchée
Vitesse de la lumière dans le vide	c	$3{,}00 \cdot 10^{8}$ m·s^{-1}
Charge élémentaire	e	$1{,}60 \cdot 10^{-19}$ C
Constante d'Avogadro	N	$6{,}02 \cdot 10^{23}$ mol^{-1}
Constante de gravitation universelle	G	$6{,}67 \cdot 10^{-11}$ N·m^{2}·kg^{-2}
Constante de Planck	h	$6{,}63 \cdot 10^{-34}$ J·s
Masse d'un proton	m_p	$1{,}673 \cdot 10^{-27}$ kg
Masse d'un neutron	m_n	$1{,}675 \cdot 10^{-27}$ kg
Masse d'un électron	m_e	$9{,}109 \cdot 10^{-31}$ kg
Constante de la loi de Coulomb	k	$9{,}0 \cdot 10^{9}$ N·m^{2}·C^{-2}

Formulaire

Vergence

$$C = \frac{1}{f'}$$

C : vergence en dioptries (δ)
f' : distance focale en m

Relation de conjugaison

$$\frac{1}{\overline{OA'}} - \frac{1}{\overline{OA}} = \frac{1}{f'}$$

$\overline{OA}$: distance algébrique lentille-objet en m
$\overline{OA'}$: distance algébrique lentille-image en m
f' : distance focale de la lentille en m

Relation de grandissement

$$\gamma = \frac{\overline{A'B'}}{\overline{AB}} = \frac{\overline{OA'}}{\overline{OA}}$$

γ : grandissement (sans unité)
$\overline{A'B'}$, $\overline{AB}$, $\overline{OA'}$, $\overline{OA}$: en m

Température

$$T = \theta + 273{,}15$$

T : température en K
θ : Température en °C

Loi de Wien

$$\lambda_{max} = \frac{2{,}89 \cdot 10^{-3}}{T}$$

λ_{max} : longueur d'onde en m
T : température en K

Fréquence et période

$$\nu = \frac{1}{T}$$

ν : fréquence en Hz
T : période en s

Longueur d'onde et fréquence

$$\lambda = \frac{c}{\nu}$$

λ : longueur d'onde (m)
ν : fréquence en Hz
c : célérité de la lumière dans le vide en m·s^{-1}

Énergie d'un photon

$$E = h\nu$$

E : énergie d'un photon en J
ν : fréquence en Hz
h : constante de Planck en J·s

Loi de Beer Lambert

$$A = \varepsilon l c$$

A : absorbance (sans unité)
ε : coefficient d'absorption molaire en $L{\cdot}mol^{-1}{\cdot}cm^{-1}$
l : épaisseur de solution traversée par le faisceau lumineux en cm
c : concentration molaire de l'espèce en $mol{\cdot}L^{-1}$

Nombre de neutrons d'un noyau

$$N = A - Z$$

N : nombre de neutrons
A : nombre de nucléons (nombre de masse)
Z : nombre de protons (numéro atomique, nombre de charge)

Loi de Coulomb

$$F = k\frac{|q_A|\cdot|q_B|}{d^2}$$

F : force électrostatique en N
q_A et q_B : charges électriques en C
d : distance séparant les centres des charges en m
k : constante de la loi de Coulomb en $N{\cdot}m^2{\cdot}C^{-2}$

Poids

$$P = m\,g$$

P : poids en N
m : masse en kg
g : intensité de la pesanteur en $N{\cdot}kg^{-1}$

Loi de l'attraction gravitationnelle

$$F = G\frac{m_A.m_B}{d^2}$$

F : force d'attraction gravitationnelle en N
G : constante de gravitation universelle
m_A et m_B : masse des deux corps A et B en kg
d : distance séparant les centres de A et B en m

Équation d'Einstein

$$E_{\text{libérée}} = |\Delta m|c^2$$

$E_{\text{libérée}}$: énergie libérée lors d'une réaction nucléaire en J
$|\Delta m|$: perte de masse en kg
c : vitesse de la lumière dans le vide en $m{\cdot}s^{-1}$

Énergie thermique transférée lors d'un changement d'état

$$Q = n \times L$$

Q : énergie thermique échangée avec l'extérieur en J
n : quantité de matière en mol
L : énergie molaire de changement d'état en $J{\cdot}mol^{-1}$

Quantité de matière d'une espèce chimique

$$n(A) = \frac{m(A)}{M(A)}$$

$n(A)$: quantité de matière de l'espèce chimique A en mol
$m(A)$: masse de l'espèce chimique A en g
$M(A)$: masse molaire de l'espèce chimique A en $g{\cdot}mol^{-1}$

Concentration molaire

$$c(\text{A}) = \frac{n(\text{A})}{V}$$

$c(\text{A})$: concentration molaire en soluté A apporté en mol.L^{-1}

$n(\text{A})$: quantité de matière de l'espèce chimique A dissoute en mol

V : volume de la solution en L

Concentration massique

$$C_\text{m}(\text{A}) = \frac{m(\text{A})}{V}$$

$C_\text{m}(\text{A})$: concentration massique en soluté A apporté en g·L^{-1}

$m(\text{A})$: masse de l'espèce chimique A dissoute en g

V : volume de la solution en L

Énergie cinétique

$$E_\text{c} = \frac{1}{2} m v^2$$

E_c : énergie cinétique d'un solide en translation en J

m : masse du solide en kg

v : vitesse du solide en m·s^{-1}

Énergie potentielle de pesanteur

$$E_\text{pp} = m\,g\,z$$

E_pp : énergie potentielle de pesanteur d'un solide en J

m : masse du solide en kg

g : intensité de la pesanteur en N·kg^{-1}

z : altitude en m

Énergie mécanique

$$E_\text{m} = E_\text{pp} + E_\text{c}$$

E_m : énergie mécanique en J

E_pp : énergie potentielle de pesanteur en J

E_c : énergie cinétique en J

Puissance et énergie

$$P = \frac{E}{\Delta t}$$

P : puissance de l'appareil en W

E : énergie électrique consommée ou produite par un appareil en J

Δt : durée de fonctionnement en s

Puissance électrique

$$P = UI$$

P : puissance reçu par un dipôle en W

U : tension aux bornes du dipôle en V

I : intensité du courant électrique traversant le dipôle en A

Loi d'Ohm

$$U = RI$$

U : tension aux bornes d'un conducteur ohmique en V

R : résistance du conducteur ohmique en ohms (Ω)

I : intensité du courant électrique traversant le conducteur ohmique en A

Rendement

$$\eta = \frac{n_\text{exp}}{n_\text{max}}$$

η : rendement d'une synthèse (sans unité)

n_exp : quantité de matière de produit obtenu expérimentalement en mol

n_max : quantité de matière maximale de produit attendu en mol

Chiffres significatifs

Détermination du nombre de chiffres significatifs d'une valeur numérique

- Pour trouver le nombre de chiffres significatifs d'une valeur numérique, on peut l'écrire en **notation scientifique**, c'est-à-dire sous la forme :

$$a \times 10^n$$

avec $1 \leqslant a < 10$ et n entier positif ou négatif. Le nombre de chiffres significatifs est alors le nombre de chiffres de a.

Exemples :

380 s'écrit en notation scientifique $3{,}80 \cdot 10^2$: il a 3 chiffres significatifs.

0,02071 s'écrit en notation scientifique $2{,}071 \cdot 10^{-2}$: il possède 4 chiffres significatifs.

- Mais on peut également déterminer le nombre de chiffres significatifs d'une valeur sans passer systématiquement par la notation scientifique. Pour cela, il faut compter le nombre de chiffres sans compter les zéros qui apparaissent à l'extrême gauche **avant** le premier chiffre non nul.

Exemples :

15,25 possède 4 chiffres significatifs.
5,00 possède 3 chiffres significatifs.
0,060 8 possède 3 chiffres significatifs.

ATTENTION :
Tous les zéros situés après le premier chiffre non nul sont à compter. Même ceux figurant à la fin...

Calcul et chiffres significatifs

Le nombre de chiffres significatifs avec lequel on doit exprimer le résultat **d'une multiplication ou d'une division** est le plus petit nombre de chiffres significatifs parmi les données utilisées pour le calcul.

Exemples :

- Afin de calculer la quantité de matière de vitamine C dans un comprimé, on pose le calcul suivant :

$$n(\text{vitamine C}) = \frac{1{,}000}{176}.$$

1,000 possède 4 chiffres significatifs ; 176 possède 3 chiffres significatifs.

Le résultat de ce calcul va s'exprimer avec 3 chiffres significatifs, comme la valeur la moins précise intervenant dans le calcul.

On écrira $n(\text{vitamine C}) = 5{,}68 \cdot 10^{-3}$ mol.

- Calculons la distance focale d'une lentille de vergence $C = 3{,}0\ \delta$.

$f' = \dfrac{1}{C} = \dfrac{1}{3{,}0}$. On remarque que le nombre « 1 » ne contiendrait qu'un seul chiffre significatif...

Mais il faut savoir que les chiffres significatifs ne concernent que les valeurs sur lesquelles il existe une incertitude ! Or le nombre « 1 » vient d'une formule mathématique et n'a donc pas d'incertitude. Il n'intervient pas dans le nombre de chiffres significatifs du résultat qui s'exprimera donc avec 2 chiffres significatifs : $f' = 0{,}33$ m ou 33 cm.

Classification périodique des éléments

Numéro atomique → Z ; M ← Masse molaire atomique (g·mol⁻¹)

Symbole atomique → X ; Nom

Période \ Colonne	1	2	3	4	5	6	7	8	9	10	11	12	13	14	15	16	17	18
1	1 1,0 H Hydrogène																	2 4,0 He Hélium
2	3 6,9 Li Lithium	4 9,0 Be Béryllium											5 10,8 B Bore	6 12,0 C Carbone	7 14,0 N Azote	8 16,0 O Oxygène	9 19,0 F Fluor	10 20,2 Ne Néon
3	11 23,0 Na Sodium	12 24,3 Mg Magnésium											13 27,0 Al Aluminium	14 28,1 Si Silicium	15 31,0 P Phosphore	16 32,1 S Soufre	17 35,5 Cl Chlore	18 39,9 Ar Argon
4	19 39,1 K Potassium	20 40,1 Ca Calcium	21 45,0 Sc Scandium	22 47,9 Ti Titane	23 50,9 V Vanadium	24 52,0 Cr Chrome	25 54,9 Mn Manganèse	26 55,8 Fe Fer	27 58,9 Co Cobalt	28 58,7 Ni Nickel	29 63,5 Cu Cuivre	30 65,4 Zn Zinc	31 69,7 Ga Gallium	32 72,6 Ge Germanium	33 74,9 As Arsenic	34 79,0 Se Sélénium	35 79,9 Br Brome	36 83,8 Kr Krypton
5	37 85,5 Rb Rubidium	38 87,6 Sr Strontium	39 88,9 Y Yttrium	40 91,2 Zr Zirconium	41 92,9 Nb Niobium	42 95,9 Mo Molybdène	43 (98) Tc Technétium	44 101,1 Ru Ruthénium	45 102,9 Rh Rhodium	46 106,4 Pd Palladium	47 107,9 Ag Argent	48 112,4 Cd Cadmium	49 114,8 In Indium	50 118,7 Sn Étain	51 121,8 Sb Antimoine	52 127,6 Te Tellure	53 126,9 I Iode	54 131,3 Xe Xénon
6	55 132,9 Cs Césium	56 137,3 Ba Baryum	57 138,9 La Lanthane	72 178,5 Hf Hafnium	73 180,9 Ta Tantale	74 183,8 W Tungstène	75 186,2 Re Rhénium	76 190,2 Os Osmium	77 192,2 Ir Iridium	78 195,1 Pt Platine	79 197,0 Au Or	80 200,6 Hg Mercure	81 204,4 Tl Thallium	82 207,2 Pb Plomb	83 209,0 Bi Bismuth	84 (209) Po Polonium	85 (210) At Astate	86 (222) Rn Radon
7	87 (223) Fr Francium	88 (226) Ra Radium	89 (227) Ac Actinium	104 (261) Rf Rutherfordium	105 (262) Db Dubnium	106 (266) Sg Seaborgium	107 (264) Bh Bohrium	108 (269) Hs Hassium	109 (268) Mt Meitnerium	110 (272) Ds Darmstadtium	111 (272) Rg Roentgenium	112 (277) Cn Copernicium	113 (284) Uut* Ununtrium	114 (289) Uuq Ununquadium	115 (288) Uup* Ununpentium	116 (292) Uuh Ununhexium	117 (292) Uus* Ununseptium	118 (294) Uuo Ununoctium

Période														
6	58 140,1 Ce Cérium	59 140,9 Pr Praséodyme	60 144,2 Nd Néodyme	61 (145) Pm Prométhium	62 150,4 Sm Samarium	63 152,0 Eu Europium	64 157,4 Gd Gadolinium	65 158,9 Tb Terbium	66 162,5 Dy Dysprosium	67 164,9 Ho Holmium	68 167,3 Er Erbium	69 168,9 Tm Thulium	70 173,0 Yb Ytterbium	71 175,0 Lu Lutétium
7	90 232,0 Th Thorium	91 231,0 Pa Protactinium	92 238,0 U Uranium	93 (237) Np Neptunium	94 (244) Pu Plutonium	95 (243) Am Américium	96 (247) Cm Curium	97 (247) Bk Berkélium	98 (251) Cf Californium	99 (254) Es Einsteinium	100 (257) Fm Fermium	101 (258) Md Mendélévium	102 (259) No Nobélium	103 (260) Lw Lawrencium

Élément solide | Élément liquide** | Élément gazeux** | Élément artificiel

**Dans des conditions normales de température et de pression 0 °C, 1 atm

Uut* : *non reconnu à ce jour par l'UICPA

Non-métaux	Métaux alcalins	Métaux alcalino-terreux	Métaux de transition	Lanthanides	Actinides	Métaux pauvres	Halogènes	Gaz rares

Classification périodique des éléments